GUN & MECHANISM

メカブックス

# 現代ピストル

床井雅美
Tokoi Masami

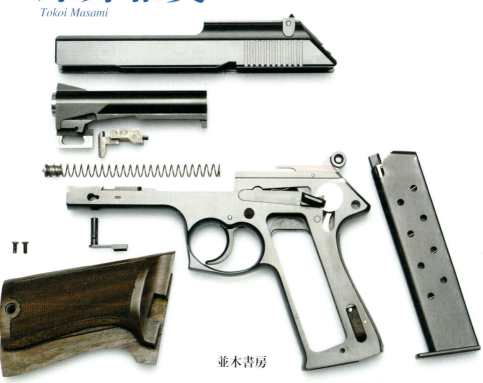

並木書房

# はじめに

　本書は、現代ピストルのメカニズムに焦点を当てた解説書である。

　銃砲はその登場以来、現在までに数多くが開発され、製造されてきた。銃砲そのものは、いたって簡単な原理の道具である。円筒型のバレルの後端を閉鎖し、その中で火薬を発火させ、急速に膨張する燃焼ガスの圧力で金属製の弾丸を前方に射出する。この基本原理は、銃砲が発明されて以来、現在にいたるまでまったく変わっていない。

　それでも多種多様なピストルが開発され、新製品として市場に登場した。基本的な原理は変わらないものの、金属製の薬莢が発明され、連発銃が実用化されると、多くの技術者が独自のメカニズムを組み込んだピストルを開発した。現在までに発明されたピストルのメカニズムは膨大な種類に及ぶ。そして、今も新製品が発表され続けている。それらのメカニズムのすべてを1冊にまとめるのは不可能だろう。

　そこで、本書は我々が目にすることもある、現代のピストルのメカニズムに限定することにした。「現代ピストル」という明確な区分は存在しない。現在も使用されているリボルバー・ピストルとセミ・オートマチック・ピストルの多くは、第2次世界大戦前にほぼ完成型に近いものが開発されていたと考えられるが、本書では、基本的に第2次世界大戦（1939～1945年）後に開発されたピストルを現代ピストルとした。さらに、この定義の範囲にとどまらず、戦前に開発され、戦後に改良が加えられて生産が継続して広く使用されているピストルについても取り上げた。これにより、現在も継承されているメカニズムを検証したいと思う。その一方で、大戦後に発明されて製品化されたものの、あえなく消えていったメカニズムも少なからずある。そうしたユニークなメカニズムを備えたピストルについても、できる限り収録した。

ピストルのメカニズムの解説書として企画された本書の性格から、これまでのピストル図鑑とは異なり、あえて特徴あるメカニズムを組み込んだピストルを積極的に取り上げた。そのため成功作とは言えないピストルも掲載した。メジャーな製品だけでなく、マイナーな製品でもユニークな構造を持ったピストルは少なくない。解説文を読んでいただければ、筆者がなぜそのピストルに注目したかを理解していただけると思う。同時に世界各国のピストルを幅広く紹介・解説した。そうすることで、どの国がどのピストルに影響を受けて開発を進めたかが理解できると考えたからである。

　本書は、目的のピストルを検索しやすいように、基本的に見開きページで紹介する体裁をとった。それぞれのピストルの左右側面写真と基本的なスペック・データを示すとともに、そのピストルの特徴や開発の経緯、特筆すべき構造上のメカニズム、さらにそのピストルの操作や射撃の際のメカニズムの作動についても詳述した。また、加えてそのメカニズムをより正確に理解してもらうために、ピストルの断面構造図や展開した部品図なども掲載した。解説中の作動メカニズムに関して重複した記述があるが、調べたいピストルの項目を読むだけで、その特徴が理解できるようにと考えた結果である。

　本書は、開発（原産）国、製造メーカー、製品名の順で構成している。国に関しては、特徴ある数多くのピストルを開発しているアメリカやドイツ、ベルギー、イタリアなど、主要な国から順に紹介している。各国別のピストルの順序も同様で、まず主要なガン・メーカーの製品を掲載し、次にアルファベット順に各製造メーカーを並べている。メーカー別のピストルは、リボルバーとセミ・オートマチック・ピストルに大別し、基本的に開発時期の古い順に並べている。

　特定のピストルを調べたいときには、まず「目次」で国を探し、次いで製品名を見つけてほしい。開発国がわからない場合は、巻末の「銃器名称索引」から製品名を見つけ出すとよい。これら国や製品の順序は、あくまでも調べやすさを優先した筆者の判断によるものであり、読者のご理解をいただければ幸いである。

床井雅美

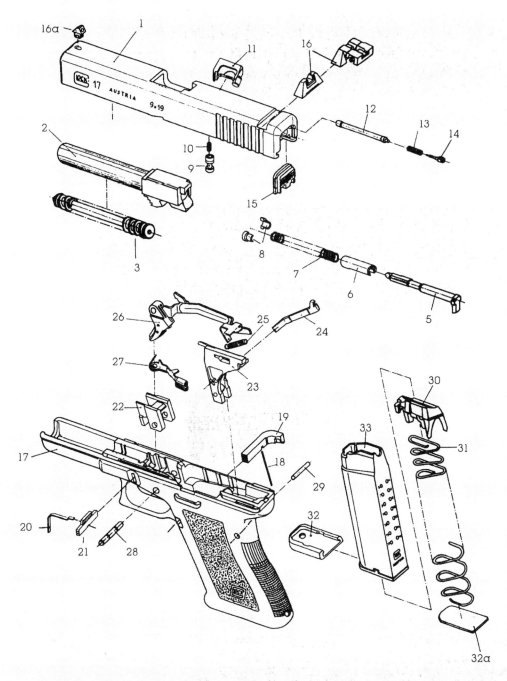

注）番号はメーカーのオリジナル

## ストライカー撃発方式セミ・オートマチック・ピストルの各部名称
（グロック・モデルP17ピストル）

1 スライド（遊底）
2 バレル（銃身）
3 リコイル・スプリング・アセンブリー（複座バネ）
4 （欠番）
5 ファイアリング・ピン（ストライカー：撃針）
6 スペーサー・スリーブ
7 ファイアリング・ピン・スプリング
8 ファイアリング・ピン・カップス
9 ファイアリング・ピン・セフティ
10 ファイアリング・ピン・セフティ・スプリング
11 エキストラクター（脱包器）
12 エキストラクター・ディプレッシング・プランジャー
13 エキストラクター・ディプレッシング・プランジャー・スプリング（エキストラクター・スプリング）
14 エキストラクター・スプリング・ローディング・ベアリング
15 スライド・カバー・プレート
16 リア・サイト（照門）
16a フロント・サイト（照星）
17 レシーバー（グリップ・フレーム）
18 マガジン・キャッチ・スプリング
19 マガジン・キャッチ（弾倉止め）
20 スライド・ロック・スプリング
21 スライド・ロック
22 ロッキング・ブロック
23 トリガー・メカニズム・ハウジング＆エジェクター
24 コネクター
25 トリガー・スプリング
26 トリガー＆トリガー・バー（引き金）
27 スライド・ストップ・レバー
28 トリガー・バー
29 トリガー・ハウジング・ピン
30 フォロアー（マガジン・フォロアー）
31 マガジン・スプリング
32 マガジン・フロアー・プレート
32a マガジン・インサート
33 マガジン・ボディ（弾倉）

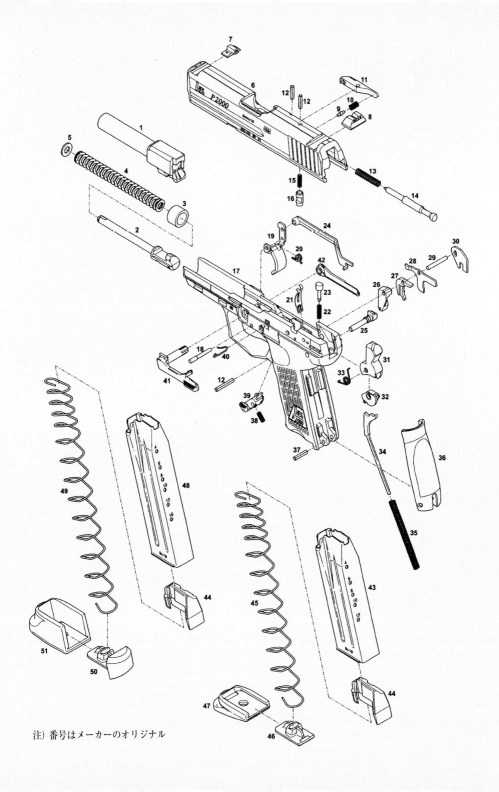

注）番号はメーカーのオリジナル

## ハンマー撃発方式セミ・オートマチック・ピストルの各部名称
### (H&KモデルP200ピストル)

1 バレル（銃身）
2 リコイル・スプリング・ガイド・ロッド（リコイル・スプリング軸）
3 リコイル・スプリング・カラー
4 リコイル・スプリング（複座バネ）
5 リコイル・スプリング・ストップ・ワッシャー
6 スライド（遊底）
7 フロント・サイト（照星）
8 リア・サイト（照門）
9 エキストラクター・スプリング・プランジャー（エキストラクター軸）
10 エキストラクター・スプリング
11 エキストラクター
12 ロール・ピン（×3）
13 ファイアリング・ピン・スプリング
14 ファイアリング・ピン（撃針）
15 ファイアリング・ピン・ブロック・スプリング
16 ファイアリング・ピン・ブロック
17 レシーバー（グリップ・フレーム）
18 トリガー・ピン（引き金軸）
19 トリガー（引き金）
20 トリガー・リバウンド・スプリング
21 フラット・スプリング
22 トリガー・バー・スプリング
23 トリガー・バー・ボルト
24 トリガー・バー
25 ハンマー・ピン（ハンマー軸）
26 ラッチ
27 キャッチ
28 コントロール・ラッチ
29 シリンディカル・ピン
30 プレート
31 ハンマー（撃鉄）
32 ハンマー・リバウンド
33 ハンマー・リバウンド・スプリング
34 ハンマー・ストラッド
35 ハンマー・スプリング
36 グリップ・バック・ストラップ
37 グリップ・バック・ストラップ・ピン
38 マガジン・キャッチ・スプリング
39 マガジン・キャッチ
40 シャップド・スプリング
41 スライド・レリーズ（スライド・ストップ）
42 右側スライド・レリーズ
43/48 マガジン・ボディ（弾倉）
44 フォロアー（マガジン・フォロアー）
45/49 マガジン・スプリング
46/50 ロッキング・プレート
47/51 マガジン・フロアー・プレート

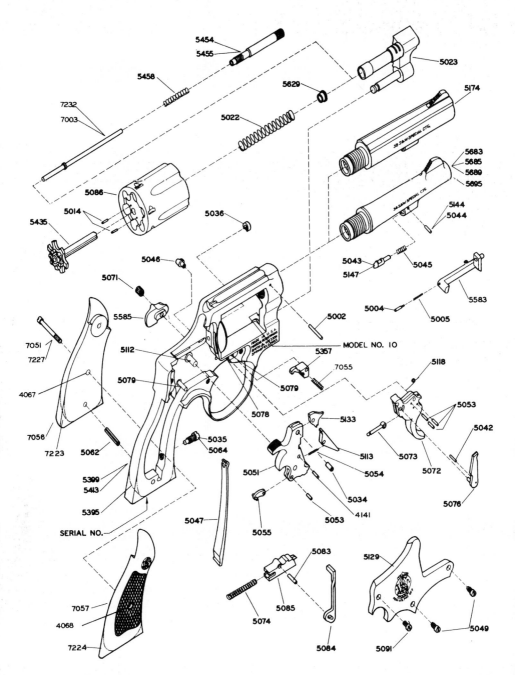

注) 番号はメーカーのオリジナル

## スイング・アウト・シリンダー・タイプのリボルバーの各部名称
### （S&Wモデル10ピストル）

4067 エスカッチェオン
4068 エスカッチェオン・ナット
4141 シアー・ピン
5002 バレル・ピン
5004 ボルト・プランジャー
5005 ボルト・プランジャー・スプリング
5014 エキストラクター・ピン
5022 エキストラクター・スプリング
5023 ヨーク（クレーン）
5034 ハンマー・ノーズ・リベット
5035 ストレイン・スクリュー・ラウンド・バット
5036 ハンマー・ノーズ・ブッシング
5042 ハンド・ピン
5043 ロッキング・ボルト
5044 ロッキング・ボルト・ピン
5045 ロッキング・ボルト・スプリング
5046 フレーム・ラグ
5047 メイン・スプリング（ハンマー・スプリング）
5049 プレート・スクリュー（サイド・プレート・ネジ）
5051 ハンマー（撃鉄）
5053 ピン（×4）
5054 シア・ピン
5055 ストラップ
5062 ストック・ピン
5064 ストレイン・スクリュー・スクエアバット・グリップ
5071 サムピース・ナット
5072 トリガー（引き金）
5073 トリガー・レバー
5074 リバウンド・スライド・スプリング
5076 ハンド
5078 トリガー・スタッド
5079 シリンダー・ストップ＆リバウンド・スライド・スタッド（×2）
5083 リバウンド・スライド・ピン
5084 ハンマー・ブロック
5085 リバウンド・スライド
5086 シリンダー（弾倉/輪胴）
5091 プレート・スクリュー（サイド・プレート・ネジ）
5112 ハンマー・スタッド
5113 シア
5118 ハンド・スプリング
5129 サイド・プレート
5133 ハンマー・ノーズ
5144/5147 ロッキング・ボルト・ピン
5174 4インチ・ヘビー・バレル（銃身）
5357 シリンダー・ストップ
5395 ラウンド・バット・フレーム
5399 スクエアー・バット・フレーム
5413 ヘビー・バレル・フレーム
5435 エキストラクター
5454/5455 エキストラクター・ロッド（シリンダー・ロッド／シリンダー軸）
5458 センター・ピン・スプリング
5583 ボルト
5585 サム・ピース（シリンダー・ロック・ラッチ）
7051 グリップ・スクリュー（グリップ・ネジ）
5629 エキストラクター・ロッド・カラー
5683 2インチ・バレル（銃身）
5685 4インチ・バレル（銃身）
5689 5インチ・バレル（銃身）
5695 6インチ・バレル（銃身）
7003/7232 センター・ピン
7055 シリンダー・ストップ・スプリング
7056/7057 スクエアー・バット・グリップ
7223/7224 ラウンド・バット・グリップ
7227 ラウンド・バット・グリップ・スクリュー（ラウンド・バット・グリップ・ネジ）

# 目次

はじめに　2
ストライカー撃発方式セミ・オートマチック・ピストルの各部名称　4
ハンマー撃発方式セミ・オートマチック・ピストルの各部名称　6
スイング・アウト・シリンダー・タイプのリボルバーの各部名称　8

## アメリカ

コルト・シングル・アクション・アーミー・リボルバー　18
コルト・モデル・ニュー・フロンティア・リボルバー　20
コルト・モデル・フロンティア・スカウト・リボルバー　22
コルト・モデル・デテクティブ・スペシャル・リボルバー　24
コルト・モデル・パイソン・リボルバー　26
コルト・モデル・トルーパーMk3リボルバー　28
コルト・モデル・キング・コブラ・リボルバー　30
コルト・モデル・アナコンダ・リボルバー　32
コルト・モデル・ガバーメントMk4シリーズ70セミ・オートマチック・ピストル　34
コルト・モデル・ガバーメントMk4シリーズ80セミ・オートマチック・ピストル　36
コルト・モデル・サービス・エース・セミ・オートマチック・ピストル　38
コルト・モデル・ダブル・イーグル・セミ・オートマチック・ピストル　40
コルト・モデルZ40セミ・オートマチック・ピストル　42
コルト・モデル・ガバーメント.380セミ・オートマチック・ピストル　44
コルト・モデル・ジュニア・セミ・オートマチック・ピストル　46
コルト・オール・アメリカン2000セミ・オートマチック・ピストル　48
スミス＆ウエッソン・モデル10（ミリタリー＆ポリス）リボルバー　50
スミス＆ウエッソン・モデル36チーフズ・スペシャル・リボルバー　52
スミス＆ウエッソン・モデル40センチニアル・リボルバー　54
スミス＆ウエッソン・モデル38ボディーガード・エアウェイト・リボルバー　56
スミス＆ウエッソン・モデル19コンバット・マグナム・リボルバー　58
スミス＆ウエッソン・モデル629 .44マグナムステンレス・リボルバー　60
スミス＆ウエッソン・モデル500ステンレス・リボルバー　62

スミス&ウエッソン・モデル・ボディーガード38リボルバー　64
スミス&ウエッソン・モデル39セミ・オートマチック・ピストル　66
スミス&ウエッソン・モデル559セミ・オートマチック・ピストル　68
スミス&ウエッソン・モデル・シグマ・シリーズ・セミ・オートマチック・ピストル　70
スミス&ウエッソン・モデルM&P・シリーズ・セミ・オートマチック・ピストル　72
スミス&ウエッソン・モデル・ボディーガード380セミ・オートマチック・ピストル　74
スミス&ウエッソン・モデル41ターゲット・セミ・オートマチック・ピストル　76
スミス&ウエッソン・モデル2206セミ・オートマチック・ピストル　78
ルガー・モデル・スーパー・ブラックホーク・リボルバー　80
ルガー・モデル・シングル・シックス・リボルバー　82
ルガー・モデル・ベアキャット・リボルバー　84
ルガー・モデル・セキュリティ・シックス・リボルバー　86
ルガー・モデルGP100リボルバー　88
ルガー・モデル・スーパー・レッドホーク・リボルバー　90
ルガー・モデルLCRリボルバー　92
ルガー・モデル・スタンダードMk2セミ・オートマチック・ピストル　94
ルガー・モデルP85セミ・オートマチック・ピストル　96
ルガー・モデルP97セミ・オートマチック・ピストル　99
ルガー・モデルP345セミ・オートマチック・ピストル　102
ルガー・モデルSR9セミ・オートマチック・ピストル　104
ルガー・モデルSR1911セミ・オートマチック・ピストル　106
ルガー・モデルLC9セミ・オートマチック・ピストル　108
レミントン・モデルXP100ピストル　110
セマリング・モデルLM-4ピストル　112
AMTモデル・オートマグⅣセミ・オートマチック・ピストル　114
AMT/IAIモデル・ジャベリナ・セミ・オートマチック・ピストル　116
チャーター・アームズ・モデル・エクスプローラーⅡセミ・オートマチック・ピストル　118
キャリコ・モデル950セミ・オートマチック・ピストル　120
チャーター・アームズ・モデル・アンダーカバー・リボルバー　122
クーナン・アームズ・モデル・クーナン357セミ・アームズ・オートマチック・ピストル　124
COPモデルCOP357ピストル　126
D&Dモデル・ブレン・テン・セミ・オートマチック・ピストル　128
ダーディック・モデル1100ピストル　130
デトニックス・モデル・コンバット・マスター・セミ・オートマチック・ピストル　132

フリーダム・アームズ・モデル83リボルバー　134
ハイ・スタンダード・モデル・スーパーマチック・トロフィー・セミ・オートマチック・ピストル　136
ハイ・スタンダード・モデルDM100ダブル・アクション・デリンジャー・ピストル　138
ハイ・スタンダード・モデル・ロングホーン・リボルバー　140
ハイ・スタンダード・モデル・センチニアル・リボルバー　142
ハーリントン&リチャードソン・モデル999スポーツマン・リボルバー　144
イングラム・モデル11アメリカン・セミ・オートマチック・ピストル　146
イントラテック・モデルTEC9セミ・オートマチック・ピストル　148
イントラテック・モデルTEC22セミ・オートマチック・ピストル　150
カー・アームズ・モデルK9セミ・オートマチック・ピストル　152
ケル・テック・モデルP32セミ・オートマチック・ピストル　154
キンボル・モデル・ターゲット・セミ・オートマチック・ピストル　156
LARモデル・グリズリー・セミ・オートマチック・ピストル　158
MBAモデル・ジャイロジェット・マークⅡピストル　160
ノース・アメリカン・アームズ・モデル・ミニ・リボルバー　162
モデル・ホイットニー・ボルバーリン・セミ・オートマチック・ピストル　164
パラ・オーディナンス・モデルP14-45セミ・オートマチック・ピストル　166
パラ・オーディナンス・モデル7-45 LDAセミ・オートマチック・ピストル　168
L.W.シーキャンプ・モデル・シーキャンプ・セミ・オートマチック・ピストル　170
スプリングフィールド・アーモリー・モデルM1911A2 SASS単発ピストル　172
TDEモデル44オート・マグナム・セミ・オートマチック・ピストル　174
トンプソン・センター・アームズ・モデル・コンテンダー単発ピストル　176
ダン・ウエッソン・モデル744Vリボルバー　178
ワイルディ・モデル・ワイルディ・セミ・オートマチック・ピストル　180

## ドイツ

エルマ・モデルKGP68Aセミ・オートマチック・ピストル　182
エルマ・モデルEP752セミ・オートマチック・ピストル　184
エルマ・モデルER422リボルバー　186
ヘッケラー&コッホ・モデルHK4セミ・オートマチック・ピストル　188
ヘッケラー&コッホ・モデルP9Sセミ・オートマチック・ピストル　190
ヘッケラー&コッホ・モデルVP70Zセミ・オートマチック・ピストル　192
ヘッケラー&コッホ・モデルP7M8セミ・オートマチック・ピストル　194
ヘッケラー&コッホ・モデルUSPセミ・オートマチック・ピストル　196

ヘッケラー&コッホ・モデルMk23 Mod0セミ・オートマチック・ピストル　198
ヘッケラー&コッホ・モデルP2000セミ・オートマチック・ピストル　200
ヘッケラー&コッホ・モデルP30セミ・オートマチック・ピストル　202
コリフィラ・モデルHSP701セミ・オートマチック・ピストル　204
コリフィラ・モデルTP70セミ・オートマチック・ピストル　206
コルス・モデル・コルス・オート・セミ・オートマチック・ピストル　208
コルス・モデル・コルス・スポーツ・リボルバー　210
マゥザー・モデル・ニュー・モデルHScセミ・オートマチック・ピストル　212
SIGモデルP210セミ・オートマチック・ピストル　214
SIGザウァー・モデルP230セミ・オートマチック・ピストル　216
SIGザウァー・モデルP220セミ・オートマチック・ピストル　218
SIGザウァー・モデルP225セミ・オートマチック・ピストル　220
SIGザウァー・モデルP228セミ・オートマチック・ピストル　222
SIGザウァー・モデルP2022セミ・オートマチック・ピストル　224
ワルサー・モデルPPKセミ・オートマチック・ピストル　226
ワルサー・モデルP38セミ・オートマチック・ピストル　228
ワルサー・モデルTPHセミ・オートマチック・ピストル　230
ワルサー・モデルPPスーパー・セミ・オートマチック・ピストル　232
ワルサー・モデルP88セミ・オートマチック・ピストル　234
ワルサー・モデルP99セミ・オートマチック・ピストル　236
ワルサー・モデルPPSセミ・オートマチック・ピストル　238
ワルサー・モデルGSPセミ・オートマチック・ピストル　240
バイラウフ・モデルWH9STリボルバー　242

## ベルギー

FNモデル115セミ・オートマチック・ピストル　244
FNモデルHP Mk3セミ・オートマチック・ピストル　246
FNモデル・ベビー・セミ・オートマチック・ピストル　248
FNモデルHP DAセミ・オートマチック・ピストル　250
FNモデルHP FAセミ・オートマチック・ピストル　252
ブローニング・アームズ・モデルBDMセミ・オートマチック・ピストル　254
FNモデル140DAセミ・オートマチック・ピストル　256
FNモデル・ファイブ・セブン・セミ・オートマチック・ピストル　258
ブローニング・アームズ・モデル・バック・マーク・セミ・オートマチック・ピストル　260

FNモデルFNPセミ・オートマチック・ピストル　　262

## イタリア

ベネリ・モデルB76セミ・オートマチック・ピストル　　264
ベレッタ・モデル1951セミ・オートマチック・ピストル　　266
ベレッタ・モデル70セミ・オートマチック・ピストル　　268
ベレッタ・モデル81BBセミ・オートマチック・ピストル　　270
ベレッタ・モデル21セミ・オートマチック・ピストル　　272
ベレッタ・モデル92FSセミ・オートマチック・ピストル　　274
ベレッタ・モデル8000セミ・オートマチック・ピストル　　276
ベレッタ・モデルPX4 ストーム・セミ・オートマチック・ピストル　　278
ベルナルデリ・モデルP018セミ・オートマチック・ピストル　　280
ベルナルデリ・モデル80セミ・オートマチック・ピストル　　282
チアッパ・モデル・ライノ・リボルバー　　284
マテバ・モデルMTR8リボルバー　　286
マテバ・モデル2006リボルバー／モデルMTR6+6リボルバー　　288
マテバ・モデル6ウニカ・オートマチック・リボルバー　　290
タンフォリオ・モデルTA95セミ・オートマチック・ピストル　　292
タンフォリオ・モデル・フォース・セミ・オートマチック・ピストル　　294
タンフォリオ・モデル・ラプター・シングル・ショット・ピストル　　296

## オーストリア

グロック・モデル17セミ・オートマチック・ピストル　　298
グロック・モデル18セレクティブ・ファイアー・ピストル　　300
グロック・モデル38セミ・オートマチック・ピストル　　302
グロック・モデル42セミ・オートマチック・ピストル　　304
シュタイヤー・モデルGBセミ・オートマチック・ピストル　　306
シュタイヤー・モデルSSPセミ・オートマチック・ピストル　　308
シュタイヤー・モデルM9セミ・オートマチック・ピストル　　310

## フランス

MASモデル1950セミ・オートマチック・ピストル　　312
MABモデルPA-15セミ・オートマチック・ピストル　　314
ユニーク・モデルBch-66セミ・オートマチック・ピストル　　316

マニューリン・モデルMR73リボルバー　318

## スペイン

アストラ・モデルA60セミ・オートマチック・ピストル　320
アストラ・モデルA70セミ・オートマチック・ピストル　322
アストラ・モデルA100セミ・オートマチック・ピストル　324
アストラ・モデル357リボルバー　326
アストラ・モデル44リボルバー　328
リャマ・モデル・マイクロ・マックス380セミ・オートマチック・ピストル　330
リャマ・モデル・ミニ・マックス・セミ・オートマチック・ピストル　332
リャマ・モデル・マックスⅠ-L/Fセミ・オートマチック・ピストル　334
リャマ・モデル・オムニ・セミ・オートマチック・ピストル　336
リャマ・モデル82セミ・オートマチック・ピストル　338
リャマ・モデル・ピッコロ・リボルバー　340
リャマ・モデル・スーパー・コマンチ・リボルバー　342
スター・モデルBMセミ・オートマチック・ピストル　344
スター・モデル30Mセミ・オートマチック・ピストル　346
スター・モデル205ウルトラスター・セミ・オートマチック・ピストル　348

## イギリス

JSLモデル・スピットファイアーMk2セミ・オートマチック・ピストル　350

## ロシア

モデルPM（ピストレット・マカロバ）セミ・オートマチック・ピストル　352
スチェッキン・セレクティブファイアー・オートマチック・ピストル　354
モデルPSMセミ・オートマチック・ピストル　356
モデルPYaセミ・オートマチック・ピストル　358
KBPモデルGSh18セミ・オートマチック・ピストル　360

## ウクライナ

モデルFORT12セミ・オートマチック・ピストル　362

## チェコスロバキア

チェスカー・ゾブロヨフカ・モデルVz50セミ・オートマチック・ピストル　364

チェスカー・ゾブロヨフカ・モデルVz52セミ・オートマチック・ピストル 366
チェスカー・ゾブロヨフカ・モデルCZ75/CZ85セミ・オートマチック・ピストル 368
チェスカー・ゾブロヨフカ・モデルCZ82セミ・オートマチック・ピストル 370
チェスカー・ゾブロヨフカ・モデルCZ100セミ・オートマチック・ピストル 372
チェスカー・ゾブロヨフカ・モデルCZ P-07 デューティ・セミ・オートマチック・ピストル 374

## チェコ
ZVIモデルZP-98 ケビン・セミ・オートマチック・ピストル 376
ALFAモデルALFAスチール3830ダブル・アクション・リボルバー 378

## スロバキア
グランド・パワー・モデルK100セミ・オートマチック・ピストル 380

## ポーランド
ポーランド・モデルP-64(Wz P-64)セミ・オートマチック・ピストル 382
ラドム・モデルMAG-95セミ・オートマチック・ピストル 384
プレクサー・モデルWIST-95セミ・オートマチック・ピストル 386

## ハンガリー
FEGモデルPA-63セミ・オートマチック・ピストル 388
FEGモデルFP-9セミ・オートマチック・ピストル 390
FEGモデルP-9Rセミ・オートマチック・ピストル 392
FEGモデルR-7.65 (R-320) セミ・オートマチック・ピストル 394

## ルーマニア
クジール・モデル74セミ・オートマチック・ピストル 396
クジール・モデル92セミ・オートマチック・ピストル 398

## ブルガリア
アーセナル・モデルP-M02コンパクト・セミ・オートマチック・ピストル 400

## クロアチア
RHアラン・モデルHS2000セミ・オートマチック・ピストル 402

## ユーゴスラビア

ツァスタバ・モデル57セミ・オートマチック・ピストル　404
ツァスタバ7.65mmモデル70セミ・オートマチック・ピストル　406
ツァスタバ・モデル88セミ・オートマチック・ピストル　408
ツァスタバ・モデルCZ99セミ・オートマチック・ピストル　410
ツァスタバ・モデルM83 357マグナム・リボルバー　412

## ブラジル

ロッシ・モデル971ダブル・アクション・リボルバー　414
タウルス・モデルPT92セミ・オートマチック・ピストル　416
タウルス・モデルPT58セミ・オートマチック・ピストル　418
タウルス・モデルPT845セミ・オートマチック・ピストル　420
タウルス・モデルPT24-7セミ・オートマチック・ピストル　422
タウルス・モデルRT85ダブル・アクション・リボルバー　424
タウルス・モデルRT44ダブル・アクション・リボルバー　426
タウルス・モデルRT410パブリック・ディフェンダー・ポリマー・ダブル・アクション・リボルバー　428

## イスラエル

IWIモデル・ジェリコ 941セミ・オートマチック・ピストル　430
IWIモデル・デザート・イーグル・セミ・オートマチック・ピストル　432

## アラブ首長国連邦

カラカール・モデルFセミ・オートマチック・ピストル　434

## 中国

中国モデルQSZ-92セミ・オートマチック・ピストル　436
中国モデル77式セミ・オートマチック・ピストル　438

## 韓国

デーウ・モデルDP51セミ・オートマチック・ピストル　440

銃器名称索引　442

アメリカ

コルト・シングル・
アクション・アーミー・
リボルバー
口径　　　　　.357Mag
全長　　　　　262mm
銃身長　　　　119mm
重量　　　　　1150g
装填数　　　　6発
ライフリング　6条/左回り

## コルト・シングル・アクション・アーミー・リボルバー（アメリカ）

　コルト・シングル・アクション・アーミー・リボルバーは、アメリカ陸軍の制式ピストルとして、1872年にコルト社で製作が開始された。一部のものは、1902年までアメリカ軍用として使用された。コルト社の金属薬莢の弾薬を使用する第1世代リボルバーでもある。

　設計を担当したのは、コルト社の技術者のウィリアム・マソンとチャールス B. リチャーズで、1872年に設計を完了した。現代リボルバーとは言いがたいが、インディアンとの戦いに多数使用され、映画の西部劇でもよく登場したところから、アメリカをはじめとして人気が高く、現在でも多くのコピー製品や類似製品が製作され続けている。

　第2次世界大戦の戦時生産に従事した1942年には本製品の生産は中断したものの、第2次世界大戦終結後の1956年、コルト社は生産を再開した。この再生産モデルは一般にセカンド・ジェネレーション（第2世代）モデルと呼ばれる。

　その構造は、シンプルで、ハンマー（撃鉄）を指で起こし、トリガー（引き鉄）を引いて撃発させるシングル・アクションだ。それまでのコルト社のリボルバーとは異なり、シリンダーをフレームが取り囲んだソリッド・フレーム式になって

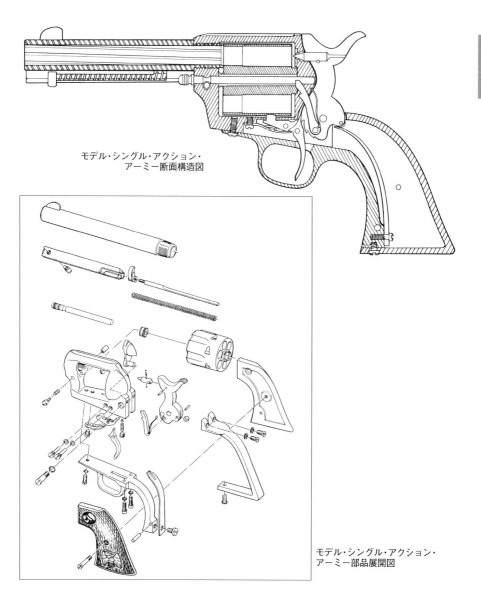

モデル・シングル・アクション・
アーミー断面構造図

モデル・シングル・アクション・
アーミー部品展開図

おり、堅牢な構造で大口径の弾薬も安全に射撃できる。

最初.45ロング・コルト弾薬を使用するものが製作され、その後、ウィンチェスター・レバー・アクション・ライフルと共用できる.44-40弾薬のものが生産された。次々と口径の異なる製品が加えられて、最終的に小口径の.22LR（ロング・ライフル）弾薬から、最大口径の.476エレー弾薬のものまで、36種類にものぼるさまざまな口径で生産された。

コルト・シングル・アクション・アーミー・リボルバーは、コルトSAAの略称やコルト・ピース・メーカー、コルトP、コルト45、あるいはアメリカ軍の制定年にちなんだコルト・モデル1873などと呼ばれることもある。

アメリカ

コルト・モデル・ニュー・
フロンティア・リボルバー
口径 .45LC
全長 262mm
銃身長 121mm
重量 1025g
装填数 6発
ライフリング 6条/左回り

## コルト・モデル・ニュー・フロンティア・リボルバー（アメリカ）

　コルト・モデル・ニュー・フロンティア・リボルバーは、コルト社が1961年に発売した大型シングル・アクション・リボルバーだ。

　1955年にアメリカのスターム・ルガー社は、コルト・シングル・アクション・アーミー・リボルバーに類似し、より射撃に適した微調整のできるリア・サイト（照門）を装備した大口径マグナム弾薬を使用するルガー・モデル・ブラックホーク・リボルバーを発売した。

　モデル・ブラックホーク・リボルバーが、マーケットで好評を得たことに対応して、コルト社は、コルト・モデル・ニュー・フロンティア・リボルバーを開発し、1961年に発売した。

　基本的な構造は、コルト・シングル・アクション・アーミー・リボルバー・セカンド・ジェネレーションとまったく同一と言ってよい。ハンマー（撃鉄）を指で起こし、トリガー（引き鉄）を引いて撃発させるシングル・アクションだ。ソリッド・フレームを備え、シリンダー後方のリコイル・プレート右側に装備され

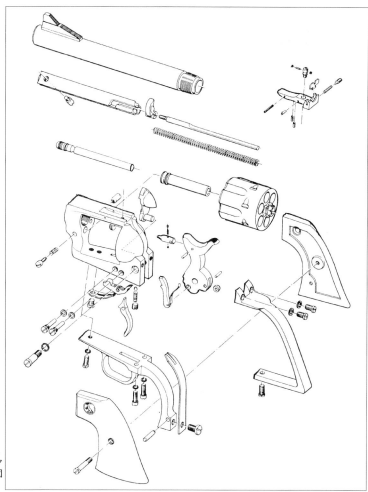

モデル・ニュー・
フロンティア
部品展開図

たローディング・ゲートを開いて1発ずつ弾薬を装填する。

　シングル・アクション・アーミーとの違いは、主にサイト（照準器）部分にある。バレル先端にスターム・ルガー社が提案したものに似た照準の際にシルエットがとりやすい大型のフロント・サイト（照星）が装備された。また、フレーム上部が強化され、ここに微調整可能なアジャスタブル・リア・サイトが装備されている。

　コルト・モデル・ニュー・フロンティア・リボルバーは、シングル・アクション・アーミー・リボルバーの現代版ターゲット・モデルとして製作された。しかし、その外見がオリジナル・モデルのイメージを損なうとの意見が多く、マーケットで好評価を得ることができず、販売実績は伸びなかった。そのため1975年に生産打ち切りとなった。

　製造された1961年から1975年までの間に製作されたコルト・モデル・ニュー・フロンティア・リボルバーは、わずか4250挺に過ぎなかった。

アメリカ

コルト・モデル・フロンティア・
スカウト・リボルバー
口径　　　　　　.22LR
全長　　　　　　253mm
銃身長　　　　　120mm
重量　　　　　　645g
装填数　　　　　6発
ライフリング　6条/左回り

## コルト・モデル・フロンティア・スカウト・リボルバー (アメリカ)

　コルト・モデル・フロンティア・スカウト・リボルバーは、アメリカのスターム・ルガー社の製品に触発されコルト社が開発した小型のシングル・アクション・リボルバーだ。

　1958年スターム・ルガー社は、レミントン・シングル・アクション・リボルバーに似たフレームを装備させ、安価なリム・ファイアーの.22LR（ロング・ライフル）弾薬を使用する小型のモデル・ベアキャット・リボルバーを製作した。

　モデル・ベアキャット・リボルバーは、裏庭などで空き缶をターゲットに射撃を楽しむプリンカー・ガンとして、アメリカのマーケットで成功を収めた。

　このルガー・モデル・ベアキャット・リボルバーに対応させて、コルト社が開発した小型のシングル・アクション・リ

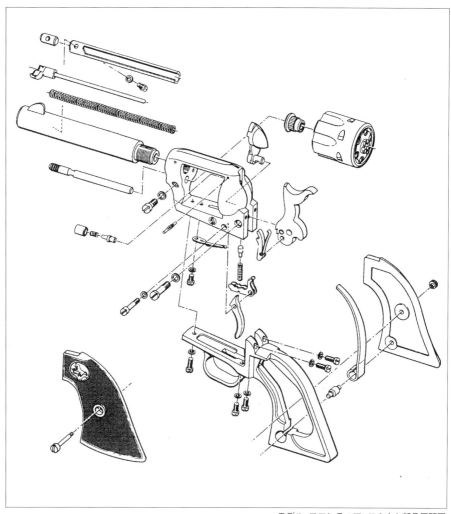

モデル・フロンティア・スカウト部品展開図

ボルバーが、コルト・モデル・フロンティア・スカウト・リボルバーだ。

モデル・フロンティア・スカウトは、シングル・アクション・アーミーを小型、簡素化した製品で、22LR弾薬を使用するプリンカー・ガンとして製作された。

グリップのフロント・ストラップとバック・ストラップは一体型になって簡素化され、ハンマー・スプリングも単純なものが組み込まれた。

基本的な構造は、シングル・アクション・アーミーと同様で、1発ごとにハンマーを指で起こして射撃するシングル・アクションである。

弾薬の装填も同様だ。ただし、リム・ファイアー弾薬を使用することから、ファイアリング・ピン（撃針）が、ハンマーではなくフレーム側に内蔵されている。

アメリカ

コルト・モデル・デテクティブ・
スペシャル・リボルバー
口径　　　　　.38S&WSp
全長　　　　　　179mm
銃身長　　　　　　54mm
重量　　　　　　　645g
装填数　　　　　　　6発
ライフリング　6条/左回り

## コルト・モデル・デテクティブ・スペシャル・リボルバー（アメリカ）

　コルト・モデル・デテクティブ・スペシャル・リボルバーは、私服で業務にあたる警察官が衣服の下のショルダー・ホルスターなどに入れて目立たないように携帯できるよう設計された小型リボルバーだ。
　私服警察官向けに開発されたところから、デテクティブ・スペシャル（刑事用特別）モデルの製品名が与えられた。
　コルト・モデル・ポリス・ポジティブ・リボルバーをベースとして開発され、2インチ（約5センチ）のごく短いバレル

を採用した。バレル上面に装備されたフロント・サイトの形から、スナッブ・ノーズ（獅子鼻）のニックネームでも呼ばれた。
　コルト・モデル・デテクティブ・スペシャルとほとんど同型の短いバレルを装備させた類似製品として、コルト・モデル・バンカーズ・スペシャルやコルト・モデル・コマンドなどが製作された。
　コルト・モデル・デテクティブ・スペシャルが開発されたのは、第2次世界大戦前の1926年（一説では1927年）で、第

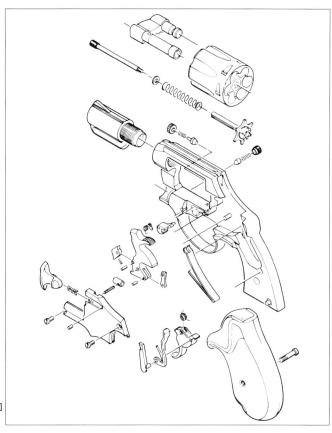

モデル・デテクティブ・
スペシャル部品展開図

　2次世界大戦中には特殊業務につく一部の将兵によって、軍用ピストルとしても使用された。

　生産は1926年(1927年)に始められ、数次の改良が加えられて第2次世界大戦後も生産を続けた。1995年にトリガー・メカニズムに大きな改良を加え、トランスファー・バーが組み込まれた。この改良で安全性が高められたステンレス製のモデルSF-VIリボルバーが発売され、続く1997年に同型式のスチール製黒色のモデルDS-II(デテクティブ・スペシャル2)も加えられた。

　コルト・モデル・デテクティブ・スペシャルは、カーボン・スチールのソリッド・フレームに、クレーンを組み込んだスイング・アウト・シリンダーを備えている。シリンダー後方の左側のリコイル・プレートが、シリンダー・ロック・ラッチになっており、これを後方に引くとシリンダーを銃の左側方にスイング・アウトでき、シリンダー内に6発の弾薬を装填できる。シリンダー軸がエジェクター・ロッドになっており、これを後方に押すと発射済みの6発の薬莢を同時に排出できる。

　ハンマーは、トリガーを引くだけで起き上がらせるダブル・アクション射撃と、正確な照準をおこなうため、指でハンマーを起こして射撃するシングル・アクションの両方で使用できるコンベンショナル・ダブル・アクション方式だ。

アメリカ

コルト・モデル・パイソン・
リボルバー
口径　　　　.357Mag.
全長　　　　294mm
銃身長　　　152mm
重量　　　　1245g
装填数　　　6発
ライフリング　6条/左回り

## コルト・モデル・パイソン・リボルバー（アメリカ）

　コルト・モデル・パイソン・リボルバーは、コルト社から1955年に発売された大型の射撃用のリボルバーで、強力な.357マグナム弾薬を使用する。

　射撃用として設計されたため、バレル下面に先端まで大型のシリンダー・ロッド・シュラウドを装備させ、バレル上面にはベンチレーション・リブが装着されて、バレル全体が振動しにくいヘビー・バレルとなっている。

　グリッピングが確実で握りやすいようにフレーム・サイズより大型のオーバー・サイズ・グリップが装備された。

　命中精度を向上させるため、製造工程で、トリガーやハンマーは特別に調整されたうえで製造された。

　工作精度が高く、命中精度も良好で、コルト社が製作した近代ダブル・アクション・リボルバーの傑作のひとつとされる。

　構造上の特色として、このモデル・パイソン・リボルバーはハンマー側ではなく、フレーム側にファイアリング・ピンを内蔵させた、コルト社の最初の製品としても知られている。

　モデル・パイソンは、スチール製のソ

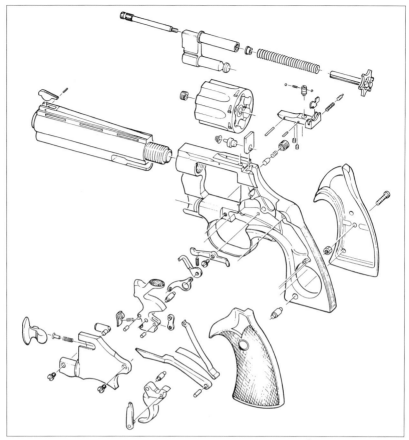

モデル・パイソン部品展開図

　リッド・フレームにクレーンによってスイング・アウトするシリンダーを組み込んである。シリンダーのロックは、ほかのコルト製品と同様にフレーム左側面のリコイル・プレートが兼用している。
　トリガー・ハンマー・システムは、トリガーを引くだけで射撃するダブル・アクションと、指でハンマーをコックして射撃するシングル・アクションのどちらもできるコンベンショナル・ダブル・アクションが組み込まれている。
　最初にスチール製のものが製作され、後年、ステンレス・スチール製磨き仕上げのモデル・ウルティメート・ステンレス・パイソンが加えられた。

　バレル・オプションとして2.5インチの短いものからスタンダードの4インチ、6インチのものがあり、さらに長い8インチ（モデル・パイソン・ハンター）も製作された。
　小型のフレームにシリンダー・ロッド・シュラウドとベンチレーション・リブ付きのバレルが装備されたモデル・パイソンと同様の外見を備えた小型のモデル・ダイヤモンドバック・リボルバーもコルト社によって生産された。
　モデル・ダイヤモンドバックは、強力な.357マグナムではなく、.38S&Wスペシャル弾薬や.22LR弾薬を使用するターゲット・モデルとして製作された。

アメリカ

コルト・モデル・トルーパー
Mk3リボルバー
口径　　　　　.357Mag.
全長　　　　　242mm
銃身長　　　　101mm
重量　　　　　1090g
装填数　　　　6発
ライフリング　6条/左回り

## コルト・モデル・トルーパーMk3リボルバー（アメリカ）

　コルト・モデル・トルーパーMk3リボルバーは、コルト社が1969年に発売した大型ダブル・アクション・リボルバーだ。

　このリボルバーの原型となったオリジナルのモデル・トルーパー・リボルバーは、1953年に発売された。

　コルト社のダブル・アクション・リボルバーは、その構造上製作が面倒で、全体的に製造コストが高くなりがちだった。そこで、コルト社は、競合他社と価格的に対抗するため、トリガー・ハンマー・メカニズムに改良を加え、製作しやすいように再設計してMk3（マーク3）シリーズ・モデルを完成させ、1969年に発売した。

　Mk3シリーズのメカニズムを組み込んで簡素化されたコルト・モデル・トルーパーの改良型がコルト・モデル・トルーパーMk3だ。

　モデル・トルーパーMk3は、従来のリーフ・スプリング（板バネ）をハンマー・スプリングとして使用することをやめ、コストが安く調整の容易なコイル・スプリング（巻バネ）に交換した。また、ハンマーのダブル・アクション・アクセル部分も簡略化して製造コストを低く抑さえている。

　ファイアリング・ピンは、ハンマー側からフレーム側に移して内蔵式にした。ハンマーの打撃は、トリガーに装備されたトランスファー・バーを通じてファイアリング・ピンに伝わるよう改良した。この方式のほうが従来のハンマーをブロックする形式に比べ、はるかに単純だ。

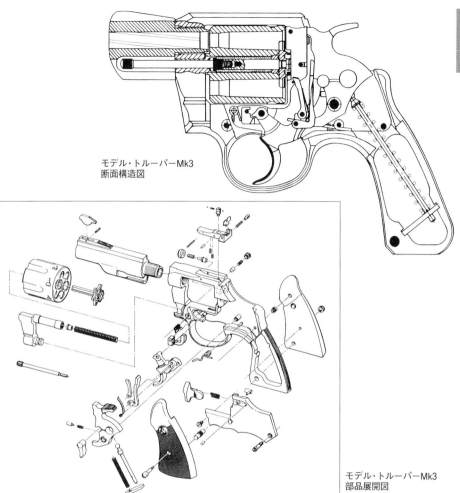

モデル・トルーパーMk3
断面構造図

モデル・トルーパーMk3
部品展開図

加えてトリガーを引ききったときだけ作動するため暴発に対する安全性も高い。

基本的な構造は、ほかの現代コルト・ダブル・アクション・リボルバーと変わらない。スチール製のソリッド・フレームにクレーンを組み込んだスイング・アウト・シリンダー方式だ。シリンダーのロック・ラッチは、フレーム左側面のリコイル・プレートが兼用している。

バレル・オプションは、4インチから8インチのものまであり、口径のオプションとして.357マグナム弾薬、.38S&Wスペシャル弾薬、.22ウィンチェスター・マグナム・リムファイアー弾薬、.22LR弾薬を使用するものが製作された。

コルト・モデル・トルーパーMk3のほかにモデルMk3シリーズとして、ローマンMk3、ポリスMk3、メトロポリタンMk3、ボーダー・パトロールMk3が製作された。

トルーパーMk3は、1969年に発売され、1982年にさらにトリガー・ハンマー・メカニズムに改良が加えられたMk5シリーズが発売されると、それに交代するように1983年生産打ち切りとなった。

| | |
|---|---|
| コルト・モデル・キング・コブラ・リボルバー | |
| 口径 | .357Mag. |
| 全長 | 279mm |
| 銃身長 | 152mm |
| 重量 | 1305g |
| 装填数 | 6発 |
| ライフリング | 6条/左回り |

## コルト・モデル・キング・コブラ・リボルバー（アメリカ）

　コルト・モデル・キング・コブラ・リボルバーは、コルト・モデル・パイソンの外観を踏襲したステンレス製の大型ダブル・アクション・リボルバーだ。

　ステンレスを素材としているものの、ステンレス本来の銀色のもののほかに、ステンレスの表面を黒色に仕上げたモデルも製作された。

　モデル・キング・コブラは、モデル・パイソンと同じように、バレル下面に銃口部まで伸びる長いシリンダー・ロッド・シュラウドとバレル上面にソリッド・リブを備えたヘビー・バレルが装備されている。

　ソリッド・フレームにクレーンによってスイング・アウトするシリンダーが組み合わされている。シリンダー・ストップ・ロックはフレーム左側面のリコイル・プレートが兼用しており、これを後方に引くとシリンダーを銃の左側にスイング・アウトできる。

　内部のトリガー・ハンマー・メカニズムは、Mk3を改良したMk5シリーズが組み込まれた。このMk5シリーズの基本構造はMk3によく似ているが、ハンマーの起きる角度がMk3シリーズの54度に対し

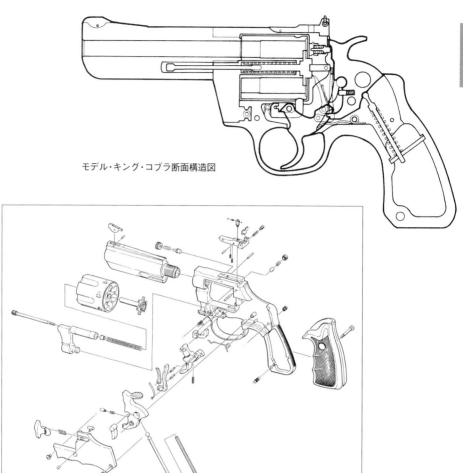

モデル・キング・コブラ断面構造図

モデル・キング・コブラ部品展開図

て46度と小さくなり、ダブル・アクションで射撃する際のトリガー・プルが容易になり、ダブル・アクションでの射撃の命中精度が向上した。

Mk5シリーズのトリガー・ハンマー・メカニズムは、ダブル・アクション、シングル・アクションの双方で射撃できるコンベンショナル・ダブル・アクションだ。

フレームのグリップ金属部分が小型化され、手の小さな人にも使用しやすくグリップを調整できるとともに、とくにネオプレン・ゴム製のグリップを装着する

と発射時の衝撃が軽減できる。

バレル・オプションには、2.5インチ、4インチ、6インチ、8インチのものがある。口径オプションとして、スタンダードの.357マグナム弾薬のほか、.38S&Wスペシャル弾薬を使用するものが製作された。

モデル・キング・コブラは、1986年から供給が始められ、いったん1992年に生産中止となったものの、2年後の1994年に生産が再開され、1998年まで製造が続けられた。

アメリカ

コルト・モデル・アナコンダ・
リボルバー
口径　　　　　　.44Mag.
全長　　　　　　295mm
銃身長　　　　　152mm
重量　　　　　　1505g
装填数　　　　　6発
ライフリング　6条/左回り

## コルト・モデル・アナコンダ・リボルバー（アメリカ）

　コルト・モデル・アナコンダ・リボルバーは、.44マグナム弾薬を使用するステンレス・スチールを素材とし、大型のダブル・アクション・リボルバー。コルト社は、このリボルバーを1990年に発売した。

　ハリウッドの映画ダーティ・ハリー・シリーズで、主演のクリント・イーストウッドが、スミス＆ウエッソン社製のS&Wモデル29リボルバーを使用したことで、S&W社はこのリボルバーの販売実績を大きく伸ばした。同時にこのリボルバーで使用される強力な.44マグナム弾薬に対する一般の関心が高くなった。

　もともと.44マグナム弾薬は、ピストルによる大型獣のハンティング用に開発された弾薬で、射撃の反動が大き過ぎることから、一般の射撃愛好家から敬遠されていた。威力が強力過ぎて実用的でないところから、一般の関心は低かった。ところが映画のヒットにより、一般の射撃愛好家も関心を示すようになった。

　この風潮に対応して、コルト社がはじめて開発した.44マグナム弾薬を使用するダブル・アクション・リボルバーがモデル・アナコンダだった。

　すでにコルト社が製造していた.357マグ

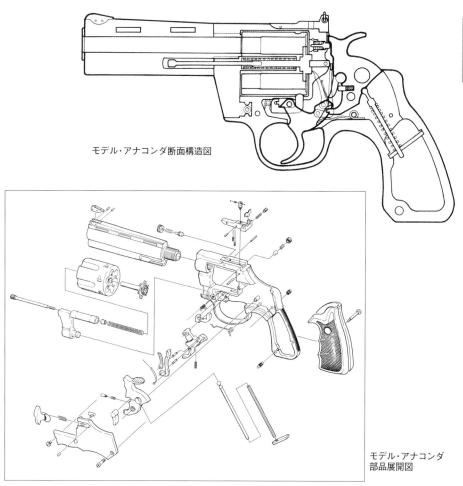

モデル・アナコンダ断面構造図

モデル・アナコンダ部品展開図

ナム弾薬を使用するモデル・キング・コブラを大型化させたようなシルエットをもつリボルバーだ。素材も同じステンレス・スチールが用いられている。モデル・アナコンダは銀色のものだけが製作され、表面を黒色加工した製品は製造されなかった。

マズル（銃口）部分まで伸びたシリンダー・ロッド・シュラウドをバレル下面に備え、バレル上面にベンチ・リブを採用したヘビー・バレルが装着されている。バレル・オプションは4インチ、6インチ、8インチのものがある。

ソリッド・フレームにクレーンを組み込んだスイング・アウト・シリンダー方式で、Mk5シリーズ（30ページのモデル・キング・コブラ参照）と同系のトリガー・ハンマー・メカニズムが組み込まれたコンベンショナル・ダブル・アクションだ。

強烈な射撃反動を軽減するため、バレル先端部にガス・ポートを装備させたモデルも製作され、口径のオプションとして、反動の少ない45ロング・コルト弾薬を使用する製品も製作された。狩猟に使用するためにスコープを装備させたモデルもある。コルト社によるモデル・アナコンダの生産は1999年まで続けられた。

アメリカ

コルト・モデル・ガバーメント
Mk4シリーズ70セミ・オート
マチック・ピストル
口径　　　　　.45ACP
全長　　　　　216mm
銃身長　　　　127mm
重量　　　　　1075g
装填数　　　　8発
ライフリング　6条/左回り

## コルト・モデル・ガバーメントMk4シリーズ70セミ・オートマチック・ピストル (アメリカ)

　コルト・モデル・ガバーメントMk4シリーズ70は、1911年にアメリカ軍が制式ピストルとしたU.S.モデル1911の市販型の改良発展モデルで、1971年にコルト社から発売された。
　基本的なメカニズム構造は、オリジナルのU.S.モデル1911とほとんど変わらない。ハンマー露出式のシングル・アクションの大型セミ・オートマチック・ピストルだ。バレル後端が上下動し、スライド内でバレル上面の突起がスライド内面

上部の溝と噛み合ってロックさせるティルト・バレル・ロッキングが組み込まれている。
　モデル・ガバーメントMk4シリーズ70の特徴は、スライド内でティルトするバレルを定位置に支えるためスライド先端部分に組み込まれたバレル・ブッシングにある。
　ティルト・バレル・ロッキング方式は、単純な構造で、ピストルを小型軽量に設計できる優れたロック方式だ。しかし、

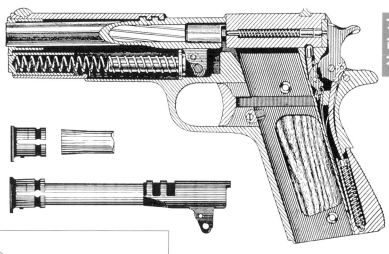

モデル・ガバーメントMk4シリーズ70断面
構造図（上）とバレル、バレル・ブシング（下）

モデル・ガバーメントMk4
シリーズ70部品展開図

　バレル後端が上下動することから、スライド先端部分とバレルの間に隙間を必要とする。そのため、バレルががたつきやすく、命中精度を高めにくい欠点があるとされる。

　この欠点をカバーすべく、バレル・ブッシングの後方部分をバネ状にし、スライドとバレルの間のがたつきを減少させて改良したのがモデル・ガバーメントMk4シリーズ70だ。バレルがティルトするとバネが広がり、スライドが前進しきるとスプリング圧でバレルがスライド内の定位置に固定される構造になっている。単純だが効果のあるものだった。

　しかしその一方、手入れなどのためにピストルを分解する場合、バレル・ブッシングを回転させるのに大きな力を必要とするようになってしまった。

　モデル・ガバーメント・Mk4シリーズ70は、改良後継機のモデル・ガバーメント・Mk4シリーズ80（次ページ参照）の発売まで生産が続けられた。

アメリカ

コルト・モデル・ガバーメント
Mk4シリーズ80セミ・
オートマチック・ピストル
口径　　　　　.45ACP
全長　　　　　216mm
銃身長　　　　127mm
重量　　　　　1075g
装填数　　　　　8発
ライフリング　6条/左回り

## コルト・モデル・ガバーメントMk4シリーズ80セミ・オートマチック・ピストル (アメリカ)

　コルト・モデル・ガバーメントMk4・シリーズ80も、アメリカ軍の制式ピストルU.S.モデル1911の市販型の改良発展モデルだ。コルト社は、80年代のモデルという意味を込めてシリーズ80と名付けて1983年に発売した。

　モデル・ガバーメントMk4シリーズ80も基本的なメカニズム構造はオリジナルのU.S.モデル1911とほとんど変わらない。ハンマー露出式のシングル・アクションのセミ・オートマチック・ピストルだ。バレル後端が上下動し、スライド内でスライド内面上部の溝とバレル上面の突起が噛み合ってロックさせるティルト・バレル・ロッキングが組み込まれている。

　モデル・ガバーメントMk4シリーズ80の改良点は、自動的にファイアリング・ピンをロックして暴発を防ぐオートマチック・ファイアリング・ピン・ロック・セフティを組み込んだことである。

　モデル・ガバーメントには、フレーム左側面後部の手動セフティとグリップ後面のグリップ・セフティが備わっていたが、オートマチック・ファイアリング・ピン・ロック・セフティの追加装備により、落下時の衝撃による暴発の危険をさ

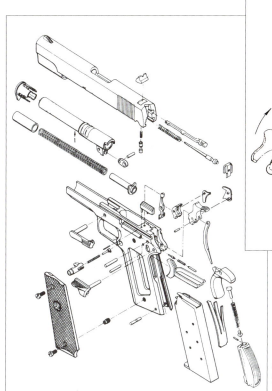

モデル・ガバーメントMk4シリーズ80
オートマチック・ファイアリング・
ピン・ロック・メカニズム

モデル・ガバーメントMk4
シリーズ80部品展開図

らに減少させた。

　このオートマチック・ファイアリング・ピン・ロック・セフティは、スプリング圧がかかったボルトによりスライド・ブリーチ内のファイアリング・ピンを常にロックして動かないようにする。トリガーを引いたときだけこのロック・ボルトが押し上げられて、ファイアリング・ピンがブリーチ内を動く状態になる構造を備えている。

　近年、銃砲の安全性に対する関心は厳しくなっており、暴発などの事故を防止するため各メーカーは設計上、最大限の努力をしている。コルト社のこの改良もその流れに沿ったものである。

　モデル・ガバーメントMk4シリーズ80は、1983年に生産を開始し、一般市販向けとして1991年までコルト社で製造が続けられた。カーボン・スチールを素材とした製品のほか、ステンレス・スチールを素材とした製品も製造された。

アメリカ

コルト・モデル・サービス・エース・
セミ・オートマチック・ピストル
口径　　　　.22LR
全長　　　　217mm
銃身長　　　125mm
重量　　　　1175g
装填数　　　10発
ライフリング　6条/左回り

## コルト・モデル・サービス・エース・セミ・オートマチック・ピストル（アメリカ）

　コルト・モデル・サービス・エースは、もともとアメリカ軍の新兵訓練用に開発された大型の小口径ピストルだ。

　新兵訓練用として設計されたため、アメリカ軍制式ピストルのU.S.モデル1911A1ピストルのグリップ部分がそのまま流用されて組み込まれている。そのため大きさやトリガーの引き具合などは、軍制式ピストルのU.S.モデル1911A1ピストル・スタンダード・モデルと同一だ。コルト・モデル・サービス・エースは、スムーズに制式ピストルへの移行ができる訓練用ピストルとして企画され、1934年から供給が始められた。

　新兵訓練用のため、大きさはスタンダードのU.S.モデル1911A1ピストルと変わらないが、弾薬として軍制式の反動や発射音の大きな.45ACP弾薬でなく、安価で反動や発射音の少ない.22LRリム・ファイアー弾薬を使用する。

　モデル・サービス・エースは、多くの部品をU.S.モデル1911A1ピストルから流用し、大きく重いスライドを装備している。ロッキングなしの単純なブローバック方式に改造しても、このままではスライドが重すぎてうまくセミ・オートマチック作動しない。

　そこで、モデル・サービス・エースのバレル基部には、フローティング・チャンバーという独特のメカニズムが組み込まれた。フローティング・チャンバーは、バレル基部のチャンバー（薬室）部分が

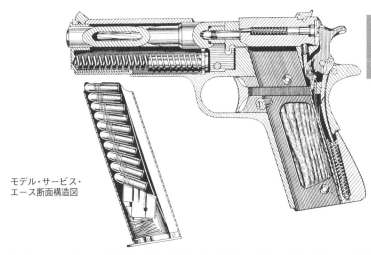

モデル・サービス・
エース断面構造図

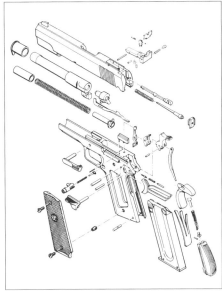

モデル・サービス・エース
部品展開図

通常分解したモデル・サービス・エース

二重になっており、弾薬を発射するとそのガス圧を受けてチャンバーが後方に勢いよく後方にスライドする。ピストルを作動させるために最もエネルギーを必要とする起動時に、このチャンバーがちょうどピストンのように早いスピードで後退し、スライドを起動させてスライドを後退させる構造になっている。

　グリップ・フレームをU.S.モデル1911A1から流用したため、モデル・サービス・エースのメカニズムは、モデル・ガバーメントとほとんど変わらない。ただし、圧力の低い.22LR弾薬を使用するため、バレルにロックはなく、単純なブローバック方式で作動する。

　モデル・サービス・エースは、もともと軍の訓練用ピストルとして企画・設計されたが、安価な弾薬を使用して手軽に射撃を楽しみたい一般ユーザーのため、コルト社では市販モデルも製作した。

アメリカ

コルト・モデル・ダブル・イーグル・
セミ・オートマチック・ピストル
口径　　　　.45ACP
全長　　　　216mm
銃身長　　　127mm
重量　　　　1105g
装填数　　　8発
ライフリング　6条/左回り

## コルト・モデル・ダブル・イーグル・セミ・オートマチック・ピストル（アメリカ）

　コルト・モデル・ダブル・イーグルは、ダブル・アクション・トリガー・ハンマー・システムを組み込んだコルト社の大型のセミ・オートマチック・ピストルだ。
　1980年代、セミ・オートマチック・ピストルもダブル・アクション・トリガー・ハンマー・システムを組み込むことが主流となった。アメリカでは、独立メーカーのシーキャンプなどが、コルト・モデル・ガバーメントをベースにして、これにダブル・アクション・トリガー・ハンマー・システムを組み込んだカスタム・モデルを製作した。
　この動きに対応して、コルト社が設計・製作した製品がモデル・ダブル・イーグルだ。サイズ的には、モデル・ガバーメントとほぼ同等の大型のセミ・オートマチック・ピストルだった。コルト社による供給は1989年に始められた。
　オリジナル・モデルは、素材としてステンレス・スチールが用いられた。その後、カーボン・スチールを素材に用いて表面を黒色に加工した製品が加えられた。
　オリジナルのモデル・ダブル・イーグ

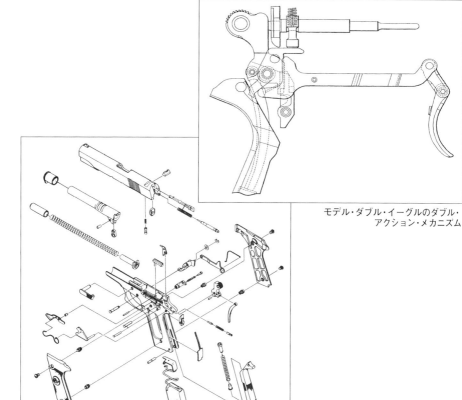

モデル・ダブル・イーグルのダブル・アクション・メカニズム

モデル・ダブル・イーグル部品展開図

ル・マーク1発売から3年後の1991年に、メカニズムの一部に改良が加えられた製品がモデル・ダブル・イーグル・マーク2シリーズ90の名称で発売された。

モデル・ダブル・イーグルは、大きな.45ACP弾薬や10mm弾薬を使用することを前提に、モデル・ガバーメントと同等の大型ピストルとして設計された。そのため、トリガーへのリーチが長く、ダブル・アクションによる射撃がおこないにくい欠点をかかえていた。このこともあり、モデル・ダブル・イーグルの販売は振るわず2000年に製造中止となった。

モデル・ダブル・イーグルは、コンベンショナル・ダブル・アクションを組み込んであるものの、その外観をはじめとして多くの部分にモデル・ガバーメントの面影を残した製品だ。

製造された期間は短かったものの、モデル・ダブル・イーグルには、モデル・ガバーメントと同様に、バレルとスライドを短く切り詰めたコンパクト型のモデル・ダブル・イーグル・コンパクト・コマンダーやさらに短くフレームの上下幅も短いモデル・ダブル・イーグル・オフィサーズACPなどがバリエーションとして製作された。

口径オプションには、スタンダードの.45ACP弾薬を使用するもののほかに10mm弾薬を使用するものが製作された。

アメリカ

コルト・モデルZ40セミ・
オートマチック・ピストル
口径　　　　.40S&W
全長　　　　205mm
銃身長　　　111mm
重量　　　　905g
装填数　　　10発
ライフリング　6条/右回り

## コルト・モデルZ40セミ・オートマチック・ピストル（アメリカ）

　コルト・モデルZ40セミ・オートマチック・ピストルは、.40S&W弾薬を使用するダブル・アクション・オンリーのトリガー・ハンマー・メカニズムを組み込んだ大型ピストルだ。自社生産ではないものの、コルト社が主にアメリカ・マーケットに向けて販売した。

　このコルト・モデルZ40は、アメリカ・コルト社で設計・製作されたものではなく、モデルCZ75-85シリーズを製作しているチェコのゾブロヨフカ社によって設計・製作されたものだった。

　コルト社は、ライバル会社のS&W社が開発した9mmパラベラム（ルガー）弾薬同様に低進性が良く、ストッピング・パワーがより優れた.40S&W弾薬を使用する大型ピストルを製作していなかった。とくにアメリカで、警察用ピストルとしてストッピング・パワーの優れた.40S&W弾薬を使用できる製品が注目されたことから、コルト社は、チェコのゾブロヨフカ社にこの弾薬を使用できるピストルの開発を発注した。

　ゾブロヨフカ社は、モデルCZ75-85シリーズに組み込まれていたダブル・アクション・トリガー・ハンマー・システムを

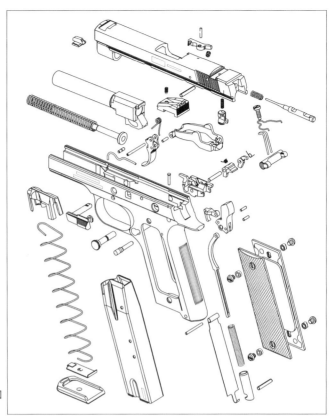

モデルZ40部品展開図

ベースにして、即応性を重視する警察用という観点から、ダブル・アクション・オンリーに改良して組み込み、セフティも素早い操作性のためオートマチック・セフティのみにした大型ピストルを1997年に完成させた。

これがコルト・モデルZ40だ。モデル名は開発を担当したゾブロヨフカ社の頭文字と使用する弾薬の口径に由来して命名された。

モデルZ40は、モデルCZ75-85シリーズ・ピストルを原型に開発されただけあり、これとよく似た基本構造になっている。

バレル後端が上下動してスライドのエジェクション・ポート（排莢孔）上部とバレル後部上面がロックされるティルト・バレル・ロッキング・システムが組み込まれている。撃発メカニズムは、ハンマー露出式で、即応性を重視したダブル・アクション・オンリーだ。そのため、ハンマー・スパーが切り取られ、ハンマーは前進するとスライド後端部分に半分隠れる。

素早く対応する際に操作しにくい手動セフティが省かれ、トリガーを引ききったときだけファイアリング・ピンを解除するオートマチック・セフティのみを装備する。

コルト・モデルZ40は、1998年からアメリカのマーケットで販売を開始したが、スチール製のフレームを備えていたため、軽量のプラスチック・フレームを採用した対抗商品に比べ重量があったことと、シンプルにしすぎたセフティの安全性に対する懐疑的な評価が加わり、大きな成功を収めることができなかった。

アメリカ

コルト・モデル・ガバーメント
.380セミ・オートマチック・
ピストル
口径　　9mm×17(.380ACP)
全長　　　　　　　152mm
銃身長　　　　　　83mm
重量　　　　　　　600g
装填数　　　　　　7発
ライフリング　6条/右回り

## コルト・モデル・ガバーメント.380セミ・オートマチック・ピストル（アメリカ）

　コルト・モデル・ガバーメント.380は、大型のコルト・モデル・ガバーメントを小型化させ、女性でも扱いやすい.380ACP（9mm×17）弾薬を使用する中型ピストルだ。

　護身用やホームディフェンス用として、中口径の弾薬を使用する中型ピストルは、アメリカで大きなマーケットとなっている。

　アメリカで人気のあるモデル・ガバーメント（M1911A1）ピストルのシルエットをそのままにスケール・ダウンして小型化させた中型ピストルは、スペインなどで製作されてアメリカで販売されていた。

　モデル・ガバーメントのオリジナル開発メーカーとして、コルト社がこのマーケット向けに企画・製作した製品がコルト・モデル・ガバーメント.380である。

　コルト社は1979年にモデル・ガバーメ

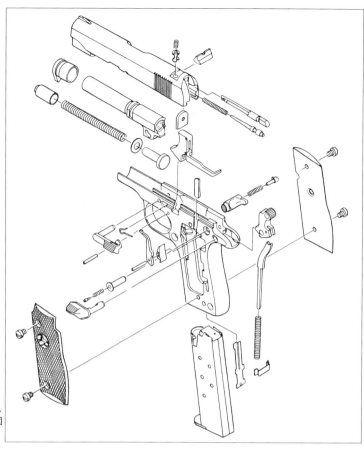

モデル・ガバーメント
.380部品展開図

ント.380シリーズ70を発売、大型のオリジナル・モデル・ガバーメントが改良されてシリーズ80となると、同様の改良を加えたモデル・ガバーメント.380シリーズ80を発売した。これらに加えて、スライドやバレル、フレームを切り詰めてさらにコンパクト化させたモデル・ムスタングやモデル・ポニーなども発展型として製造・供給した。

1999年にモデル・ガバーメント.380とモデル・ムスタングの製造は中止され、翌2000年になるとモデル・ポニーの製造も中止された。

中口径の.380ACP（9mm×17）弾薬は、シンプルなブローバック方式でピストルを設計することが可能だ。しかし、モデル・ガバーメント.380とその派生製品は、いずれもオリジナルのモデル・ガバーメントと同様にティルト・バレル・ロッキングが組み込まれている。

構造的には複雑になり、製造コストも高くなるものの、反面、重量の軽いスライドを装備させても安全に射撃することが可能で、ピストルの全体重量を軽減できる長所があった。

モデル・ガバーメント.380の構造は、ほとんど大型のオリジナル・モデル・ガバーメントと同様で、ティルト・バレル・ロッキングが組み込まれたハンマー露出式のシングル・アクションだ。

アメリカ

コルト・モデル・ジュニア・セミ・オートマチック・ピストル
口径　6.35mm×16SR(.25ACP)
全長　　　　　　113mm
銃身長　　　　　58mm
重量　　　　　　370g
装填数　　　　　6発
ライフリング　6条/左回り

## コルト・モデル・ジュニア・セミ・オートマチック・ピストル（アメリカ）

　コルト・モデル・ジュニアは変わった背景を持つ小型のポケット・ピストルだ。
　コルト社は、20世紀初頭にジョン M.ブローニングの開発した全長10センチほどの護身用小型ポケット・ピストルの製造を始め、大きな成功を収めた。しかし、このピストルは、ストライカー方式で設計されていたため、ピストルの射撃準備が整っているのかどうか、外部から確認しにくい欠点を持っていた。
　1950年代中頃、コルト社はスペインのアストラ・ウンセタ社で、外部からピストルの状態が確認しやすいハンマー撃発方式の小型ポケット・ピストルを製造させることになった。アストラ・ウンセタ社では、ブローニング設計に類似した小型ポケット・ピストルを製造していたことと、当時のスペインの人件費が安かったところからこの計画を進めた。
　コルト社、アストラ・ウンセタ社のいずれが、このハンマー露出式のポケット・ピストルの開発・設計のイニシアチ

アメリカ

通常分解したモデル・ジュニア

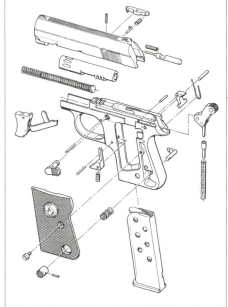

モデル・ジュニア
部品展開図

ブをとったのかはよくわかっていない。

1957年にハンマー露出式でブローバック作動するポケット・ピストルが完成された。コルト社は、このピストルにコルト・ジュニア（モデル・ジュニア）の製品名をつけて翌1958年から販売を始めた。

モデル・ジュニアには、コルト社のロゴやアドレス、モデル名がスライドに刻印され、目立たないところに小さくMADE IN SPAINと刻印されてアメリカで販売された。

他方、ほぼ同型のポケット・ピストルが、アストラ・モデル2000、あるいはアストラ・モデル・カブ（CUB）の商品名でアメリカに輸出されて販売された。

アメリカで、安価なヨーロッパ製小型ピストルの輸入を規制する輸入銃砲規制法が、1970年に施行され、コルト社がスペインからモデル・ジュニアの供給を受けることが難しくなった。そこでコルト社は、アメリカ国内でモデル・ジュニアの製造を始めることになった。コルト社によるモデル・ジュニアの製造は、2年ほど続けられたが、スペインで製造させるのに比べ製造コストが高く、大きなメリットが見いだせないところから1972年に製造中止となった。

モデル・ジュニアの口径オプションとして、.25ACP（6.35mm×16SR）弾薬のものと、.22ショートのものが製造された。

アメリカ

コルト・オール・アメリカン2000
セミ・オートマチック・ピストル
口径　　　　　9mm×19
全長　　　　　191mm
銃身長　　　　107mm
重量　　　　　820g
装填数　　　　15発
ライフリング　5条/左回り

## コルト・オール・アメリカン2000セミ・オートマチック・ピストル（アメリカ）

　コルト・オール・アメリカン2000は、1991年に発売された大型ピストルだ。この銃はアメリカの警察が相次いでオーストリア製のグロック・モデル17セミ・オートマチック・ピストルを採用することに対応してコルト社から商品化された。

　グロック・モデル17は、プラスチック製のグリップ・フレームを採用して軽量で、撃発方式として即応性の高い変則ダブル・アクションが組み込まれていた。常時携帯するため警察ピストルとして軽量であることと、必要とする際の即応性の高さは重要なファクターである。

　もともと警察官の武装ピストルは、コルト社の重要なマーケットだった。そこで、警察官向けの現代的なセミ・オートマチック・ピストルの開発をスタート、実際の設計を担当したのは、ナイツ・アーマメントとユージン・ストーナーだ。

　1990年に完成されたピストルは、アメリカ軍の新制式ピストル弾薬にも指定された9mm×19（9mmルガー）弾薬を使用する大型ピストルだった。撃発メカニズムは、グロック・モデル17と同様にストライカー方式の変則ダブル・アクションが組み込まれた。特徴的だったのは、ロッキング・システムとしてバレル自身を回転させてスライドと結合させるロー

アメリカ

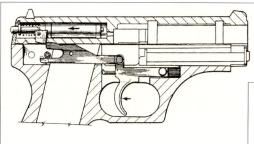

モデル・オール・アメリカン2000
のトリガー・メカニズム

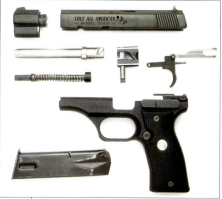

通常分解したモデル・オール・
アメリカン2000

モデル・オール・アメリカン
2000部品展開図

タリー・バレル・ロックが組み込まれた点だ。ロータリー・バレル・ロックが組み込まれたため、ピストルは、スライド先端部分を回転させて分解する方式となっていた。

コルト社は、このピストルにモデル・オール・アメリカン2000の商品名を与えて1991年から供給を始めた。モデル・オール・アメリカン2000には、基本的に2種類にオプションがある。ひとつは現代ピストルの多くが目指した軽量のプラスチック製グリップ・フレームを装備させたもので、もうひとつがプラスチックで

はなくアルミニウム軽合金を使用したグリップ・フレームを装備させたものだ。

モデル・オール・アメリカン2000は、ユニークなローターリー・バレルを組み込んだことが裏目に出て、製造工程が煩雑になり、よりシンプルなティルト・バレルを組み込んだグロック・モデル17の商品としての優位性を覆すことができなかった。モデル・オール・アメリカン2000の販売は振るわず、コルト社は発売からわずか3年目の1994年に製造中止を決断した。その間に製造されたのは約2万挺だった。

アメリカ

スミス&ウエッソン・モデル10（ミリタリー&ポリス）リボルバー
口径　　　　.38S&WSp
全長　　　　　235mm
銃身長　　　　101mm
重量　　　　　　955g
装填数　　　　　　6発
ライフリング　6条/右回り

## スミス&ウエッソン・モデル10（ミリタリー&ポリス）リボルバー（アメリカ）

　スミス&ウエッソン（以下S&Wと表記）・モデル10リボルバーは、S&W中型（Kフレーム）現代ダブル・アクション・リボルバーの原点とも言うべき製品だ。

　もともとこのリボルバーは、.38S&Wスペシャル・ハンド・エジェクターの製品名で1899年にS&W社から発売された。そのため現代リボルバーとすることは正確ではないかもしれない。しかし、S&W社は、自社製品に絶えず小改良を加えつつ発展させているため、オリジナルのモデル.38S&Wスペシャル・ハンド・エジェクター（ミリタリー&ポリス）と現生産型ではその姿を大きく変えている。

　アメリカ軍が軍用リボルバー制式弾薬に選定した.38ロング・コルト弾薬に対応させて開発された弾薬が.38S&Wスペシャル弾薬で、この弾薬を使用するハンド・エジェクター・リボルバーがS&Wモデル.38S&Wスペシャル・ハンド・エジェク

ター（ミリタリー&ポリス）だった。

　S&W社は、生産される製品にさまざまな商品名を与えて市場に出荷した。最初にNo.1、No.2などナンバーによる商品名がつけられた。口径、仕様の異なるオプション・モデルが出現すると、No.3アメリカン、No.3ラッシャンなどナンバーの後に区分名をつけて区別した。その後、モデル・セフティ・ハンマーレスやモデル・ハンド・エジェクターなど構造に由来する商品名をつけた。口径オプションが増えると、使用する口径をその前につけモデル.32セフティ・ハンマーレスやモデル.38S&Wハンド・エジェクターなどと呼んで区別した。

　さらにS&Wモデル.38S&Wスペシャル・ハンド・エジェクターには、ミリタリー&ポリスなどの覚えやすいいわばニックネームが与えられた。

　それでも絶えず増えてゆく新製品に名

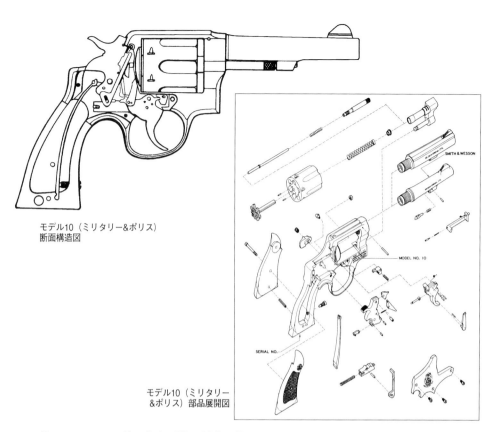

モデル10（ミリタリー&ポリス）
断面構造図

モデル10（ミリタリー&ポリス）部品展開図

称がついてゆかず、生産現場や販売現場が混乱することになった。そこで第2次世界大戦と朝鮮戦争が終結して落ち着きを取り戻した1957年にS&W社は、製造を継続して供給を続けている製品を、再び数字で呼ぶことにした。すでにNo.1からNo.3までは過去の製品に使用されたナンバーだった。そこで1957年に始められた数字によるモデル名は、モデル10から始められ、10番台を中型のKフレームに割り振り、20番台を大型のNフレームとし、30番台を小型のJフレームに割り当てることにした。

しかし、これもあくまで原則で、早くもすでにナンバーの製品名がつけられていたセミ・オートマチックが入ることで混乱を生じさせることになる。

そこで1957年にナンバーによる商品名が採り入れられてからも、たとえばS&Wモデル10ミリタリー&ポリスなどのようにニックネームも併記されることになった。

つまり、製造時期で外観やスペックに多少の差があるものの、S&Wモデル10、S&Wモデル10ミリタリー&ポリス、S&Wモデル.38S&Wスペシャル・ハンド・エジェクターはいずれも基本的に同一のリボルバーなのだ。

S&Wモデル10は前述したように、現代S&W社製の中型ダブル・アクション・リボルバーの基本形で、Kフレームと呼ばれる中型のソリッド・フレームにクレーンを組み込んでスイング・アウトするシリンダーを装備させた製品である。

トリガーを引いて撃発することもハンマーを指で起こしてシングル・アクションで射撃することも可能なコンベンショナル・ダブル・アクションを撃発メカニズムとして組み込んである。

アメリカ

スミス&ウエッソン・モデル
36チーフズ・スペシャル・
リボルバー
口径　　　　.38S&WSp
全長　　　　　　161mm
銃身長　　　　　　47mm
重量　　　　　　　550g
装填数　　　　　　　5発
ライフリング　6条/右回り

### スミス&ウエッソン・モデル36チーフズ・スペシャル・リボルバー（アメリカ）

　スミス&ウエッソン・モデル36チーフズ・スペシャル・リボルバーは、コルト社のモデル・デテクティブ・スペシャルに対抗させてS&W社が製品化した小型リボルバーだ。

　私服で業務につく警察官やセキュリティ要員が携帯しやすいように、短いバレルを装備した小型リボルバーとして製作された。

　S&W社は、マーケットへの供給を1950年に始めた。はじめS&Wモデル・チーフズ（警備部長）スペシャルの商品名で販売し、1957年にS&W社の製品がナンバーで呼ばれるようになるとS&Wモデル36の商品名が与えられた。

　現代のS&W社製ダブル・アクション・リボルバーの中で最もサイズの小さなJフレームに短い2インチ（約5センチ）のバレルが装備されている。私服の上着の下に吊りさげるショルダー・ホルスターからもスムーズに抜き出せるよう、バレル上面に引っかかりにくい三角形をしたフロント・サイトが装着された。

　ソリッド・フレームにクレーンが組み込まれ、シリンダーを銃の左側方にスイング・アウトさせて弾薬を装填するスイング・アウト式で、シリンダー内に5発の.38S&Wスペシャル弾薬を装填できる。

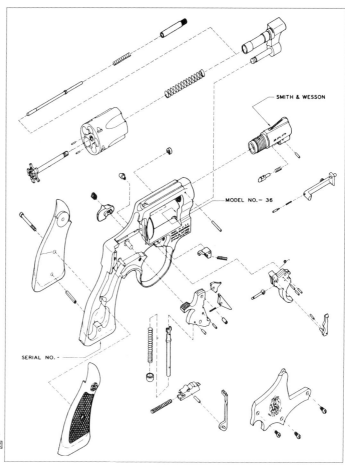

モデル36チーフズ・
スペシャル部品展開図

　ハンマー露出式で、撃発をトリガーを引いてハンマーを起こすダブル・アクションでも、指でハンマーを起こすシングル・アクションでもおこなえる共用のコンベンショナル・ダブル・アクション方式のトリガー・ハンマー・メカニズムが組み込まれている。

　オリジナルのS&Wチーフズ・スペシャルは、カーボン・スチール製のフレームとシリンダーを採用していたが、1952年にフレームとシリンダーをアルミニウム軽合金で製作した軽量のS&Wモデル37チーフズ・スペシャル・ライト・ウエイトが加えられた。

　アルミニウム軽合金で製作されたシリンダーは、.38S&Wスペシャル弾薬に対して強度がじゅうぶんでないことが判明したことから、1954年にシリンダー部分をカーボン・スチール製とする改良が加えられた。

　1965年になると、錆びにくいステンレス・スチールを素材として使用したS&Wモデル60ステンレス・チーフズ・スペシャルも加えられた。これらの派生型は、構造、シルエットともにオリジナルのモデル・チーフズ・スペシャルとまったく同一だ。

アメリカ

スミス&ウエッソン・モデル
40センチニアル・リボルバー
口径　　　.38S&WSp
全長　　　　　160mm
銃身長　　　　　47mm
重量　　　　　　590g
装填数　　　　　　5発
ライフリング　6条/右回り

## スミス&ウエッソン・モデル40センチニアル・リボルバー（アメリカ）

　スミス&ウエッソン・モデル40センチニアル・リボルバーは、モデル・チーフズ・スペシャルの即応性をさらに高めた携帯型の小型リボルバーだ。

　このリボルバーが発売された1952年は、S&W社創立から100年目にあたるところから、モデル・センチニアル（100周年）と命名された。

　S&Wモデル40センチニアルの基本的な構造は、モデル36チーフズ・スペシャルとよく似ている。携帯性を重視し、短い2インチのバレルが採用された。クレーンを組み込んだ小型のソリッドJフレームに銃の左側方にスイング・アウトするシリンダーを装備している。

　S&Wモデル40センチニアルがS&Wモデル・チーフズ・スペシャルと最も異なっているのは、装備されたハンマーが露出式でなく、フレームに内蔵されたコンシールド・ハンマー形式で設計されている点にある。

　ハンマー内蔵式のため、ホルスターから抜き出す際、より引っかかりにくくなった。またポケットの中からも確実に射撃できる

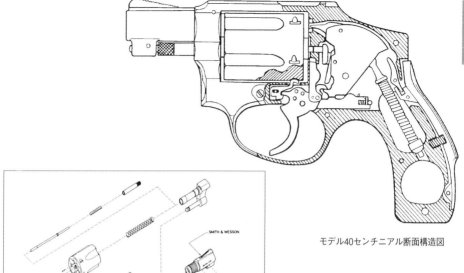

モデル40センチニアル断面構造図

モデル40センチニアル
部品展開図

ようになった。その反面、ハンマーが露出していないところから、ハンマーを指で起こしておこなうシングル・アクションの正確な射撃ができず、ダブル・アクションのみの射撃となった。

S&Wモデル40センチニアルは、S&W社の製作したコンシールド・ハンマー・リボルバーの最初のケースではない。S&W社がソリッド・フレームのスイング・アウト式シリンダーを備えたリボルバーを生産する以前、中折れ式ダブル・アクション・リボルバーとしてS&Wモデル・セフティ・ハンマーレスのモデル名で同様のコンシールド・ハンマー・リボルバー製作していた。

このS&Wモデル・セフティ・ハンマーレスは、第2次世界大戦の戦時生産のため製造中止となり、大戦が終結しても生産は再開されなかった。

モデル40センチニアルは、このS&Wモデル・セフティ・ハンマーレスの近代化モデルと言える製品で、組み込まれたグリップ・セフティの構造など類似点も多かった。

アメリカ

スミス&ウエッソン・モデル
38ボディーガード・エアウェイト・
リボルバー
口径　　　.38S&WSp
全長　　　161mm
銃身長　　48mm
重量　　　395g
装填数　　5発
ライフリング　6条/右回り

## スミス&ウエッソン・モデル38ボディーガード・エアウェイト・リボルバー（アメリカ）

　スミス&ウエッソン・モデル38ボディーガード・エアウェイトもS&Wモデル40センチニアルと同様に携帯性を重視したハンマーをフレーム内部に内蔵させたコンシールド・ハンマー・タイプの小型リボルバーだ。

　コンシールド・ハンマー・タイプのS&Wモデル40センチニアルが1952年に発売されると、その即応性は認めつつも、ダブル・アクション・オンリーの撃発では、正確な照準をおこないにくいとの批判が出た。その批判に応えてS&Wが再設計し、1955年に発売された製品が、S&Wモデル38ボディーガード・エアウェイトだった。

　構造的には、S&Wモデル40センチニアルとよく似ている。回転式のハンマーをフレーム内部に内蔵させたコンシールド・ハンマーの小型リボルバーで、ソリッド・フレームにクレーンと銃の左側方にスイング・アウトするシリンダーを組み込んである。

　S&Wモデル38ボディーガード・エアウェイトとS&Wモデル40センチニアルの大

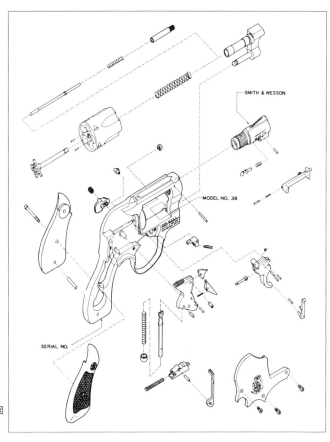

モデル38ボディーガード・
エアウェイト部品展開図

きな違いは、S&Wモデル38ボディーガード・エアウェイトが、ダブル・アクションだけでなく、指でハンマーを起こして正確な照準のできるシングル・アクションでも使用できるようになった点だ。

そのため、S&Wモデル38ボディーガード・エアウェイトは、フレームにハンマーを完全に内蔵させたS&Wモデル40センチニアルと異なり、フレームの後方の上部にハンマーの一部が露出している。この露出部分に指をかければハンマーを起こし、シングル・アクション射撃をおこなうことができる構造だ。

この形式のハンマーは、シングル・アクションとして使用しやすいものではないが、引っかかりにくく、即応性もあり、かつ場合によって正確な射撃も期待するユーザーに対するひとつの回答だった。

S&Wモデル38ボディーガード・エアウェイトは、ライトウェイトと名付けられたが、シリンダーの強度を高めるため、シリンダー部分がカーボン・スチールで製作された。1954年以降に製造されたS&W37チーフズ・スペシャル・ライトウェイトにも同様の強化・改良が加えられることになった。

1959年になるとS&Wモデル38ボディーガード・エアウェイトとまったく同型で、フレーム本体もカーボン・スチールを素材として製作されたS&Wモデル49ボディーガード・リボルバーの供給も始められた。

アメリカ

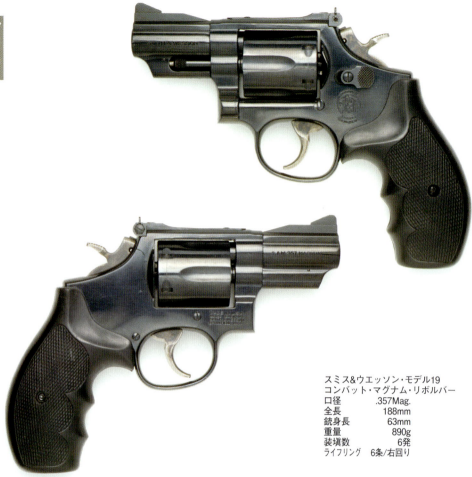

スミス&ウエッソン・モデル19
コンバット・マグナム・リボルバー
口径　　　　　.357Mag.
全長　　　　　188mm
銃身長　　　　63mm
重量　　　　　890g
装填数　　　　6発
ライフリング　6条/右回り

## スミス&ウエッソン・モデル19コンバット・マグナム・リボルバー（アメリカ）

　スミス&ウエッソン・モデル19コンバット・マグナムは、中型ダブル・アクション・リボルバー用のKフレームに組み込まれた.357マグナム弾薬を使用するリボルバーだ。

　強力な.357マグナム弾薬を使用するこの中型リボルバーは、アメリカ国境警備隊隊員だったビル・ジョーダンの発案で製作されることになった。

　彼の提案は、通常の警察官が携帯する.38S&Wスペシャル弾薬を使用するリボルバーと同様に小型軽量で携帯性がよく、かつ国境地帯のような開けた場所で遠距離の射撃も可能な.357マグナム弾薬を使用できるリボルバーの開発だった。

　S&W社はこの提案を受け入れて開発を進め、1954年に製品化し、S&Wモデル・コンバット・マグナム（1957年にモデル19と改称）の名称で発売した。

　S&Wモデル・コンバット・マグナムの性能は、国境警備隊だけでなく、ハイウェーのパトロールをおこなう警察官にとっても有益だった。そのためアメリカのハイウェー・パトロール隊員の武装としても一時期多用された。

　使用する弾薬を除けば、このS&Wモデ

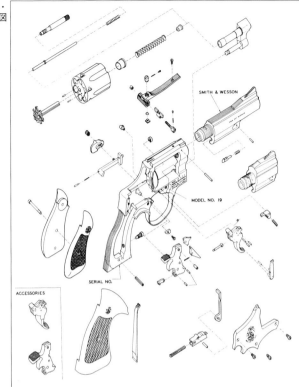

モデル19コンバット・
マグナム部品展開図

ル19コンバット・マグナムは、現代S&Wダブル・アクション・リボルバーの基本形となったS&Wモデル10ミリタリー&ポリス・リボルバーとほとんど同型の製品だった。

ソリッド・タイプのKフレームにクレーンで銃の左側面にスイング・アウトするシリンダーを装備させた中型リボルバーだ。バレル、フレーム、シリンダーともカーボン・スチールを素材として製作された。

.357マグナム弾薬を使用するため、S&Wモデル10ミリタリー&ポリスに組み込まれたものよりやや前後長の長いシリンダーが組み込まれた。S&Wモデル19コンバット・マグナムの長いシリンダーで.38S&Wスペシャル弾薬を使用することも可能だ。逆に通常のS&Wモデル10ミリタリー&ポリスで.357マグナムを射撃することはできない。

撃発メカニズムは、ハンマー露出式、ダブル・アクションでも、シングル・アクションでも使用できるコンベンショナル・ダブル・アクションのトリガーとハンマーが組み込まれている。

角張ったスクエア・バットのグリップを装備した4インチ・バレルの製品が1954年から供給され始めた。その後、1964年にオプションとして、小型で丸みを帯びたラウンド・バットのグリップと2.5インチのショート・バレルを装備させた携帯性の良い製品が追加発売された。

.357マグナム弾薬をより無理なく使用するため、1980年にS&W社は、Kフレームをやや大きくしたMフレームを製作した。このMフレームを装備したS&W.357マグナム・リボルバーがS&Wモデル586ディスティンギシュ・コンバット・マグナムである。

S&Wモデル586ディスティンギシュ・コンバット・マグナムの発売にともない、S&W.357マグナム・リボルバーの生産は徐々に縮小されて1990年代中頃に生産中止となった。

アメリカ

スミス&ウエッソン・モデル
629 .44マグナムステンレス・
リボルバー
口径　　　　　.44Mag
全長　　　　　357mm
銃身長　　　　212mm
重量　　　　　1455g
装填数　　　　6発
ライフリング　6条/右回り

## スミス&ウエッソン・モデル629 .44マグナムステンレス・リボルバー（アメリカ）

　スミス&ウエッソン・モデル629 .44マグナムステンレス・リボルバーは、強力な.44マグナム弾薬を使用する大型リボルバーで、ステンレス・スチールを素材として製作された。

　このリボルバーの原型となったのは、ハリウッド映画「ダーティ・ハリー」シリーズで使用されて一躍有名になったS&Wモデル29である。

　原型のS&Wモデル29は、きわめて威力の強力な大口径の.44マグナム弾薬を使用するダブル・アクション・リボルバーとして、1956年にS&W社から発売された。

　S&Wモデル29は、大口径向けの大型のNフレームを備えたリボルバーだ。基本的なメカニズムは、ほかのS&W社製の現代リボルバーと大差ない。ソリッド・フレームにクレーンとシリンダーを組み込み、シリンダーを銃の左側方にスイング・アウトして弾薬の装填をおこなうスイング・アウト・シリンダー・タイプのリボルバーだ。

　撃発メカニズムは、トリガーを引ききってダブル・アクションで射撃することも、指でハンマーを起こしてシングル・アクションで射撃することもできるコン

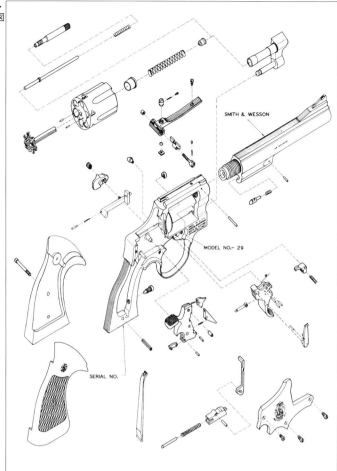

モデル629.44マグナム・ステンレス部品展開図

ベンショナル・ダブル・アクションが組み込まれた。

S&Wモデル29の最大の特徴はS&W社とレミントン社が共同で1955年に開発した、きわめて威力の高い.44マグナム弾薬を使用する点にある。

この弾薬は、ピストルによるハンティングが許されたアメリカで、大型獣のピストル・ハンティング用の弾薬として開発された。言うまでもなくS&Wモデル29もこの目的のために設計されて商品化されたリボルバーである。

.44マグナム弾薬は、軍用や警察用とするには強力すぎる。また、ピストルの弾薬としても強力すぎて、発射の大きな反動（リコイル）をともなっていた。あまり実用的な製品でなかったため、S&Wモデル29は印象的な製品ながら、一般には敬遠され、それほどの販売実績があがらなかった。だが、映画「ダーティ・ハリー」シリーズで使用されたことで有名になり、一挙にS&W社のベストセラー商品となった。

その後、1978年にステンレス・スチールを素材としたS&Wモデル629が発売された。モデル名の最初のナンバー6は、ステンレスを素材としていることを示している。つまりモデル629は、ステンレス製のモデル29であることを示している。

アメリカ

スミス&ウエッソン・モデル500
ステンレス・リボルバー
口径　　　.500S&WMag
全長　　　　　381mm
銃身長　　　　213mm
重量　　　　　2038g
装填数　　　　5発
ライフリング　6条/右回り

## スミス&ウエッソン・モデル500ステンレス・リボルバー（アメリカ）

　スミス&ウエッソン・モデル500ステンレス・リボルバーは、S&W社の現製品の中で最大かつ最強の弾薬を使用するリボルバーだ。

　S&Wモデル500ステンレスは、2003年に発売されたピストル弾薬として最も威力の大きな.500S&Wマグナム弾薬を使用する。この.500S&Wマグナム弾薬の弾丸エネルギーは、最大2,800+フィート・ポンドあり、強力といわれる.44マグナム弾薬の最大1,600+フィート・ポンドに比べても2倍近い。まさに世界最強のピストル弾薬といえる。

　.44マグナム弾薬と同様に、この.500S&Wマグナム弾薬も、ピストルによる大型獣のハンティング用弾薬として開発された。

　北アメリカ大陸最強の大型獣であるグレズリー・ベア（灰色熊）に対して.44マグナム弾薬の威力は不十分との指摘があったところから、.500S&Wマグナム弾薬の開発が始められたとされる。

　.500S&Wマグナム弾薬は、.44マグナム弾薬に比べてはるかに強力で、射撃する際の射撃リコイルはきわめて大きい。そのためS&Wモデル500ステンレスは、射撃の際にマズル（銃口）部分が激しく跳

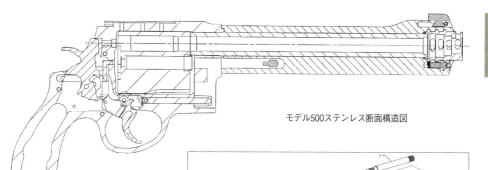

モデル500ステンレス断面構造図

左から.357、.44、.500S&W
各マグナム弾薬

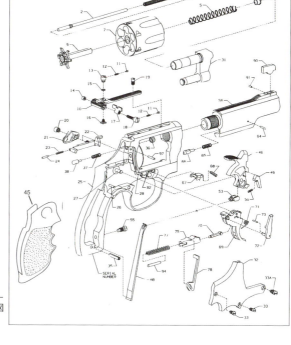

現代S&Wリボルバー
汎用部品展開図

ね上がることを防ぎ、反動を和らげるために、バレル先端部分の上部に発射ガスを上方に逃がしてマズルの跳ね上がりを減少させるためのガス・ポート（ガス抜き穴）が設けられた。

また.500S&Wマグナム弾薬は、その直径が大きく長さも長いため、従来の大型リボルバー用のNフレームで対応できず、S&W社は新たにNフレームより大型のXフレームを開発し、S&Wモデル500ステンレスに用いた。

S&Wモデル500ステンレスの基本的なメカニズムは、ほかのS&W社の現代リボルバーと大差ない。

大型のXフレームのソリッド・フレームを備え、クレーンでシリンダーをスイング・アウトさせて弾薬の装填をおこなう。弾薬が大型のため、シリンダーに装填できる弾薬は5発だ。撃発メカニズムは、ダブル・アクションでもシングル・アクションのどちらでも射撃できるコンベンショナル・ダブル・アクションが組み込まれた。

アメリカ

スミス&ウエッソン・モデル・
ボディーガード38リボルバー
口径　　　　　.38S&WSp
全長　　　　　168mm
銃身長　　　　48mm
重量　　　　　405g
装填数　　　　5発
ライフリング　6条/右回り

## スミス&ウエッソン・モデル・ボディーガード38リボルバー（アメリカ）

　スミス&ウエッソン・モデル・ボディーガード38リボルバーは、携帯性を重視し、ポリマーを多用してグリップ・フレームを製作した軽量小型のリボルバーだ。

　近年アメリカでは、多くの地域で護身用ピストルを携行できる携帯許可証が発行されるようになった。また、男女雇用機会均等法により、女性でも夜間や危険な業務につくことが多くなっている。そのため、ピストル携帯許可証を申請し、護身用ピストルを携帯する人々、とくに女性が増加した。また、ホーム・セキュリティとして家庭にピストルを用意する人々も増えている。

　日常の安全確保のために使用するものが護身用のピストルだ。射撃訓練を頻繁におこなっている人々は別だが、一般の人々にとって、緊急時にまごつかず射撃をおこなうことは容易でない。

　アメリカで増大するこの護身用ピストルのマーケットに向けて、S&W社が開発し、2010年に発売した製品が、モデル・ボディーガード38リボルバーである。

　バッグなどに入れて携行してもかさばらないように、短いバレルを装備したスナップノーズ・タイプとして設計された。

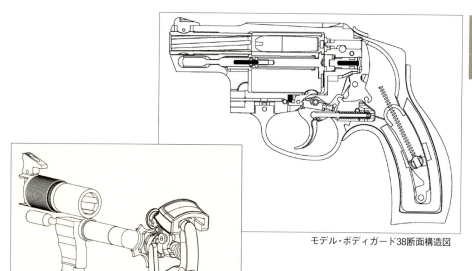

モデル・ボディガード38断面構造図

モデル・ボディガード38
トリガー構造図

　また、常時持ち歩いても負担にならない重量とするため、ポリマーを多用したフレームを採用し、軽量化させた。
　さらに緊急時の使用にまごつかないよう、S&Wモデル40センチニアル（54ページ参照）とよく似た外観で、トリガーを引くだけで射撃できるダブル・アクション・オンリーのハンマー内蔵のコンシールド・ハンマーを組み込んだ。
　コンシールド・ハンマーのため、たとえバッグやポケットの中から射撃してもハンマーが引っかかることがなく、撃発不良が起こりにくい特徴をもつ。
　基本的な構造は、ほかのS&W社製の現代リボルバーとほとんど変わらない。スチール・ウールを混入して強化したポリマー製のソリッド・フレームにクレーンを組み込んだスイング・アウト式のシリンダーを備えたリボルバーだ。

　ただし、ポリマー製のフレームを採用していることから、強度的に正確な動きを期待しにくい。シリンダーを回転させるためのハンドは、円盤状のラチェットに交換されている。このラチェットを回転させてシリンダーの正確な回転を確保する構造となっている。
　バレルが短く、正確な照準がしにくいことと、使用される状況が夜間などの暗い場合が多いことを考慮し、フレーム右側面の上部にアメリカ・インサイト社製のレーザーレッド・ドット・ポインターを組み込んだ製品も用意されている。このレッド・ドット・ポインターは、レーザーの赤い光点が着弾点を照射するよう調整されており、赤い光点がターゲットを捉えたときにトリガーを引いて射撃する。

アメリカ

スミス&ウエッソン・モデル39
セミ・オートマチック・ピストル
口径　　　　9mm×19
全長　　　　193mm
銃身長　　　105mm
重量　　　　805g
装填数　　　8発
ライフリング　6条/右回り

## スミス&ウエッソン・モデル39セミ・オートマチック・ピストル（アメリカ）

　スミス&ウエッソン・モデル39セミ・オートマチック・ピストルは、9mm×19（9mmルガー）弾薬を使用する大型セミ・オートマチック・ピストルだ。もともとアメリカ軍の制式ピストルのU.S.モデル1911A1（コルト・モデル・ガバーメント）に代わる次世代の軍用ピストルを目指してS&W社で開発が進められた。

　第2次世界大戦でドイツ軍が制式ピストルとして使用したワルサー・モデルP38セミ・オートマチック・ピストルは、ダブル・アクション・トリガー・ハンマーを組み込むなど、U.S.モデル1911A1に比べ先進的な設計だった。

　これに強いインパクトを受けたアメリカ軍は、第2次世界大戦が終結すると、次世代アメリカ軍制式ピストルのトライアルを進めた。このトライアルに向けて設計されたものが、のちにS&Wモデル39として製品化された。

　S&W社の開発は、第2次世界大戦終結直後に開始され、S&W社の主任開発技術者だったジョー・ノーマンが設計を担当した。1948年にプロト・タイプのモデルX-46が完成される。アメリカ軍のトライアルは、1954年から1955年にかけておこなわれ、S&Wモデル39と名付けられたピストルは、アメリカ軍制式ピストルに最適との評価を受けた。しかし、アメリカ陸軍は、このピストルを制式にせず、ア

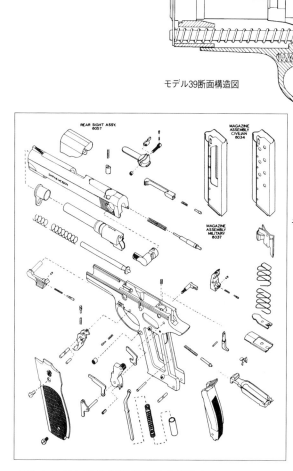

モデル39断面構造図

モデル39部品展開図

アメリカ

一露出式のコンベンショナル・ダブル・アクションが組み込まれた。

このダブル・アクションの特徴は、ハンマーの下部をトリガー・バーで引いてハンマーをコックさせる構造とした点にある。この形式のほうが、ワルサー・モデルP38のアクセルを使用したダブル・アクションより耐久性が高く、また調整も容易だとされる。

1957年にS&Wモデル39の生産と供給が開始され、1971年に一部に改良が加えられたS&Wモデル39-1の生産が始まった。S&Wモデル39の製造は、1982年まで継続された。

S&Wモデル39は、S&W社でその後開発された多くの大型ピストルの原型となった。S&Wモデル39のマガジンをダブル・カーラム化し、1971年に発売されたものがS&Wモデル59だ。

1979年にはサイト・フード装備の調整可能なリア・サイトを持つS&Wモデル439、1984年にはこれをステンレス・スチールで製作したS&Wモデル639が発売された。1990年には、これらを改良したS&Wモデル3900シリーズが発売された。

メリカ海軍と特殊部隊が少数を購入しただけだった。

そこで、S&W社はトライアル・ネームのS&Wモデル39をそのまま商品名として、1957年に市販を開始した。

S&Wモデル39は、ブローニング発案のショート・リコイルすることでバレル後端を上下させるティルト・バレルが組み込まれている。全体的な構成はU.S.モデル1911A1に似ているものの、同時にワルサー・モデル38を多分に意識して設計されている。使用する弾薬はモデルP38と同じ9mm×19（9mmルガー）弾薬で、トリガー・ハンマー・システムとして、ハンマ

スミス&ウエッソン・モデル559
セミ・オートマチック・ピストル
口径　　　　9mm×19
全長　　　　192mm
銃身長　　　105mm
重量　　　　1125g
装填数　　　14発
ライフリング　6条/右回り

## スミス&ウエッソン・モデル559セミ・オートマチック・ピストル（アメリカ）

　スミス&ウエッソン・モデル559セミ・オートマチック・ピストルは、装填弾薬量の多いダブル・カーラム（複列）マガジンを使用するS&Wモデル59の近代モデルだ。

　原型となったS&Wモデル59は、S&W社がS&Wモデル39に装填できる弾薬数を増大させて再設計した製品で、プロト・タイプが1964年に完成した。これを提示されたアメリカ海軍の特殊部隊SEAL（シール）は、1969年にトライアルをおこなったが、アメリカ軍による大量採用までには至らなかった。

　そこでS&W社は、このピストルにS&Wモデル59の製品名をつけて、1971年から一般の射撃愛好者向けに発売した。

　S&Wモデル59の基本的な構造は、S&Wモデル39と変わらない。ショート・リコイルするティルト・バレル・ロッキングが組み込まれた大型セミ・オートマチック・ピストルで、9mm×19弾薬を使用。

　トリガーやハンマーのメカニズムもS&Wモデル39とほとんど変わらず、ハンマー露出式で、シングル・アクション、ダブル・アクションどちらでも射撃が可能なコンベンショナル・ダブル・アクションが組み込まれている。

　S&Wモデル59の特色はダブル・カーラム・マガジンを使用している点にある。このマガジンには、S&Wモデル39のシングル・ロー（単列）マガジン装填数8発の倍近い15発の弾薬を装填できた。

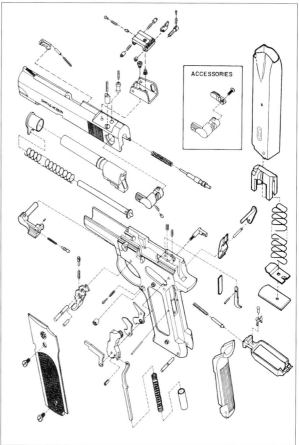

モデル559部品展開図

　アメリカ軍がU.S.モデル1911A1（コルト・モデル・ガバーメント）に代わる次世代の制式ピストルのトライアルを開始すると、S&W社は、S&Wモデル59をベースに改良を加えた近代化ピストルを開発した。このトライアル・モデルがのちのS&Wモデル559となる。

　トライアル・モデルは、主にリア・サイト（照門）部分に改良が加えられた。軍用ピストルとしての耐久性を高めるため、調整可能なリア・サイトは変形などを防ぐ目的で両側面にサイト・ガードを追加装備した。

　グリップ・フレーム部分は、種類の異なる素材を使用して、2機種のトライアル・モデルが製作された。

　ひとつはアルミニウム系の軽合金でグリップ・フレームを製作した軽量化モデルで、これがのちのS&Wモデル459となる。もうひとつはカーボン・スチールでグリップ・フレームを製作した耐久性の高いもので、これがのちのS&Wモデル559となった。

　新制式ピストルとしてアメリカ軍は、イタリア・ベレッタ社製のモデル92Fを最終的に選定した。トライアルに敗れたS&W社は、このトライアルに向けて開発したピストルを、一般向けに市販することにした。1979年最初にアルミニウム系軽合金のグリップ・フレームを組み込んだS&Wモデル459を発売。続いて1980年にカーボン・スチールのグリップ・フレームを組み込んだS&Wモデル559を発売した。1982年にはステンレス・スチールを素材としたS&Wモデル659を発売した。

　これらのS&Wモデル459、モデル559、モデル659は、その外観、メカニズムが同型で、異なる素材を使用した製品だ。

　2002年になると、これらのS&Wモデル59を原型としたピストル・シリーズは、さらに改良されてS&Wモデル5900シリーズとなった。

アメリカ

スミス&ウエッソン・モデル・
シグマ・セミ・オートマチック・
ピストル(SW9F)
口径　　　　9mm×19
全長　　　　196mm
銃身長　　　114mm
重量　　　　720g
装填数　　　14発
ライフリング　6条/右回り

## スミス&ウエッソン・モデル・シグマ・シリーズ・セミ・オートマチック・ピストル(アメリカ)

　スミス&ウエッソン・モデル・シグマ・シリーズは、オーストリアのグロック・モデル17に対抗する製品として、1994年にS&W社から発売された。

　コルト社と同様にS&W社にとってもアメリカの警察官の武装用ピストルは、重要なマーケットだった。グロック・モデル17がアメリカに紹介されると、その軽量さと即応性が高く評価され、多くの警察組織がこのピストルを採用した。

　S&Wモデル・シグマは、S&Wがグロック・モデル17に対抗させる製品として1994年に開発された。このピストルは、グロック・モデル17の影響を色濃く受けた製品である。

　S&Wモデル・シグマは、ピストルを軽量化させるため、グリップ・フレームを強化プラスチックのポリマーで製作した。

　メカニズムもグロック・モデル17とよく似た構造になっていた。後端が上下動してスライドのエジェクション・ポートとロックされるティルト・バレル・ロックが組み込まれ、毎回やや長いトリガー・プルによって射撃する変則ダブル・アクションのトリガー・メカニズムが組み込まれた。撃発はスライドのブリーチに組み込まれたストライカーでおこなう。即応性を重視し、手動セフティを装備させず、オートマチック・セフティだけにしてある。トリガー本体を上部と下部に分割させ、ピンで連結してトリガー自体をセフティとした。これらのメカニズムの特徴は、いずれもグロック・モデル17と同一だ。

　S&Wモデル・シグマは、その構成やメカニズムがあまりにもグロック・モデ

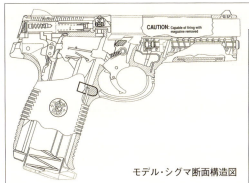

モデル・シグマ断面構造図

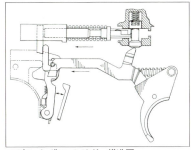

モデル・シグマ・トリガー構造図

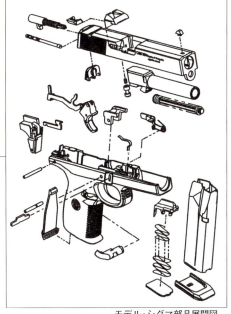

モデル・シグマ部品展開図

17に酷似していたため、グロック社によって裁判が起こされ、1987年にS&W社が敗訴、グロック社のパテント侵害の賠償金の支払とS&Wモデル・シグマのメカニズムの変更が命じられた。

1994年、S&W社は当時注目されていたストッピング・パワーの高いS&W.40弾薬を使用するS&Wモデル40Fを発売。続けて9mm×19（9mmルガー）弾薬を使用するS&WモデルSW9Mを発売した。その後1995年に9mm×17（.38ACP）弾薬を使用するS&WモデルSW380Mをバリエーションに加えた。

グリップ・フレームとして最初に黒色のポリマーが用いられた。1998年になるとステンレス・スチール製のスライドと明るいグレーのポリマー製グリップ・フレームを装備させた9mm×18口径のS&WモデルSW9Vと.40S&W口径のS&WモデルSW9Vが発売された。いずれもほぼ同型のメカニズムが組み込まれており、これ

らのバリエーションを総称してS&Wモデル・シグマ・シリーズと呼ぶ。

S&Wモデル・シグマ・シリーズには、これらのほかに大口径のコンパクト・タイプのS&WモデルSW9CやS&WモデルSW40C、グロック社との裁判で敗訴したためメカニズムに改良が加えられたS&WモデルSW9E（9mm口径）、S&WモデルSW40E（.40口径）とそのステンレス・スチール製スライド・バージョン装備のS&WモデルSW9VE（9mm口径）、S&WモデルSW40VE（.40口径）なども製作された。

2004年には、緑色をしたポリマー製のグリップ・フレームを装備させたS&WモデルSW9GVE（9mm口径）、S&WモデルSW40GVE（.40口径）なども追加された。

S&Wモデル・シグマ・シリーズは、その後スライド部分などのデザインを再設計したS&WモデルSD9VEやS&WモデルSD40VEとして現在も供給されている。

アメリカ

スミス&ウエッソン・モデル
M&P(ミリタリー&ポリス)シリーズ・
セミ・オートマチック・ピストル
(M&P9L)
口径　　　　9mm×19
全長　　　　212mm
銃身長　　　127mm
重量　　　　737g
装填数　　　17発
ライフリング　6条/右回り

## スミス&ウエッソン・モデルM&P・シリーズ・セミ・オートマチック・ピストル (アメリカ)

　スミス&ウエッソン・モデルM&P（ミリタリー&ポリス）シリーズ・セミ・オートマチック・ピストルは、軽量のポリマー製グリップ・フレームを装備したS&Wモデル・シグマ・シリーズの後継機として開発された。

　S&W社は、S&Wモデル・シグマ・シリーズと並行して、ドイツ・ワルサー社のライセンスでポリマー製のグリップ・フレームを装備したS&WモデルSW99（ワルサー・モデルP99）を製作して新世代の大口径セミ・オートマチック・ピストルの製造経験を重ねた。

　S&WモデルM&Pシリーズは、これらを生産するなかで得られた経験を活かして設計され、S&Wモデル・シグマ・シリーズの後継機として2005年にS&W社から発売された。

　S&WモデルM&Pシリーズは、S&Wモデル・シグマ・シリーズの後継機だが、両者に部品などの互換性はなく、類似タイプの新世代製品として設計されている。

　S&WモデルM&Pシリーズは、警察官の武装用のピストルとしての性能が重視され、安全に携帯でき、緊急時に素早く使用できる製品として開発が進められた。

　ロッキング・システムとして、バレル後端を上下させてスライドのエジェクション・ポート（排莢孔）でロックさせるティルト・バレルが組み込まれている。

　ストライカー（撃針）による撃発メカニズムがスライド後部のブリーチ内に組み込まれており、やや長いトリガー・プルによって撃発させる変則ダブル・アクション・トリガーを備えている。

　トリガーは、上下に分割されてピンで

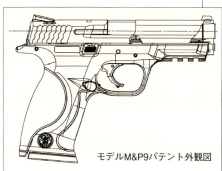

モデルM&P9パテント外観図

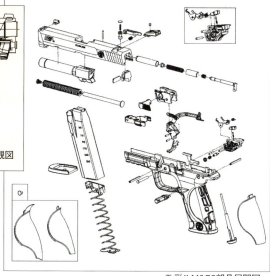

モデルM&P9部品展開図

連結されており、下方を引かないとロックされて動かないようになっている。トリガー自体をセフティとして機能させる構造は、S&Wモデル・シグマ・シリーズと同一だ。また、撃発の際、トリガーを最後まで引かないとブリーチ内のストライカーのロックが解除されないオートマチック・セフティが組み込まれている。警察官用としての即応性を重視し、スタンダード・タイプには手動セフティは装備されていないが、用心深い使用者向けにオプションとして、手動セフティを追加装備させた製品も2009年に発売された。

第1世代のS&Wモデル・シグマ・シリーズは、一体型のポリマー製グリップ・フレームだったが、S&WモデルM&Pシリーズは、ポリマー製のグリップ・フレームが前後に分割されており、後部を交換することで、手の大きさの異なる人でも不自由なく使用できるよう改良された。

S&Wモデル・シグマ・シリーズと同様に、S&WモデルM&Pシリーズにも多くのオプションとバリエーションが製作された。弾薬のオプションとして、9mm×18（9mmルガー）弾薬を使用するS&WモデルM&P9、.40S&W弾薬を使用するS&WモデルM&P40、.45ACP弾薬を使用するS&WモデルM&P45、.357SIG弾薬を使用するS&WモデルM&P、9mm×17（.380ACP）弾薬を使用するS&Wモデル・ボディーガード380、.22LR弾薬を使用するS&WモデルM&P22が製作された。

また、スタンダードのフル・モデルのほか、やや小型化されたミッド・サイズ、携帯性の良い小型のコンパクト・サイズ、スポーツ射撃向けの5インチ・バレルを装備させたLモデルがサイズ・オプションとして製作されている。

スタンダードのS&WモデルM&Pは、装填弾薬量の多いダブル・カーラム（複列）マガジンを使用するが、携帯性を重視して、これをシングル・ロー・マガジンに変更したコンパクト・タイプのS&WモデルM&Pシールドも供給されている。

一般向け市販のS&WモデルM&Pモデルのほか、より過酷な使用を前提としたS&WモデルM&Pモデル・プロ・シリーズも供給されている。このほかグリップ左側面上部に手動セフティを装備させたS&WモデルM&Pサム・セフティ・モデルも生産・供給している。

特殊なオプションとして、特殊部隊向けにマズル部分にサウンド・サプレッサーを装着できるようにしたS&WモデルM&Pタクティカルも製作された。

スミス&ウエッソン・モデル・
ボディーガード380セミ・
オートマチック・ピストル
口径9mm×17(.380ACP)
全長　　　　　133mm
銃身長　　　　　70mm
重量　　　　　　335g
装填数　　　　　　6発
ライフリング　6条/右回り

## スミス&ウエッソン・モデル・ボディーガード380セミ・オートマチック・ピストル（アメリカ）

　スミス&ウエッソン・モデル・ボディーガード380セミ・オートマチック・ピストルは、S&WモデルM&Pシリーズの派生型のコンパクト・ピストルだ。

　近年アメリカでは、ピストルを常時持ち歩くことができるピストル携帯許可証が、以前に比べて容易に取得できるようになった。S&Wモデル・ボディーガード380は、このマーケットに向けて本来大型だったS&WモデルM&Pシリーズを極限まで小型化し改良を加えたものだ。

　このマーケットのユーザーには、射撃になじみのない人や女性が多く含まれていることから、自衛用としてじゅうぶんな威力を持ち、射撃の際の反動が少ない9mm×17（.380ACP）弾薬を使用するように再設計された。

　9mm×17（.380ACP）弾薬は、ロッキング・システムなしのシンプルなブローバック方式でも射撃可能な弾薬だ。しかし、S&Wモデル・ボディーガード380は、原型となった大口径のS&WモデルM&Pシリーズと同様にスライドのエジェクション・ポートとバレル後部が噛み合うティルト・バレル・ロックが組み込まれて設計されている。

　構造が複雑になるものの、ティルト・バレルを組み込んだことによって、スラ

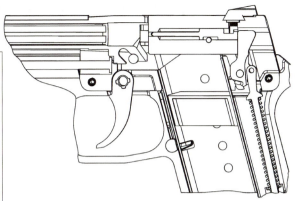

モデル・ボディーガード380断面構造図

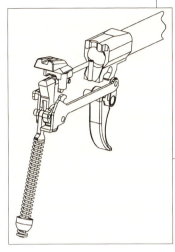

モデル・ボディーガード380
トリガー構造

イドの重量を軽くしても安全に射撃可能となり、結果的にピストル全体の重量軽減を図ることができた。

　S&Wモデル・ボディーガード380は、常時携帯することを前提にして、極限まで小型化されている。そのため前後長の短いスライドに装備されたフロント・サイト（照星）とリア・サイト（照門）間の距離が短い。これは正確な照準をつけるために不利となる。加えて自衛用ピストルを使用する多くの状況は夜間や暗い場所で、暗闇での照準は、射撃に慣れた人にとっても難しい。そこで、S&Wモデル・ボディーガード380には、フレーム先端部分の下方に内蔵式のインサイト社製のレーザー・レッド・ドット・ポインターが装備された製品も製造されている。

　このレーザー・レッド・ドット・ポインターは、スイッチを入れると着弾点と同じ位置に赤い光点が照射されるように調整されている。暗闇でも、スイッチを入れて赤い光点がターゲットを照射したときにトリガーを引けば、容易に命中させることができる。

　S&Wモデル・ボディーガード380には、自衛用の携帯ピストルという用途から、小型コンパクト化、軽量化が優先され、左右の幅を小さくできるシングル・ロー（単列）マガジンを使用する。そのため装填できる弾薬は6発と少ないが、自衛用としてはじゅうぶんな装填数だ。

　S&Wモデル・ボディーガード380の撃発メカニズムは、原型となったS&WモデルM&Pと異なり単純化されている。S&Wモデル・ボディーガード380は、ダブル・アクション・オンリーのストライカー方式で、トリガー自体にセフティの機能はない。トリガーを引ききらないとストライカーのロックが解除されないオートマチック・セフティが組み込まれている。

　トリガー自体にセフティ機能がない代わりに、S&Wモデル・ボディーガード380は、グリップ・フレーム左側面上部に手動セフティが組み込まれた。とっさの場合に対応させ、あらかじめバレルのチャンバーに弾薬を装填したままでも手動セフティをオンにしてロックすれば安全に持ち運べる。射撃時には、セフティを押し下げ、トリガーを引くだけで弾丸を発射できる。

アメリカ

スミス&ウエッソン・モデル41
ターゲット・セミ・オートマチック・
ピストル
口径　　　　　.22LR
全長　　　　　231mm
銃身長　　　　142mm
重量　　　　　1240g
装填数　　　　10発
ライフリング　6条/右回り

## スミス&ウエッソン・モデル41ターゲット・セミ・オートマチック・ピストル（アメリカ）

　スミス&ウエッソン・モデル41ターゲット・セミ・オートマチック・ピストルは、.22LR弾薬を使用するピストル射撃競技向けのターゲット・ピストルだ。

　S&W社が製作した初めての小口径セミ・オートマチック・ピストルでもある。

　多くの若者が従軍した影響もあって、第2次世界大戦後、アメリカのスポーツ射撃人口が増大した。現在と異なり、当時スポーツ射撃で最も一般的で人気のあった製品は、安価な.22口径のリム・ファイアー弾薬（.22LR）を使用するセミ・オートマチック・ピストルだった。

　この分野の射撃競技用ピストルとして、コルト社は、コルト・モデル・ウッズマンやコルト・モデル・ハンツマンなどを製品化しており、ハイ・スタンダード社も同様のセミ・オートマチック・ピストルを生産していた。

　これらの製品に対抗させるべく、1940年代中頃からS&W社は、スポーツ射撃向けの小口径ピストルの開発を始めた。1947年、S&W社は.22LR弾薬を使用する小口径ピストル射撃競技用のセミ・オートマチック・ピストルのプロト・タイプ・モデルX-41とX-42を完成させた。このプロト・タイプは、S&Wピストル競技チームに渡され、多くの競技大会でテストされた。これを目にしたほかの競技参加者からの要望もあって、S&W社は市販モデルの製品化に踏みきり、1957年にS&Wモデル41の商品名で発売した。

　S&Wモデル41は、撃発方式としてハンマーが組み込まれている。このハンマー

モデル41部品展開図

は内蔵式で、正確な射撃のためにシングル・アクション式のトリガーが組み合わされた。圧力の低い.22LR弾薬を使用するため、スライドはブローバック方式で作動する。より正確な照準をおこなうため、バレル後部が後方に伸ばされ、この延長部分の上面にリア・サイトが装備された。つまりフロント・サイト、リア・サイトともに、バレル上面に装備されていた。スライドは、バレル延長部分とフレームの間を前後動する構造になっていた。マガジンは、シングル・ロー（単列式）で、10発の.22LR弾薬を装填できる。

最初に製品化されたS&Wモデル41は、7 3/8インチのバレルが装着され、バレルの先端部分にガス・ポート付きのマズル・コンペンセーターが組み込まれていた。

1959年、S&W社はマズル・コンペンセーターを装備させていない5インチの長さのライト・ウエイト・バレル付きのS&Wモデル41を追加発売した。

マズル・コンペンセーター装備の7 3/8インチのバレルと5インチのライト・ウエイト・バレルは相互に互換性があり、交換してピストルに組み込むことが可能だった。そのため、追加発売された小型の5インチのライト・ウエイト・バレルは、バレル単品での販売もされた。

S&Wモデル41の発展派生型として、国際ラピッド・ファイアー競技向けの.22S（.22ショート）リム・ファイアー弾薬を使用するS&Wモデル41-1も1960年に発売された。このS&Wモデル41-1の外観は、最初に発売されたオリジナルS&Wモデル41とまったく同じシルエットになっている。

S&Wモデル41は、U.S.モデル1911A1（モデル・ガバーメント）とあまりにもバランスが異なり、射撃しにくいとの批判が出された。そこで1963年にS&W社は、1959年に発売したライト・ウエイト・バレル付きのS&Wモデル41のバレルの重量を増大させる改良を加えたS&Wモデル41ヘビー・バレルを追加発売した。外観こそ異なるが、このS&Wモデル41ヘビー・バレルは、そのバランスがU.S.モデル1911A1により近いピストルになった。

アメリカ

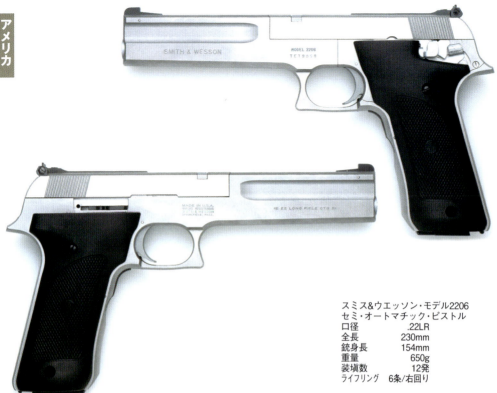

スミス&ウエッソン・モデル2206
セミ・オートマチック・ピストル
口径　　　　　.22LR
全長　　　　　230mm
銃身長　　　　154mm
重量　　　　　650g
装填数　　　　12発
ライフリング　6条/右回り

## スミス&ウエッソン・モデル2206セミ・オートマチック・ピストル(アメリカ)

スミス&ウエッソン・モデル2206セミ・オートマチック・ピストルは、スポーツ射撃を楽しむために開発された.22LR弾薬を使用するターゲット・ピストルだ。

本格的な射撃競技用セミ・オートマチック・ピストルとして、S&W社はモデル41を生産していた。S&Wモデル41は、若年層の射撃ビギナーにとって価格的に高価だった。国土が広大なアメリカでは、とくに地方部で、町外れの空き地などで空缶を置いてターゲットにし、射撃を楽しむプリンカー射撃の愛好家が多い。このプリンカー射撃を楽しむのにS&Wモデル41は高価すぎた。そこでS&W社は、気軽に射撃を楽しめる低価格のプリンカー・ターゲット・ピストルを開発し、気軽に射撃を楽しめる低価格のターゲット・ピストルとしてS&Wモデル2206を1990年に発売した。

S&Wモデル2206は、1970年にS&W社が発売した小型のポケット・ピストルS&Wモデル61エスコート・セミ・オートマチック・ピストルをベースにして開発された。

原型となったS&Wモデル61エスコートは、護身用ピストルとして設計された.22LR弾薬を使用するきわめて小型のピストルだった。S&Wモデル61エスコートは1970年に発売されたが、護身用として.22LR弾薬では威力が低すぎるとされて、販売実績が上がらず、1974年に製造中止となっていた。

S&W社は、このS&Wモデル61エスコートが.22LR弾薬を使用する点に着目し、このポケット・ピストルのバレルとグリッ

モデル2206部品展開図

TARGET MODEL

プ部分を延長させる改良を加えてターゲット・ピストルとした。

すでに開発が終わった製品をベースにするため開発費用もあまりかからず、また生産ラインの始動も容易だった。こうして完成された普及型ターゲット・ピストルがS&Wモデル2206だ。

S&Wモデル2206は、リム・ファイアーの.22LR弾薬を使用する軽量のターゲット・ピストルで、フレームがアルミニウム軽合金で製作されている。

圧力の低い.22LR弾薬を使用するところから、作動はシンプルなブローバック方式でロッキング・システムは組み込まれていない。撃発は内蔵式のハンマーによっておこなう。トリガーはシングル・アクション。ハンマーが内蔵式のため、ハンマーは弾薬をバレルのチャンバーに送り込む際に後退するスライドによってコックさせる。

特徴は、グリップ・フレームの左側面がプレート状になっており、これを取り外すことができる点にある。そのためグリップ・フレームの機械加工が容易である。またグリップ・フレームの左側面のプレートが外れるところから、メカニズムを組み込む作業やその調整も容易になる。

S&Wモデル2206は、カーボン・スチール製のスライドやバレルを装備させて表面を黒色にした製品と、ステンレス・スチール製のスライドやバレルを装備させ表面を銀色にした製品が供給された。

バレル・オプションとして4インチのバレルと6インチのバレルが製造・供給された。

マガジンはシングル・ロー（単列）で、最初製作されたものは12発の.22LR弾薬が装填できたが、1994年にオートマチック・ピストルの装填弾薬量を制限する法律がアメリカで施行されると装填できる弾薬が10発になった。S&Wモデル2206の製造は1990年に始められ、2001年まで継続された。

79

アメリカ

ルガー・モデル・スーパー・
ブラックホーク・リボルバー
口径　　　　　.44Mag
全長　　　　　330mm
銃身長　　　　191mm
重量　　　　　1525g
装填数　　　　6発
ライフリング　6条/右回り

## ルガー・モデル・スーパー・ブラックホーク・リボルバー（アメリカ）

　ルガー・モデル・スーパー・ブラックホーク・リボルバーは、強力な.44マグナム弾薬を使用する大型のシングル・アクション・リボルバーだ。
　モデル・スーパー・ブラックホーク・リボルバーは、ルガー社が1955年に発売したモデル・ブラックホークを原型として開発された。原型となったモデル・ブラックホークは、アメリカで人気のあるコルト・モデル・シングル・アクション・アーミーの近代化版として開発された製品だった。
　コルト・モデル・シングル・アクション・アーミーは人気があったものの、その原設計が古く、このリボルバーで使用する弾薬も旧世代のものが多かった。
　そこでルガー社は、ピストルによるハンティングが許されているアメリカで、大型獣のハンティング向けの.44マグナム弾薬を使用できるリボルバーとして、モデル・ブラックホークを企画、1955年に製品化した。その後、モデル・ブラックホークは射撃の際の安全性を高める目的で、ハンマーの打撃をファイアリング・ピン（撃針）に伝えるトランスファー・バーがトリガーに組み込まれた。この改良型は、ニュー・モデル・ブラックホークと名付けられた。
　モデル・スーパー・ブラックホークは、このニュー・モデル・ブラックホークを強化し、耐久性を増大させ、射撃しやすく改良した製品で、1959年に発売された。
　主な改良点は、シリンダー外面の溝（フルート）をなくしてチャンバー部分を

アメリカ

モデル・スーパー・ブラックホーク
断面構造図

モデル・スーパー・ブラック
ホーク部品展開図

強化し、耐久性を高めた。また射撃の際の大きなリコイル（反動）を受け止めやすくするため、グリップをやや長く延長し、トリガー・ガード後部も角形に変更した。

　ルガー・スーパー・ブラックホークの原型となったモデル・ブラックホークは、その外観やシルエット、基本的なメカニズムが、コルト・シングル・アクション・アーミーとよく似ている。

　ソリッド・フレームを備えた大型リボルバーで、弾薬をフレーム右側面のシリンダー後方に装備されたリコイル・プレートのローディング・ゲートを開き、ここから1発ずつシリンダーに装填する。シリンダーに装填できる弾薬は6発だ。

射撃ごとにハンマーを指で起こしてコックし、トリガーを引いて撃発するシンプルなシングル・アクション形式である。

　外見上でコルト・モデル・シングル・アクション・アーミーと異なっているのがサイト（照準器）部分だ。モデル・スーパー・ブラックホークは、フレーム上部を強化、微調整できるリア・サイト（照門）が装備され、バレル先端のフロント・サイト（照星）も照準のつけやすい大型のものが装備された。

　ルガー・スーパー・ブラックホークと原型のモデル・ブラックホークは、コルト・シングル・アクション・アーミーの近代化モデルと言える製品だ。

アメリカ

ルガー・モデル・シングル・シックス・リボルバー
口径　　　　.22Mag.
全長　　　　300mm
銃身長　　　165mm
重量　　　　980g
装填数　　　6発
ライフリング　6条/右回り

## ルガー・モデル・シングル・シックス・リボルバー（アメリカ）

　ルガー・モデル・シングル・シックス・リボルバーは、アメリカのルガー社（正式にはスターム・ルガー）社が生産する大型のシングル・アクション・リボルバーだ。

　低価格の.22LR弾薬を使用するターゲット・ピストルのルガー・モデル・スタンダードで大きな成功を収めたルガー社は、手軽にスポーツ射撃を楽しめるリボルバーを1950年代初めに企画した。ルガー・モデル・スタンダードのシルエットが、アメリカで人気のあったコルト・モデル・ウッズマンやドイツのパラベラム（ルガー）ピストルなどから採用されていたのと同様に、ルガー社で企画されたリボルバーのシルエットもアメリカで人気の高いコルト・シングル・アクション・アーミーを原型とした。

　アメリカでは、気軽な射撃をおこなえる.22LR弾薬を使用するピストルに大きなマーケットがある。これに着目したルガー社は、この新開発リボルバーも.22LR弾薬を使用するものとして設計を進めた。

　ルガー社は、この新開発リボルバーにルガー・モデル・シングル・シックスの商品名を与え、1953年に発売した。

　このネーミングは、コルト・モデル・シングル・アクション・アーミーとそのニックネームだったコルト・シックス・シューター（6連発）を合わせたようなものだった。商品名が示すように、モデル・シングル・シックスは、コルト・モデル・シングル・アクション・アーミーを多分に意識した製品だった。

　モデル・シングル・シックスは、シリンダーを囲む形式のソリッド・フレームを装備している。弾薬は、フレーム右側面のリコイル・プレートに装備されたローディング・ゲートを開き、ここからシリンダーに装填する。

　毎回ハンマーを指で起こしてコックし、トリガーを引いて射撃するシングル・アクションのメカニズムが組み込まれた。

　これらのメカニズムや弾薬の装填方式は、モデル・シングル・アクション・ア

トランスファー・バー

ニューモデル・シングル・シックス断面構造図

ニューモデル・シングルのトランスファー・バー・メカニズム

ニューモデル・シングル・シックス部品展開図

アメリカ

ーミーと同一で、その外観もきわめて近い。しかし、モデル・シングル・シックスは、コルト・モデル・シングル・アクション・アーミーの単なるコピーではない。モデル・シングル・シックスには、多くの近代化改良が加えられている。

最大の改良点が、ファイアリング・ピン（撃針）だ。コルト・モデル・シングル・アクション・アーミーは、ハンマーにファイアリング・ピンが装備されている。これに対してモデル・シングル・シックスは、シリンダー後部のフレームに独立させたファイアリング・ピンを内蔵している。

また、スプリングの変更も重要な点だ。コルト・モデル・シングル・アクション・アーミーは、その設計が古いこともあり、ハンマーやトリガーのスプリングとしてリーフ・スプリング（板バネ）が使われていた。内蔵スペースの節約になるものの、リーフ・スプリングはその反発力の調整が難しく、破損するとまった

く使用できなくなる。モデル・シングル・シックスは、ハンマー・スプリングやシリンダー・ストップなどの加圧スプリンをコイル・スプリング（巻バネ）に改め、トリガー・スプリングも近代的なトーション・スプリングに改めた。

加えて、新たに微調整できるリア・サイト（照門）をフレーム後端の上面に装備させ、バレル先端上面のフロント・サイト（照星）もターゲットを照準しやすい大型のものに改めた。

1973年にはハンマーの打撃を間接的にファイアリング・ピンに伝えるためのトランスファー・バーが追加された。トランスファー・バーは、トリガーを引ききったときだけ上昇してハンマーの打撃をファイアリング・ピンに伝える構造で、シリンダーに6発の弾薬を装填しても落下事故で暴発しないようになった。

トランスファー・バーを組み込んだモデル・シングル・シックスは、ニュー・モデル・シングル・シックスと呼ばれる。

アメリカ

ルガー・モデル・
ベアキャット・リボルバー
口径　　　　　　.22LR
全長　　　　　　224mm
銃身長　　　　　102mm
重量　　　　　　448g
装填数　　　　　6発
ライフリング　6条/右回り

## ルガー・モデル・ベアキャット・リボルバー（アメリカ）

　ルガー・モデル・ベアキャット・リボルバーは、若年の射撃ビギナー向けにルガー社が企画・設計した小型のシングル・アクション・リボルバーだ。

　手軽に射撃を楽しむために安価な.22LRリム・ファイアー弾薬を使用したルガー・モデル・シングル・シックスが大成功したことを受け、1950年代中頃にルガー社は、さらに若年の射撃ビギナー向けに、より安価な小型リボルバーの開発を開始した。

　当時、西部劇映画が人気を博し、人々のワイルド・ウェストに対する関心が高かったので、ワイルド・ウェストで使用されたレミントンのシングル・アクション・リボルバーの外観をもとに設計された。

　1958年、ルガー社はこの小型シングル・アクション・リボルバーにモデル・ベアキャットの商品名をつけて発売した。

　モデル・ベアキャットは、.22LRリム・ファイアー弾薬を使用する。空缶などをターゲットに気軽に射撃を楽しむ、いわゆるプリンカー・ピストルとして販売された。若年の射撃ビギナーを購買層としているため、販売価格が低く抑えられた。モデル・シングル・シックスの価格が63ドル95セントに設定されていたのに対し、モデル・ベアキャットは39ドル50セントに設定された（1963年当時）。

　モデル・ベアキャットは、シリンダー周囲をフレームが取り囲んだソリッド・フレームを備えている。フレームのデザインは、前述したようにレミントン社が1870年代に製作していたシングル・アクション・リボルバーによく似たデザインになっている。コルト・シングル・アクション・アーミーのようにグリップ・フレーム後部が分解できる形式ではなく、

モデル・ベアキャット
断面構造図

モデル・ベアキャット
ホーク部品展開図

グリップと本体が一体型となり、これにトリガー・ガードが組み込まれた構造になっている。

この一体型のフレームは、製造コストを低く抑えるため、ダイキャスト工法が採用された。この工法で製作されたフレームに、カーボン・スチール製のバレルやシリンダー、作動メカニズムなどが組み込まれている。トリガー・ガードは、真鍮製だ。

モデル・ベアキャットの外形はレミントンのリボルバーに似ており、その射撃操作もほぼ同一だが、内部のメカニズムに改良が加えられて近代化されている。

オリジナルのレミントン・リボルバーは、ファイアリング・ピンがハンマーの前面に装着されていたのに対し、モデル・ベアキャットは、シリンダー後方のフレームに内蔵されている。また、オリジナルのレミントンが作動メカニズムにリーフ・スプリング（板バネ）を多用していたのに対し、モデル・ベアキャットは反発力の調整が容易な近代的なリコイル・スプリング（巻バネ）を用いた。

モデル・ベアキャットは、1958年に供給が始められ、1970年まで生産が継続されて製造中止となった。製造中止後、マーケットから再生産を望む声が大きかったため、1993年にフレームの製造工法をダイキャストからロストワックス（インベスティメントキャスト）に切り替えて製作したモデル・ニュー・ベアキャットをルガー社は発売した。

ロストワックス工法は、素材としてダイキャスト金属に比べて強度の高いスチールを使用するため、モデル・ニュー・ベアキャットは、旧モデルより耐久性も向上した。モデル・ニュー・ベアキャットは、スチール製のものとステンレス・スチール製のものが製造されている。

アメリカ

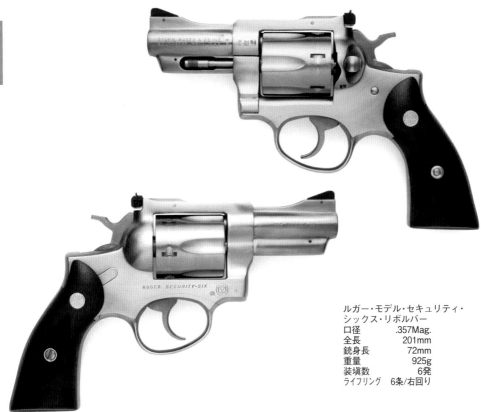

ルガー・モデル・セキュリティ・
シックス・リボルバー
口径　　　　　　.357Mag.
全長　　　　　　201mm
銃身長　　　　　72mm
重量　　　　　　925g
装填数　　　　　6発
ライフリング　6条/右回り

## ルガー・モデル・セキュリティ・シックス・リボルバー（アメリカ）

　ルガー・モデル・セキュリティ・シックス・リボルバーは、ルガー社が初めて製作した現代的な中型ダブル・アクション・リボルバーで、スイング・アウト・シリンダーが装備されている。

　ルガー社は、スポーツ射撃を楽しむ民間向けの製品の生産に主力をおいていたが、このモデル・セキュリティ・シックス・リボルバーは、少し異なるマーケットをターゲットにして開発が進められた。

　このリボルバーが開発されていた当時、警察用などの官需リボルバーは、コルト社やS&W社にほぼ独占されていた。この分野に乗り出すべく、ルガー社によって開発が進められた製品がモデル・セキュリティ・シックスだった。開発は、フランス警察向けのリボルバーとして、ニューリン社からの働きかけがあって始められたとも伝えられる。

　1968年ルガー社は、警備関係者向けとして近代的なコンベンショナル・ダブル・アクションのハンマー露出式の撃発メカニズムと、素早い弾薬の再装填ができるスイング・アウト・シリンダーを組み込んだ中型リボルバーを完成し公開した。

　ルガー・モデル・セキュリティ・シックスと名付けられて公開されたこの製品は、ルガー社が独自にデザインしたソリッド・フレームを装備した中型リボルバーだった。弾薬として.357マグナム弾薬を使用し、シリンダーに6発の弾薬を装填できた。

　全体的な大きさや使用する弾薬、そして装填できる弾薬数などは、コルト社や

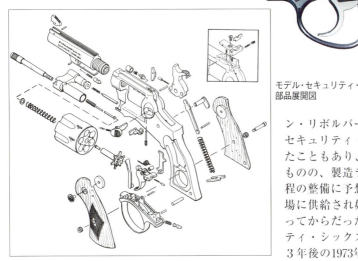

モデル・セキュリティ・
シックス断面構造図

モデル・セキュリティ・
部品展開図

S&W社が警察向けに製作しているリボルバーに似たスペックで設計されていた。

撃発メカニズムは、トリガーを引いてハンマーをコックさせて射撃するダブル・アクションと、指でハンマーをコックしてトリガーを引いて射撃するシングル・アクションのどちらでも射撃できるコンベンショナル・ダブル・アクションが組み込まれている。

モデル・セキュリティ・シックスの最大の特徴は、製作にいちばん手間のかかるフレーム部分を、ロストワックス（インベスティメントキャスト）鋳造法で製作した点にある。コンピュータ制御のNC工作機械が出現するまで、このロストワックス工法が、最も手間をかけずに部品を製作できる方法だった。

ロストワックス工法を採り入れたため、モデル・セキュリティ・シックスは、同種のコルト製品やS&W製品に比べて、納入単価は低価格だったと伝えられる。

ルガー社による現代ダブル・アクショ ン・リボルバーの製造は、モデル・セキュリティ・シックスが最初だったこともあり、1968年に公開されたものの、製造ラインの整備や製造工程の整備に予想以上に手間取り、市場に供給され始めたのは1970年になってからだった。モデル・セキュリティ・シックスの供給が始められて3年後の1973年になると、同型のフレームや撃発メカニズムを組み込み、より使用者のニーズに合わせたモデル・ポリス・サービス・シックスやモデル・スピード・シックスが発売された。これら3種類のモデルは、基本的に同一の製品だが、リア・サイトやグリップの形状などが異なる。

オプションとして、スチール製のもののほか、ステンレス・スチールで製作されたものが供給された。バレルは短い2.75インチ、4インチ、6インチのものが製作された。口径のオプションに.357マグナムを使用するもののほか、.38S&Wスペシャル弾薬、9mm×19（9mmルガー）弾薬を使用するものがある。

モデル・セキュリティ・シックスは1970年に供給が始められ、1985年まで製造された。モデル・ポリス・サービス・シックスは1973年に生産開始され、1988年まで製造された。モデル・スピード・シックスは、1983年に生産開始され、1985年まで製造された。

アメリカ

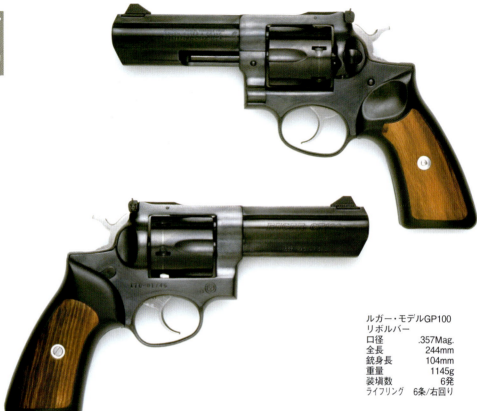

ルガー・モデルGP100
リボルバー
口径　　　　　.357Mag.
全長　　　　　244mm
銃身長　　　　104mm
重量　　　　　1145g
装填数　　　　6発
ライフリング　6条/右回り

## ルガー・モデルGP100リボルバー（アメリカ）

　ルガー・モデルGP100リボルバーは、モデル・セキュリティ・シックス・シリーズの後継機として開発された中型のダブル・アクション・リボルバーだ。

　前作のモデル・セキュリティ・シックスは、ルガー社がはじめて製作した現代ダブル・アクション・リボルバーだったため、市場に供給するといくつかの欠点や改善すべき点が指摘された。これらの欠点を改良した製品がモデルGP100シリーズだ。

　最大の改良はグリップ部分に加えられた。モデル・セキュリティ・シックス・シリーズは、いずれのモデルもグリップの前後に金属製のフレームのフロント・ストラップとバック・ストラップが露出していた。とくに強力な.357マグナム弾薬を射撃すると、射撃のリコイル（反動）が、直接手に伝わるとの指摘があった。そこでルガー社は、フレームの金属製グリップ部分を細くし、これを包み込むようなネオプレン製のオーバー・サイズ・ゴム・グリップを装備させるように設計を変更した。この改良により、射撃のリコイルが直接手に伝わらなくなり、操作性が向上した。

　金属製フレームのグリップ部分の改良は、射撃リコイルを軽減できただけでなく、リボルバーを生産する工程において機械加工の削減ができ、全体重量の軽減にも役立った。

　射撃中にがたつきやすく、信頼性に欠

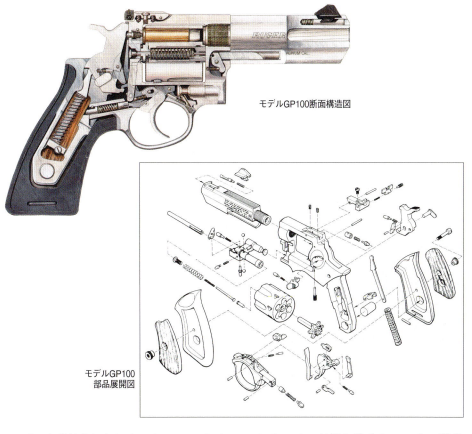

モデルGP100断面構造図

モデルGP100
部品展開図

　けると指摘されたシリンダー・ロックは、新たに開発された改良型のロックが組み込まれた。

　また、バレル部分にも改良が加えられた。モデル・セキュリティ・シックス・シリーズには小型のシリンダー・ピン・シュラウドが装備されていた。これに対しモデルGPのシリンダー・ピン・シュラウドはマズル部分まで延長されて、バレル全体をヘビー・バレル化した。

　モデルGP100は、モデル・セキュリティ・シックス・シリーズの後継機として設計されたため、多くの部分にモデル・セキュリティ・シックス・シリーズの特徴を残している。

　モデル・セキュリティ・シックス・シリーズによく似たデザインのソリッド・フレームを装備し、スイング・アウト式シリンダーが組み込まれている。弾薬は.357マグナム弾薬、または.38S&Wスペシャル弾薬を使用し、シリンダーに6発の弾薬を装填できる。

　撃発メカニズムは、モデル・セキュリティ・シックス・シリーズと同様で、トリガーを引いてハンマーをコックさせて射撃するダブル・アクションと、指でハンマーをコックしてトリガーを引いて射撃するシングル・アクションのどちらでも射撃できるコンベンショナル・ダブル・アクションが組み込まれている。

　バレル・オプションに3インチ、4.2インチ、6インチのものがある。弾薬オプションはスタンダードの.357マグナム、.38S&Wスペシャル弾薬のほか、.327フェデラル・マグナム弾薬を使用する製品が製造された。

アメリカ

ルガー・モデル・スーパー・
レッドホーク・リボルバー
口径　　　　　.454Cas.
全長　　　　　339mm
銃身長　　　　191mm
重量　　　　　1515g
装填数　　　　6発
ライフリング　6条/右回り

## ルガー・モデル・スーパー・レッドホーク・リボルバー（アメリカ）

　ルガー・モデル・スーパー・レッドホーク・リボルバーは、モデル・セキュリティ・シックスを大型化させたモデル・レッドホークをさらに改良した大口径弾薬を使用する現代ダブル・アクション・リボルバーだ。

　ルガー社は、S&W社のKフレームに相当するサイズのモデル・セキュリティ・シックスを完成し発売した後、S&W社の展開する大口径向けのNフレームに相当する大型の現代ダブル・アクション・リボルバーの開発を企画した。この開発計画によって完成したのがモデル・レッドホーク・リボルバーだ。

　モデル・レッドホークは、最初に.41マグナム弾薬を使用する製品が1986年発売された。6年後の1992年に.44マグナム弾薬を使用するモデル・レッドホークが追加発売された。

　モデル・ブラックホークと同様に、.44マグナム弾薬をより安全に使用し、さらに大口径の弾薬にも対応させる目的で、強度を高めたモデル・スーパー・レッドホークが開発され、1987年に発売された。

　モデル・レッドホークは、モデル・セキュリティ・シックス・シリーズで使われていたフレームに似たデザインのひと回り大きなソリッド・フレームを装備している。このフレームにクレーでスイング・アウトするシリンダーが組み込まれていた。

　撃発メカニズムは、モデル・セキュリティ・シックス・シリーズと同様だ。トリガーを引いてハンマーをコックさせて射撃するダブル・アクションと、指でハンマーをコックしてトリガーを引いて射撃するシングル・アクションの双方で射撃できるコンベンショナル・ダブル・ア

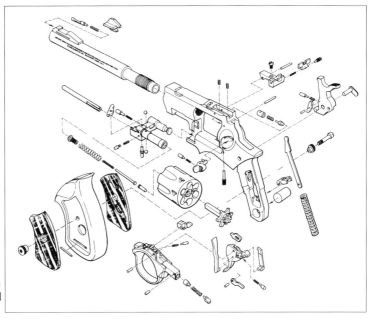

モデル・スーパー・
レッドホーク
部品展開図

クションが組み込まれた。

　モデル・レッドホークの外見は、モデル・セキュリティ・シックスを大型化したようなシルエットだが、一部の作動メカニズムが異なっていた。とくに異なっているのが、ハンマー・スプリング部分だ。モデル・セキュリティ・シックスは、ハンマーのメイン・スプリング・ガイド周囲にハンマー・スプリングを装備させてあり、ハンマー後部を押し上げる構造になっている。これに対し、モデル・レッドホークは、ハンマー下部に「くの字」に曲がる二つの部品を装着し、これをハンマー・スプリングが後方に押すように装備された。

　また、大口径用の重く大きなシリンダーを装備したところから、シリンダー前部のがたつきを防ぐため、クレーンの前面にフレームとロックさせる部品が追加装備された。

　モデル・レッドホークもステンレス・スチールを素材として、ロストワックス鋳造法でフレーム部分などが製造された。

　バレル・オプションは、5.5インチのバレルと7.5インチのバレルがある。口径オプションは.41マグナムと.44マグナムがある。

　このモデル・レッドホークをベースに、耐久性や強度を高めたものが、モデル・スーパー・レッドホークだ。

　モデル・スーパー・レッドホークは、モデル・レッドホークと構造的にやや異なっている。とくにフレームの構造が大きく変わった。フレーム全体の構造は、モデル・セキュリティ・シックスより、その改良型のモデルGP100に近い。金属製グリップ・フレーム部分を小型化し、そこにネオプレン製のオーバー・サイズ・グリップが装備された。また、フレーム先端部が強化され、ここに円筒状のバレルが装着された。

　ハンマー・スプリングもモデル・レッドホークに用いられた特殊な構造ではなく、ハンマーのメイン・スプリング・ガイド周囲に装備させたシンプルな形式に戻された。

アメリカ

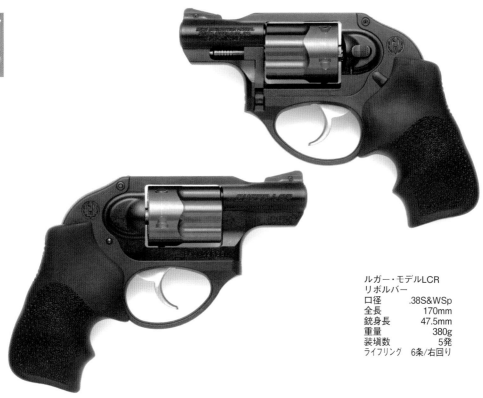

ルガー・モデルLCR
リボルバー
口径　　　　　.38S&WSp
全長　　　　　　170mm
銃身長　　　　　47.5mm
重量　　　　　　　380g
装填数　　　　　　　5発
ライフリング　6条/右回り

## ルガー・モデルLCRリボルバー（アメリカ）

　ルガー・モデルLCRリボルバーは、強化プラスチックのポリマーでフレームの一部を製作した小型・軽量のダブル・アクション・リボルバーだ。モデル名のLCRは、ライトウエイト・コンパクト・リボルバー（軽量・小型・リボルバー）の頭文字から名付けられた。

　アメリカでピストルの携帯許可証が取得しやすくなり、護身用ピストルを持ち歩く人々が増えたことに対応して、ルガー社が開発、2009年に製品化された。

　ルガー社は、モデルSP101リボルバーを護身用向けのリボルバーとして製作していたが、常に携帯できるよう軽量のものが求められた。そこで、近年セミ・オートマチック・ピストルに多用される強化プラスチックでフレームを製作した軽量のリボルバーを企画した。

　リボルバーは、シリンダーを正確に回転させる必要があるため、強化プラスチックでフレームを製作することは、セミ・オートマチック・ピストルより難しい。そこでルガー社は、強化プラスチックと金属フレームを組み合わせてモデルLCRを設計した。必要最小限度の金属製フレーム組み込んで部品の正確な動きを確保し、残りの部分を強化プラスチックで製作して全体の重量を軽減させる設計だ。

　金属製のフレームは軽量の強化アルミニウム軽合金が用いられ、強化プラスチック部分は強度を出すためグラスファイバーを混入したポリマーが使用されている。

　チャンバー（薬室）を兼用するシリンダーは大きな圧力がかかり、強度を必要とするためステンレス・スチールを用い

モデルLCR部品展開図

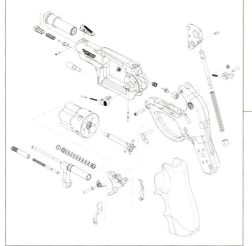

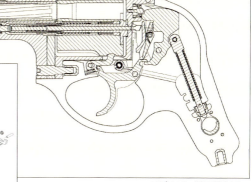

モデルLCR断面構造図

て製作された。

　新素材を採り入れたモデルLCRは、大型の.38S&Wスペシャル弾薬を使用するにもかかわらず、重量はわずか380グラムだ。

　モデルLCRは、前述したとおり、常時携帯する護身用リボルバーとして設計された。新素材の導入で負担とならない軽量化を達成し、あわせてその構造も緊急時に迅速、確実に使用できるよう設計された。

　モデルLCRは、ポリマーとアルミニウム系軽合金を組み合わせたソリッド・フレームにクレーンでスイング・アウトするシリンダーが組み込まれている。

　ダブル・アクション・オンリーの撃発メカニズムで、S&Wモデル40センチニアルのようにフレーム内部にハンマーを内蔵させた、いわゆるコンシールド・ハンマー・タイプだ。ハンマーを指で起こすシングル・アクションでは使用できない。常にトリガーを引ききるダブル・アクションで射撃する。

　この形式は、とっさの使用の際に操作しにくい手動セフティを組み込まなくても一定の安全性を保つことが可能で、弾薬をチャンバーに装填して持ち運んでも不慣れな人が暴発させる危険性が少ない。また、トリガーを引くだけで射撃ができる即応性をもつ。

　ハンマーがフレーム内部に内蔵されているため、ポケットの中から射撃してもハンマーが布地をはさんで起こる不発が防止できる。バッグから取り出す場合にもハンマーが引っかかる事故を防げる。

　反面ダブル・アクション・オンリーでバレルが短いところから、正確な命中精度はあまり期待できない。護身用ピストルは近距離で使用され、相手を威嚇することも大きな目的でもあるので、即応性と軽量、コンパクトなことに主眼がおかれ、モデルLCRはダブル・アクション・オンリーのコンシールド・ハンマー・タイプとなった。

　ルガー社は、モデルLCRのオプションとして、2010年に威力の高い.357マグナム弾薬を使用できる製品を発売した。翌2011年には、威力が低いもののリコイル（反動）が少なく射撃しやすい.22LR弾薬を使用する製品も発売した。この.22LR弾薬を使用するモデルLCRは、シリンダーに8発の弾薬を装填できる。

アメリカ

ルガー・モデル・スタンダード
Mk2セミ・オートマチック・
ピストル
口径　　　　　　　.22LR
全長　　　　　　228mm
銃身長　　　　　122mm
重量　　　　　　　990g
装填数　　　　　　12発
ライフリング　6条/右回り

## ルガー・モデル・スタンダードMk2セミ・オートマチック・ピストル（アメリカ）

　ルガー・モデル・スタンダードMk2セミ・オートマチック・ピストルは、気軽なスポーツ射撃を楽しむための.22LR弾薬を使用する簡易ターゲット・ピストルだ。

　第2次世界大戦後、アメリカのスポーツ射撃愛好家が急速に増加した。ルガー社は、このマーケット向けに低価格のプリンカー・ピストルの製作を企画し、ルガー・モデル・スタンダードを1949年に発売した。

　開発・設計はビル・ルガーが手がけた。彼はアレキサンダー・スタームと組んでスターム・ルガー社（通称ルガー社）を興し、彼の発案した低価格のターゲット・ピストルの生産と販売を開始した。

　1949年に発売された最初の製品は、ルガー・モデル・スタンダードと名付けられた。1951年になると微調整ができるリア・サイト（照門）を装備した、よりターゲット射撃向けに改良されたモデルMk1ピストルが発売された。1982年、さらに改良されたモデル・スタンダードMk2が発売された。

　モデル・スタンダードMk2ピストルは、以前のモデル・スタンダード・ピストルに比べると、改良型のマガジンを装備させ、より使用しやすいマガジン・キャッチが装備されている。作動メカニズムも改良され、スライド（ボルト）ストップが追加装備され、改良された手動セフティやトリガー・メカニズムなどが組み込まれている。

　モデル・スタンダードMk2は、1982年に発売されてから以降、このモデルをベースにした多くの派生型が製作され、現在も生産が続いている。モデル・スタンダード、モデルMk1、モデル・スタンダードMk2シリーズは、ルガー社のベストセラー商品となって、派生型も含めると生産総数は300万挺を超えている。

　モデル・スタンダード、モデルMk1、モデル・スタンダードMk2は小さな違い

モデル・スタンダードMk2
断面構造図

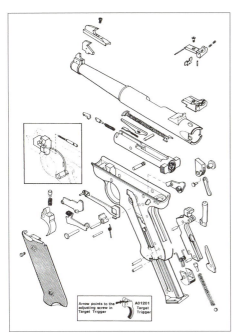

モデル・スタンダードMk2
部品展開図

があるものの、基本的には同一メカニズムだ。

　最大の特徴はプレス成型加工したフレームで、薄いスチール・プレートをプレス成型加工し、左右を溶接して作られている。銃の部品をプレス成型加工して製作する技術は、第2次世界大戦時の大量需要に対応する技術として確立された。ルガー社はこの技術をいち早く採り入れてモデル・スタンダードを製造し、低価格のプリンカー・ピストルを実現させた。

　全体のシルエットは、第2次世界大戦の戦争記念品として当時アメリカで人気のあったドイツのパラベラム（ルガー）ピストルを意識して設計されたとも、コルト社のモデル・ウッズマン・ターゲット・ピストルを参考にしたともいわれている。グリップの大きな傾斜が特徴的なターゲット・ピストルだ。

　圧力の低い.22LR弾薬を使用するため、ボルト（スライド）にはロックがなく、スプリングの圧力とボルトの重量で射撃時の圧力を支えるブローバック方式で設計された。ボルトはフレームの中を前後動する。撃発メカニズムは、回転式のハンマーをフレーム内部に組み込んだハンマー内蔵式。トリガーはシングル・アクションだ。

　モデル・スタンダードは、当初薄いスチール・プレートをプレス成型加工してフレームが製作されたが、1991年にステンレス・スチールを用いたモデル・コンペティションMk2が発売され、以降、スチール・プレートとともにステンレス・スチールでフレームを製作した製品の供給が始まった。ステンレス・モデルは、フレームだけでなく、バレルやボルトもステンレス・スチールで製作された。

　1992年グラスファイバーを混入して強化したポリマー製のグリップ・フレームとステンレス・スチール製のバレルやボルトを組み合わせたルガー・モデル22/45が発売された。ルガー・モデル22/45は、グリップ角度を変更し、U.S.モデル1911A1（コルト・モデル・ガバーメント）に近くなっている。ルガー・モデル22/45は、モデル・スタンダードの発展派生型といえる製品だ。

アメリカ

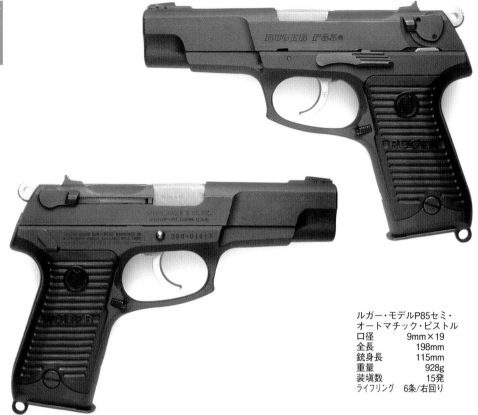

ルガー・モデルP85セミ・
オートマチック・ピストル
口径　　　　9mm×19
全長　　　　198mm
銃身長　　　115mm
重量　　　　928g
装填数　　　15発
ライフリング　6条/右回り

## ルガー・モデルP85セミ・オートマチック・ピストル（アメリカ）

　ルガー・モデルP85セミ・オートマチック・ピストルは、ルガー社として初の大口径ピストル弾薬を使用する大型セミ・オートマチック・ピストルで1987年に発売された。

　ルガー社は、競合他社製品と区別化する販売戦略として、同じクラスのピストルなら他社に比べて低価格を狙った。この戦略のため、ルガー社は常に生産性の良い製造工法を採用している。

　同社のベストセラー商品となったモデル・スタンダード・ピストルはその開発当時、最も生産性の良い工法と考えられていたプレス成型加工を採り入れた。

　初の大口径セミ・オートマチック・ピストルを開発・設計するにあたり、ルガー社は、モデルP85を生産効率の良いインベスティメント（ロストワックス）鋳造法を採用した。ピストルの設計段階からこの工法に向いた形状の設計がおこなわれ、エンドレス・サンダーによる素早い表面の仕上げ加工が可能なデザインとなった。大量生産向きのロストワックス鋳造法と仕上げ加工が容易なデザインを採用することにより、ピストルの製造価格を低く抑えることに成功した。これがモデルP85の最大の特徴である。

　モデルP85のメカニズムは、バレル後端を上下動させてスライドのエジェクション・ポート（排莢孔）の開口部と結合さ

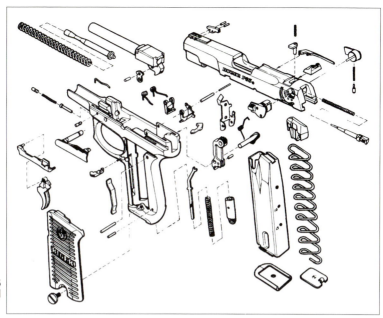

モデルP85
部品展開図

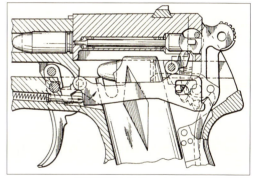

モデルP85トリガー・メカニズム断面構造図

せてロックするティルト・バレル・ロッキングで設計された。スライド、グリップ・フレーム、そしてハンマーやトリガーなど多くの部品はロストワックス工法で製作された。

ハンマーは露出式で、トリガーを引ききって射撃するダブル・アクションとハンマーを指で起こしてコックして射撃するシングル・アクションのどちらも可能なコンベンショナル・ダブル・アクション方式だ。

スライド後端部分の側面に手動セフティが装備されており、これでファイアリング・ピンをロックして安全を確保する。手動セフティにはオプションがあり、ハンマー・デコッキング機能を備えたものも製作された。このオプション・モデルはモデル85DCと呼ばれ、ハンマーをコックした状態でセフティを作動させると、まずファイアリング・ピンをロックし、続いて安全にハンマーを前進させる構造になっている。

モデルP85が1987年に発売されて以来、このモデルP85をベースに改良を加えた製品が、次々にバリエーションとしてルガー社から発売された。これら改良型もすべてモデルP85で採用されたロストワックス鋳造法で多くの部品を製造し、仕上げ加工が容易なデザインで設計されている。

バリエーションとして、モデルP85で指摘された弱点を改良し、セフティ・メカニズムなどを変更したモデルP89が1991年に発売された。モデルP89は素材としてスチールを使用した製品だけでなく、ステ

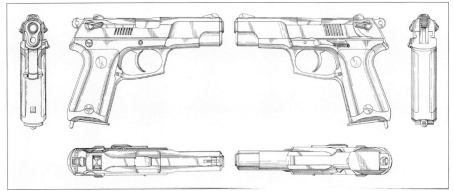

モデルP85デザイン・パテント外観図

ンレス・スチールを使用したモデルKP89も製作された。またコンベンショナル・ダブル・アクションのほかに、ダブル・アクションのみのモデルP89DAO（スチール製）、モデルKP89DAO（ステンレス・スチール製）も製作された。

同じ1991年には、アメリカでポピュラーな大口径の.45ACP弾薬を使用するモデルP90（スチール製）とモデルKP90（ステンレス・スチール製）も発売された。

1992年には、.40S&W弾薬を使用するダブル・アクション・オンリーのモデルKP91DAOとコンベンショナル・ダブル・アクションとハンマー・デコッキング機能を備えた手動セフティを組み込んだモデルKP91DCが発売された。このモデルは、ステンレス・スチール製のみが製作された。

1993年には、バレルとスライドを切り詰めて小型軽量化させたモデルP93が発売された。モデルP93は、スライドのデザインが変更されシンプルな外観となった。バリエーションとして、ダブル・アクション・オンリーのモデルP93DAO（スチール製）とモデルKP93DAO（ステンレス・スチール製）、コンベンショナル・ダブル・アクションとハンマー・デコッキング機能付きの手動セフティを組み込んだモデルP93DC（スチール製）とモデルKP93DC（ステンレス・スチール製）が製作された。

1994年、フル・サイズとコンパクト（モデルP93）の中間サイズのセミ・コンパクト型のモデルP94が発売された。このP94もコンパクト型のモデルP93と同様に、シンプルな外観のスライドが装備された。モデルP94のバリエーションとして、ダブル・アクション・オンリーのモデルP94DAO（スチール製）とモデルKP94DAO（ステンレス・スチール製）、コンベンショナル・ダブル・アクションとハンマー・デコッキング機能付きの手動セフティを組み込んだモデルP94DC（スチール製）とモデルKP94DC（ステンレス・スチール製）が製作された。

またこのP94には、.40S&W弾薬を使用するモデル944も製作された。モデル944はステンレス・スチール製のみ製作され、ダブル・アクション・オンリーのモデルKP944DAOとコンベンショナル・ダブル・アクションとハンマー・デコッキング機能付きの手動セフティを組み込んだモデルKP944DCがある。

1996年になると、ロストワックス鋳造法で製作されていたグリップ・フレームをポリマー製グリップ・フレームと置き換えたモデルP95とモデルP97が発売された（次ページ参照）。

オリジナルのモデルP85の生産は、1987年に始められ、1995年まで継続された。

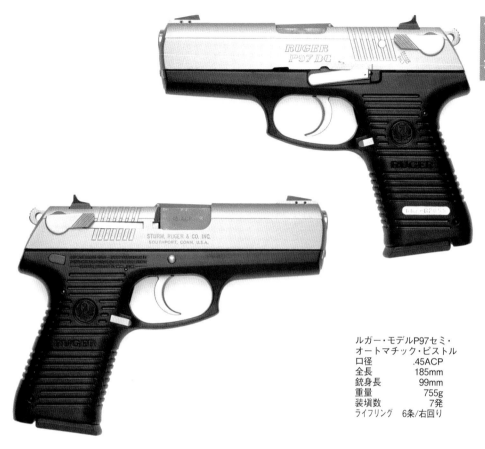

ルガー・モデルP97セミ・
オートマチック・ピストル
口径　　　　　.45ACP
全長　　　　　185mm
銃身長　　　　99mm
重量　　　　　755g
装填数　　　　7発
ライフリング　6条/右回り

## ルガー・モデルP97セミ・オートマチック・ピストル（アメリカ）

　ルガー・モデルP97セミ・オートマチック・ピストルは、.45ACP弾薬を使用し、強化プラスチックのポリマーで製作されたグリップ・フレームを装備させた大型ピストルだ。

　1996年ルガー社は、従来のインベスティメント（ロストワックス）鋳造法で製作された金属製のグリップ・フレームに代えてグラスファイバーを混入して強化したポリマー製のグリップ・フレームを装備したモデルP95を発売した。

　モデルP95は一般的な9mm×19（9mmルガー）弾薬を使用するピストルだった。とくにアメリカでは、大口径の.45ACP弾薬の人気が高い。そこでルガー社は、モデルP95をベースに、これを大型化させて.45ACP弾薬を使用できるように再設計した。こうして完成されたモデル97は、1999年にルガー社から発売された。モデルP95とモデルP97は、その大きさを除けばほぼ同型のピストルだ。

　オーストリアのグロック社が提唱し、アメリカで大成功を収めたポリマー製のグリップ・フレームを装備させたモデル17は、現代の大型ピストルの基本形となっている。

　ポリマー製のグリップ・フレームを組み込むと、ピストルを軽量に設計できる。

アメリカ

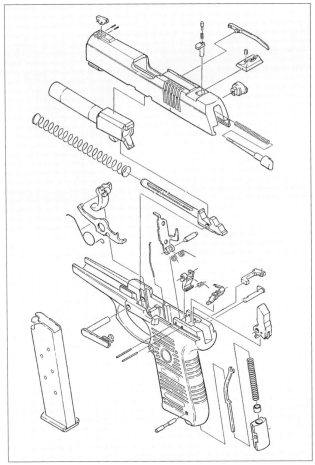

モデルP97
部品展開図

　ピストル製造工程で最も加工が複雑なグリップ・フレーム部分を金型で鋳造し、ほとんど後の加工を必要としないところから、ピストルの製造単価を低く抑えることが可能となった。

　ピストルの製造工程を簡素化し、販売価格を競合他社より低く設定するのは、ルガー社の戦略とも一致する。そのためルガー社はスチール・プレートのプレス成型加工やロストワックス鋳造法などの技術を採り入れて手間のかかる切削加工を極力減少させることに努力してきた。グリップ・フレーム部分を強化プラスチックのポリマーで製作することは、究極の省力化といえる工法だった。

　しかし、どちらかというと保守的な人間が多い射撃愛好家の意見は、瞬間的に大きな圧力がかかるピストルにプラスチックを用いることに対して賛否がある。プラスチックの軽量さと手入れの容易さを評価する賛成意見と、プラスチックのグリップ・フレームの耐久性や強度を疑問視する反対意見だ。

　意見が割れているにもかかわらず、グロック・モデル17は、とくにアメリカ市場で一時期警察官の武装用ピストルのマ

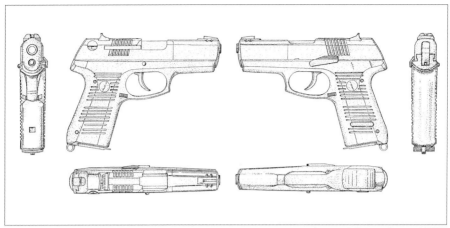

モデルP97デザイン・パテント外観図

ーケットを席捲する勢いがあった。そのため多くの競合他社は、対抗するためプラスチック製のグリップ・フレームを用いて軽量化した大型ピストルを、次々と発売した。

　ルガー社は、このカテゴリーのピストルとしてモデルP95を1996年に発売した。

　モデルP95の特徴は、グラスファイバーを混入して強化したポリマー製のグリップ・フレームを装備させた点にある。グリップ・フレームを除いたバレルやスライドそのほかの可動部品は、ステンレス・スチールを素材として用いて製作されている。

　メカニズムは、同社が製作したモデルP85とその発展型、とくにその改良型のモデルP94（98ページ参照）メカニズムをほとんどそのまま受け継いでいる。

　バレル後端が上下動してスライドのエジェクション・ポート（排莢孔）とロックするティルト・バレル・ロッキングが組み込まれた。撃発メカニズムはハンマー露出式。基本形はコンベンショナル・ダブル・アクションだが、即応性の高いダブル・アクション・オンリーの製品も製作された。

　9mm×19（9mmルガー）弾薬を使用するモデルKP95と同型で.45ACP弾薬を使用するモデルKP97のバリエーションとしては、ハンマーでコッキング機能を備えたコンベンショナル・ダブル・アクションのモデルKP95DCとモデルKP97DC、ダブル・アクション・オンリーで手動セフティを装備していないモデルKP95DAOとモデル97DAOが製作された。

アメリカ

ルガー・モデルP345セミ・
オートマチック・ピストル
口径　　　.45ACP
全長　　　190mm
銃身長　　107mm
重量　　　810g
装填数　　8発
ライフリング　6条/右回り

## ルガー・モデルP345セミ・オートマチック・ピストル（アメリカ）

　ルガー・モデルP345セミ・オートマチック・ピストルは、.45ACP弾薬を使用するモデルP97（99ページ参照）の後継機として開発され、2006年にルガー社から発売された大口径の大型ピストルだ。

　ルガー社は、強化プラスチック製のグリップ・フレームを装備し、.45ACP弾薬を使用する大口径のセミ・オートマチック・ピストルとして、モデル97を販売した。

　.45ACP弾薬は、9mm×19弾薬に比べてサイズが大きい。そのため、この弾薬を使用するセミ・オートマチック・ピストルは、9mm×19弾薬を使用するピストルに比べ、とくにグリップの前後長が長くなる。

　モデル97は、9mm×19弾薬を使用するモデルP95をそのままスケール・アップして.45ACP弾薬を使用するピストルとし

た。サイズの小さな9mm×19弾薬を使用するモデルP95では問題にならなかったが、グリップ・サイズの大きなモデルKP97は、射撃する際にグリップが滑りやすく握りにくいと指摘された。

　モデルP95やモデルP97の一体型ポリマー製グリップ・フレームは、グリップ部分の左右側面にシンプルな横溝が入れられてグリップの滑り止めになっていた。一般的にポリマー製のグリップは、メタル製グリップ・フレームに比べ、手とサイズが合わないと滑りやすく握りにくい傾向がある。

　ルガー社のモデル97は、まさにそのケースだった。そこで、ルガー社は滑りやすいと指摘されたポリマー製のグリップ・フレームのデザインをまったく新しいものに改めた。

　新しいデザインのポリマー製グリッ

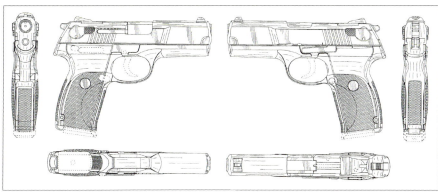

モデルP345デザイン・パテント外観図

プ・フレームは、グリップ部分の左右と後面に細かいチェッカーを入れ、前面にサレーションを入れて滑りにくいように改良された。さらにグリップの左右幅を薄くし、側面の上部を削り取ってセミ・フィンガーレストにして、グリッピングの際の使用感を向上させた。

　同時に左右の幅が大きすぎると指摘されたスライドのデザインも変更して、スライド左右側面の前を三分の一ほど削って左右幅を減らし、アクセントをつけた。この改良でスライドは、ポリマー以前のルガー社製の金属製グリップ・フレームを装備させたピストルに近いデザインに戻った。

　これらの改良を施した改良型のモデルP345が2006年にルガー社から発売された。

　モデルP345の内部の撃発メカニズムは原型となったモデルP97とほとんど同一だ。

　バレル後端部を上下動させてスライドのエジェクション・ポート（排莢孔）の開口部とロックさせるティルト・バレル・ロッキングが組み込まれた。

　撃発メカニズムとして露出式のハンマーが組み込まれた。ハンマー・トリガーはダブル・アクションでも、ハンマーを指で起こしてコッキングしても射撃できるコンベンショナル・ダブル・アクション方式だ。

　スライド後部に左右どちら側からも操作できる手動セフティが装備された。この手動セフティは、安全にハンマーを前進させるハンマー・デコッキング機能も備えている。

　モデルP345は、スタンダードの表面が黒色をしたスチール製のスライドを装備したモデルP345とステンレス・スチール製のスライドを装備したモデルKP345が製作された。加えて、ポリマー製のグリップ・フレーム先端部下面に照準補助装置を装着できるピカテニー・レールを装備させたモデルP345PR（スチール製）とモデルKP345PR（ステンレス・スチール製）もオプションとして製作された。

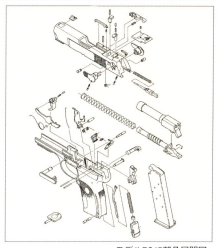

モデルP345部品展開図

アメリカ

ルガー・モデルSR9セミ・オートマチック・ピストル
口径　　　9mm×19
全長　　　192mm
銃身長　　105mm
重量　　　750g
装填数　　17発
ライフリング　6条/右回り

## ルガー・モデルSR9セミ・オートマチック・ピストル（アメリカ）

　ルガー・モデルSR9セミ・オートマチック・ピストルは、2007年に公開されたルガー社のポリマー製グリップ・フレームを装備した新世代の大口径ピストルだ。

　従来のルガー社製ポリマー製グリップ・フレームはいずれもハンマー露出式で設計されていたのに対し、モデルSR9は、アメリカで大成功したオーストリアのグロック・モデル17によく似たストライカー方式で設計された点が最大の特徴だ。

　モデルSR9ピストルは、アメリカでピストルの携帯所持許可証が取得しやすくなり、護身用のピストルを常時携帯する人々が増加したことに対応して、2000年代初期にルガー社で開発が始められた。

　グロック・モデル17が警察官の武装用ピストルとして大成功を収めたのは、使用する時に手間取りやすい手動セフティが装備されておらず、トリガーを引くだけで射撃できる即応性が高く評価されたためだった。

　グロッグ・モデル17は、トリガー自体が一種のセフティとなっており、そのつどやや長いトリガー・プルで射撃する。ストライカー（ファイアリング・ピン）は、トリガーを引ききったときだけフリーになって前進し撃発するよう、スライドのブリーチ内にオートマチック・セフティが組み込まれた。これらのメカニズムを組み込むことで、手動セフティを装備していないにもかかわらず、バレルのチャンバー内に弾薬を装填したままで安全に持ち運べるようにした。これでとっさの場合、トリガーを引くだけで射撃できる高い即応性を確保した。

　不意に襲撃される可能性のある警察官

通常分解したモデルSR9

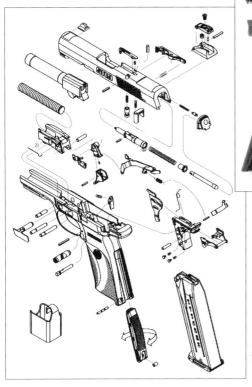

モデルSR9
部品展開図

にとって、この即応性と安全に持ち運べる機能は最も重要なことだ。これらのピストルの機能は、護身用にピストルを持ち歩く人々にとっても求められるものだ。

ルガー社は、民間の護身用ピストルの開発にあたり、グロック・モデル17にきわめて近いメカニズム・コンセプトで新型ピストルの設計を進めた。グロック・ピストルのパテントの一部の期限が迫っていたこともこの設計を実現した大きな理由となった。

モデルSR9は、グロック・モデル17とよく似たコンセプトで設計されている。

モデルSR9の特徴は、護身用ピストルとして設計されたため、バッグなどに入れてかさばらないよう極力薄く設計された点にある。

ロッキング方式としてバレル後端が上下動してスライドのエジェクション・ポート（排莢孔）とロックされるティルト・バレルが組み込まれた。

撃発はスライドのブリーチ内に装備されたストライカーによっておこなう。射撃は変則ダブル・アクション方式で、そのつどやや長いトリガー・プルでトリガーを引いておこなう。

アメリカ

ルガー・モデルSR1911
セミ・オートマチック・
ピストル
口径　　　　　.45ACP
全長　　　　　220mm
銃身長　　　　127mm
重量　　　　　1095g
装填数　　　　8発
ライフリング　6条/右回り

## ルガー・モデルSR1911セミ・オートマチック・ピストル（アメリカ）

　ルガー・モデルSR1911セミ・オートマチック・ピストルは、とくにアメリカで盛んなコンバット・シューティング射撃向けにルガー社が販売している大口径の大型ピストルだ。このピストルは、コンバット・シューティング射撃で最も一般的な.45ACP弾薬を使用する。

　モデルSR1911は、コルト・モデル・ガバーメントを原型として設計された。アメリカのコンバット・シューティング競技では、モデル・ガバーメント系のピストルが最も人気が高く多くの愛好家が使用している。コルト・モデル・ガバーメントは、そのパテント期間が切れたこともあり、多数のクローン製品が世界中のガン・メーカーで製造されて供給されている。モデルSR1911は、ルガー社で製作されたモデル・ガバーメント（34ページ参照）といえる製品だ。

　モデルSR1911は、主にアメリカの大口径弾薬を使用する射撃愛好家向けピストルとして2012年に発売された。耐久性を重視し、グリップ・フレームをはじめとする構成部品のほとんどをステンレス・スチールで製作した。

　このモデルSR1911は、従来のインベスティメント鋳造法で部品を製作することに加えて、コンピュータで切削加工をコントロールするNCマシンで構成部品の表面の加工と仕上げ作業をおこなって生産効率を上げている。

　このモデルSR1911は、ステンレス・ス

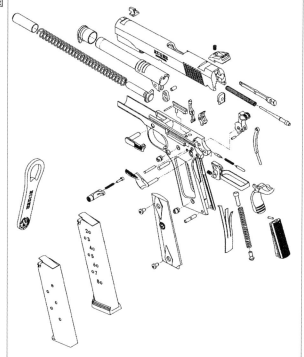

モデルSR1911
部品展開図

チールが素材として用いられている点を除けば、そのサイズや作動メカニズムがコルト・モデル・ガバーメントとまったく同一だ。

ロッキング方式は、後端が上下動してスライド内部の上面の溝とバレルの上面の突起が噛み合ってロックされるティルト・バレルが組み込まれた。

撃発メカニズムは、ハンマー露出式。シングル・アクションのトリガーが組み込まれた。グリップ・フレーム左側面後端部分にコンバット・シューティングで使用しやすいハンマーを起こしてロックできる手動セフティが装備された。

口径の大きな.45ACP弾薬を使用するため、マガジンは幅の狭いシングル・ロー（単列式）で8発の弾薬を装填できる。

モデルSR1911は、モデル・ガバーメントにそっくりな大型ピストルだが、独自の工夫も盛り込まれている。箱から出してそのまま大口径ピストル・スポーツ射撃に用いることができるコンセプトで供給されているところから、スポーツ射撃で人気の高いバック3ドット・サイト・システムやトリガー・プルの調整のできるトリガーが標準装備された。また、ハンマーに手がはさまれにくいビーバー・テールのバック・ストラップ、幅が広く操作しやすいオーバー・サイズ手動セフティなど、スポーツ射撃向けの機構も標準装備された。

モデルSR1911は、フル・サイズのスタンダード・モデルのほかに、コルト・モデル・コマンダーに相当するセミ・コンパクト・サイズのモデルSR1911CMDも2013年に追加発売された。セミ・コンパクト・サイズのモデルSR1911CMDは、4.25インチ（108mm）のバレルが組み込まれて全長が短くなった。グリップの長さもやや短く、マガジンも装填弾薬量がスタンダード・モデルより1発少ない7発となった。

モデルSR1911は、スタンダードのフル・サイズ・モデル、コンパクト・サイズのモデルSR1911CMDともにステンレス・スチールで製造された製品のみが供給されている。

アメリカ

ルガー・モデルLC9セミ・
オートマチック・ピストル
口径　　9mm×17(.380ACP)
全長　　　　　　　152mm
銃身長　　　　　　 79mm
重量　　　　　　　 480g
装填数　　　　　　　7発
ライフリング　6条/右回り

## ルガー・モデルLC9セミ・オートマチック・ピストル（アメリカ）

　ルガー・モデルLC9セミ・オートマチック・ピストルは、ルガー社で護身用ピストルとして開発され、2013年に発売された。アメリカで護身用ピストルの携帯許可証が取得しやすくなったことが背景にあった。

　護身用ピストルは、常時携帯するところから、小型・軽量で、持ち運びに負担にならないことが第一である。さらに使用する際に素早く取り出せ、迅速・確実に射撃できることが重要だ。

　戦闘用の軍用ピストルではないため、襲撃者を阻止できるストッピング・パワーを備えた弾薬という観点から9mm×17（.380ACP）弾薬が選択された。9mm×17弾薬は、同じ9mm口径でも、大きな殺傷能力を持つ軍用の9mm×19弾薬に比べて射撃する際のリコイル（反動）が小さく、銃に不馴れな人にも射撃しやすい。

　モデルLC9は、護身用ピストルとして小型・軽量化させるための工夫がいくつかなされている。

　第一にグリップ・フレームは強化プラスチックのポリマーで製作された。ポリマー製のグリップ・フレームは、ピストルを軽量化できるだけでなく、射撃の際にリコイルをやわらげる特性をもっている。

　ポリマー製グリップ・フレームの中に、メカニズムを正確に作動させるための作動部品を組み込んだ軽金属合金製のユニット・ブロックが組み込まれている。この金属製ユニット・ブロックを組み込むことで、部品の正確な作動を確保し、ピストルの耐久性や強度も向上させている。

9mm×17弾薬は、シンプルなブローバック方式でも射撃可能だが、モデルLC9は大型ピストル並みにバレル後端を上下動させてスライドのエジェクション・ポートとロックさせるティルト・バレルが組み込まれた。構造的には、ブローバック方式に比べてやや複雑になるが、ティルト・バレル・ロックを採用したことにより、軽量のスライドを組み込んでも安全に射撃でき、ピストルの軽量化にもつながった。さらにティルト・バレルを組み込むと射撃の際に発生するリコイルを軽減できる副次的効果もある。

撃発メカニズムは、フレーム内に組み込まれた内蔵ハンマー方式だ。ハンマーがフレーム内部に内蔵されているため、ピストルをバッグなどから取り出す際に引っかかりにくい。ハンマーが内蔵式のため、射撃はダブル・アクション・オンリーで、毎回トリガーを引ききるダブル・アクションでおこなう。この方式が、とっさの場合の即応性を高め、同時に暴発の危険性を少なくする。

護身用ピストルで即応性を高めるには、すぐに射撃できるように、あらかじめバレルのチャンバーに弾薬を装填しておくことが必要だ。モデルLC9は、バレルのチャンバーに弾薬を装填し、安全に持ち運ぶための対策として、長いトリガー・プルのダブル・アクション・オンリーのトリガーのほか、トリガーを引ききらないとファイアリング・ピン（撃針）がフリーとならないオートマチック・ファイアリング・ピン・セフティ、そしてグリップ左側面上部に手動セフティが装備されている。

手動セフティは、回転レバー方式で上

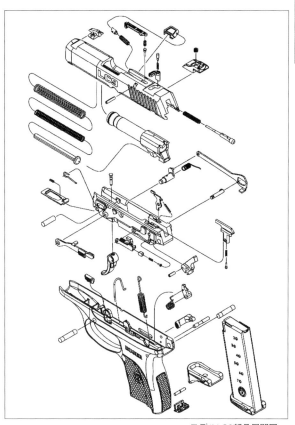

モデルLC9部品展開図

に押し上げるとオンとなり安全が確保できる。射撃の際はこのレバーを押し下げ赤色の警告表示が出るとオフとなって射撃可能になる。

また、ピストルからマガジンを抜き出すと、トリガーを引けなくするマガジン・セフティも装備されている。

補助の安全装置としてスライドの上面のエジェクション・ポート後方に、バレルのチャンバー内に弾薬が装填されているかどうかを判別するローディング・インジケーターも装備された。

このローディング・インジケーターは、チャンバー内に弾薬が装填されていると、その先端が起き上がり、両側面に赤色の警告表示が見えるようになっている。

アメリカ

レミントン・モデル
XR100ピストル
口径　　　7mm-08Rem
全長　　　　　540mm
銃身長　　　　368mm
重量　　　　　2045g
装填数　　　　　1発
ライフリング 4条/右回り

## レミントン・モデルXP100ピストル（アメリカ）

　レミントン・モデルXP100ピストルは、レミントン社（正式名レミントン・アームズ社）が1963年に発売した単発の射撃競技向けの大型ピストルだ。

　モデルXP100ピストルは、ボルト・アクション・ライフルを短く切り詰めたような外観と構造を備えたピストルだ。

　このモデルXP100ピストルは、シルエット・ターゲット射撃などの遠距離の射撃や狩猟に使用できるピストルとして開発が始められた。

　レミントン社内でエクスペリメンタル・ピストル100（試作ピストル100）の名称で開発が進められ、遠距離の射撃や狩猟に使用するライフル向けの弾薬も射撃できる試作ピストルが製作された。

　レミントン社はボルト・アクションのスナイパー・ライフルのモデル700をベースに、これを切り詰めて試作ピストルを製作した。この試作品は、シルエット射撃競技向けに操作性が良く軽量な単発ピストルとして設計された。そのためストック・グリップ部分を強化プラスチックで製作して軽量化を図った。

　ピストルの開発と並行して、レミントン社はシルエット射撃競技用に遠距離射撃向けの小口径高速弾薬の開発を進めた。この研究の結果、完成したのは、.221レミントン・フィアボール弾である。

　レミントン社は、1963年この単発ボルト・アクション・ピストルに試作名エクスメンタル・ピストル100からとったモデルXP100の商品名で発売した。

　最初に発売された製品は、発売された当時に新素材として注目されていた強化プラスチック製のストック・グリップが装備されていた。このオリジナル・モデルは、1985年まで製造が続けられた。1986年になるとライフルと同様に木製のストック・グリップを装備させたモデルXP100カスタムが発売される。

　モデルXP100ピストル発売以降、モデルXP100シルエット、モデルXP100バーミントやモデルXP100ハンターなど使用目的を特化させた同系モデルが追加発売された。しかし、これらのすべてのモデル

モデルXP100ボルト操作

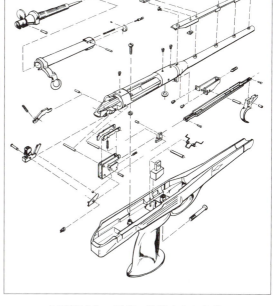

モデルXP100
部品展開図

は、1990年代末に生産中止となった。

ところが製造中止に対して再生産を求める声が多かったところから、2005年レミントン社は、.223弾薬を使用するよく似た形のモデルXR100ピストルを発売し、現在も供給している。

モデルXP100の構造は、基本的にボルト・アクション・ライフルと同一だ。

円筒型のレシーバー（機関部）の中に円筒状のボルト（遊底）が組み込まれている。ボルト先端にボルトを回転させることでレシーバーと結合してロックさせる突起（ボルト・ロッキング・ラグ）が装備されている。

ボルト後端部には、ボルトを回転させて後退させるためのボルト・ハンドルが装備されている。手でボルト・ハンドルを起こしてレシーバーとのロックを解除し、ボルトを後方に引いて、弾薬の装塡や発射済みの薬莢の排出をおこなう。

ボルトを起こす際にボルト内部に装備されたファイアリング・ピンが後退してコックされる。ボルトを閉じるときにファイアリング・ピンはシアによって保持される。トリガーを引くとシアが降下し、ファイアリング・ピンが前進、弾薬を撃発し、弾丸が発射される。

モデルXP100ピストルは単発式。射撃後、ボルトを後退させて排莢させ、開いた排莢孔に次の弾薬を置き、ボルトを前進させて次の射撃準備をする。

アメリカ

セマリング・モデル
LM-4ピストル
口径　　　　　　.45ACP
全長　　　　　　132mm
銃身長　　　　　92mm
重量　　　　　　680g
装填数　　　　　5発
ライフリング　6条/右回り

## セマリング・モデルLM-4ピストル（アメリカ）

　セマリング・モデルLM-4ピストルは、ユニークな操作で連発する手動連発式の小型ピストルだ。このピストルは大口径の.45ACP弾薬を使用する

　セマリング・モデルLM-4ピストルは、一見するとセミ・オートマチック・ピストルのような外観をしている。だがこのピストルは、自動的に次の弾薬が装填されるオート・ローディング方式ではなく、発射のたびに手でバレル部分を前後動させて連発する手動式だ。

　全長132ミリほどで、左右幅も薄いサイズながら、大口径の.45ACP弾薬を使用する強力なストッピング・パワーを備えている。

　アメリカ人発明家のフィリップ R.リヒトマンが1970年代はじめに開発に着手、このピストルを完成させた。

　最初に開発された試作品は、ハンマー露出式で、スライドを手で前後動させて、マガジンから弾薬を装填したり、発射済みの薬莢を排出する構造だった。彼はこの考案で1974年末にパテントを取得した。

　このピストルは、手でスライドを前後動させる点を除くと、ほとんどセミ・オートマチック・ピストルと変わらない構造を備えている。小型ピストルで大口径弾薬を射撃するとスライド重量が不足し、安全に射撃できない。そこで彼は、発射ガス圧がかかってもロックが解除されずスライドが動かないようにし、手でスライドを後退させて作動させるこの小型ピストルを設計した。

　スライドを手で後退させる際にフレーム

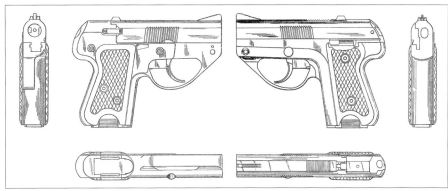

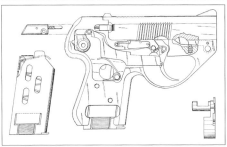
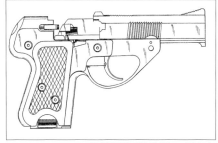

モデルLM-4デザイン・パテント
外観図（上）と断面構造図（下）

とスライドに半分内蔵されたハンマーをコックさせて射撃の準備を整える。構造的に見るとセミ・オートマチック・ピストルときわめて近い構造で設計されていた。

彼はその後、前作とほとんど同じシルエットでまったく異なる作動方式の改良型ピストルを開発した。前作がセミ・オートマチック・ピストルを手動式にしたような構造をもっていたのに対し、改良型ピストルは連発操作が異なっていた。スライドのようにサレーション（指かけ溝）を備えたバレルを手で前進させてマガジンからの弾薬の装填や発射済みの薬莢の排出をおこなう構造になっていた。この発明で彼は1979年にパテントを取得したが、これはバレル前進式と呼ばれる方式だ。バレル前進式を採用したため、撃発メカニズムがハンマー方式ではなくストライカー方式に変更された。撃発は、長いトリガー・プルのダブル・アクションによっておこなう。

フィリップR.リヒトマンは、1970年代末に友人とともにマサチューセッツ州ニュートンにセマリング・コーポレーション社を創設した。彼の完成した手動連発式の大口径小型ピストルは、セマリング・コーポレーション社からセマリング・モデルLM-4ピストルの商品名で1977年に発売された。

1990年代に入り、セマリング・モデルLM-4ピストルの製造権は、テキサス州ワコにあるアメリカン・デリンジャー社に譲渡された。アメリカン・デリンジャー社は、レミントン・ダブル・デリンジャーを近代化させた上下2連のデリンジャー・ピストルなどを製造する小型ピストルを主力製品とするメーカーだ。

1993年からはアメリカン・デリンジャー社によるセマリング・モデルLM-4ピストルの生産と供給が始められた。アメリカン・デリンジャー社は、このピストルにアメリカン・デリンジャー・モデル・セマリングLM-4ピストルの商品名をつけた。

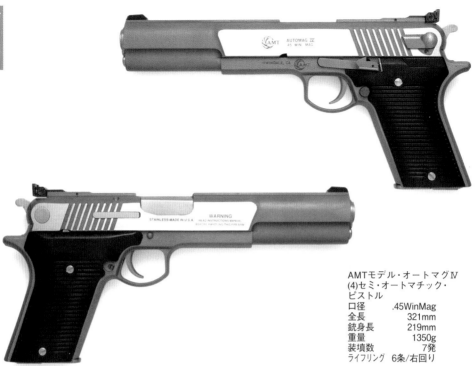

AMTモデル・オートマグⅣ
(4)セミ・オートマチック・
ピストル
口径　　　　　　.45WinMag
全長　　　　　　　321mm
銃身長　　　　　　219mm
重量　　　　　　　1350g
装填数　　　　　　　7発
ライフリング　6条/右回り

## AMTモデル・オートマグⅣセミ・オートマチック・ピストル(アメリカ)

　AMTモデル・オートマグⅣ（4）セミ・オートマチック・ピストルは、強力な.45ウィンチェスター・マグナム弾薬を使用するステンレス・スチール製の大型ピストルだ。

　同ピストルは、アメリカ・カリフォルニア州コビナにあったアルカディア・マシーン&ツール社（通称AMT社）によって製造され、1992年に発売された。

　AMTモデル・オートマグⅣの特徴は、セミ・オートマチック・ピストルで使用される弾薬として最大級の.45ウィンチェスター・マグナム弾薬を使用する点だ。

　.45ウィンチェスター・マグナム弾薬は、1970年代中頃にウィンチェスター社によって開発されて1979年に発売された。アメリカ軍制式ピストル弾薬の.45ACP弾薬と同一口径ながら、約2倍の1000〜1400フィート/ポンドのマズル・エネルギー（初活力）と、約75パーセントも速い1500〜1850フィート/秒のマズル・スピード（初速）をもつ強力な弾薬だった。

　あまりにも大きなマズル・エネルギーとマズル・スピードのために、これを使用するピストルは大きな強度を必要とし、あまり実用的ではなかった。そのため、この弾薬を使用するピストルは少ない。

　アメリカでは一時期、強力な大口径マグナム弾薬を使用するセミ・オートマチックが市場でもてはやされ、この流行を受けてアメリカの銃器開発者ハリー・サンフォードがAMTモデル・オートマグⅣを開発し、AMT社が販売した。

　AMTモデル・オートマグⅣは、外観こそ違うが、基本的な作動メカニズムは、ジョンM.ブローニングが開発したコルト・モデル・ガバーメントに大きな影響を受けている。

アメリカ

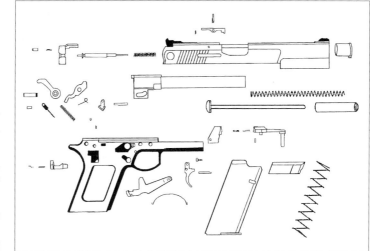

モデル・オートマグⅣ部品展開図

ロッキング方式としてティルト・バレル・ロッキングが組み込まれた。モデル・ガバーメントはバレル後端の下面にリンクを取り付けてバレルをティルトさせる。これに対し、AMTモデル・オートマグⅣは、バレル後端下面にブロックを装備させ、このブロックに傾斜孔を設け、これによってバレルをティルトさせる構造になっていた。

素材はステンレス・スチールが用いられた。バレルを除くグリップ・フレームやスライドなどの多くの部品は、ルガー社が採用していたのと同様に生産効率の良いインベスティメント（ロストワックス）鋳造法を用いて製作された。

また、ルガー社と同様に、ピストルの設計段階で、仕上げ加工工程を簡素化できるデザインが選択されている。

撃発メカニズムはハンマー露出式。トリガーはシングル・アクションが組み込まれた。スライドの後部左側面に回転レバー式の手動セフティが装備された。

この手動セフティは、レバーを下方に回転させるとオンになり、ファイアリング・ピンをブロックする構造になっていた。手動セフティのレバーを水平にすると赤色の警告マークが現れ、ファイアリング・ピンがフリーとなって射撃可能になる。

アメリカにおける強力な大口径マグナム弾薬を使用するピストルのブームは、実際にピストルで射撃してみるとそのリコイル（反動）が大きすぎて実用的でなく、加えて弾薬が高価だったこともあってほどなく沈静化した。

はじめAMT社が、このモデル・オートマグⅣを生産したが、大口径ピストル・ブームの終息とともに同社の経営が悪化したことから、ATM社の多くのピストルの製造権は、イルウィンダル・アームズ・インターナショナル社（IAI社）に売却された。以後多くのピストルがIAIのトレード・マークをつけて生産された。

しかし、IAI社に引き継がれたピストルの生産は、期待したほどの営業成績が上がらず、最終的にガレナ・インダストリー社に製造権が売却された。その後同社がモデル・オートマグⅣの製造を続けたが、2001年に生産中止となった。また、ガレナ・インダストリー社自身も、2002年になると銃器ビジネスから撤退した。

AMTモデル・オートマグⅣには、.45ウィンチェスター・マグナム口径のもののほか、IAI社が開発した10mmIAIマグナム弾薬を使用する製品がオプションとして製作された。

アメリカ

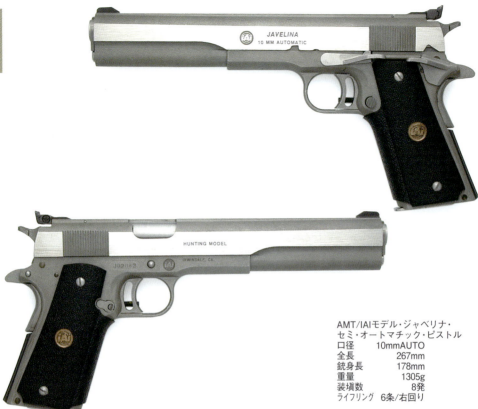

AMT/IAIモデル・ジャベリナ・
セミ・オートマチック・ピストル
口径　　　10mmAUTO
全長　　　　　267mm
銃身長　　　　178mm
重量　　　　　1305g
装填数　　　　　8発
ライフリング　6条/右回り

## AMT/IAIモデル・ジャベリナ・セミ・オートマチック・ピストル（アメリカ）

　AMT/IAIモデル・ジャベリナ・セミ・オートマチック・ピストルは、ロング・スライドを装備した大口径スポーツ射撃向けのステンレス製の大型ピストルだ。1992年にAMT社から発売された。

　モデル・ジャベリナは、AMT社が販売していたステンレス・スチール製の大口径ピストル射撃向けのモデル・ハードボーラーのバレルとスライドを延長して設計された。

　モデル・ジャベリナの特徴は、オリジナルより長い178mmのバレルとそれをカバーする長いスライドが装備されたこととモデル・ブレン・テン・ピストル（128ページ参照）用に開発された10mmオート弾薬を使用する点にある。

　同型のロング・スライドを装備した.45ACP弾薬を使用するモデル・ハードボーラー・ロング・スライドも製作された。このモデル・ハードボーラー・ロング・スライドは、モデル・ジャベリナに先行して、AMT社から1980年に発売され供給された。

　モデル・ジャベリナの開発ベースとなったオリジナルのモデル・ハードボーラーは、コルト・モデル・ガバーメントのコピー製品だ。1977年に大口径射撃向けにAMT社は製作を開始した。

　バレルとスライドの長さを除けば、モデル・ジャベリナとモデル・ハードボーラーは、まったく同一の作動メカニズムを備えている。

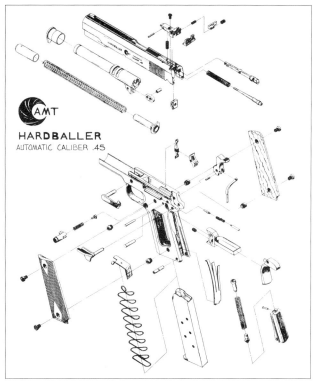

モデル・ハードボーラー（ジャベリナと同一メカニズム）部品展開図

　ジョン M.ブローニングが開発したバレル後端を上下動させてスライド内部上面の溝とバレル上面の突起をロックさせるティルト・バレル・ロッキングが組み込まれている。

　撃発メカニズムはハンマー露出式。シングル・アクションのトリガーが組み込まれている。グリップ・フレームの左側面の後端部分に三角形をした回転レバー・タイプの手動セフティが装備されている。手動セフティを上に押し上げるとオン、下方に下げるとオフになる。また、グリップ後面の上部に、グリップを握るとオフとなるグリップ・セフティが組み込まれた。これらのメカニズムは、オリジナルのコルト・モデル・ガバーメントとまったく同じだ（34ページ参照）。

　モデル・ジャベリナの製造上の特色は、ステンレス・スチールを素材として使用している点と製造効率の良いインベスティメント（ロストワックス）鋳造法を用いて製造されている点にある。

　モデル・ジャベリナは、最初にAMT社によって生産・供給された。AMT社が経営難に陥るとIAI社（イルウィンダル・アームズ・インターナショナル社）に製造権が譲渡され、以後同社によって生産された。そのため、初期型にはスライドにAMT社のトレード・マークが入れられており、後期に製造されたもののスライドには、IAI社のトレード・マークが入れられている。この２つは、トレード・マークを除けば、まったく同一製品である。

　後年IAI社も経営危機に見舞われ、ガレナ・インダストリー社が救済の手をさしのべたが成功せず、すべてのピストルの生産は、2002年に停止された。

アメリカ

チャーター・アームズ・モデル・
エクスプローラーⅡ(2)セミ・
オートマチック・ピストル
口径　　　　　　　.22LR
全長　　　　　　394mm
銃身長　　　　　204mm
重量　　　　　　　815g
装填数　　　　　　10発
ライフリング　6条/右回り

## チャーター・アームズ・モデル・エクスプローラーⅡセミ・オートマチック・ピストル（アメリカ）

　チャーター・アームズ・モデル・エクスプローラーⅡ（2）セミ・オートマチック・ピストルは、.22LR弾薬を使用する簡易スポーツ射撃向けのプリンカー・ピストルだ。

　このピストルは、もともとアメリカのアーマライト社がサバイバル・ライフルとして開発・製品化したアーマライト・モデルAR-7セミ・オートマチック・ライフルをベースに、チャーター・アームズ社がピストルに再設計し、1980年に発売した。

　オリジナルのアーマライト・モデルAR-7セミ・オートマチック・ライフルは、アメリカ軍制式ライフルとなったM16（AR-15）の開発者ユージン・ストーナーによって設計された。アーマライト・モデルAR-7は、フレームとバレルが簡単に分解でき、分解したこれらの部品をプラスチック製のストックの中に収めると水に浮く特性を備えたサバイバル・ライフルだった。軽量化して水にも浮く性能をもたせるため、金属部分の多くがアルミニウム系の軽合金を用いて製作された。

　オリジナルのアーマライト社が消滅して以来、アーマライト・モデルAR-7ライフルの製造権所有者は錯綜している。

　最初、モデルAR-7ライフルは、開発したオリジナルのアーマライト社によって、1959年から1973年まで製造された。

　その後1973年から1990年までチャーター・アームズ社が製造をおこなった。1990年に製造権はサバイバル・アームズ社に移り、同社が1997年まで生産した。1997年、製造権がヘンリー・リピーティング・アームズ社に移り、同社が現在まで製造を継続している。

　一方、1998年から2004年までの間、ア

ーマライト・モデルAR-7がAR-7インダストリーズLLC社によっても製造された。

また、南アメリカのアルゼンチンでは、モデルAR-7のコピー製品が製作された。

モデル・エクスプローラーⅡセミ・オートマチック・ピストルは、モデルAR-7ライフルの生産をおこなったチャーター・アームズ社が開発し、1980年から1986年まで生産された。

最初、同社はモデルAR-7ライフルをモデル・エクスプローラーⅡセミ・オートマチック・ライフルの商品名で生産した。このライフルはバレルが簡単に取り外せる構造をもっていたので、短いバレルに交換し、ストックに代えてバーチカル・グリップを装備させてピストルとした。これがモデル・エクスプローラーⅡセミ・オートマチック・ピストルだ。

モデル・エクスプローラーⅡピストルの全体シエットは、有名なドイツのマウザー・モデルC96(マウザー・ミリタリー)ピストルに似ている。このピストルは、郊外で気軽に.22LR弾薬でスポーツ射撃を楽しむためのプリンカー・ピストルとして製作された。

同社で製作されたモデル・エクスプローラーⅡピストルには、スタンダードの6インチ・バレルのほか、8インチ・バレル、10インチ・バレルを装備させたオプション・モデルもある。

モデル・エクスプローラーⅡピストルは、オリジナルのモデル・エクスプローラーⅡライフルのレシーバー部がそのまま転用されている。圧力の低い.22LR弾薬を使用するため、シンプルなブローバック方式で設計された。レシーバー(機関部)の中を円筒状のボルトが射撃反動で前後動し、弾薬の装填と発射済みの薬莢

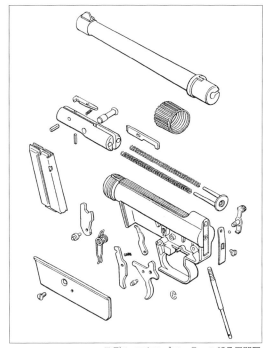

モデル・エクスプローラーⅡ部品展開図

の排出をおこなう。ボルトにロックはなく、ボルト前面に加わるガス圧が低くなるまでボルトの重量とその後方に装備されたスプリング圧で支える。そのためボルトは太く重量があり、後方のボルト・スプリングも2本装備されている。

撃発メカニズムは内蔵ハンマー方式、レシーバーの中に収納されたハンマーで撃発する。マガジンはシングル・ロー(単列式)。もともとライフルとして設計されていたため、トリガー・ガード前方に設定されたマガジン・ウェルに装着して使用する。

モデル・エクスプローラーⅡセミ・オートマチック・ピストルは、ライフルと違いプラスチック製のストックを装備していないため、分解してストック内に収納することができない。そのため水に浮く特性が失われた。

キャリコ・モデル950セミ・
オートマチック・ピストル
口径　　　　　9mm×19
全長　　　　　　355mm
銃身長　　　　　190mm
重量　　　　　　1020g
装填数　　　　　　50発
ライフリング　6条/右回り

## キャリコ・モデル950セミ・オートマチック・ピストル（アメリカ）

キャリコ・モデル950セミ・オートマチック・ピストルは、ユニークな構造の大容量マガジンを装備した大口径ピストルだ。

キャリコ・モデル950は、もともとピストル弾薬を使用するサブ・マシンガンとして設計が進められた。民間向けにセミ・オートマチックのみのカービンも製作された。このセミ・オートマチック・カービンからショルダー・ストックを取り除き、短いバレルを装備させ、片手で射撃できるようにした製品がキャリコ・モデル950ピストルだ。

キャリコ・モデル950シリーズは、アメリカのカリフォルニアン・インスツールメント社（通称キャリコ社）によって開発された。キャリコ社は、モデル950シリーズの開発に先立ち、民間向けに.22LR弾薬を使用するモデル100シリーズとモデル110シリーズを開発、1986年に発売した。

この.22LR弾薬を使用するキャリコ・モデル100ピストルは、作動メカニズムとしてシンプルなブローバック作動するボルトを組み込んであり、きわめてオーソドックスなものだったが、マガジンに大きな特徴があった。キャリコ・モデル100ピストルは、螺旋状に弾薬を並べて収容するスプライラル・マガジン（ヘリカル・マガジン）という独特の構造のマガジンを装備している。このマガジンは、レシーバー（機関部）上部に装着する。この形式のマガジンは装填できる弾薬量が多く、.22LR弾薬を100発装填できた。

キャリコ・モデル100ピストルの発売から2年後の1988年、キャリコ社は、9mm×19（9mmルガー）弾薬を使用するキャリコ・モデル950シリーズのカービンとピストルを公開した。キャリコ・モデル950シリーズは、圧力の高い9mm×19弾薬を使

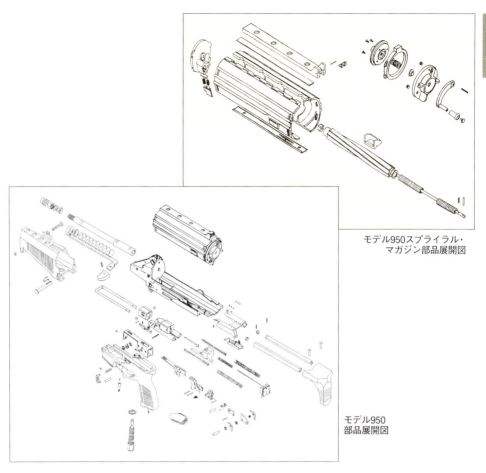

モデル950スプライラル・マガジン部品展開図

モデル950 部品展開図

用するため、シンプルなブローバック方式でなく、ドイツ・ヘッケラー&コッホ社のモデルMP5サブ・マシンガンなどに組み込まれて知られるローラー・ハーフ・ロックがボルトに組み込まれた。

9mm×19弾薬を使用するキャリコ・モデル950シリーズも、.22LR弾薬を使用するキャリコ・モデル100シリーズと同形式のスプライラル・マガジンが装備されている。スプライラル・マガジンは、一般的なボックス・マガジンに比べると構造的に複雑だが、多数の弾薬をコンパクトに収容できる。またボックス・マガジンのように大きく銃から突き出す欠点がない。キャリコ・モデル950ピストルのスプライラル・マガジンは50発の9mm×19弾薬を装填できた。

さらにレシーバーをはじめマガジンや本体など、多くの部品が強化プラスチックのポリマーで製作されている点も特徴的だ。

キャリコ・モデル950ピストルは、多くの特徴を備えた製品だったが、乱射事件が多発したことでアメリカがアサルト・ウェポン（攻撃的銃砲）取締法が成立すると規制対象となり、生産を中止した。

現在、キャリコ社は、改良されて形を変えたキャリコ・セミ・オートマチック・ピストルの生産を再開し供給している。

アメリカ

チャーター・アームズ・モデル・
アンダーカバー・リボルバー
口径　　　　　.38S&WSp
全長　　　　　　160mm
銃身長　　　　　48mm
重量　　　　　　436g
装填数　　　　　5発
ライフリング　6条/右回り

## チャーター・アームズ・モデル・アンダーカバー・リボルバー（アメリカ）

　チャーター・アームズ・モデル・アンダーカバー・リボルバーは、ショート・バレルを装備した携帯性に優れたスナブノーズ・リボルバーで、S&Wモデル・チーフズ・スペシャルやコルト・モデル・デテクティブなどと同じカテゴリーに属する。

　モデル・アンダーカバーの特徴は、発売された1964年当時、.38S&Wスペシャル弾薬を使用する同じクラスのスナブノーズ・リボルバーの中で、最も小型で軽量に設計されていた点にある。

　このリボルバーは、コルト社、ハイ・スタンダード社、ルガー社などに勤めた経験をもつ技師ダグラス・マクナハンによって開発された。彼は開発したリボルバーを生産するため、チャーター・アームズ社を創設し、1964年にモデル・アンダーカバー・リボルバーの商品名で発売した。

　モデル・アンダーカバー・リボルバーは、.38スペシャル弾薬を使用する同クラスの小型リボルバーの中で最も軽量で小型というキャッチ・フレーズで販売され、その製作精度が高く仕上げもきれいで好評だった。

　モデル・アンダーカバーは、ソリッド・フレームにクレーンでフレームの左側方にスイング・アウトするシリンダーを組み込んだスイング・アウト式のリボルバーだ。

　撃発メカニズムとして露出ハンマーが組み込まれた。ハンマー・トリガー・システムは、ダブル・アクション射撃とシングル・アクション射撃のどちらもできるコンベンショナル・ダブル・アクション方式だ。のちにダブル・アクション・オンリーの撃発方式を組み込んだ製品もオプションとして供給された。

　モデル・アンダーカバーの構造上の特徴は、フレームが上部のバレルやシリンダーを組み込んだメイン・フレームと下

モデル・アンダーカバー
断面構造図

モデル・アンダーカバー部品展開図

部のトリガー・ガードとグリップ・フレームに二分割されている点だ。リボルバーの製造工程の中で最も手間がかかるフレームの製作を、この方式で設計することで簡略化できた。さらに異なるグリップ・サイズを製作して容易にオプション展開をおこなうことが可能になった。

小型軽量のリボルバーとして市場で好評を得たものの、単品では市場からあきられてしまう。チャーター・アームズ社は、.38S&Wスペシャル以外の異なる弾薬のオプション展開をおこなう必要に迫られた。

しかし、小型化と軽量化のために限界までコンパクトに設計されたモデル・アンダーカバーをベースにした口径オプションには限界があった。とくに大口径マグナム弾薬を使用するリボルバーのブームが起こると、チャーター・アームズ社は、この分野に進出することができなかった。最もコンパクトなリボルバーの生産という戦略が逆にチャーター・アームズ社を圧迫することになった。

加えてブラジルなどからの安価な輸入リボルバーがアメリカ市場に流入したことで、同社は1999年経営危機に陥り倒産した。

チャーター・アームズ社は、エリック・ファミリーによって買収され、以後、新たにチャーター2000の社名で一連のリボルバーの製造が続行されている。

モデル・アンダーカバーのメカニズムをベースにして、モデル・ブルドック、モデル・ポリス・ブルドック、モデル・パスファインダーなどがバリエーションとして製作された。

口径オプションは、.38S&Wスペシャルのほか.22LR、.22ウィンチェスター・リム・ファイアーマグナム、.32H&Rマグナム、.327フェデラル・マグナム、.357マグナム、.44スペシャルなどがある。

アメリカ

クーナン・アームズ・モデル・
クーナン357セミ・アームズ・
オートマチック・ピストル
口径　　　　.357Mag
全長　　　　211mm
銃身長　　　127mm
重量　　　　1190g
装填数　　　7発
ライフリング　6条/左回り

## クーナン・アームズ・モデル・クーナン357セミ・アームズ・オートマチック・ピストル（アメリカ）

　クーナン・アームズ・モデル・クーナン357セミ・オートマチック・ピストルは、ミネソタ州セント・ポールにあったクーナン・アームズ社によって1985年に発売されたステンレス・スチール製の大型のピストルだ。
　モデル・クーナン357の最大の特徴は、もともとリボルバーで使用するために開発された.357マグナム弾薬を使用する点だ。
　わざわざリボルバー用に開発された.357マグナム弾薬をセミ・オートマチック・ピストルで使用することに大きなメリットはないが、物珍しさをアピールした製品である。
　リボルバー用に開発された弾薬は、セミ・オートマチック・ピストル向けに開発された多くの弾薬とは異なり、リムド・カートリッジと呼ばれ、薬莢底が薬莢本体より一回り大きく、外側に突き出している。.357マグナム弾薬も同様なリムド・カートリッジだ。
　この種の弾薬を多数ボックス・マガジンに装填すると、外側に突き出したリムのために送弾不良を起こしやすい。モデル・クーナン357のマガジンは、スムーズに給弾するために特殊な形状で設計されている。マガジン本体の左右側面に傾斜したカットを設け、マガジン・フォロアーが下にいくほど強制的に大きく傾斜させる構造となっている。リムド・カートリッジの.22LR弾薬のマガジンと同形式だ。
　モデル・クーナン357は、.357マグナム

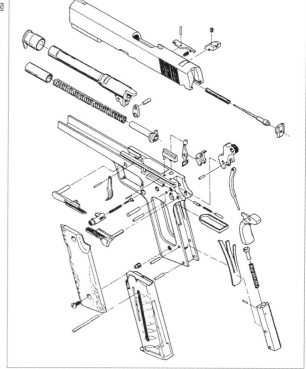

モデル・クーナン
357部品展開図

弾薬を使用するため、グリップ部分の形状が異なるが、基本的なメカニズムはコルト・モデル・ガバーメントと同様だ。

ロッキング方式は、バレル後端を上下動させ、バレル上面の突起とスライド内部上面の溝とロックさせるティルト・バレルが組み込まれている。

撃発メカニズムは露出ハンマー方式。シングル・アクションのトリガーが組み込まれている。ハンマーやトリガーなどの撃発メカニズムの構成部品は、その形状や働きなどがコルト・モデル・ガバーメントときわめて酷似している。

グリップ・フレーム左側面の後端部分に三角形をした回転レバー式の手動セフティが装備されている。また、グリップ後面上部に、グリップを握ることによって解除されるグリップ・セフティが装備された。これらの構造もコルト・モデル・ガバーメントと同一で、モデル・クーナン357は、コルト・モデル・ガバーメントのクローンの一種と言えよう。

モデル・クーナン357は、インベスティメント（ロストワックス）鋳造法を用いて、ステンレス・スチールで製造された。バレル部分を除き、スライドやグリップ・フレーム、ハンマー、トリガーなど多くの部品が、インベスティメント鋳造法で製作されている。

モデル・クーナン357は、1985年に発売された。1987年にリンクに代えて傾斜溝でバレルをティルトさせる改良型のモデル・クーナン357Bが発売され、1993年になるとコンパクト型のモデル・クーナン357カデットが追加発売された。

モデル・クーナン357は、セミ・オートマチック・ピストルでありながら、リボルバーの弾薬を使用するという興味ある製品だ。しかし、性能上あえてリボルバー用の弾薬を使用するメリットが見いだせなかったため、じゅうぶんな販売実績をあげられず、2002年に生産が打ち切られた。

2012年、モデル・クーナン357の製造権を買い取った別会社によって、再び生産と供給が始められている。

アメリカ

COPモデルCOP357
ピストル
口径　　　　　.357Mag
全長　　　　　140mm
銃身長　　　　80mm
重量　　　　　454g
装填数　　　　4発
ライフリング　6条/右回り

## COPモデルCOP357ピストル（アメリカ）

　COPモデルCOP357ピストルは、現在もアメリカン・デリンジャー社からモデルCOP 4SHOTの商品名で販売されている4連発のステンレス・スチール製の小型ピストルだ。

　モデルCOP357ピストルは、コネチカット州チェシェアーに住んでいたロバートL.ヒルベルグによって、1980年代初頭に開発された。

　モデルCOP357ピストルは、バレルを折って弾薬を装填する中折れ式だ。4本のバレルを装備した現代版のペッパー・ボックス・ピストルとも言える製品で、現代的な.357マグナム弾薬を使用する。

　このピストルを開発し、1983年にパテントを取得したヒルベルグは、COP社を創設し、発案したピストルにモデルCOP357ピストルの商品名をつけて本格的な製造に乗り出した。会社名と商品名は、コンパクト・オフ・デューティ・ポリス（小型非番警察官）に由来する。

　その商品名が示すようにモデルCOP357ピストルは、携帯用護身ピストル、あるいは警察官のセカンド・ピストルとして企画された。とっさの場合にただちに使用できる即応性の高いシンプルな操作性と、ジャム（送弾不良）を起こしにくい構造で設計されている。

　携帯護身用ピストルという観点から、全体的に引っかかりにくく、携帯する際に違和感がないよう丸みを帯びたデザインになっている。また撃発メカニズムが

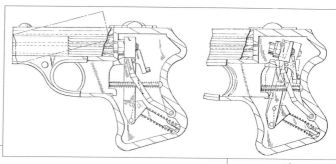

モデルCOP357
断面構造図

モデルCOP357
部品展開図

すべてフレームに内蔵されており、外部に可動部品がほとんど露出していない。

即応性という観点から、手動セフティは省かれ、長いトリガー・プルのダブル・アクションで暴発を防ぐ構造にした。また不発に対処させるため、4本の独立させたバレルを装備して、不発が起こっても再度トリガーを引いて射撃できる可能性をもたせた。

弾薬の装填は、グリップ・フレーム先端を軸にして、バレル後端を引き上げてチャンバーを露出しておこなう。発射済みの薬莢は、バレルを中折れにして開く際、自動的に作動するエジェクターによって排出される。

射撃は、ダブル・アクション・オンリーのトリガーを引き、フレーム内に内蔵されたハンマーを起こしておこなう。ハンマー前面に回転ラチェットが装備されており、ハンマーが起きるたびに回転し、4本のバレル後方のフレームに装備されたファイアリング・ピンを次々と打撃する構造になっている。このハンマーのメカニズムは、アメリカで19世紀に製作されたシャープス社製のペッパー・ボックス・ピストルに似た構造だ。

独立した4本のバレルを装備させたところから、バレルやチャンバーを頑丈にでき、小型・軽量であるにもかかわらず強力な.357マグナム弾薬が使用できる小型ピストルとして設計された。

モデルCOP357ピストルは、ステンレス・スチールを用いて製作された。バレルやフレームは、インベスティメント鋳造法で製作され、内部の部品の一部がプレス加工によって製作されている。

モデルCOP357ピストルは、最初に開発者自身が創設したCOP社によって製造されたが、1990年にデリンジャー・ピストルなどの小型ピストルの生産に特化したアメリカン・デリンジャー社にその製造権が譲渡された。同社は、現在このピストルをモデルCOP 4SHOTの商品名で製造・供給している。

アメリカ

D&Dモデル・ブレン・テン・セミ・オートマチック・ピストル
口径　　　10mmAUTO
全長　　　222mm
銃身長　　127mm
重量　　　110g
装填数　　12発
ライフリング　6条/右回り

## D&Dモデル・ブレン・テン・セミ・オートマチック・ピストル（アメリカ）

　D&Dモデル・ブレン・テン・セミ・オートマチック・ピストルは、カリフォルニア州ロサンゼルスにあったドルナウス&ディクソン社が1983年から1986年にかけて製造・供給したステンレス・スチール製の大型ピストルだ。

　モデル・ブレン・テンは、全体的に見ればチェコスロバキア（当時）のチェスカー・ゾブロユフカ社が開発したモデルCZ75ピストルに大きな影響を受けたピストルだ。モデル・ブレン・テンの最大の特色は、ピストルの開発と並行して進められた10mmAUTOピストル弾薬を使用する最初の製品である点だ。

　10mmAUTOピストル弾薬は、9mm×18（9mmルガー）弾薬並みの弾道低進性をもち、.45ACP弾薬に匹敵するストッピング・パワーを備えた弾薬を目指して開発された。弾薬のアイデアは、ピストル射撃のエキスパートのジェフ・クーパーが提案し、実際の開発は、スウェーデンのノーマ社がおこなった。完成したのは口径10mmで薬莢の長さが26mmある10mmAUTOピストル弾薬だった。

　この10mmAUTOピストル弾薬を使用するピストルとしてモデル・ブレン・テンが開発された。前述したように、モデル・ブレン・テンはチェコスロバキアのモデルCZ75のコピーといってよいほど、よく似た構造とメカニズムが組み込まれた。

　当時社会主義国だったチェコスロバキアは、迂闊にも西ヨーロッパやアメリカでパテントを申請していなかった。そのためモデルCZ75のメカニズムがコピーされてもそれを止める手段がなかった。そのためイタリアやアメリカでモデルCZ75によく似たメカニズムを組み込んだ大型セミ・オートマチック・ピストルが複数

通常分解したモデル・ブレン・テン

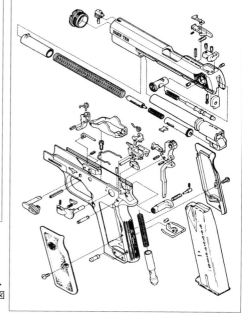

モデル・ブレン・テン部品展開図

製作され、モデル・ブレン・テンもそのひとつだった。

　モデル・ブレン・テンは、バレル後端を上下動させて、バレルをスライド内部上面の溝にロックさせるティルト・バレル・ロッキングが組み込まれた。バレルの上下動は、バレル後端下面に装備されたブロックの傾斜溝でおこなう。

　撃発は、スライド後部に露出したハンマーでおこなう。ハンマーは、トリガーを引ききるダブル・アクションでも、指でハンマーを起こして射撃するシングル・アクションどちらでもできるコンベンショナル・ダブル・アクションが組み込まれた。

　フレーム後端の左右に回転レバー・タイプの手動セフティが装備されている。この手動セフティは、レバーを引き上げるとオンになりハンマーをロックする。レバーを水平にすると赤色の警告マークが現れ射撃可能になる。この手動セフティとは別にスライド後端部にスライドを貫通したクロス・ボルト・タイプのファイアリング・ピン・セフティも装備されている。このセフティは、左にS、右にFの文字が刻印されており、右から左側に押すとファイアリング・ピンがロックされる構造になっていた。

　モデル・ブレン・テンは、ステンレス・スチールを素材として、インベスティメント鋳造法を用いて製作された。

　モデル・ブレン・テンは、使用する弾薬を含めて興味ある製品だったが、資金不足からマガジン供給にトラブルが発生したりして、わずか4年ほどで生産が終了した。その間に製造されたモデル・ブレン・テンは約1500挺にすぎない。

　製造期間は短かったが、モデル・ブレン・テンは、スタンダード・モデルのほか、モデル・スペシャル・フォース、モデル・コンパクト、モデル・ポケットなどのバリエーションが製造された。

　その後、生産再開を求める声に応じて2010年にアリゾナ州ツーソンにあるバルトー・ウェポン・システム社が製造を再開した。

アメリカ

ダーディック・モデル1100ピストル
口径　　　　　.38DARDIC
全長　　　　　243mm
銃身長　　　　152mm
重量　　　　　978g
装填数　　　　15発
ライフリング　6条/右回り

ダーディック・ピストル弾薬

## ダーディック・モデル1100ピストル（アメリカ）

　ダーディック・モデル1100ピストルは、デビット・ダーディックがアメリカで1940年代末に開発し、1954年に製品化したユニークなピストルだ。

　デビット・ダーディックは、高速化する航空機に対応させた連射速度の速いマシンガンを開発する中でこのピストルを発想した。通常のマシンガンはレシーバーの中でボルトが前後動して連発するため、連射速度を高速化しようとすると、ボルトが前後動する時間が連射速度を規制してしまう。そこで、彼はボルトが前後動しないでも発射できる断面が三角形の弾薬を考案した。これがダーディック・ラウンド、またはトライアングル・ラウンドと呼ばれる弾薬だった。

　通常の弾薬が円筒状をしているのに対し、ダーディック・ラウンドは三角形の断面をもつプラスチックでカバーしてある。弾薬は歯車のようなラチェットで射撃位置に送られる。ラチェットとレシーバー（機関部）が弾薬を取り囲み、この部分がチャンバー（薬室）となって撃発される構造だ。

　つまり、従来の銃砲のようにバレルの後端部にチャンバーを装備していない。弾薬は単に射撃位置にラチェットで送られるとただちに射撃できる。そのためラチェットをモーターで回転させて回転速度を上げれば、どこまでも連射速度を高速化できた。この方式はオープン・チャンバーと呼ばれている。

　ダーディック・ピストルは、高速マシンガンの開発中に完成されたダーディック・ラウンドをピストルに転用し、射撃できるようにした製品である。

　ダーディック・ピストルは、マシンガンの弾薬と異なった弾薬を使用する。ダーディック・ピストルで使用する弾薬として、断面が三角形をしたプラスチックのケースに収められた.38S&Wスペシャル弾薬に準拠した性能の弾薬が製造された。

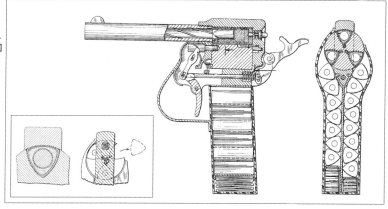

ダーディック・ピストル・パテント断面構造図

この弾薬以外に、一般に市販されている.38S&Wスペシャル弾薬や9mm×19（9mmルガー）弾薬、.22LR弾薬を収められるアダプター・プラスチック・ケースも製作された（.30マウザー・ピストル弾薬用のアダプター・プラスチック・ケースも製作されたとする説もある）。これら弾薬は、ダーディック・モデル1500ピストルにコンバーター・バレルを装着して射撃できた。

1960年ダーデッィク・モデル1100とモデル1500が発売された。また、ダーディック・ピストルをカービンにコンバートできるストックも生産・供給された。

これら2機種のダーディック・ピストルに基本的な構造の違いはない。モデル1100のバレルが固定式だったのに対し、モデル1500のバレルは着脱式になっており、.22LRなどのコンバーター・バレルと交換できる。

ダーディック・ピストルは、グリップ・フレームが左右2つを合わせた構造になっており、アルミニウム系の軽合金で製作された。このフレームの上部に回転して送弾したり、チャンバーともなるラチェットが組み込まれた。

通常のセミ・オートマチック・ピストルのようにグリップ部分が弾薬のマガジンになっている。マガジンは着脱できず固定式だ。弾薬はフレーム右側面の弾薬装填孔からマガジンに装填する。ラチェット部分を含めると、ダーディック・ピストルには最大15発の弾薬を装填できた。

撃発はハンマー内蔵式のダブル・アクション。射撃準備する際にラチェットを回転させられるようにフレーム後端部分に手動レバーが装備されている。トリガーを引くとハンマーがコックされ、同時にラチェットが回転し、ラチェットに入っている弾薬を射撃位置に送る。そのままトリガーを引き続けると撃発、弾丸が発射される。

作動方式はリボルバーによく似ている。異なっているのは、トリガーを再度引いて射撃すると発射後のプラスチック・ケースがレシーバー右側面のエジェクション・ポート（排莢孔）から排出される点だ。

高速マシンガンでは有効だったオープン・チャンバーだったが、手動式（ダブル・アクション）のピストルに組み込んでも物珍しさだけで、大きなメリットがなかった。むしろダーディック・ピストルは、一般のリボルバーより使用しにくかった。

特殊な弾薬が一般化せず入手しにくかったことと、ピストル自体が高価だったこともあり、販売が振るわず1962年に製造中止となった。1954年から1962年の間に製造されたダーディック・ピストルの生産数は限定的だった。

アメリカ

デトニックス・モデル・
コンバット・マスター・セミ・
オートマチック・ピストル
口径　　　　　　.45ACP
全長　　　　　　171mm
銃身長　　　　　89mm
重量　　　　　　820g
装填数　　　　　6発
ライフリング　6条/左回り

## デトニックス・モデル・コンバット・マスター・セミ・オートマチック・ピストル（アメリカ）

　デトニックス・モデル・コンバット・マスター・セミ・オートマチック・ピストルは、コルト・モデル・ガバーメントのバレル、スライド、グリップをそれぞれ切り詰めて小型化した大口径ピストルだ。

　デトニックス・モデル・コンバット・マスターは、パトリック・ヤーテスによって1960年代に開発された。彼はオリジナルのモデル1911A1ピストル（コルト・モデル・ガバーメント）をベースに、これをできる限り小型化してデトニックス・モデル・コンバットマスターを製作した。最初、オリジナルのモデル1911A1ピストルを切り詰めて、カスタム・メイドした。この製品が好評だったところから、1977年素材から一貫製作を開始した。

　デトニックス・モデル・コンバットマスターのメカニズムは、モデル・ガバーメントを小型化して製作したこともあり、ほとんどモデル・ガバーメントと同一だ。

バレル後端を上下動させ、スライド内部上面の溝とバレルをロックさせるティルト・バレル・ロッキングが組み込まれている。基本的な構造もモデル・ガバーメントと同じだが、スライドを短く切り詰めたため設計の一部が改良されている。

　デトニックス・モデル・コンバット・マスターのバレル後端の降下量は、スライドの長いスタンダードのモデル・ガバーメントと同一で、そのためスライドが後退したときのバレルの傾斜角が大きくなる。結果、従来のバレル・ブッシングのままで作動させることができない。デトニックス・モデル・コンバット・マスターは、バレル・ブッシングを取り除き、バレル先端部分にテーパーをつけて拡げてラッパ状にし、スライドとのがたつきを防いだ。この発案でパトリック・ヤーテスは、アメリカのパテントを取得した。

　撃発メカニズムはモデル1911A1とまっ

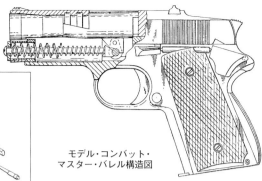

モデル・コンバット・
マスター・バレル構造図

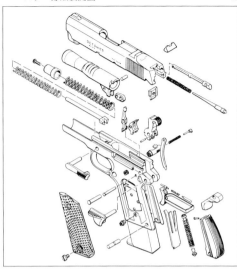

モデル・コンバット・
マスター部品展開図

たく同一で、ハンマー露出式、シングル・アクションのトリガーが組み込まれている。グリップ・フレーム左側面後部にモデル1911A1と同じ三角形をした回転レバー・タイプの手動セフティが装備された。

デトニックス・モデル・コンバット・マスターは、グリップ・フレームが短く切り詰められている。オリジナルのモデル1911A1のグリップ後面上部に装備されていたグリップ・セフティは、作動スペースが確保できなくなったため、グリップ・セフティは装着されていない。

最初デトニックス・モデル・コンバット・マスターは、発案者のヤーテスが技術者として勤めていたEXCOA社（エクスプローシブ・コーポレーション・オブ・アメリカ）によって1977年に製造が始められた。デトニックス・モデル・コンバット・マスターの販売のために、EXCOA社は新たにデトニックス社を別会社として創設し供給を始めた。オリジナル・モデルのマークⅠから製造が始められ、市場からの指摘や自社での小改良を加えた

マークⅥまでの5機種の改良型を含めた6機種とカスタム・モデルが製造された。スチールを製造素材とした製品のほか、ステンレス・スチールを使用して製作した製品も供給された。

1987年、デトニックス社はブルース・マッコーによって買収され、新たにニュー・デトニックス社となった。デトニックス・モデル・コンバット・マスターの製造権は、ニュー・デトニックス社に移り、新会社はアリゾナ州フェニックスに移転して生産を始めた。

開発当初、モデル・ガバメントを極限までコンパクト化した大口径ピストルはデトニックス・モデル・コンバット・マスターだけだった。しかし、その後、多くの類似製品が市場に登場し、最終的にオリジナル・メーカーのコルト社でもコンパクト・タイプのモデル・オフィサーACPピストルを製造するようになった。デトニックス・モデル・コンバット・マスターの売り上げは振るわなくなり、1992年に製造を中止した。

その後市場からデトニックス・モデル・コンバット・マスターの再生産を求める声が上がったため、2004年ニュー・デトニックス社を再組織してデトニックスUSA社が創設された。デトニックスUSA社はデトニックス・モデル・コンバット・マスターの生産を再開し市場に供給している。

アメリカ

フリーダム・アームズ・
モデル83リボルバー
口径　　　.454CAS
全長　　　274mm
銃身長　　127mm
重量　　　1440g
装填数　　5発
ライフリング　6条/右回り

## フリーダム・アームズ・モデル83リボルバー（アメリカ）

　フリーダム・アームズ・モデル83リボルバーは、ステンレス・スチールを素材として製作された大口径のマグナム弾薬が使用できる大型のシングル・アクション・リボルバーだ。

　1950年代中頃、ディック・カスールとジャック・フルマーは、.44マグナム弾薬よりさらに強力な近代的なマグナム弾薬が使用できるシングル・アクション・リボルバーの開発を始めた。彼らが開発のベースとしたのは、ルガー・モデル・ブラックホークだった。これは近代化されたシングル・アクション・アーミー・リボルバーといわれ、1955年に.357マグナム弾薬を使用する製品が発売され、翌1956年に.44マグナム弾薬を使用する製品が発売された。

　ディック・カスールは、.44マグナム弾薬を上回る.454カスール・マグナム弾薬を開発し、モデル・ブラックホークのフレームを利用して、シリンダーを5連発に改造したカスール454リボルバーの試作品を完成した。彼らはワイオミング州フリーダムにフリーダム・アームズ社を創設、この大口径マグナム弾薬を使用する大型のシングル・アクション・リボルバーの生産に乗り出した。生産型は、フリーダム・アームズ・モデル83と名付けられ1983年から供給を始めた。

　モデル・ブラックホークのフレーム強度がじゅうぶんではないと感じていた彼らは、量産型を設計する際に、フレームの強度を高めるため、モデル・ブラックホークのフレームを大型に再設計した。新製品として市場にアピールするため、ステンレス・スチールを素材とした。

　フリーダム・アームズ・モデル83は、強力なマグナム弾薬を使用できるようにじゅうぶんな強度をもたせたため、重量のあるリボルバーとなった。

　フリーダム・アームズ・モデル83のメカニズムは、基本的にモデル・シング

アメリカ

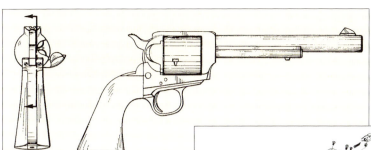

モデル83
パテント外観図

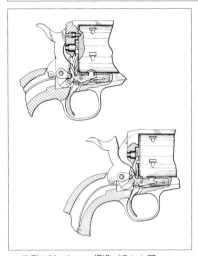

モデル83ハンマー構造パテント図

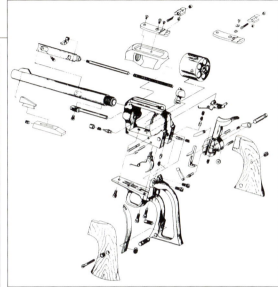

モデル83部品展開図

ル・アクション・アーミーやモデル・ブラックホークとよく似た操作性をもっているが、細部に近代的な改良が加えられている。ソリッド・フレームに組み込まれたリボルバーでハンマーは露出式。射撃ごとにハンマーを指で起こしてコックし、トリガーを引いて撃発・射撃をおこなうシングル・アクションだ。

弾薬の装填は、フレームの右側面、シリンダー後方のローディング・ゲート（装填孔）を開いて1発ずつおこなう。発射済みの薬莢の排出は、同様にローディング・ゲートを開きバレル側方に装備されたエジェクター・ロッドを後退させてシリンダーから取り出す。

フリーダム・アームズ・モデル83は、発売以来さまざまな長さのバレルを装備したオプション・モデルが製作された。使用する弾薬のオプションとして、.357マグナム弾薬、.41マグナム弾薬、.44マグナム弾薬、.45ウィンチェスター・マグナム弾薬、.475ラインバウ・マグナム弾薬、.50アクション・エクスプレス弾薬を使用する製品が製作された。

フリーダム・アームズ・モデル83をベースに、やや小型のフレームを装備させたモデルや、シルエット射撃競技向けなど、多くの派生発展型も製作された。

いずれもステンレス・スチールを素材として、表面を白磨き仕上げで製作された。その表面仕上げがていねいなことで好評を博した。なお表面の仕上げ加工は、スタンダード仕上げと、とくに入念な仕上げ加工した製品が供給されている。

ハイ・スタンダード・モデル・
スーパーマチック・トロフィー・
セミ・オートマチック・ピストル
口径　　　　　　.22LR
全長　　　　　　311mm
銃身長　　　　　197mm
重量　　　　　　1350g
装填数　　　　　10発
ライフリング　6条/右回り

## ハイ・スタンダード・モデル・スーパーマチック・トロフィー・セミ・オートマチック・ピストル（アメリカ）

　ハイ・スタンダード・モデル・スーパーマチック・トロフィー・セミ・オートマチック・ピストルは、.22LR弾薬を使用するスポーツ射撃専用のピストルとして1951年に発売された。

　メーカーのハイ・スタンダード社の正式名称はハイ・スタンダード・マニュファクチャリング（Mfg）で、バレル製造のためのドリルを製作する会社として1929年に創業された。1932年に経営的に行き詰まったハートフォード・アームズ＆エクイプメント社を買収し、銃砲メーカーとしてスタートした。ハートフォード・アームズ＆エクイプメント社は、.22LR弾薬を使用する射撃競技向けピストルを製作していたため、これらをベースに改良したピストルの生産を始めた。ハイ・スタンダード・モデル・スーパーマチック・トロフィーも、その発展派生型と言えるピストルだった。

　第2次世界大戦中には、アメリカ軍用にサイレンサー装備のピストルや射撃訓練用ピストルを納入した。ハイ・スタンダード社の工場は、軍が必要とするさまざまな軍用銃砲の部品製造もおこなった。

　第2次世界大戦後、スポーツ射撃用の小口径ピストルの生産を再開した。スペックの異なるさまざまな射撃競技向け小口径ピストルをバリエーション展開したが、ハイ・スタンダード社の製品は、工作精度が良く、仕上げ加工もていねいだったところから、射撃愛好家に好評だった。1968年、同社はレイシュアー・グループに買収されたが、銃砲製造は従来どおり継続された。

　海外から安価なピストルが大量に流入するようになり、ていねいな造りだが高価だったハイ・スタンダード社の製品の売れ行きは鈍化した。そのため、1984年にハイ・スタンダード社の製品の製造権

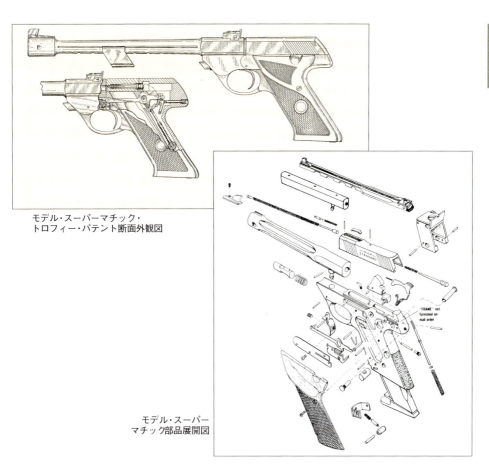

モデル・スーパーマチック・
トロフィー・パテント断面外観図

モデル・スーパー
マチック部品展開図

やトレード・マークは、ゴードン・エリオットに売却され、最終的に1984年に旧ハイ・スタンダード社からの銃砲の供給は停止した。

　1993年テキサス州ヒューストンに新たなハイ・スタンダード・マニュファクチャーCo.Inc社が創設され、1994年からハイ・スタンダード銃砲の再生産が始められた。

　だがハイ・スタンダードの製品は、生産効率の良いインベスティメント鋳造法を多用して製造され、外見こそ同じだが、以前の製品とはまったく異なる品質となってしまった。この再生産型のハイ・スタンダード銃砲は、スチールを素材とするものだけでなく、ステンレス・スチールの製品も供給されている。

　ハイ・スタンダード・モデル・スーパーマチック・トロフィーは、スポーツ射撃専用ピストルとして設計・製作された。圧力の低い.22LR弾薬を使用するため、スライドにロックはなく、ブローバック作動する。撃発方式は内蔵ハンマー方式。フレームに内蔵されたハンマーによって撃発・射撃する。トリガーは、シングル・アクションだ。

　ハイ・スタンダード・モデル・スーパーマチックの中でもモデル・スーパーマチック・トロフィーは最高級機で、バレル先端部にマズル・コンペンセーターが装備され、バレルに着脱式のスタビライザー（バレル・ウェイト）を装着することができる本格的な射撃ピストルだった。

アメリカ

ハイ・スタンダード・モデル
DM100ダブル・アクション・
デリンジャー・ピストル
口径　　　　　　　.22LR
全長　　　　　　130mm
銃身長　　　　　　89mm
重量　　　　　　　310g
装填数　　　　　　2発
ライフリング　6条/右回り

## ハイ・スタンダード・モデルDM100ダブル・アクション・デリンジャー・ピストル（アメリカ）

　ハイ・スタンダード・モデルDM100ダブル・アクション・デリンジャーは、ダブル・アクション・トリガー・システムを組み込んで設計された近代的な小型デリンジャー・ピストルだ。

　モデルDM100ダブル・アクション・デリンジャーは、.22LR弾薬を使用する製品で、.22マグナム弾薬を使用する同型のモデルDM110も製作された。使用の際に誤操作を誘発しにくいシンプルな操作性を備えた、小型軽量の護身用ピストルとして開発された。

　設計のベースとなったのは19世紀に製作されたレミントン・モデル・ダブル・デリンジャーだった。オリジナルのレミントン・モデル・ダブル・デリンジャーは、上下二連のバレルを装備した小型ピストルで、ハンマー露出式のシングル・アクションの撃発メカニズムが組み込まれていた。シングル・アクションの撃発メカニズムは構造的に単純だが、とっさの場合に使用する際の操作性が良いとは言えなかった。

　護身用向けにデリンジャー・ピストルを設計するにあたり、ハイ・スタンダード社は、即応性の高いダブル・アクション・トリガーを組み込んだ。トリガー・プルの距離が長いダブル・アクション・オンリーのトリガーを組み込むことで暴発の危険を防止し、手動セフティを省略して素早い射撃を可能にした。

　撃発メカニズムはハンマー内蔵式。回

転式のハンマーがフレームに内蔵されている。ハンマーを内蔵式にしたのは、ピストルを取り出す際に引っかかりにくくするためである。さらにハンマーが不用意に起きて暴発することを防ぐ目的もあった。

同様に護身用ピストルは服のポケットやバッグに入れて携行するため、取り出す際に引っかからないよう丸みを帯びた形状になっている。また左右幅は薄く設計され、強度を必要とするバレルはスチール製で、携帯に負担にならないようフレーム部分はアルミニウム系軽合金で製作され、軽量化が図られている。

バレルの後部上端にバレル・ロッキング・ラッチが装備されている。このバレル・ロッキング・ラッチを引き上げてバレルのロックを解き、フレーム先端を軸にしてバレル後端を引き上げて開き、弾薬を装填する。射撃した後に同じ動作をおこなうと、バレル・ロッキング・ラッチを引き上げ時にバレル側面に装備されたエジクターが自動的に後退し、発射済みの薬莢がバレルから排出される構造になっている。

ハイ・スタンダード・モデルDM100ダブル・アクション・デリンジャーとモデルDM110は、1962年にハイ・スタンダード社から発売された。即応性があり、軽量でピストルの厚さも薄く、護身用ピストルとしての性格が強い製品だったが、発売当時ピストルの携帯許可証は現在ほど容易に取得できなかった。また、使用する弾薬が.22LRや.22マグナムなどの小口

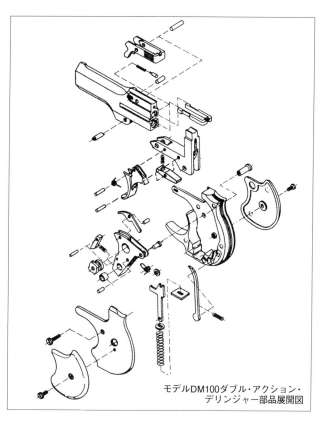

モデルDM100ダブル・アクション・デリンジャー部品展開図

径だったことから護身用としてストッピング・パワー（阻止力）が不足しているとも指摘された。

これらの理由から、そして何よりメーカーのハイ・スタンダード社が経営危機に陥ったことから1993年にハイ・スタンダード・モデルDM100ダブル・アクション・デリンジャーとモデルDM110の供給は中止された。

ハイ・スタンダード社からの供給が停止される以前にこれらのピストルの製造権を取得したアメリカン・デリンジャー社は、.38S&Wスペシャル弾薬を使用できる改良強化型をモデルDA-38デリンジャーの名称で1989年に発売した。以来.357マグナム弾薬や9mm×19弾薬、.40S&W弾薬などを使用するバリエーションを展開させ、現在も供給している。

アメリカ

ハイ・スタンダード・モデル・
ロングホーン・リボルバー
口径　　　　　　　.22LR
全長　　　　　　273mm
銃身長　　　　　140mm
重量　　　　　　　745g
装填数　　　　　　9発
ライフリング　6条/右回り

## ハイ・スタンダード・モデル・ロングホーン・リボルバー（アメリカ）

　ハイ・スタンダード・モデル・ロングホーン・リボルバーは、ハイ・スタンダード社が1961年に発売した.22LR弾薬を使用するやや大型のリボルバーだ。

　1950年代中頃、ハイ・スタンダード社は、従来のセミ・オートマチックのターゲット・ピストルに加えて、.22LR弾薬を使用するリボルバーの生産に乗り出した。

　当時アメリカでは、セミ・オートマチック・ピストルよりリボルバーの人気が高かった。軍用を除けば警察官の武装のほとんどもリボルバーが占めていた。とくに1950年代アメリカで西部劇がブームとなり、劇中で使用されるリボルバーの人気が高かった。

　そこでハイ・スタンダード社は、1958年に発売したモデル・ダブル・ナイン・リボルバーをベースに、西部劇によく登場してなじみ深かったコルト・シングル・アクション・アーミー・リボルバーのシルエットに似せたリボルバーを開発した。ハイ・スタンダード社は、このリボルバーにモデル・ロングホーンの商品名をつけて1961年に発売した。

　モデル・ロングホーンは、安価な.22LR弾薬を使用し簡便にスポーツ射撃が楽しめるプリンカー・ピストルとして開発された。

　モデル・ロングホーンに組み込まれたメカニズムは、開発のベースとなったモデル・ダブル・ナインをほとんどそのまま踏襲して設計された。

　その外見は、コルト・モデル・シングル・アクション・アーミーに似せてある。ハンマー露出式で、ハンマーを起こしてシングル・アクションで射撃することも、またトリガーを引ききってダブル・アクションで射撃することも可能なコンベン

モデル・ロングホーン
部品展開図

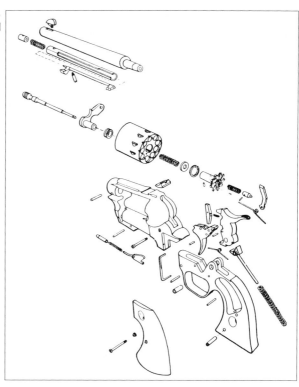

ショナル・ダブル・アクションのハンマー・トリガー・システムが組み込まれている。

　またシリンダーは、ピストルの左側方にスイング・アウトする方式がそのまま残された。バレルの右側方にエジェクター・ロッドに似た部品が装備されている。この部品は、シリンダーのロックを解除してスイング・アウトさせるためのシリンダー・ロック・ラッチとして利用されている。シリンダー内に9発の.22LR弾薬が装填できるところもモデル・ダブル・ナインと同じだ。

　モデル・ロングホーンは、製造コストを低く抑えるため、製作に手間のかかるフレーム部分はアルミニウム系軽合金をダイキャスト工法によって成型し、そこにスチール製のバレルやシリンダー、ハンマー、トリガーなどの部品を組み込んだ。

　1963年当時、アメリカでオリジナルのコルト・モデル・シングル・アクション・アーミーが125ドルで販売されていたのに対し、モデル・ロングホーンは、60ドル以下の価格で販売された。

　1971年になると、スチール製のフレームを装備した.22マグナム弾薬を使用するモデル・ロングホーンが追加発売された。

　モデル・ロングホーンは、バレル・オプションとして、4.5インチ、5.5インチ、9.5インチのバレルが製作された。

　ハイ・スタンダード社におけるモデル・ロングホーンの生産は1961年に始められた。ダイキャスト製フレームを装備した製品は1970年まで、そしてスチール製フレームを装備した製品は1983年まで製造が続けられた。

ハイ・スタンダード・モデル・
センチニアル・リボルバー
口径　　　　　.22LR
全長　　　　　232mm
銃身長　　　　102mm
重量　　　　　622g
装填数　　　　9発
ライフリング　6条/右回り

## ハイ・スタンダード・モデル・センチニアル・リボルバー（アメリカ）

　ハイ・スタンダード・モデル・センチニアル・リボルバーは、ハイ・スタンダード社が、リボルバーの分野に進出した最初の製品で、1955年に発売された。

　ハイ・スタンダード社は、創業以来.22LR弾薬を使用するセミ・オートマチックのターゲット・ピストルを主に製造した。1950年当時のアメリカは、リボルバーがセミ・オートマチック・ピストルをしのぐ人気をもっていた。

　そこでハイ・スタンダード社は、製造ノウハウを蓄積した.22LR弾薬を使用するリボルバー・タイプのスポーツ射撃を楽しめるプリンカー・ピストルを企画した。

　プリンカー・ピストルは価格が低いことも重要だった。ハイ・スタンダード社は、リボルバー・タイプのプリンカー・ピストルを設計する際に、製作に最も手間のかかるフレーム部分はアルミニウム系軽合金をダイキャスト工法で製作した。それがハイ・スタンダード・モデル・センチニアルだ。

　モデル・センチニアルは、アルミニウム系軽合金のフレームにスチール製のバレルやシリンダー、ハンマー、トリガーなどが組み込まれた。

　フレームはソリッド・フレームで、これにクレーンによってスイング・アウトするシリンダーを装備させた。

　シリンダーのロックは、シリンダー軸が兼用する。シリンダー軸は、後端とその前部でフレームと噛み合ってクレーンをロックするシンプルな構造だ。

　シリンダー軸を前方に引いてロックを解除するとシリンダーをスイング・アウトできる。シリンダー軸は、エジェクタ

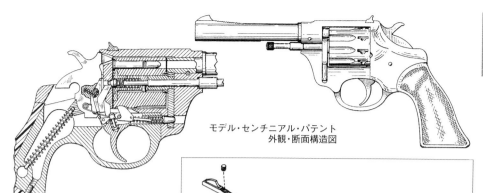

モデル・センチニアル・パテント
外観・断面構造図

モデル・センチニアル
部品展開図

ーも兼用している。シリンダーをスイング・アウトさせて、シリンダー軸を後方に押すと、発射済みの薬莢をシリンダーから排出できる。シリンダーには、.22LR弾薬9発を装填できる。

ハンマーは露出式。トリガーを引ききってダブル・アクションで射撃することも、ハンマーを指で起こしてコックし、シングル・アクションで射撃することもできるコンベンショナル・ダブル・アクションのハンマー・トリガー・メカニズムが組み込まれた。

製造や組み立て作業を容易にするため、モデル・センチニアルのフレームは、二分割して設計された。上部フレームには、クレーンやバレルを組み込み、下部フレームはグリップ、トリガー・ガード部分で、ここにトリガーなどを組み込む。

1955年に発売された初期型（ファースト・シリーズ）は、アルミニウム系軽合金ダイキャスト製のフレームを装備していた。この初期型は1966年まで製造された。

1974年には、スチール製のフレームを組み込んだ第2期生産型（セカンド・バージョン）のモデル・センチニアル・マーク2が発売された。スチール製フレーム装備のモデル・センチニアルは、最終的に1983年まで製造が続けられた。

アメリカ

ハーリントン&リチャードソン・
モデル999スポーツマン・
リボルバー
口径　　　　　　　　.22LR
全長　　　　　　　220mm
銃身長　　　　　　102mm
重量　　　　　　　　850g
装填数　　　　　　　 9発
ライフリング　6条/右回り

## ハーリントン&リチャードソン・モデル999スポーツマン・リボルバー（アメリカ）

　ハーリントン&リチャードソン・モデル999スポーツマン・リボルバーは、アメリカでいちばん最後まで製造され続けた中折れ式のリボルバーだ。

　19世紀末から20世紀初頭にかけて、多くのメーカーがバレルを折ってシリンダーを開き、弾薬の装填や発射済み薬莢を排出する中折れ式リボルバーを製作した。

　フレーム部分が二分割される構造の中折れ式リボルバーは、シリンダー周囲をフレームが取り囲んでいるソリッド・フレームを備えたリボルバーに比べて、一般的に強度や耐久性に劣るとされている。そのためスイング・アウトするシリンダーを組み込んだソリッド・フレーム装備のリボルバーが一般的になると、中折れ式のリボルバーは姿を消していった。

　その中でマイナー・メーカーを除き、最後まで製造された中折れ式リボルバーがハーリントン&リチャードソン（H&R）

モデル999スポーツマン・リボルバーだった。

　H&R社は、ピストル設計技術者だったギルバート H.ハーリントンとウィリアム A.リチャードソンがパートナーとなって1875年に創設された。とくに中小型、あるいは小口径の安価なリボルバーを製作するメーカーとして発展した。自社ブランドだけでなくディーラー・ブランドでもリボルバーを生産した。一時期はピストルだけでなくライフルやショットガンも生産した。

　H&R社は1902年に再組織され、1960年にその経営権がローベ・ファミリーに売却されたが、経営危機に見舞われ、ローベ・ファミリーは1986年に会社を整理した。

　1991年、H&R社の一部の銃砲の製造権を手に入れて新会社のH&R 1971社が創設された。しかし、この新会社もじきに経営危機に見舞われ、2000年にマリーン・ファイアラームズ社に買収されてその傘

下に入りH&R 1871 LLC社となった。2007年末、H&R 1877 LLC社は、フリーダム・グループ傘下のレミントン・アームズ社に買収されてグループ企業のメンバーとなった。

目まぐるしく経営母体が変わっていく中で、H&Rモデル999スポーツマンは生き残り、1985年まで生産が継続されたが、現在は生産されていない。

H&Rモデル999スポーツマンのオリジナル・モデルは、1925年まで遡ることができる。小型の中折れ式リボルバーをベースに、射撃スポーツ用にロング・バレルと大型グリップを装備したモデルH&R.22スペシャルを1925年に発売した。

このモデルH&R.22スペシャルがH&Rモデル999スポーツマンの原型で、数次の改良ののちに、1936年に最終的な改良が加えられてH&Rモデル999スポーツマンとなった。

H&Rモデル999スポーツマンの最大の特徴は、古典的な形式に属する中折れ式リボルバーとして設計された点にある。

中折れ式リボルバーは、フレーム前端を軸として、バレルとシリンダーを引き上げてシリンダー後面を開く形式だ。この形式は、スイング・アウト・シリンダー方式が開発されるまで、シリンダーから素早く発射済み薬莢を排除でき、弾薬を再装填できることで人気があった。

しかし一方、中折れ式リボルバーは、バレルとフレームのロックがしっかりしていないと、シリンダーを回転させるハンドの動きが不確実になって正確にシリンダーを回転できなくなる危険性やフレームの強度が低下する恐れもある。何よりバレルががたつくと命中精度が低下する。これらの欠点から中折れ式リボルバーは徐々に製造されなくなった。

H&Rモデル999スポーツマンは、その形

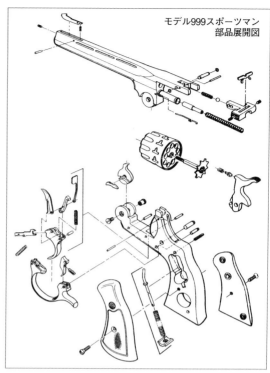

モデル999スポーツマン
部品展開図

式が古典的な中折れ式であるばかりでなく、比較的安価なリボルバーなのにフレームにスチールを用い、手間のかかる削り出し加工で製作された。

メカニズムはハンマー露出式。トリガーを引ききってダブル・アクションで射撃することも、ハンマーを指で起こしてコックしてシングル・アクションで射撃することもできるコンベンショナル・ダブル・アクションのハンマー・トリガー・システムが組み込まれている。簡易型ながら、スポーツ射撃用に製作されたところから、バレルの上面にベンチ・リブを装備し、バレル全体が振動しにくいセミ・ヘビー・バレルとなっている。

シリンダーに.22LR弾薬を9発装填できた。バレルを折ってシリンダー後面を開くと、シリンダー内に装備されたエジェクターが自動的に作動し、発射済み薬莢を排出する構造になっていた。

アメリカ

イングラム・モデル11
アメリカン・セミ・
オートマチック・ピストル
口径　　　9mm×17(.380ACP)
全長　　　230mm
銃身長　　130mm
重量　　　1100g
装填数　　20発
ライフリング　6条/右回り

## イングラム・モデル11アメリカン・セミ・オートマチック・ピストル(アメリカ)

　イングラム・モデル11アメリカン・セミ・オートマチック・ピストルはイングラム・モデルMAC11やモデル・コブライなどとも呼ばれる大型ピストルだ。

　ミリタリー・アーマメント・コーポレーション（MAC）社が、1970年代に開発したピストル・サイズのサブ・マシンガンをベースに、セミ・オートマチック射撃のみに限定して製作したピストルだ。

　オリジナル・モデルは、MAC社に勤務していた技術者のゴードン・イングラムによって、軍の特殊部隊が携行する小型軽量のピストル・サイズのサブ・マシンガンとして開発された。冷戦時、ソ連軍がフル・オートマチック射撃のできるモデルAPS（スチェッキン・オートマチック・ピストル）を多数保有していることに対抗して開発されたとされている。

　イングラム・モデル11アメリカンの特徴は、薄いスチール・プレートをプレス加工してレシーバー部分を製作した点にある。有名なイスラエルのモデル・ウジ・サブ・マシンガンを小型にしたような外観をしており、レシーバー部分が四角形の断面をしたシンプルな外見だ。外部には上面にレシーバー内部のボルトを後退させるためのコッキング・ハンドルを装備し、レシーバー右側面のトリガー・ガード上方に回転レバー・タイプの手動セフティを装備している。

　原型がサブ・マシンガンだったため、ボルトにロックはなく、シンプルなブローバック方式で設計されている。そのためボルトをなるべく大きく重くする工夫がなされている。同時にサブ・マシンガンのレシーバーの全長を短くするため組み込まれたボルトは、その中にバレルが入り込むL型ボルトと呼ばれる形式である。

　射撃は、ボルトを後退させておこなうオープン・ボルト方式。ボルトの前面に

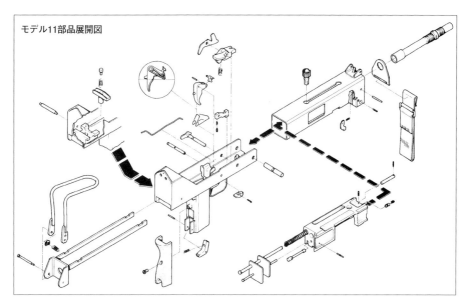

モデル11部品展開図

固定式のファイアリング・ピンが装備されている。トリガーを引くと後退したボルトが前進、マガジンから弾薬をバレルのチャンバーに送り込む。ボルトは前進を続け、弾薬が完全にチャンバーに装填されるとボルト前面のファイアリング・ピンが弾薬のプライマー（雷管）を突いて撃発、射撃される。その後、射撃のリコイルによってボルトが後退、空薬莢をレシーバー左側面のエジェクション・ポート（排莢孔）から排出する。フル・オートマチック射撃はこの作動を繰り返す。

サブ・マシンガンとして開発された原型は、フル・オートマチックで射撃できるだけでなく、手動セフティ兼用の切り替えスイッチでセミ・オートマチック射撃もできるセレクティブ・ファイアーだ。レシーバー後部には引き出し式の簡便なワイヤーで製作されたショルダー・ストックが装備されている。

一般市民がフル・オートマチック射撃の可能な銃砲を所持するには大きな制約がある。そこで、フル・オートマチック射撃ができないように改造し、セミ・オートマチック射撃のみに制限した一般市販向けにイングラム・モデル11アメリカン・セミ・オートマチック・ピストルが製作された。この製品には基本的にイングラム・モデル11サブ・マシンガンと同一のメカニズムが組み込まれていた。異なったのは、フル・オートマチック射撃ができないように撃発メカニズムが改造された点と多くの製品がショルダー・ストックを装備しないで供給された点だ。

初期のイングラム・モデル11は小型化させるため、きわめて短い全長のレシーバーを装備していたが、短いレシーバーは、ボルトを無理なく後退させるために不十分で、とくにフル・オートマチック射撃でジャム（送弾不良）が起こりやすかった。そこで、レシーバーを後方に延長した改良型が開発された。

オリジナルのイングラム以外にも複数のメーカーから同類のセミ・オートマチック・ピストルが製造されて販売された。しかし、アメリカでアサルト・ウェポン取締法が施行されると、イングラム・モデル11とその類似製品がアサルト・ウェポンに指定され、その販売が規制されることになった。

アメリカ

イントラテック・モデル
TEC9セミ・オート
マチック・ピストル
口径　　　　9mm×19
全長　　　　318mm
銃身長　　　127mm
重量　　　　1420g
装填数　　　32発
ライフリング　6条/右回り

## イントラテック・モデルTEC9セミ・オートマチック・ピストル（アメリカ）

　イントラテック・モデルTEC9セミ・オートマチック・ピストルは、アメリカのイントラテック社が1985年に発売した大型ピストルだ。ボルトをリコイル・スプリングの圧力で支える、シンプルなブローバックで作動する。

　もともとサブ・マシンガンとして開発されたが、これを一般市販できるよう、セミ・オートマチック射撃のみ可能に改造されてイントラテック・モデルTEC9ピストルが完成した。

　このピストルの原型となったサブ・マシンガンは、スウェーデンのインターダイナミック社が開発した。インターダイナミック・モデルMP9と名付けられたサブ・マシンガンは、シンプルなオープン・ボルト射撃メカニズムを組み込み、強化プラスチックを多用して製作された。

　インターダイナミック社は、このサブ・マシンガンを安価な軍用銃として、軍への売り込みを図ったが成功しなかった。そこで前述のようにアメリカのイントラテック社と契約を結び、一般市販できる大型セミ・オートマチック・ピストルに改良した。

　イントラテック社は、モデルMP9サブ・マシンガンの外見をそのままに、フル・オートマチック射撃ができないトリガー・システムに改良し、モデルKG9ピストルを設計した。オリジナルのモデルKG9ピストルは、原型となったサブ・マシンガンと同様にオープン・ボルト方式で射撃するものだった。

　アメリカの銃砲取り締まりをおこなうATFは、オープン・ボルト射撃方式だと再びフル・オートマチック射撃が可能に改造できると判定し、モデルKG9ピストルをクローズド・ボルト射撃方式にすることを要求した。イントラテック社は、モデルKG9ピストルをクローズド・ボルト射撃方式に改良し、モデルTEC9ピストルの商品名で1985年に発売した。

　アメリカで乱射事件やストリート・ギャングの抗争などが多発するようになり、イントラテック・モデルTEC9ピストルは、いくつかの乱射事件で使用されて悪

名が高かった。1994年に連邦政府は、アサルト・ウェポン取締法（攻撃的武器取締法）を成立させた。イントラテック・モデルTEC9ピストルは、アサルト・ウェポン取締法に抵触するピストルとしてリスト・アップされた。

この法律によってモデルTEC9ピストルの製造ができなくなったイントラテック社は、サブ・マシンガンのような印象を与えやすい多数の小孔を空けたバレル・ジャケットを取り外し、20発や32発の弾薬を装填できる大容量のオリジナル・マガジンを、10発容量のマガジンと交換した改良型を開発した。

この改良型は、イントラテック・モデルAB10ピストルと名付けられて発売された。しかし発売後、前作のモデルTEC10ピストルと同様に多くの乱射事件で使用された。そのため、イントラテック社は、モデルAB10ピストルの製造を中止し、その後、銃砲製造業界からも撤退した。

イントラテック・モデルTEC9ピストルのメカニズムは、原型がサブ・マシンガンだったこともあり、一般的なセミ・オートマチック・ピストルのメカニズムと大きく異なっている。

威力が高く、軍用にも使用される9mm×19弾薬を使用するが、ボルト（遊底）にロッキング・システムは装備されていない。もともとオープン・ボルト射撃方式で設計されていたため、大型で重いボルトをリコイル・スプリングの圧力によって反動に対応する設計になっていた。

オリジナルのイントラテック・モデルKG9ピストルは、オープン・ボルト撃発方式で設計されたが、改良型のイントラテック・モデルTEC9ピストルは、クローズド・ボルト撃発方式で設計された。ボルト・ハンドルを後方に引くとボルトが後退する。ハンドルから手を離すと、ボルトに組み込まれたストライカーがシアによってロックされ、ボルト本体だけがマガジンからバレルに弾薬を送り込みな

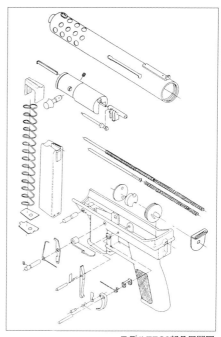

モデルTEC9部品展開図

がら前進する。ボルトが前進し弾薬がバレルに装填された状態で射撃準備が整う。

トリガーを引くとストライカーが前進し弾薬のプライマーを突いて撃発、弾丸が射出される。射撃の際の反動でボルトが後退し、発射済みの薬莢がエジェクション・ポートから排出される。後退したボルト本体は、再び弾薬をバレルに送り込んで前進する。その際、ストライカーは、後退位置でシアによって停止する。

マガジン・ハウジング、グリップ・フレーム部分はポリマーで一体成型して製作されている。レシーバー部分はステンレス製でパイプ状のシンプルな構造になっている。このレシーバーの中をコイル・スプリングで支えられた円筒状のボルトが前後動する。マガジンは、スタンダードなダブル・カーラム方式のボックス・マガジンを使用する。マガジンは、トリガー・ガード前方に設定されたマガジン・ハウジングに装着する。

アメリカ

イントラテック・モデル
TEC22(スコーピオン)
セミ・オートマチック・
ピストル
口径　　　　　　.22LR
全長　　　　　　283mm
銃身長　　　　　102mm
重量　　810g(ピストル本体)
装填数　　　　　30発
ライフリング　6条/右回り

## イントラテック・モデルTEC22セミ・オートマチック・ピストル(アメリカ)

　イントラテック・モデルTEC22（スコーピオン）セミ・オートマチック・ピストルは、アメリカのイントラテック社が1988年に発売した。.22LR弾薬を使用するこの製品は、モデルTEC22のほかモデル・スコーピオンの別名でも販売された。

　イントラテック・モデルTEC22ピストルの特徴は、前出のイントラテック・モデルTEC9ピストルを小型にしたようなデザインにある。設計者はアメリカ人の銃砲技術者のジョージ・ケルグレン。彼はレシーバー（機関部）部分の断面が四角形のイスラエルのモデル・ウジ・サブ・マシンガンを小型化したデザインでモデルTEC22ピストルを設計した。

　モデルTEC22ピストルのメイン・フレームは、強化プラスチックのポリマーで、スチール製のバレルが直接装着されている。そのメイン・フレームの中に金属製のボックスに組み込んだハンマー・トリガー・システムが組み込まれている。

　断面が四角形のレシーバーの中に、やはり断面が四角形のボルトが組み込まれている。圧力の低い.22LR弾薬を使用するため、ボルトにロッキング・システムを装備していない。ボルトは、シンプルなブローバック方式。ボルトが前進した状態で射撃するクローズド・ボルト方式で設計された。撃発は、メイン・フレームに内蔵された回転式のハンマーによっておこなう。

　メイン・フレームの上部は、モデル・

アメリカ

　ウジ・サブ・マシンガンと同じように、スチール・プレートをプレス加工したデッキ・カバーで覆われている。内蔵されたボルトを後退させるコッキング・ハンドルがレシーバー・デッキ・カバー下方の左右に突き出している。

　メイン・フレームのトリガー・ガード前方のマガジン・ウェルに装着するマガジンも強化プラスチックで製作された。.22LR弾薬は、薬莢の底が広がったリムド・カートリッジだ。このリムド・カートリッジの.22LR弾薬を、スムーズに給弾するために前方に大きくカーブしたバナナ・マガジンとなっている。

　モデルTEC22ピストルは、アメリカ・ルガー社が製作しているモデル10/22セミ・オートマチック・ライフル用に製作された大容量のドラム・マガジンを使用することもできる。

　カーブしたバナナ・マガジンを装備し、外見がチェコスロバキアのモデルVz61（スコーピオン）サブ・マシンガンに似ていたところから、イントラテック・モデルTEC22ピストルは、モデル・スコーピオンのニックネームで呼ばれることもある。

　モデルTEC22ピストルの派生型として、少数ながら6.35mm×16SR（.25ACP）弾薬を使用するイントラテック・モデルTEC25ピストルが1986年に製作された。

　1994年にアサルト・ウェポン取締法が施行されると、サブ・マシンガンに似た外観のモデルTEC22ピストルは、この法律に抵触するピストルとしてリスト・ア

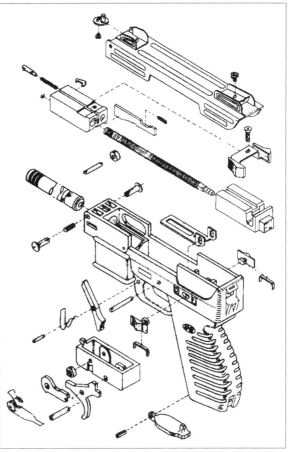

モデルTEC22部品展開図

ップされ、製造が禁止された。そこで、イントラテック社は改良型のモデル・スポーツ22ピストルを1994年に開発した。

　モデル・スポーツ22ピストルは、バレルがフレームから取り外せないようにプラスチック製フレームと一体成型になり、10発容量の小型のマガジンを装備していた。しかし、イントラテック社製品の中でもとくにモデルTEC9ピストルが、ストリート・ギャング抗争や乱射事件にしばしば使用されて社会の非難が集まったため、同社はモデル・スポーツ22ピストルを含む銃砲の生産を2000年に中止した。

アメリカ

カー・アームズ・モデルK9
セミ・オートマチック・
ピストル
口径　　　　　9mm×19
全長　　　　　152mm
銃身長　　　　89mm
重量　　　　　710g
装填数　　　　7発
ライフリング　6条/右回り

## カー・アームズ・モデルK9セミ・オートマチック・ピストル（アメリカ）

　カー・アームズ・モデルK9セミ・オートマチック・ピストルは、アメリカ・ニューヨーク州ブラウベットにあるカー・アームズ社が生産している中型の大口径ピストルだ。

　このピストルは、警察官のセカンド・ピストル（バックアップ・ピストル）や一般市民が護身用ピストルとして使用しやすい製品として企画された。そのため小型で携帯しやすく、とっさの場合に使用しやすい即応性に重点をおいて設計されている。1995年にカー・アームズ社から発売された。

　モデルK9ピストルは、一時期ニューヨーク警察のオフィシャル・セカンド・ピストルとして採用されていた。

　セカンド・ピストルや護身用ピストルを目的に設計されたため、使用する際に引っかかりにくいよう、スライド・ストップ（スライド・ホールド・オープン）を除くとピストルの外部に露出した部品がなく、丸みを帯びたすっきりとしたデザインになっている。

　日常的に手入れをする必要のないケア・フリー・ピストルとするためと、錆にくいステンレス・スチールを素材として製作された。当初警察官向けに開発されたところから、グリップ・フレームは、現代ピストルのトレンドとなっている強化プラスチックではなく、耐久性と強度の高いステンレス・スチールを使用している。

　撃発メカニズムは、オーストリアのモデル・グロック17ピストルに似たストラ

イカー撃発方式で設計された。即応性に優れたダブル・アクション・オンリーの変則ダブル・アクション・トリガー・メカニズムが組み込まれている。トリガーは、グロック製品やS&W製品などのようにセフティとして作動する2分割方式をとらず、ごく一般的な一体型のトリガーを組み込んである。

モデルK9ピストルは、即応性を重視したため、操作に手間取りやすい手動セフティを装備させていない。そのため暴発事故への対策は、射撃の際に毎回トリガーを長い距離引くロング・プルのダブル・アクションとトリガーを引ききらないとスライド内のストライカー（ファイアリング・ピン）のロックが解除されないオートマチック・ファイアリング・ピン・セフティによって安全を確保している。

モデルK9ピストルは、警察官がセカンド・ピストルとして使用する際にじゅうぶんなストッピング・パワー（阻止力）をもつ9mm×19（9mmルガー）弾薬を使用する。9mm×19弾薬の圧力が高いところから、モデルK9ピストルには、バレル後端が上下動し、スライドのエジェクション・ポートの開口部とバレルのチャンバー上部をロックさせるティルト・バレル・ロッキングが組み込まれた。バレル後端部の上下動は、バレル後端下部に装備されたブロックに設けられた傾斜孔を利用しておこなう。

安全性を確保するため、モデルK9ピス

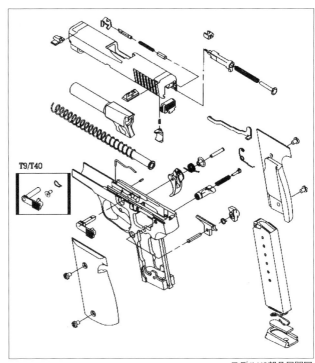

モデルK9部品展開図

トルは、長いトリガー・プルを組み込んだが、これは命中精度を低下させると指摘された。そこでカー・アームズ社は、1998年にトリガー・プルの距離を短く改良したモデルMK9ピストルを発売した。

軽量な強化プラスチックのポリマー製のグリップ・フレームを装備した護身用ピストルの人気が高くなったため、カー・アームズ社は、2000年にポリマー製のグリップ・フレームを装備したモデルP9ピストルを発売した。

カー・アームズ社は、これらの発展型のほか、モデルK9ピストルをベースにした数多くの発展派生型を設計して生産・供給している。

K9ピストルと同型で.40S&W弾薬を使用するカー・アームズ・モデルK40セミ・オートマチック・ピストルも製作された。

ケル・テック・モデルP32
セミ・オートマチック・
ピストル
口径　　　　7.65mm×17
全長　　　　　　129mm
銃身長　　　　　 68mm
重量　　　　　　 185g
装填数　　　　　　7発
ライフリング　6条/右回り

## ケル・テック・モデルP32セミ・オートマチック・ピストル（アメリカ）

　ケル・テック・モデルP32セミ・オートマチック・ピストルは、アメリカ・フロリダ州ココアビーチにあるケル・テックCNCインダストリーズ社が1999年に発売した小型ピストルだ。

　この製品は一般市販向けの護身用として企画され、使用するときに手間取らないことと常時携行する際に負担とならないよう小型軽量を重視している。

　同ピストルは、ケル・テック社が1995年に発売した9mm×19弾薬を使用するケル・テック・モデルP11ピストルを原型とし、これを小型化して設計された。モデルP11ピストルは、ストッピング・パワーが優れているものの、射撃反動が強く、とくに護身用ピストルを求める女性購入者から射撃しやすく反動の少ないピストルを求める意見が寄せられ開発された。

　射撃反動を軽減するため、ケル・テック・モデルP32ピストルは、9mm×19弾薬に代えて7.65mm×17（.32ACP）弾薬を使用するように改良された。使用弾薬が異なるものの、モデルP32ピストルのメカニズムは、原型となったモデルP11ピストルとほとんど変わらない。

　同ピストルは即応性を重視し、非常時に迅速、確実に射撃できるように、最もシンプルな操作性が優先された。そのため外部にトリガー以外の可動部品を装備していない。その単純化は徹底されて手動セフティも省かれている。暴発に対する唯一の安全策は、ピストルのバレル内に弾薬を装填しないことだけだ。

　弾薬を装填したマガジンをピストルに装着させ、弾薬をバレルのチャンバーに装填せずに携帯する。取り扱いマニュアルにも、弾薬をバレルのチャンバーに装填して持ち歩かないように明記され注意

モデルP32断面構造図

モデルP32
部品展開図

をうながしている。襲撃された場合、ピストルを取り出してスライドを手で後退させ、弾薬をバレルのチャンバーに送り込んでトリガーを引き射撃する。

　撃発メカニズムも護身用ピストル向けに設計され、ハンマー撃発方式だ。スライド後端からわずかにハンマーが見えるものの、ハンマーを手で起こすことはほとんど不可能で、基本的にハンマーはフレームとスライドに内蔵されたコンシール・ハンマーとなっている。

　コンシール・ハンマーは、射撃ごとに長い距離を引ききるダブル・アクション・オンリーのトリガー・システムを組み合わせている。

　護身用ピストルとして軽量で携帯性を向上させるため、強化プラスチックのポリマーを使用した。ポリマーだけではピストルの可動部品の正確な動きを確保できないため、グリップ内には、アルミニウム系の軽合金で製作されたフレームが装備された。このフレームの中にトリガーやハンマーなどの作動メカニズムを組み込んである。強度を必要とするスライドやバレル、ハンマーやトリガーなどは、スチールで製作されている。

　もともと9mm×19弾薬を使用できるよう設計されたメカニズムが、モデルP32ピストルにそのまま流用された。モデルP32ピストルにもティルト・バレルが組み込まれている。7.65mm×17弾薬は、シンプルなブローバック方式でも設計できるが、ティルト・バレル・ロッキングで設計すると、構造的にやや複雑になるものの、スライドの重量を極限まで軽量化できる長所がある。

　モデルP32ピストルは、ポリマーを素材としてグリップ・フレームが製作されていることを利用し、グリップ・フレームの色の違うオプションが製作されている。

アメリカ

キンボル・モデル・ターゲット・
セミ・オートマチック・ピストル
口径　　　.30CARBINE
全長　　　　240mm
銃身長　　　127mm
重量　　　　1140g
装填数　　　　7発
ライフリング　8条/右回り

## キンボル・モデル・ターゲット・セミ・オートマチック・ピストル（アメリカ）

　キンボル・モデル・ターゲット・セミ・オートマチック・ピストルは、アメリカのキンボル・アームズ社が製作したユニークな作動方式の大型ピストルだ。

　このピストルは、ミシガン州デトロイト出身のジョン W.キンボルが1950年代はじめに開発し、1955年にアメリカのパテントを取得した原案によって製作された。

　キンボル・ピストルの特色は、シンプルな設計で大きな威力を備えた圧力の高い弾薬を使用できる点にある。キンボル・ピストルは、.22ホーネット弾薬、.38S&Wスペシャル弾薬、.357マグナム弾薬などのピストル弾薬のほか、.30M1カービン弾薬を射撃できる製品がある。

　キンボル・ピストルは、1950年代にコルト社などが製作していた.22LR弾薬を使用するターゲット・ピストルによく似た外観をしているが、強力な弾薬を使用するため、構造や作動メカニズムはまったく異なる。キンボル・ピストル・シリーズは、射撃後バレルがごくわずか後退するショート・リコイル作動方式で設計された。多くの大口径ピストルは、ショート・リコイルするバレルの働きでスライドとバレルのロッキングを解放する。

　キンボル・ピストルがユニークなところは、ショート・リコイルするにもかかわらず、ピストルに機械的なロッキング・メカニズムを装備していない点にある。機械的なロッキング・メカニズムの代わりにキンボル・ピストル・シリーズのバレルのチャンバー内面には、多くのリング状の溝が切られている。

　弾薬を射撃すると、発射ガス圧によって、薬莢がチャンバーいっぱいに拡がり、チャンバー内面のリング状溝に外面が食い込み、撃発後すぐにスライドが開くこ

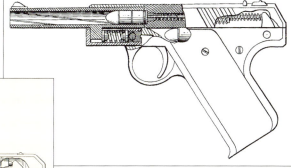

キンボル・ピストル・
パテント構造断面図

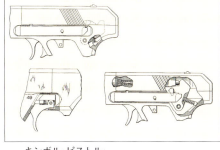

キンボル・ピストル・
トリガー構造図

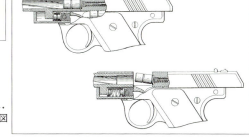

キンボル・ピストル・
ショート・リコイル構造図

とを阻止する。弾丸がマズルから射出されると発射ガス圧でバレルが高速で後退（ショート・リコイル）する。高速で後退するバレルでスライドが起動され、スライドの後退が始まり、後退するスライドがバレルに食い込んだ発射済みの薬莢をバレルから排出する。

特殊な構造のチャンバーを装備することでキンボル・ピストルは、高い圧力で弾薬を射撃することができた。

1955年に発売されたキンボル・ピストルは、ユニークな構造にもかかわらず営業的に成功せず、3年後の1958年に生産中止となってしまった。

重量が増加し、構造が複雑になりやすい機械的ロッキング・システムを組み込んだ一般の大口径ピストルに対し、この単純なメカニズムのキンボル・ピストルが受け入れられなかった理由は、弾薬のばらつきにあった。

このディレイド・ブローバック・システムは、弾薬の薬莢を利用する。使用する弾薬が特定のものでないと、薬莢の材質の違いによってチャンバーの溝への食い込みやチャンバーとの摩擦係数が異なってしまう欠点があった。異なるメーカーの弾薬を使用するとスライドが動き出すまでの時間差となって現れる。弾薬によってチャンバーの溝への食い込みがじゅうぶんでなく、発射ガス圧が低下する以前にスライドが開く危険性があった。

同一口径の弾薬でも、射撃時のガス圧が大きく異なっている点も問題だった。ガス圧が異なるとチャンバーの溝への食い込みが異なる。その結果、スライドが開くまでの時間差が異なる。キンボル・ピストルは、弾薬によってディレイド・ブローバックの時差を一定にできない欠点のために普及しなかったのである。

薬莢の外面をチャンバー内面の溝に食い込ませてブローバックが始まるまでの時間を延長させるアイデアは、のちに中国のノーリンコ社の77式ワン・ハンド・ピストルやロシアの強化9mm×18弾薬を使用するモデル・マカロフ・ピストルなどで再び試みられている。

アメリカ

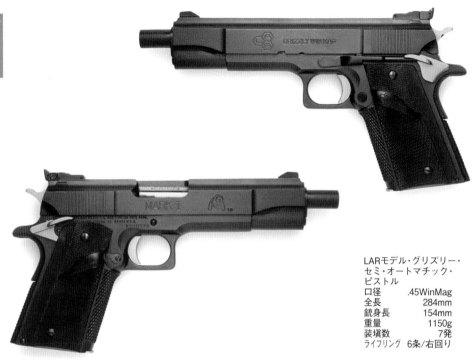

LARモデル・グリズリー・
セミ・オートマチック・
ピストル
口径　　　　　.45WinMag
全長　　　　　　284mm
銃身長　　　　　154mm
重量　　　　　　1150g
装填数　　　　　　7発
ライフリング　6条/右回り

## LARモデル・グリズリー・セミ・オートマチック・ピストル（アメリカ）

　LARモデル・グリズリー・セミ・オートマチック・ピストルは、ユタ州ウエスト・ヨルダンにあるLARマニュファクチャリング社が1983年に発売した大口径の大型ピストルだ。

　同ピストルの特徴は、コルト・モデル・ガバーメント・ピストルによく似た外観を備え、セミ・オートマチック・ピストル弾薬の中で最大級の威力の.45ウィンチェスター・マグナム弾薬を使用する点にある。

　開発はユタ州パロワン在住のペリー J.アーネットがおこない、コルト・モデル・ガバーメントをベースに大型化し、高威力の.45ウィンチェスター・マグナム弾薬を使用できるピストルを計画した。

　.45ウィンチェスター・マグナム弾薬は、ウィンチェスター社が開発し1979年に発売した強力な弾薬で、大型薬莢に大量の発射薬が装填されており、.45ACP弾薬の

70パーセント増のマズル・スピード（初速）と倍近いマズル・エネルギー（初活力）をもつ。

　LARモデル・グリズリー・ピストルは、基本的なメカニズムは、モデル・ガバーメントをベースに、この強力な弾薬を使用するセミ・オートマチック・ピストルとして設計された。多くの部品の形状と働きはモデル・ガバーメントのものを流用している。モデル・ガバーメントのひと回り大きいサイズのコピーといえる。

　.45ACP弾薬に比べて大型の.45ウィンチェスター・マグナム弾薬に対応させた大型マガジンを使用し、グリップ・フレームの前後幅は大きくなった。高いガス圧の弾薬を射撃するため、スライド部分が改良され、耐久性を向上させてある。

　ペリー J.アーネットは、.45ウィンチェスター・マグナム弾薬を使用するこの大型ピストルの開発で、1981年にアメリカ

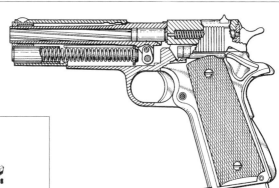

モデル・グリズリー断面構造図

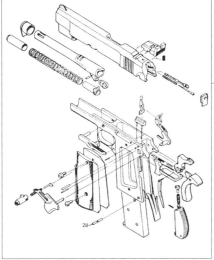

モデル・グリズリー
部品展開図

のパテントを取得した。彼は大口径銃砲の製造をおこっていたLARマニュファクチャリング社に製造権を譲渡し、この会社がモデル・グリズリー（モデル・グリズリー・ウィン・マグの名称でも知られる）の商品名で製造販売した。

　このピストルは、スチール製とステンレス・スチール製の2種類で製造された。両者のピストルの構造は、素材を除いてまったく同一だ。

　ロッキング方式は、バレル後端を上下動させてバレル上面の突起をスライド内面上部の溝と噛み合わせてロックするティルト・バレル・ロックだ。バレルとグリップ・フレームは、モデル・ガバーメントと同じく8の字型をしたリンクで連結され、ショート・リコイルするバレルによってロックを解除する。

　撃発メカニズムには、露出ハンマーが組み込まれ、トリガーはシングル・アクション。グリップ・フレーム左側面の後端部分に三角形をした手動セフティが装備されている。手動セフティは、回転レバー方式、上方に引き上げるとオンになりロックされて射撃できない。セフティは、ハンマーを起こした状態でもオンにでき、バレルのチャンバーに弾薬が装填されていれば素早い射撃が可能となる。グリップ後面の上部に強く握ることで解除するグリップ・セフティが装備された。これらの機能や操作は、原型となったモデル・ガバーメントと同一だ。

　モデル・グリズリー・ピストルは、.45ウィンチェスター・マグナム弾薬を使用する製品が最初に発売された。その後オプションとして10mmオート弾薬、.44マグナム弾薬、.357マグナム弾薬、9mmウィンチェスター・マグナム弾薬、.50アクション・エクスプレス弾薬、.45-.357弾薬を使用する製品が追加された。

　スタンダードの5.4インチのバレルを装備させたもののほかに、最大10インチまでの長さのバレルを装備した製品が供給された。

　モデル・グリズリー・ピストルの製造は1983年に開始され、1999年まで継続された。生産終了後も2001年までLAR社から在庫製品が販売された。

アメリカ

ジャイロジェット・
ピストル弾薬

MBAモデル・ジャイロ
ジェット・マークIIピストル
口径　　12mmJYROJET
全長　　　　　　247mm
銃身長　　　　　135mm
重量　　　　　　465g
装填数　　　　　6発
ライフリング　　　なし

## MBAモデル・ジャイロジェット・マークIIピストル（アメリカ）

　MBAモデル・ジャイロジェット・マークIIピストルは、カリフォルニア州サン・ラモンのMBアソシエーツ（MBA）社が1965年に発売したユニークなピストルだ。

　このピストルの特徴は、通常の弾薬ではなく、ロケット推進して飛翔する小型のロケット弾を使用するところにある。

　第2次世界大戦末期にドイツでピストルで使用できる小型ロケット弾の開発が進められていたが、実用化前に敗戦となり、実現することはなかった。MBA社はこのアイデアを発展させ、モデル・ジャイロジェットの製品名で販売した。

　モデル・ジャイロジェット・ピストル・シリーズは、ロバート・メインハードとアート・ビールによって1960年に創設されたハイテク機材開発会社MBアソシエーツ社の複数の技術者が協力して完成した。この開発の中核をなす小型ロケット弾の開発は、会社創設者のアート・ビールが中心となって進めた。

　小型ロケット弾は、セミ・オートマチックの弾薬に外見が似ており、弾薬底の中央部にロケット弾内部の推進薬を着火させて推進ガスを噴き出す構造で、ピストルと同型のプライマー（雷管）が装備されている。

　ロケット弾の弾薬底に開けられた4つのカーブした特殊な構造の噴気孔から推進ガスを後方に噴き出す。カーブした噴気孔によって、ロケット弾はライフリングがあるバレルから射出された弾丸と同じように空中で回転しながら飛行する。

　ジャイロジェット・ピストルは、通常のピストルと異なり、小型ロケット推進弾の発射方向のガイド装置で、大きな圧力が本体に加わることがない。そのためピストル本体は、おもちゃのピストルのようにダイキャスト工法で左右のフレームを製作し、ネジ留めして軽量化されている。ロケット弾が空中で回転する機能を備えているため、バレルにライフリングなどもない。

　ロケット弾は、ピストル後方上部のス

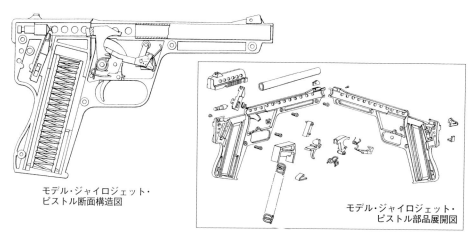

モデル・ジャイロジェット・ピストル断面構造図

モデル・ジャイロジェット・ピストル部品展開図

ライド状の部分を後退させて開き、ここからグリップ内に装填。内蔵ハンマーによる撃発方式で、ハンマーはロケット弾の前方に装備され、ロケット弾の先端部を打撃する。打撃されたロケット弾は後退し、フレームのファイアリング・ピンが弾底部のプライマーを突いて発火する。

プライマーが発火するとロケット弾の推進薬に着火し燃焼して弾底部の4つの小孔から推進ガスが噴き出す。ガスの圧力が高まり、じゅうぶんな推進力に達すると、ロケット弾は、前方のハンマーを押し倒してコックしながら空中に飛び出す。ジャイロジェット・ピストルは、ロケット推進弾薬を使用するところから、射撃の発射反動がほとんどない。

ロケット弾が射出されると、グリップ内部のマガジンから次のロケット弾が上昇して射撃準備が整う。

先進的なアイデアのジャイロジェット・ピストル・シリーズだったが、いくつかの大きな欠点を抱えていた。

第一に、ジェット推進するロケット弾を使用することだった。飛翔に必要なジェット推進初速を得るには、想像以上の量の推進薬を必要とする。ピストルで使用する小型のロケット弾は、サイズの制約からピストル弾丸に必要とされる初速を得るための推進薬が装填できなかった。空中飛翔するものの、ターゲットに命中してもエネルギー量が不足し、ストッピング・パワー(阻止力)に欠けていた。

第二に、命中精度が低かった。バレルにはライフリングがなく、バレルの内径がロケット弾より大きい。バレルをタイトにするとロケット弾を射出することができない。このバレルで高い命中精度を得ることは困難だった。メーカーのデータでも25ヤードで4.5インチ(22.5メートルで11.4センチ)のグルーピングだった。

軍の採用に向けたパイロット・モデルが製作され、1965年に市販型のジャイロジェット・マークⅠピストルを1挺165ドルで発売した。モデル・ガバーメント・ピストルの90ドルに比べると相当に高価で、ロケット弾薬も6発で9ドルだった。

マークⅠピストルは、口径13mmのロケット弾を使用するが、.50口径以上の銃砲を規制する法律が施行されたため、12mm(.49)のロケット弾が開発され、これを使用するジャイロジェット・マークⅡピストルが製作された。

長いバレルと木製ストックを装着したジャイロジェット・スポーター・カービンや水中銃も製作された。

ジャイロジェット・ピストルは、本体、弾薬ともに高価だったことや命中精度が低かったことが重なり、成功を収めることなく約1,000挺が生産されただけで1970年に生産中止となった。

ノース・アメリカン・アームズ・モデル・ミニ・リボルバー
口径　　　　　.22LR
全長　　　　　102mm
銃身長　　　29.5mm
重量　　　　　122g
装填数　　　　5発
ライフリング　6条/右回り

## ノース・アメリカン・アームズ・モデル・ミニ・リボルバー（アメリカ）

　ノース・アメリカン・アームズ・モデル・ミニ・リボルバーは、ユタ州プロボにあるノース・アメリカン・アームズ（NAA）社が供給している超小型のリボルバーだ。このリボルバーの特徴は、その製品名が表わしているように、極限まで小型化させたリボルバーとして設計されたところにある。

　この小型リボルバーの原案は、強力な大口径マグナム弾薬を使用する大型リボルバーのモデル・カースル・リボルバーも開発したロバートF.ベーカーによって設計された。最大クラスのシングル・アクションを設計し、その一方で超小型のリボルバーを設計するのは矛盾しているようだが、両者には同一人物の手で開発された類似点が見られる。

　その類似点は、製作や仕上げの工法が挙げられる。モデル・ミニ・リボルバーとモデル・カースルは、大きさや形式は異なるものの、いずれもステンレス・スチールを素材にして、インベスティメント鋳造法で製作されている。仕上げの表面加工は丁寧で、インベスティメント鋳造法にもかかわらずきれいな外見の製品に仕上げられている。

　原案のモデル・ミニ・リボルバーは、最初フリーダム・アームズ社によって製造が始められた。その後、シリンダー軸のロック構造が異なる改良型がノース・アメリカン・アームズによって製作されるようになった。2機種のモデルの差はわずかで、シリンダー軸のロック構造を除けばほとんど同一である。

　モデル・ミニ・リボルバーのメカニズムは、最小化するためにシンプルな構造で設計されている。シリンダーをフレームが取り囲んだソリッド・フレーム形式で、フレーム本体とグリップ部分は、一体成型で製作された。シリンダーは、シリンダーを前後に貫通したシリンダー軸をフレームに差し込んで固定するシンプルな構造となっている。

　弾薬の装填も単純な操作でおこなう。

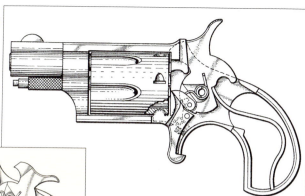

モデル・ミニ
断面構造図

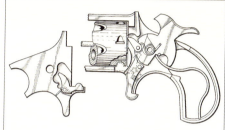

ハンマーをコックした
モデル・ミニ断面構造図

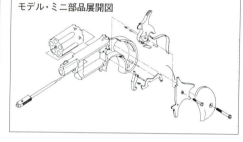

モデル・ミニ部品展開図

シリンダー軸をフレームから抜き出し、シリンダーをフレームから取り外して弾薬を装填する。発射後の発射済みの薬莢は、同じ操作でシリンダーを外し、シリンダーのチャンバーから空薬莢をシリンダー軸で突き出して排出する。

モデル・ミニ・リボルバーの撃発は、ハンマー方式で、フレーム後方に露出したハンマーを指で起こしてコックして射撃するシングル・アクションだ。

さらに小型化させるため、トリガー・ガードを装備せず、代わりにトリガーの半分をフレームの一部がカバーするシャーシド・トリガー・ガードを採用した。

1974年NAA社が最初に製作、発売したのは、一般的に市販されている弾薬の中で最も小型の.22S（ショート）リム・ファイアー弾薬を使用する製品だった。

この小型リボルバーが市場で好評だったため、NAA社は2年後の1976年、より大きな.22LR弾薬を使用するモデル・ミニ・リボルバーとさらに大きな.22ウィンチェスター・マグナム・リム・ファイアー弾薬を使用するモデル・ミニ・リボルバーを発売した。弾薬が変わったモデル・ミニ・リボルバーは、それぞれの弾薬に適合したシリンダーが組み込まれ、シリンダーにあわせてフレームも前後に延長されて大型化した。

これらをベースにしてNAA社は、異なる長さのバレルを装備させたバリエーションを展開した。グリップ・サイズを大型化させた大型モデル、ベルト・バックルに組み込んだ小型モデル、財布のような形をしたレザー・ケースに組み込んだウォーレット・モデルなどを生産した。

2012年にNAA社は、シリンダーをクレーによってスイング・アウトでき、素早い装填が可能なスイング・アウト・モデル・ミニ・リボルバーを追加発売した。

銃砲メーカーのNAA社は、ほかに1種類の小型セミ・オートマチック・ピストルを供給しているものの、モデル・ミニ・リボルバーの生産・供給だけに特化したユニークなメーカーである。

アメリカ

モデル・ホイットニー・
ボルバーリン・セミ・
オートマチック・ピストル
口径　　　　　　.22LR
全長　　　　　　227mm
銃身長　　　　　118mm
重量　　　　　　645g
装填数　　　　　10発
ライフリング　6条/右回り

## モデル・ホイットニー・ボルバーリン・セミ・オートマチック・ピストル（アメリカ）

　モデル・ホイットニー・ボルバーリン・セミ・オートマチック・ピストルは、1956年に発売された.22LR弾薬を使用する軽量のピストルだ。このピストルは、モデル・ホイットニー・ピストルやモデル・ライトニング・ピストルとなどと呼ばれることがある。この名称の中でモデル・ホイットニー・ピストルの呼び名が最も一般的だ。

　このピストルの特徴は、第2次世界大戦の航空機機体の素材として多用されるようになったアルミニウム系の軽合金を使用して製作されたところにある。第2次世界大戦後アルミニウム軽合金は、軽量の新素材として注目される金属素材で、全体のシルエットは、現代的なラインでデザインされている。現代的な外観から、スペース・ピストルのニックネームがつけられた。

　このピストルは、ベルモアー・ジョンソン・ツール社に勤務していたコネチカット州ウエスト・チェシール在住の技術者、ロバート L.ヒルベルグによって1954年に開発された。彼はこのピストルの開発で、数件のアメリカのパテントを取得している。

　モデル・ホイットニー・ピストルは、ヒルベルグが勤務していたベルモアー・ジョンソン・ツール社によって約1万挺が最初に製作されて、ニューヨークに本拠を置くJ.L.ガレフ社に供給され、アメリカ国内で販売された。

　1956年、同ピストルの製造権はチャールス E.ローベ社に譲渡された。この会社は、J.L.ガレフ社から製造権とともに譲渡された多数のモデル・ホイットニー・ピストルの未完成の部品を組み立てて製品化し市場に供給した。このオリジナル・モデル・ホイットニー・ピストルの供給は、1963年まで継続された。その間に製造された総数は13,371挺とされる。最終的にモデル・ホイットニー・ピストルの製

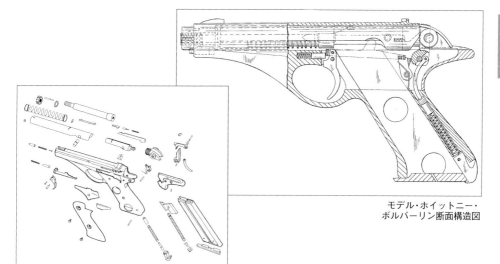

モデル・ホイットニー・
ボルバーリン断面構造図

モデル・ホイットニー・
ボルバーリン部品展開図

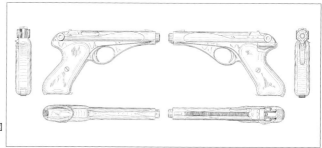

モデル・ホイットニー・
ボルバーリン・パテント外観図

造権を手に入れたチャールス E.ローベ社は、製造権とともに手に入れた未完成部品の組み立てによる生産に終始し、自社で新規の製造をおこなわなかったといわれている。同ピストルは、1963年まで組み立てによる生産が継続されたあと、生産中止となった。

2000年代に入り、オリンピック・アームズ社がモデル・ホイットニー・ピストルの製造権を手に入れて再生産を始めた。オリンピック・アームズ社は、オリジナル・モデルが生産当時の新素材アルミニウム系の軽合金で製作されていた部分を、現代の新素材である強化プラスチックのポリマーに変更し、近代化させて製造・供給した。

モデル・ホイットニー・ピストルは、圧力の低い.22LR弾薬を使用するため、スライドにロックがなく、シンプルなブローバック作動。スライドはファイアリング・ピンなどを収容したブリーチ部分を、スライド本体に後方から組み合わせた2分割方式で設計されている。

撃発メカニズムは、露出ハンマーによるハンマー撃発方式。ハンマーは、そのほとんどの部分がスライド後端部に隠れており、スライド後端部に上部の指かけ部分が露出しているだけだ。

射撃は、シングル・アクションのトリガーでおこなう。フレーム左側面の後端部に三角形をした手動セフティが装備されている。手動セフティは回転方式で、セフティ・レバーの先端部を上方に引き上げるとオン（安全）になり、撃発をブロックする。セフティ・レバーを下方に押し下げるとオフになり射撃可能になる。

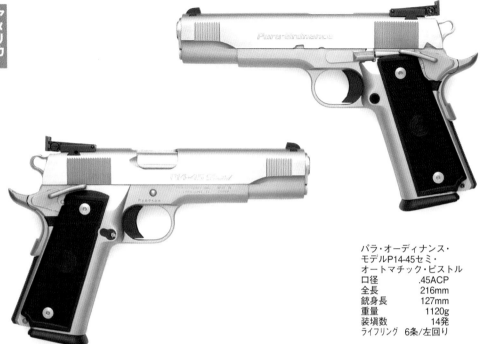

パラ・オーディナンス・
モデルP14-45セミ・
オートマチック・ピストル
口径　　　　　.45ACP
全長　　　　　216mm
銃身長　　　　127mm
重量　　　　　1120g
装填数　　　　14発
ライフリング　6条/左回り

## パラ・オーディナンス・モデルP14-45セミ・オートマチック・ピストル（アメリカ）

　パラ・オーディナンス・モデルP14-45セミ・オートマチック・ピストルは、もともとカナダに本拠を置いていたパラ・オーディナンス社によって開発され、1980年に発売された大型ピストルだ。

　このピストルのシルエットは、コルト・モデル・ガバーメント・ピストルによく似ている。その特徴は、装填弾薬量の多いダブル・カーラム（複列）マガジンを使用する点にある。

　モデル・ガバーメント・ピストルは、.45ACP弾薬を使用し、その高いストッピング・パワー（阻止力）で、アメリカで人気が高い。大きな口径の.45ACP弾薬を使用するため、オリジナルのモデル・ガバーメント・ピストルは、通常のリボルバーより1発多いだけの7発の弾薬しか装填できなかった。以前からマガジン交換をすることなく、より多くの弾薬が射撃できればさらに良いとの指摘が

あった。

　市場からの要望に応えてカナダ・オンタリオ州スカボローにあったパラ・オーディナンス社（正式名パラ・オーディナンス・マニュファクチャリング社）は、モデル・ガバーメントに組み込める特殊なグリップ・フレームの製造を始めた。

　このグリップ・フレームは、装填弾薬数の多いダブル・カーラム・マガジンを使用できるようにグリップ部分の左右の幅が拡げられていた。パラ・オーディナンス社は、グリップ・フレーム、ダブル・カーラム・マガジン、幅の広いフレームに対応させたトリガーなどをコンバージョン・キットとして発売した。このキットは、購入者が自分でモデル・ガバーメント・ピストルに組み込んで使用する。

　完成品を求める要望が高かったため、パラ・オーディナンス社は、1980年にダブル・カーラム・マガジンを使用するモ

デル・ガバーメント・ピストルのクローン製品をモデルP14-45ピストルの商品名で発売した。

モデル・ガバーメント・ピストルに組み込むキットとしてスタートしたモデルP14-45ピストルのメカニズムは、ダブル・カーラム・マガジンを使用すること以外、モデル・ガバーメント・ピストル（34ページ参照）と同一だ。

バレル後端を上下動させ、バレル後部上面の突起とスライド内面上部の溝を噛み合わせてロックするティルト・バレル・ロッキング方式が組み込まれており、バレルとグリップ・フレームが8の字型をしたリンクで連結されている。射撃後バレルとスライドがわずかに後退（ショート・リコイル）し、8の字型をしたリンクの働きでバレル後端を降下させてスライドとのロックを解除する。

撃発は露出ハンマーによるハンマー撃発方式。トリガーはシングル・アクション。グリップ・フレーム左側面の後端部分に三角形をした手動セフティを装備する。手動セフティは回転式で、先端部を引き上げるとオン（安全）になり撃発をブロックする。ハンマーを起こしてオンにするコック&ロックも可能だ。先端部を引き下ろすとオフとなって射撃可能になる。手動セフティのほか、グリップ後面の上部に手で握ることで解除されるグリップ・セフティが装備されている。

マガジンはダブル・カーラムで、マガジンの弾薬容量がオリジナル・モデル・ガバーメントの倍の14発となった。製品名は、装填できる弾薬容量と使用する弾薬の口径から名付けられた。以後、パラ・オーディナンス社の製品モデル名は、

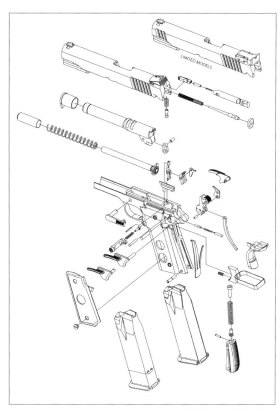

モデルP14-45部品展開図

これに準じて名付けられるようになった。

モデルP14-45ピストルの完成後、これをベースにして、異なる長さのバレルや異なる装填容量のマガジンを装備させたバリエーションが数多く発売された。

最初に.45ACP弾薬を使用するものが製造された。その後口径オプションとして、9mm×19弾薬を使用するモデルが追加され、.40S&W弾薬、.38スーパー弾薬などを使用するモデルも製作された。

パラ・オーディナンス社は、2009年に本社機能をアメリカのノース・カロライナ州パインビルに移転し、アメリカ企業となった。2012年1月には、フリーダム・グループの傘下に加わり、そのグループ企業の一社となった。

パラ・オーディナンス・モデル7-45 LDAセミ・オートマチック・ピストル

| | |
|---|---|
| 口径 | .45ACP |
| 全長 | 216mm |
| 銃身長 | 127mm |
| 重量 | 110g |
| 装填数 | 7発 |
| ライフリング | 6条/左回り |

## パラ・オーディナンス・モデル7-45 LDAセミ・オートマチック・ピストル（アメリカ）

パラ・オーディナンス・モデル7-45 LDAセミ・オートマチック・ピストルは、ダブル・カーラム・マガジンを組み込んだモデル・ガバーメント・ピストルで成功を収めたパラ・オーディナンス社がさらに改造発展させた製品だ。

このピストルの特徴は、モデル・ガバーメント・ピストルの外観をほとんど損なわずに、ダブル・アクションのハンマー・トリガー・システムを組み込んである点だ。

このダブル・アクション・メカニズムは、パラ・オーディナンス社のテッド・スザボによって考案・開発された。このメカニズムを組み込んだ最初の製品は、パラ・オーディナンス社から1999年に発売された。最初の製品は、ダブル・アクションのハンマー・トリガー・システムだけでなく、ダブル・カーラム・マガジンを使用するものだった。

モデル7-45 LDAピストルは、ダブル・アクション・トリガー・ハンマー・システムを除くと、基本的なメカニズムはモデル・ガバーメント・ピストルに近い。

バレル後端を上下動させて、バレル後方上面の突起とスライド内面上部の溝を噛み合わせてロックするティルト・バレル・ロッキングが組み込まれている。バレルとグリップ・フレームは、8の字型をしたリンクによって連結されており、この点もモデル・ガバーメント・ピストルと同型式だ。射撃時にバレルがショート・リコイルし、8の字型のリンクの働きでバレル後端を降下させてスライドとのロックを解除する。

ダブル・カーラム（複列）マガジンを使用するモデル14-45 LDAピストルやモデル12-45 LDAも製作されたが、写真の

モデル7-45 LDAピストルは、左右幅の薄いシングル・ロー（単列）のマガジンを装備している。ダブル・カーラム・マガジンは、装填弾薬数の多い利点がある一方、マガジンの左右幅が大きくなり、必然的にグリップの幅も広がって、トリガーへのリーチが長くなる欠点がある。もともとダブル・アクション・トリガーは、トリガーへのリーチが長く、指をかけにくい。そのため、モデルLDAシリーズに、トリガーへのリーチを短くする目的で、シングル・ロー・マガジンを使用するモデル7-45 LDAピストルが製作されて、パラ・オーディナンス社から2000年に発売された。

モデル7-45 LDAピストルは、ハンマー露出タイプの撃発メカニズムが組み込まれた。トリガーを引いてハンマーをコックさせ、そのままトリガー引ききって射撃するダブル・アクションと、ハンマーを指でコックしてトリガーを引くシングル・アクションのどちらでも射撃が可能なコンベンショナル・ダブル・アクション・メカニズムを組み込んだ製品と、常にダブル・アクション射撃のみのダブル・アクション・オンリーのメカニズムを組み込んだ製品が製作された。

発展型バリエーションとして、コンパクト・タイプのモデルC7-45 LDAパラ・

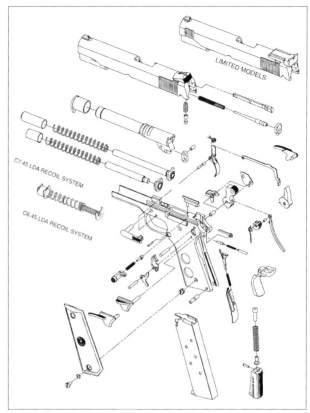

モデルP7-45LDA部品展開図

コンパニオン（装填弾薬数7発）とさらに小型のサブ・コンパクト・タイプのモデルC6-45パラ・キャリー（装填弾薬数6発）が2001年に発売された。

弾薬オプションとして、.40S&W弾薬を使用するダブル・カーラム・マガジン組み込みのモデル14-40 LDA（装填弾薬数14発）、モデル16-40 LDA（装填弾薬数16発）と9mm×19弾薬を使用するダブル・カーラム・マガジン組み込みのモデル18-9 LDA（装填弾薬数18発）が生産供給された。

製造原材料としてスチールを用いて製作された製品とステンレス・スチールで製作された製品が生産・供給された。

アメリカ

L.W.シーキャンプ・モデル・シーキャンプ・セミ・オートマチック・ピストル
口径 7.65mm×178(.32ACP)
全長　　　　108mm
銃身長　　　51mm
重量　　　　335g
装弾数　　　6発
ライフリング　4条/右回り

## L.W.シーキャンプ・モデル・シーキャンプ・セミ・オートマチック・ピストル（アメリカ）

　L.W.シーキャンプ・モデル・シーキャンプ・セミ・オートチック・ピストルは、主に護身用として使用するために設計されたダブル・アクションのきわめて小型のピストルだ。

　このピストルは、コネチカット州ニュー・ヘブンに住んでいたルイス W.シーキャンプによって1980年代はじめに考案・開発された。ルイス W.シーキャンプは、この小型のモデル・シーキャンプ・ピストルの開発に先立ち、いくつかのダブル・アクション・メカニズムを考案し、アメリカのパテントを取得した。

　それらの中でも1973年に取得したモデル・ガバーメント・ピストルをダブル・アクション方式に改造するパテントは注目される。考案は、オリジナルのシングル・アクションのトリガーの一部とオリジナルのシアを残し、新たにハンマーをコックするレバーとダブル・アクション・トリガーを追加させることで、シング

ル・アクションだったピストルをダブル・アクションで射撃することを可能にした。

　モデル・シーキャンプ・ピストルは、このアイデアをさらに発展させたものだ。同ピストルには、モデル・ガバーメント・ピストルをダブル・アクション方式に改造する際に利用したハンマーをコックさせるバーと同じアイデアの部品が組み込まれている。この部品は、ハンマー下部の側面に突き出た突起に引っかかって作動する。トリガーを引くとバーが前進し、ハンマード部の突起を前方に引く、するとハンマーの上部が起き上がる。

　モデル・ガバーメント・ピストル改造モデルでは、シングル・アクションのシアがハンマーをコック位置に固定したのに対し、モデル・シーキャンプ・ピストルには、ハンマーをコック位置に固定するシアが組み込まれていない。トリガーに連結されたハンマー・コッキング・バーは、ハンマーが起きると、ハンマー側

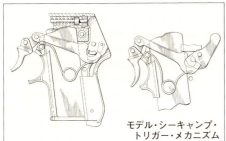

モデル・シーキャンプ・
トリガー・メカニズム

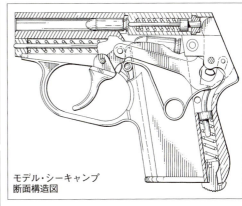

モデル・シーキャンプ
断面構造図

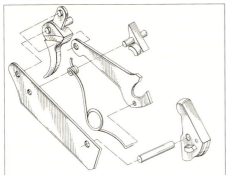

モデル・シーキャンプ・トリガー・メカニズム部品展開図

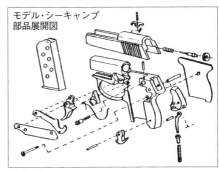

モデル・シーキャンプ
部品展開図

面の突起からバーのフック部分が外れて、ハンマーが前進し撃発する仕組みになっている。そのため起き上がったハンマーがコックされて固定されることがなく、常にダブル・アクション・オンリーで射撃する。極めて単純な構造のため、モデル・シーキャンプ・ピストルは、ダブル・アクション・メカニズムを組み込んであるにもかかわらず、構成部品数が驚くほど少ない。

ルイスW.シーキャンプは、自身でL.W.シーキャンプ社を創設。1981年に6.35mm×16SR（.25ACP）弾薬を使用する製品を、モデルLWS25セミ・オートマチック・ピストルとして発売した。1984年には、より強力な弾薬の7.65mm×17（.32ACP）弾薬を使用するモデルLWS32セミ・オートマチック・ピストルを発売した。

モデルLWS32が発売されると、威力の劣る6.35mm×16SR（.25ACP）弾薬を使用するモデルLWS25ピストルの生産は1985年に中止された。この間に約5,000挺のモデルLWS25ピストルが製作された。

比較的圧力の低い6.35mm×16SR（.25ACP）弾薬や7.65mm×17（.32ACP）弾薬を使用するため、モデル・シーキャンプ・ピストルは、いずれもロッキング・システムが組み込まれておらず、リコイル・スプリング圧とスライド重量で射撃の反動を支えて安全を保つシンプルなブローバック方式で設計された。

このピストルは、小型の護身用ピストルとして設計されたところから即応性の高いダブル・アクション・オンリーの射撃方式を組み込んである。暴発を防ぐための手段として、露出タイプのハンマーは、そのほとんどがスライド内に隠れており、事故によってハンマーがコックされにくく、また落下事故による暴発の危険を防止している。

よく似た構造の小型ピストルとして、ノース・アメリカン・アームズ社のモデル・ガーディアン・ピストルとケル・テック社のモデルP32ピストルがある。

スプリング・フィールド・
アーモリー・モデル
1911A2 SASS
単発ピストル
口径　　　　.357Mag
全長　　　　330mm
銃身長　　　273mm
重量　　　　1710g
装填数　　　1発
ライフリング　6条/右回り

## スプリングフィールド・アーモリー・モデルM1911A2 SASS単発ピストル（アメリカ）

　スプリングフィールド・アーモリー・モデルM1911A2 SASS単発ピストルは、イリノイ州ジェネセオに本拠を置くスプリングフィールド・アーモリー社（1993年にスリングフィールドと社名変更）が販売したユニークな大型単発ピストルだ。

　この大型単発ピストルの特徴は、主要な撃発作動部分として、モデル・ガバーメント・ピストルのグリップ・フレーム部分を最大限に利用し、弾薬にはライフル用弾薬も使用できる点にある。

　スプリングフィールド・アーモリー社は、1985年からモデル・ガバーメント・ピストルのクローンを供給した。アメリカにおけるガバーメントの人気は絶対的といってよい。人気の理由は、.45ACP弾薬の大きなストッピング・パワー（阻止力）にある。モデル・ガバーメント・ピストルの使用者の中には、さらに大威力の弾薬を同じ使用感で射撃したいと考える人々もいた。

　ピストルの弾薬に比べれば、ライフルの弾薬は格段に威力が高い。一方ライフルの弾薬は、その全長がピストル弾薬に比べて長く、グリップの内部をマガジンとして利用することが難しい。だが、単発ピストルとしてならばライフル弾薬を射撃できるよう改造が可能だった。

　遠距離射撃のできるライフル用の弾薬を使用する単発ピストルには、シルエット射撃をおこなう人々の需要もあった。

　スプリングフィールド・アーモリー社は、1980年代末、ライフル弾薬を使用する単発ピストルの開発に乗り出した。開発の目標は、同社で供給していたモデル・ガバーメント・ピストルを最大限に利用した単発ピストルだった。

　イリノイ州コロナに住んでいたロバートR.リーズとアイオワ州ダベンポートに住んでいたロバートA.キュエルの2人が協力して開発にあたった。彼らが開発した単発ピストルは、スプリングフィールド・アーモリー社を通じてアメリカのパテントが申請され、ブリーチ・ロード・ピストル&コンバージョンの名称で1990年に特許を取得した。

モデルM1911A2 SASS
単発ピストル断面構造図

モデルM1911A2 SASS
単発ピストル部品展開図

　この単発ピストルは、モデル・ガバーメント・ピストルのグリップ・フレーム部分をそのまま流用し、これにバレルとレシーバー（機関部）などで構成される上部構造を組み合わせてある。

　上部構造はグリップ・フレームのスライド・ストップ・レバーとスライドを装着する溝を利用してフレームに組み込む。レシーバー先端部とバレルは、1本の太いピンで連結され、このピンを軸にバレル後方を跳ね上げて後端部のチャンバーを開く仕組みになっている。

　バレルとレシーバーをロックするロッキング・レバーは、マガジンを抜き出したマガジン・ウェル内に装備された。ロッキング・レバーを後方に押すとロックを解除でき、バレルを中折れにできる。ロッキング・レバーは、パテントと生産モデルで形が異なる。

　レシーバー部分は、全体がL型構造をしており、バレル後方の起き上がり部分にファイアリング・ピンが装備された。このファイアリング・ピンを組み込んだモデル・ガバーメント・ピストルのハンマーで打撃して弾薬を撃発する。

　モデル・ガバーメント・ピストルのグリップ・フレームを流用しているところから、左側面の後端部分にある手動セフティやグリップのバック・ストラップ上部のグリップ・セフティなどはそのまま安全装置として機能する。

　スプリングフィールド・アーモリー社は、この単発ピストルにモデルM1911A2 SASSピストルの商品名をつけて1989年に発売、1992年まで供給した。上部構造を購入し、ユーザーがモデル・ガバーメント・ピストルのコンバージョン（改造）キットとして利用することも可能だったが、安全対策上から、スプリングフィールド・アーモリー社は主に完成品を市場に供給した。

　バレルは、10.75インチ、14.94インチ、17.25インチのものが製作された。使用弾薬は、.22LR、.223レミントン、7mmBR、7mm-08、.308、.358ウィンチェスターなどのライフル弾薬と.357マグナム、.44マグナムのピストル弾薬がある。

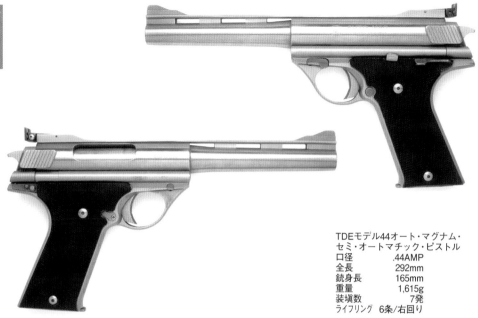

TDEモデル44オート・マグナム・
セミ・オートマチック・ピストル
口径　　　　　.44AMP
全長　　　　　292mm
銃身長　　　　165mm
重量　　　　　1,615g
装填数　　　　7発
ライフリング　6条/右回り

## TDEモデル44オート・マグナム・セミ・オートマチック・ピストル（アメリカ）

　TDEモデル44オート・マグナム・セミ・オートマチック・ピストルは、ピストル弾薬としてきわめて強力な威力の.44オート・マグナム弾薬（.44AMP）を使用する大型ピストルだ。

　このピストルは、カリフォルニア州パサディナに住んでいたハリー W.サンフォードが1960年代後半に開発した。最初にサンフォード自身によって創設されたオート・マグ・コーポレーション社で製作され、モデルAMP44の名称で1971年に発売（1970年発表）されたが、初期生産に手間取り、2,000挺弱を生産したが、1972年に会社は倒産してしまう。その後TDEコーポレーションが会社を買収し、ピストルの生産を引き継ぎ、TDEモデル180オート・マグ・ピストルの商品名で1982年まで製造が続けられた。

　このピストルは、アメリカ映画「ダーティ・ハリー」シリーズで登場したことで、広く一般に知られて興味も引くことになった。

強力な弾薬を使用し、あまり一般向けでなく、ピストルの販売価格も高価だった。加えてその構造がやや複雑で、強度上の問題や作動不良などが指摘されたこともあり、生産中止に追い込まれた。

　試作段階のプロト・タイプが強度の高いクロム・モリブデン・スチール鋼で製作されたのに対し、量産型は安価なステンレス・スチールに変更されたことが、強度不足の原因だった。

　モデル44オート・マグナム・ピストルは、バレルとその後方のバレル・エクステンションが、弾丸を射出後わずかに後退するショート・リコイルによってボルトとバレルのロックを解除する。

　ボルトがバレル・エクステンション内部を前後動する設計になっており、6個の小型のロッキング・ラグを装備したボルト先端部分が回転してバレルと噛み合ってロックするロータリー・ボルト・ロッキングが組み込まれた。このロッキング・ラグの形式は、当時アメリカ軍の新

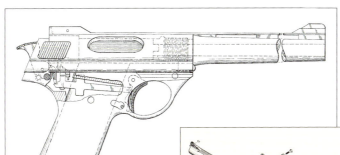

モデル44マグナム
断面構造図

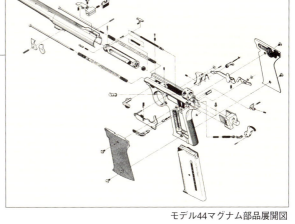

モデル44マグナム部品展開図

制式ライフルに制定されたAR-15（M16）ライフルとよく似た形式だ。

モデル44オート・マグナム・ピストルは、バレル後方にバレル・エクステンションが装備され、バレルが露出している。一般のセミ・オートマチック・ピストルのように外部のスライドを装備しておらず、バレル・エクステンションの中をボルトが前後動する構造になっている。

ボルト本体に斜めに傾斜した穴が開けられており、この斜め穴にグリップ・フレーム側の突起が入っている。ショート・リコイルすることでボルトを回転させバレルとのロックを解除する。

撃発メカニズムは、ハンマー露出式のシングル・アクションが組み込まれた。

強力な大口径射撃ピストルを目指して設計され、バレル上にはベンチレーション・リブが装備され、バレル・エクステンション後端部の上面にフル・アジャスタブルのリア・サイトが装備された。

マガジンは、シングル・ロー（単列）方式。マガジンには、7発の.44オート・マグナム弾薬（.44AMP）を装填できた。

この.44オート・マグナム弾薬は、もと もと1950年代中頃に私的に手作りしたワイルド・キャット弾薬として製作された。ライフル用の.308（7.62mm×51）弾薬の薬莢を33mmに切り詰め、それにリボルバー用の.44マグナム弾薬の弾丸と25グレインの発射薬を装填して製作された。初速は1640フィート/秒に近く、そのマズル・エネルギー（初活力）が1450フィート/ポンドを超える強力な弾薬だった。

量産型のTDEモデル・オート・マグ・セミ・オートマチック・ピストルは、この.44オート・マグナム弾薬（.44AMP）を使用するモデル180 44オート・マグ・ピストルのほか、この弾薬をネック・ダウンして.357マグナム弾薬の弾丸を装着した.357AMP弾薬を使用するモデル160 357オート・マグ・ピストルも製作された。

.41口径弾丸にネック・ダウンされた.41JMP（ユーラス・マグナム・ピストル）弾薬を使用する製品も少量製作された。

アメリカ

トンプソン・センター・アームズ・
モデル・コンテンダー単発ピストル
口径　　　.30-30 Win.
全長　　　354mm
銃身長　　253mm
重量　　　1330g
装填数　　1発
ライフリング　4条/右回り

## トンプソン・センター・アームズ・モデル・コンテンダー単発ピストル（アメリカ）

　トンプソン・センター・アームズ・モデル・コンテンダー単発ピストルは、中折れ式バレルを装備した大型の単発ピストルだ。

　このピストルの特徴は、バレルを簡単に交換でき、数多くの種類の弾薬を使用できることにある。遠距離射撃用のライフル弾薬も使用でき、シルエット射撃競技やピストル・ハンティングにも使用できる。ハンティング向けにショルダー・ストックやロング・バレルを装備したライフル・バージョンも供給された。

　この単発ピストルは、ニューハンプシャー州ロチェスターに住んでいたワーレン A.センターが、1960年代の前半に開発した。全体的な構造は、19世紀末頃の単発銃に似た古典的ともいえる単純なものだった。

　金属製のしっかりしたレシーバ（機関部）に中折れ式バレルを組み合わせ、露出式のハンマーとシングル・アクションの撃発メカニズムが組み込まれている。

　古典的な単発銃と異なり、センターの考案したピストルは、バレルを簡単に取り外せ、口径の異なる他のバレルと簡単に交換でき、さまざまな用途に使える。センターはこのアイデアでいくつかのアメリカのパテントを取得した。

　センターは所有していたK.W.トンプソン・ツール社を銃砲製造のためにトンプソン・センター・アームズ社と改称し、1966年にピストルの製造を開始した。翌67年、この単発ピストルをトンプソン・センター・モデル・コンテンダー・ピストルの商品名で市販を開始した。

　発売以来、同社は、.17ブンベルビー弾薬や.22LR弾薬など、小口径から最大の.45/410口径まで、数多くの異なる弾薬の交換用バレルを供給した。それらの中には、ポピュラーな.223レミントン弾薬や.30-30ウィンチェスター弾薬などのライフル弾薬や、.357マグナム弾薬、.44マグナム弾薬用なども含まれていた。

　モデル・コンテンダー・ピストルの構造は単純だ。バレルは後端下部でレシーバとロックされている。トリガー・ガード後方に圧力を加え、レシーバーの中に押し込むとロックが解除され、チャン

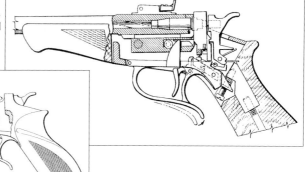

モデル・コンテンダー
断面構造図

モデル・コンテンダー部品展開図

モデル・コンテンダー・
エキストラクター作動図

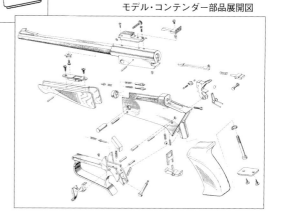

バーを開くことができる。チャンバーに弾薬を装填し、バレル後端を押し下げてレシーバーとロックさせれば射撃準備が整い、ハンマーを指で起こしてコックし、トリガーを引けば射撃可能だ。

　射撃後、同じ動作でバレルのチャンバーを開くと、バレルの後端部分に装備されたオートマチック・エジェクターの働きで発射済みの薬莢が排出される。

　1996年オリジナルのコンテンダーの耐久性を強化したモデル・エンコアーが発売された。基本的な構造は同じだが、トリガー・システムに改良が加えられ、レシーバー部分が大きく厚くなり、より強力な弾薬に対応できるようになった。

　ピストルを所持できるアメリカでもライフルのバレルを短く切り詰めることには規制がある。ギャングなどが隠しやすいようにライフルやショットガンが切り詰められて使用されたことから生まれた規制だ。そのため、片手で射撃するライフル口径のコンテンダー・ピストルの所持は許されるが、これにショルダー・ストックを装着することは許可されない。

　コンテンダー・ピストルのバレルやショルダー・ストックが容易に交換できる構造は、この法律に抵触するとATF（アルコール・タバコ・火器及び爆発物取締局）が1992年に提訴した。

　アメリカでは、構成部品のレシーバーが銃そのものとされ、バレルやグリップ、ショルダー・ストックなどは、自由に購入できる。その結果、ライフル弾薬が射撃できるモデル・コンテンダー・ピストルの購入者がショルダー・ストックを買って装着すると切り詰めライフルになる。

　裁判所は、コンテンダー・ピストルが単発式で、乱射事件で使用されにくいことも考慮して、製造禁止ではなく、購入者が16インチ以下のバレルを装備したものに正確な照準のできるショルダー・ストックを装備する行為を違法とした。この判決により、その後もコンテンダー・ピストルは生産を継続できた。

アメリカ

ダン・ウェッソン・モデル
V744Vリボルバー
口径　　　　　.44Mag
全長　　　　　295mm
銃身長　　　　153mm
重量　　　　　1495g
装填数　　　　6発
ライフリング　6条/右回り

## ダン・ウエッソン・モデル744Vリボルバー（アメリカ）

　ダン・ウエッソン・モデル744Vリボルバーは、ニューヨーク州ノーウイッチにあるダン・ウエッソン・ファイアラームズ社（現社名ウエッソン・ファイアラームズ社）が製作した.44マグナム弾薬を使用する大型リボルバーだ。

　このリボルバーに限らないが、ダン・ウエッソン・ファイアラームズ社（以下ウエッソン社）の製作した多くのリボルバーは、購入者が専用工具を用いて異なる長さやスペックを備えたバレルと容易に交換できる。

　ウエッソン社は、S&W社の創始者のひとりダニエル B. ウエッソンの曽孫にあたる同名のダニエル（ダン）B.ウエッソンによって1968年に創設された。彼は、S&W社がバンゴル・プンタ社に買収されたことに反発し、S&W社を退社して高品質のリボルバー生産を目標にダン・ウエッソン・ファイアラームズ社を創設した。

　ウエッソンはコネチカット州サマースに住んでいたロバートE.ドミアンが考案したリボルバーに着目した。ドミアンの考案したリボルバーは、ソリッド・フレームにクレーンでスイング・アウトするシリンダーを備えており、全体的に見ればS&W社が製作していたリボルバーに似た形状の近代リボルバーだった。

　このリボルバーは、S&W社の製作するリボルバーと異なるいくつかの特徴があった。第一に、バレルが二重になっており、専用工具を用いて異なるバレルと容易に交換できる点だった。さらに多くのスイング・アウト・シリンダー方式のリボルバーが悩んでいたクレーのがたつきによるシリンダーの偏心を防ぐ目的で、クレーンの本体にシリンダー・ロックを装備させていた。この方式のシリンダー・ロックは、クレーン本体をフレームと固定するため、シリンダーがたつくことを最大限に防止できる。

　二重になったバレルは、外側部分にリ

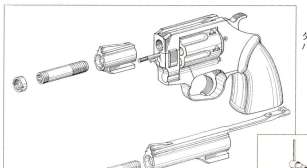

ダン・ウェッソン・リボルバー・バレル構造図

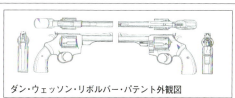

ダン・ウェッソン・リボルバー・パテント外観図

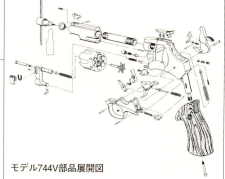

モデル744V部品展開図

ア・サイトやベンチ・リブ、シリンダー・ロッド・シュラウドなどが装備され、内部にライフリングを入れた円筒状のバレル本体が挿入されている。この円筒状のバレルとシリンダーの間に専用スペーサーを入れてギャップを調整し、専用のレンチをバレル先端のナットの溝にはめ込んで回転させて固定する構造になっていた。

この作業で異なる長さのバレルをフレームに装着でき、1挺のリボルバーでショート・バレルからロング・バレルまでのさまざまなリボルバーに変身できた。

ウエッソン社は、ドミアン原案のバレル交換機能を備えた多機種のリボルバーを展開した。同時にバレル交換機能のない固定式のバレルを装備したリボルバーも製作し供給した。ウエッソン社の製品共通の特徴は、いずれもクレーン本体にシリンダー・スイング・アウト・ラッチが装備された点だ。

ウエッソン社のリボルバーのメカニズムは、現代リボルバーの代表的なものといえる。フレームがシリンダー開口部の周囲を囲んだソリッド・フレームで、クレーンによりリボルバーの左側方にスイング・アウトするシリンダーを組み込んである。シリンダーをスイング・アウトさせるためのシリンダー・スイング・アウト・ラッチは、リボルバーの左側面、クレーン本体の上部に装備されている。シリンダー・スイング・アウト・ラッチを下方に引き下げると、シリンダーを左側方にスイング・アウトできる。

ハンマー・トリガー・システムは、ハンマーを指で起こしてコックしトリガーを引いて射撃するシングル・アクションとトリガーを引ききってハンマー自動的に起こして射撃するダブル・アクションのどちらでも射撃できるコンベンショナル・ダブル・アクション方式。

モデル744Vリボルバーは.44マグナム弾薬を使用するウエッソン社製の最大級の大型リボルバーだ。同型式で小口径の.22LR弾薬を使用する製品から、.38S&Wスペシャル弾薬、.357マグナム弾薬を使用する製品や最大口径の.445スーパー・マグナム弾薬を使用する製品まで、数多くの口径オプションが製作された。現在、同社は、チェコのチェスカー・ゾブロヨフカ社の傘下企業となっている。

アメリカ

ワイルディ・モデル・ワイルディ・
セミ・オートマチック・ピストル
口径　　　　　.45Win.Mag
全長　　　　　　227mm
銃身長　　　　　127mm
重量　　　　　　1815g
装填数　　　　　　7発
ライフリング　6条/左回り

## ワイルディ・モデル・ワイルディ・セミ・オートマチック・ピストル（アメリカ）

　ワイルディ・モデル・ワイルディ・セミ・オートマチック・ピストルは、コネチカット州ブルークフィールドにあったワイルディ・ファイアラームズ社（のちにワイルディ社に社名変更、以下ワイルディ社と表記）が製作した強力な弾薬を使用する大型ピストルだ。

　このピストルの特徴は、強力な大口径のマグナム弾薬を使用することと、ピストルの作動メカニズムとして珍しいガス圧利用でスライドのロックの解除をおこなうガス・オペレーション・システムが組み込まれた点にある。

　このピストルは、ホイットニー・ボルバーリン・ピストル（164ページ参照）を開発したロバート・ヒルベルグによって考案された。ピストルで使用する強力な弾薬として、当初.445ワイルディ・マグナム弾薬が、ロバート・ヒルベルグとベルモアー・ジョンソン、デビット・フィン

ドレイによって共同開発された。試作ピストルは、コネチカット州ハムデンにあった弾薬開発者が所有するベルモアー・ジョンソン・ツール社で製作された。

　W.J.ワイルディ・ムーアが、量産型を製品化し販売網を組織した。そのことからピストルには、モデル・ワイルディ・ピストルの商品名がつけられた。

　開発当初、専用の.445ワイルディ・マグナム弾薬が使用されるはずだったが、.45ウィチェスター・マグナム弾薬や.44オート・マグナム弾薬などの大口径マグナム弾薬の生産が始まったため、量産型はこれらの弾薬を使用できるように改修されて生産された。

　ワイルディ・ピストルは、ステンレス・スチールを素材として製作された。バレルは固定式で、スライドをロックするキーがスライドの左右に装備されている。ピストルのバレルの基部のチャンバ

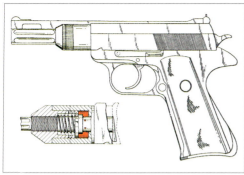

モデル・ワイルディ・ガス作動説明図

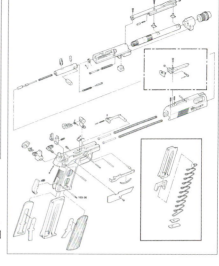

モデル・ワイルディ
部品展開図

ーの前方に6個の小さなガス噴出孔が開けられている。そしてその周囲が円筒状のガス・シリンダーになっており、ここにドーナツ型のピストンが組み込まれている（この形式は量産型ではやや異なっている）。弾薬が射撃されるとこのピストンが前方に動き、スライド・ロック・キーの働きを確実なものにしてスライドをロックする。弾薬が撃発されて弾丸がバレルを抜けて空中に飛び出すと、ガス・シリンダー内部の圧力が低下し、スライド・ロックに加わっていた圧力も低下してスライドが動き始める。スライド内部に円筒状のボルト（ブリーチ）が組み込まれており、バレル後方のバレル・エクステンションの中で回転してバレルとロックしている。動き始めたスライドの中でボルトも後退し、バレル・エクステンションの傾斜溝によって回転してロックが解かれる。さらにスライドとともに後退し、発射済みの薬莢を排除する。

ワイルディ・ピストルのロッキング・システムは、一種のディレイド・オペレーション（遅延作動）とターン・ボルト・ロックを組み合わせた形式になっている。2つの作動方式を組み合わせることによって強力な大口径のマグナム弾薬を安全に射撃できるようにしている。

撃発メカニズムは、露出式ハンマー方式で、シングル・アクションのトリガーを組み込んだものとシングル・アクションとダブル・アクションのどちらでも射撃できるコンベンショナル・ダブル・アクションを組み込んだ製品が製作された。

モデル・ガバーメント・ピストルに似たスライド・ストップがグリップ・フレーム左側面前方に装備され、同じく似た手動セフティが後端部に装備されている。

量産型の多くは、.44オート・マグナム弾薬あるいは.45ウィンチェスター・マグナム弾薬を使用する。口径オプションに、.357ワイルディ・マグナム（.357ペーター・ビルド）弾薬、.41ワイルディ・マグナム弾薬、.445ワイルディ・マグナム弾薬、.45ACP弾薬、.45ワイルディ・マグナム弾薬、.475ワイルディ・マグナム弾薬を使用する製品が製作された。

バレルは、5インチ、6インチ、7インチ、8インチ、10インチ、12インチ、14インチ、15インチが製作された。

表面仕上げは、マット仕上げと磨き上げたポリッシュ・モデルが供給された。

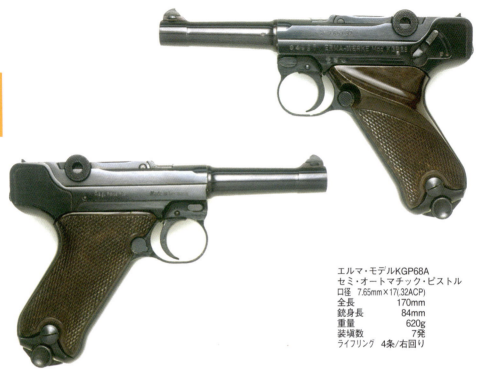

エルマ・モデルKGP68A
セミ・オートマチック・ピストル
口径　　7.65mm×17（.32ACP）
全長　　　　　　　　170mm
銃身長　　　　　　　 84mm
重量　　　　　　　　 620g
装填数　　　　　　　　7発
ライフリング　4条/右回り

## エルマ・モデルKGP68Aセミ・オートマチック・ピストル（ドイツ）

　エルマ・モデルKGP68Aセミ・オートマチック・ピストルは、第2次世界大戦後、ドイツ・バイエルン州ミュンヘン近郊のダッハウに再建されたエルマ社（正式社名エルマ・ベルケGmbH社、以下エルマ社と表記）が製作した中型ピストルだ。

　このピストルの特徴は、有名なドイツのパラベラム・ピストル（ルガー・ピストル）の作動方式を模倣した遊底のメカニズムが組み込まれている点にある。

　第2次世界大戦後、アメリカの射撃愛好家人口が増加し、大戦中のドイツ軍用ピストルの人気が高まった。この人気に対応して再建されたエルマ社は、有名なパラベラム（ルガー）ピストルの尺とり虫のように動く遊底を組み込んだ軽便なスポーツ射撃を楽しむためのプリンカー・ピストルを設計した。

　第2次世界大戦の以前からエルマ社は、軍用の.22LR口径の訓練用銃砲を生産し、小口径の経験を積んだメーカーだった。

　エルマ社は、アメリカで人気の高かったパラベラム・ピストルに似た作動をする.22LR口径のエルマ・モデルEP22の生産を1964年から始めた。このエルマ・モデルEP22セミ・オートマチックは、遊底の動きの面白さで、アメリカ市場をはじめとして各国で大きな成功を収めた。

　エルマ・モデルKGP68Aセミ・オートマチック・ピストルは、成功を収めたこのエルマ・モデルEP22セミ・オートマチック・ピストルの発展型だ。

　前作のモデルEP22ピストルが、.22LR弾薬を使用していたのに対し、モデルKGP68Aピストルは7.65mm×17（.32ACP）弾薬や9mm×17（.38ACP）弾薬を使用するように設計された。また、モデルEP22ピストルが、オリジナルのパラベラム・

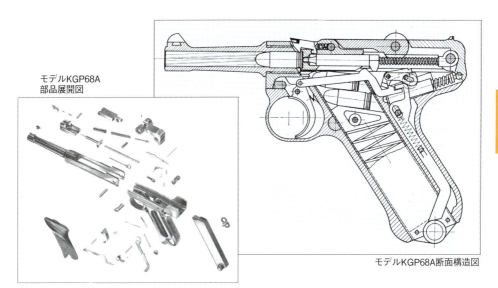

モデルKGP68A 部品展開図

モデルKGP68A断面構造図

ピストルのサイズだったのに対し、モデルKGP68Aピストルは、使用する弾薬に合わせてひと回り小さいサイズで設計された。

モデルKGP68Aピストルに先立ちエルマ社は、モデルKGP68ピストルと名付けた製品を1968年に完成させ出荷した。このモデルKGP68ピストルは、アメリカで、安全対策上の問題があると指摘されたため、マガジンを完全に挿入しないと射撃できないなどの安全対策を追加して1970年にモデルKGP68Aピストルが製作された。

新型の完成により先行のモデルKGP68ピストルは、1971年に生産が中止され、以後改良型のモデルKGP68Aピストルが製作されることになった。

モデルKGP68Aピストルは、比較的圧力の低い7.65mm×17(.32ACP)弾薬や9mm×17(.38ACP)弾薬を使用する。そのためスライド(ブリーチ)をその自重と後方のスプリングの圧力で支える単純なブローバック方式で設計できる。だがモデルKGP68Aピストルには、パラベラム・ピストルに似た尺とり虫運動をする部品が追加装備されている。これは遊底の動きをおもしろくすることが大きな理由で装備された。追加装備された部分にブリーチをロックする働きは備わっていない。

モデルKGP68Aピストルは、単純なブローバック方式で作動する。ブリーチが射撃の反動で後退するたびに、それに装着された追加部品が尺とり虫運動をする。

口径こそ.22LR弾薬よりやや大きいが、モデルKGP68Aピストルも実用ピストルというより、スポーツ射撃を楽しむプリンカー・ピストルの一種だ。

モデルKGP68Aピストルは、そのフレームや多くの部品を亜鉛ダイキャスト工法で製作してある。バレルは、ライフリングを入れたスチール製だが、バレル・エクステンション部分は、亜鉛ダイキャスト工法で製作された。グリップ・フレーム内部の撃発メカニズムは、スチール・プレートをプレス加工で成型した部品が使用され、全体的に安価に供給できるように設計されている。

モデルKGP68Aピストルは、その輸出先や代理店によって異なる製品名で呼ばれる。アメリカでは、モデルKGP68AピストルにモデルKGP38ピストルの名前が付けられ、輸入エージェントのビーマンはモデルMP-08ピストルの名前を付けた。

エルマ・モデルEP752セミ・
オートマチック・ピストル
口径　　　　　　.22LR
全長　　　　　　155mm
銃身長　　　　　84mm
重量　　　　　　590g
装填数　　　　　8発
ライフリング　6条/右回り

## エルマ・モデルEP752セミ・オートマチック・ピストル（ドイツ）

　エルマ・モデルEP752セミ・オートマチック・ピストルは、ドイツ・バイエル州ミュンヘン近郊のダッハウにあったエルマ社で製作された中型ピストルだ。

　このエルマ・モデルEP752ピストルも前に記述したエルマ・モデルEP22ピストルと同様に、アメリカ市場に向けて設計されたプリンカー・ピストルだ。

　エルマ・モデルEP22ピストルがアメリカで人気のあったパラベラム・ピストルをその原型としたように、エルマ・モデルEP752ピストルも第2次世界大戦中に有名になったドイツのワルサー社が製作したモデルPPKピストルを原型として設計されている。

　エルマ・モデルEP752ピストルは、.22LR弾薬を使用する中型のセミ・オートマチック・ピストルで、圧力の低い.22LR弾薬を使用するところから、シンプルなブローバック方式で作動する。

　このブローバック方式は、スライド自体の重量とバレル周囲に装備したリコイル・スプリングの圧力で射撃を支え、発射ガス圧が安全域に低下してからスライドを後退させて発射済みの薬莢を排出する。

　このピストルの全体のデザインは、オリジナルのワルサー・モデルPPKピストルによく似ている。その分解法もオリジナルと同じで、トリガー・ガード前方を引き下げ、スライドを後方いっぱいまで後退させて、後端部を引き上げバレル前方に取り外す。

　エルマ・モデルEP752ピストルのハンマー・トリガー・メカニズムもオリジナルのモデルPPKピストルと同様に、トリガーを引ききってハンマーを自動的に起こして射撃するダブル・アクションと、

モデルEP752部品展開図

指でハンマーをコックし、トリガーを引いて射撃するシングル・アクションのどちらでもできるコンベンショナル・ダブル・アクションが組み込まれている。

ただし、オリジナルのモデルPPKピストルは、かなり繊細で複雑なメカニズムが組み込まれていたのに対し、エルマ・モデルEP752ピストルのダブル・アクション・メカニズムは、極限といってよいほどの簡素化が図られている。ハンマーの下端にトリガー・バーを引っかけてハンマーを起こす引き起こし式ハンマーで、引き起こされたハンマーは、一枚の板バネがシアの役割をしてコックする。ハンマーを引き続けると、トリガー・バーのフック部分がこの板バネを前方に引きハンマーをフリーにして撃発する。

エルマ・モデルEP752ピストルのダブル・アクション・メカニズムは、トリガー、トリガー・バー、ハンマー、シアのたった4つの部品で構成されている。筆者もエルマ・モデルEP752ピストルを初めて分解してみたとき、あまりにも簡素化されたダブル・アクションに驚かされた。

エルマ・モデルEP752ピストルのスライド左側面の後部には、モデルPPKピストルと同様に、回転レバー・タイプの手動セフティが装備されている。この手動セフティのレバーを引き下ろすとファイアリング・ピンがロックされてセーフとなる。だが手動セフティにオリジナルのようなハンマー・デコッキング機能は備っていない。

エルマ・モデルEP752ピストルは、亜鉛ダイキャスト工法を多用して、その生産コストを低減させている。グリップ・フレーム、スライド、ハンマー、トリガーなどの主要部分は、すべて亜鉛ダイキャストによって成型されている。グリップ・フレームに装備されているバレルのみスチール製で、バレル内部にライフリングが入れられている。このバレル部分はインサート部品として、グリップ・フレームと一体成型されている。

亜鉛ダイキャストで製作されているが、表面を機械加工しスムーズに仕上げブルーイングを施しているため、エルマ・モデルEP752ピストルは、亜鉛ダイキャスト製と思えないきれいな仕上がりだ。

エルマ・モデルEP752ピストルと同型で、6.35mm×16SR（.25ACP）弾薬を使用するエルマ・モデルEP655ピストルも製作された。

エルマ・モデルER422
リボルバー
口径　　　　　　　　.22LR
全長　　　　　　　160mm
銃身長　　　　　　　51mm
重量　　　　　　　　620g
装填数　　　　　　　6発
ライフリング　6条/右回り

## エルマ・モデルER422リボルバー（ドイツ）

　エルマ・モデルER422リボルバーは、ドイツ・バイエル州ミュンヘン近郊のダッハウにあったエルマ社で製作された小型リボルバーだ。

　このリボルバーは、アメリカのS&W社が製作したモデル36チーフズ・スペシャル・リボルバーを原型とし、その外見をコピーしているものの、.38S&Wスペシャル弾薬ではなく、小口径の.22LR弾薬を使用する一種のプリンカー・ピストルとして製作された。

　ほかのエルマ社製品と同じく、エルマ・モデルER422リボルバーも、製造単価を低く抑えるために、亜鉛ダイキャストを多用して製造された。フレーム、クレーン、ハンマー、トリガーなど多くの部品が亜鉛ダイキャストで製作されている。シリンダー部分は、6本のスチール製のチューブ状のチャンバー部をインサートとして、亜鉛ダイキャストの一体成型とした。フレームは、全体が亜鉛ダイキャスト製だ。バレルはフレームから分離式で、シリンダーと同じくライフルリングを装備させたチューブ状のスチール製のバレル・インサートが、外部のフロント・サイトやバレル外周、シリンダー軸押さえなどと一体の亜鉛ダイキャスト成型となっている。

　多くの部品が亜鉛ダイキャスト製ながら、成型後に表面を機械加工したうえでブルーイングされており、製品は全体的にきれいな仕上げとなっている。

　エルマ・モデルER422リボルバーは、その外見だけでなく、全体の構成もS&W社のモデル36チーフズ・スペシャルによく似ている。

モデルER422
部品展開図

　シリンダーの開口部の回りをフレームが取り囲んだソリッド・フレームで、フレームに組み込まれたクレーンでスイング・アウトするシリンダーが装備された。シリンダーをスイング・アウトするラッチの形や操作もS&Wモデル36と同一で、ラッチを前方に押してスライドさせシリンダーをスイング・アウトさせる。

　口径の小さな.22LR弾薬を使用するため、S&Wモデル36チーフズ・スペシャルより1発多い6発の弾薬をシリンダーに装填できる。射撃後の薬莢の排出は、シリンダーをスイング・アウトさせ、シリンダー軸を後方に押してエジェクターを作動させておこなう。

　内部の作動メカニズムもオリジナルによく似ているが、ハンマー・リバウンド・システムなどは簡素化されていて、ハンマー・スプリング軸がハンマー・リバウンド装置として働いている。

　ハンマー・トリガー・システムは、指でハンマーをコックし、トリガーを引いて射撃するシングル・アクションとトリガーを引ききって射撃するダブル・アクションのどちらでも可能なコンベンショナル・ダブル・アクション・システムが組み込まれている。

　エルマ・モデルER422リボルバーの発展型バリエーションとして、.22マグナム・リム・ファイアー弾薬を使用するエルマ・モデルER423リボルバーも製作された。加えて、同型で.32S&Wロング弾薬を使用する6連発のエルマ・モデルER432リボルバーも製作された。

　さらに口径の大きな同型のバリエーションとして、.38S&Wスペシャル弾薬を使用する5連発のエルマ・モデルER438リボルバーも製作された。このモデルは、外見的にさらにS&Wモデル36チーフズ・スペシャルに近くなっている。

　またステンレス・スチールを用いて製作されたS&Wモデル60ステンレス・チーフズ・スペシャル・リボルバーに似た.38S&Wスペシャル弾薬を使用する5連発のエルマ・モデルER440リボルバーも製作された。

　エルマ社は、多くの安価なプリンカー・ピストルや小型セミ・オートマチック・ピストルのアメリカへの輸出で成功を収めたものの、1990年代に入って経営戦略の失敗から倒産に追い込まれ、1997年1月にガン・ビジネスから撤退した。

H&KモデルHK4セミ・
オートマチック・ピストル
口径　　　9mm×17(.380ACP)
全長　　　　　　　157mm
銃身長　　　　　　85mm
重量　　　　　　　520g
装填数　　　　　　7発
ライフリング　6条/右回り

モデルHK4断面構造図

## ヘッケラー&コッホ・モデルHK4セミ・オートマチック・ピストル（ドイツ）

　ヘッケラー&コッホ・モデルHK4セミ・オートマチック・ピストルは、ドイツ・オーベルンドルフにあるヘッケラー&コッホ社が製作した中型のセミ・オートマチック・ピストルだ。

　このピストルの特徴は、バレルやマガジン、リコイル・スプリングなどを交換することで、4種類の異なる弾薬を使用できる点にある。4種類の弾薬は、.22LR弾薬、6.35mm×16SR（.25ACP）弾薬、7.65mm×17（.32ACP）弾薬、9mm×17（.380ACP）弾薬だ。製品名も4種類の弾薬を使用できることからHK4とされた。

　モデルHK4ピストルを設計・製作したヘッケラー&コッホ社は、もとマッザー社の技術者たちによって創設された会社だ。このモデルHK4ピストルは、第2次世界大戦前にマッザー社が製作していたマッザー・モデルHScセミ・オートマチック・ピストルを近代化させた製品だ。

　モデルHK4ピストルは、1960年代に西ドイツ（当時）の警察官武装用の制式ピストルを目指して開発が始められた。だがヘッケラー&コッホ社の開発は遅れ、フランス・マニューリン社と共同開発をおこなって先行したワルサー社のモデルPP/PPKピストルに出遅れてしまった。

　1964年にヘッケラー&コッホ社によるモデルHK4ピストルの生産が開始されたが、開発の遅れから、ドイツ警察やドイツ税関向けなどの制式官需ピストルとして限定数が採用されただけで終わった。ドイツなど官需モデルとして納入されたHK4ピストルは、7.65mm×17弾薬を使用する単一口径の製品で、約12,400挺が製作された。ドイツ警察やドイツ税関での制式名はモデルP11と呼ばれた。

　官需ピストルに大きな期待がもてなかったため、ヘッケラー&コッホ社は、このピストルに異なる弾薬も射撃できる機

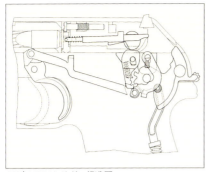

モデルHK4トリガー構造図

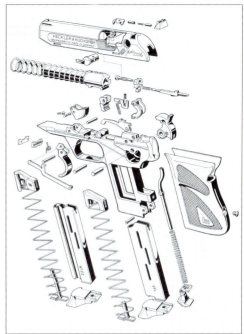

モデルHK4部品展開図

能を追加して市販することにした。

　世界最大の市場であるアメリカには、1968年から輸出が始められ、最初ハーリントン・リチャードソン社を通じて、同社のブランドで販売された。ハーリントン・リチャードソン・ブランドでのモデルHK4ピストルの販売は、1973年までおこなわれた。アメリカでヘッケラー&コッホ社の知名度が高まったこともあり、その後、モデルHK4ピストルは、ヘッケラー&コッホ・ブランドでアメリカに輸出され販売されるようになった。

　ヘッケラー&コッホ社によるモデルHK4ピストルの生産は1983年に終了し、アメリカへの輸出は1984年に終了した。この間に生産されたモデルHK4ピストルは官需の約12,400挺を含めて、総数約38,000挺だったとされている。

　モデルHK4ピストルは、比較的圧力の低い弾薬を使用するため、スライド自体の重量とリコイル・スプリングの圧力だけで支えて射撃を支えるシンプルなブローバック方式で設計された。

　全体的なメカニズムは、第2次世界大戦前マウザー社が開発したモデルHScピストルをベースに近代化させたもので類似点も多い。

　ハンマー露出式で、ハンマーが不用意にコックされないようにハンマー・スパーのごく一部をスライド後端に露出させてある。トリガーは、シングル・アクションでもダブル・アクションでも射撃できるコンベンショナル・ダブル・アクションが組み込まれている。

　スライド左側面の後部に装備された手動セフティは、回転式レバー・タイプで、手動レバー先端を下方に押し下げるとファイアリング・ピンの後部をハンマーと触れないようにし、同時にコックされたハンマーを安全に前進させるハンマー・デコッキング機能が備えられている。

　トリガー・ガードの内側前方に、バレルとグリップ・フレームを固定させるキーが装備されている。ロック・キーは、ピストルの分解や異なる口径のバレルと交換する際に利用する。交換用のバレルには、それぞれの弾薬に適合した反発力の異なるリコイル・スプリングが装備されている。リム・ファイアーの.22LR弾薬のバレルを使用する場合は、スライドのブリーチ前面のプレートを上下逆さまにしてファイアリング・ピンの先端部分を偏心させる。

H&Kモデル P9S セミ・オートマチック・ピストル
口径　　　9mm×19
全長　　　192mm
銃身長　　102mm
重量　　　950g
装填数　　9発
ライフリング　6条/右回り

モデルP9S断面構造図

## ヘッケラー&コッホ・モデルP9Sセミ・オートマチック・ピストル（ドイツ）

　ヘッケラー&コッホ・モデルP9Sセミ・オートマチック・ピストルは、ドイツ・オーベルンドルフにあるヘッケラー&コッホ社が製作した9mm×19弾薬を使用する大型ピストルだ。

　このピストルの特徴は、同社が製作し、ドイツ軍の制式ライフルにもなったモデルG3アサルト・ライフルと同系列のローラー・ロッキングが組み込まれている点にある。さらにバレルのライフリングがライフリング溝のエッジが滑らかな特殊なポリゴナル・ライフリングであることも特色である。

　ヘッケラー&コッホ社は、第2次世界大戦末にマウザー社で研究されていたローラー・ロッキングのディレイド・ブローバック方式を発展させ、モデルG3アサルト・ライフルを完成させた。ヘッケラー&コッホ社は、同じローラー・ロッキングを組み込んでモデルMP5サブ・マシンガンを設計した。同型のローラー・ロッキング・システムを組み込んで設計されたピストルが、ヘッケラー&コッホ・モデルP9ピストルだ。

　これらに組み込まれたローラー・ロッキングは、二重のボルトを備え、ボルト前面に加わる圧力を一定の時間支えた後にローラーがボルト内部に引き込まれてロックを解除するローラー・ハーフ・ロッキング・システムだ。ローラー・ロックはフル・ロッキングでなく、いわゆるヘジテート・ロッキングに属し、時間差をもってブローバックするディレイド・ブローバック方式で作動する。

　モデルP9Sピストルに先立ち、最初にローラー・ハーフ・ロックを組み込んだモデルP9ピストルが製作された。

　基本的にブローバック方式のため、バレルが固定式で、特殊なポリゴナル・ライフリング・バレルと併せて高い命中精

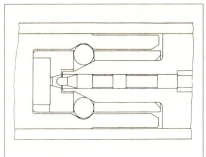

モデルP9Sローラー・ロック構造図

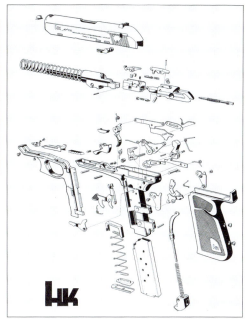

モデルP9S部品展開図

度がセールス・ポイントだった。

ハンマー内蔵式の撃発方式で、スライド後面にハンマー・コッキング・インジケーターが装備された。トリガーは、シングル・アクション。グリップ・フレーム左側面に内蔵ハンマーをコックするためのハンマー・コッキング・レバーが装備された。ハンマー・コッキング・レバーは、ハンマー・デコッキングとしても作動する。スライド左側面の後方に手動セフティが装備され、レバー先端を押し下げるとファイアリング・ピンがロックされる。チャンバーに弾薬を装填するとスライドの上面に突き出て警告するローディング・インジケーターが装備された。

モデルP9Sピストルは、モデルP9ピストルの改良型で、基本的なロッキング・システムや作動に変わりはない。モデルP9Sピストルは、トリガー・システムを改良し、ダブル・アクションにした。また、ダブル・ハンデッド・グリッピング向けの先端部が角形をした大型のトリガー・ガードが装備された。

モデルP9Sピストルもモデル P9ピストル同様に命中精度が良好だった。そのため一時期ドイツの国境警備隊の対テロ特殊部隊GSG9などにも使用された。

一方さまざまなメカニズムを組み込み過ぎたため、構成部品数が多く、分解や組み立てには専門的な知識をもっていないと対応できないほどだった。

オリジナルのモデルP9ピストルは、1960年代中頃に開発が進められ、1969年に量産が開始された。製造は1978年まで継続されたが、わずかに485挺が製造されたに過ぎなかった。発展改良型のモデルP9Sピストルは1970年に量産が開始され、1984年まで生産された。

スタンダード型は、9mm×19（9mmルガー）弾薬を使用する。アメリカに輸出するために.45ACP弾薬を使用する製品も製作された。またその良好な命中精度から、ロング・バレルとバレル・バランサーを装備したモデルP9コンペティションや射撃向けに微調整できるリア・サイト装備のモデルP9ターゲットも製作された。

アメリカへの輸出は、ゴールド・ラッシュ・ガン・ショップ通じて1977年に始まり、ヘッケラー＆コッホ社の知名度がアメリカで上がると、自社で輸出と販売をおこない、1984年まで輸出を継続した。

H&KモデルVP70Zセミ・オートマチック・ピストル
口径　　　9mm×19
全長　　　204mm
銃身長　　116mm
重量　　　920g
装填数　　18発
ライフリング　6条/右回り

モデルVP70メカニズム図

## ヘッケラー&コッホ・モデルVP70Zセミ・オートマチック・ピストル（ドイツ）

　ヘッケラー&コッホ・モデルVP70Zセミ・オートマチック・ピストルは、ドイツ・オーベルンドルフにあるヘッケラー&コッホ社が強化プラスチックを使用して製作した大型ピストルだ。

　このピストルは、最初、第三世界の国々向けにサブ・マシンガンの代用としても使用できる安価な軍用ピストルとして企画された。この軍用モデルは、モデルVP70ピストルやモデルVP70Mピストルと呼ばれる。軍用向けモデルは、ホルスター兼用のプラスチック製ショルダー・ストックを装着すると、3発ずつフル・オートマチックに連射する3ショット・バースト射撃機能が備わっていた。

　モデルVP70Z（VP70チビル）ピストルは、軍用のモデルVP70Mピストルの民間向けモデルとして製作された。ショルダー・ストックは装着できず、射撃もセミ・オートマチック射撃のみ限定された。

　モデルVP70ピストル・シリーズの原案は、第2次世界大戦末にマウザー社で研究されていた本土決戦兵器のひとつフォルクス・ピストル（人民ピストル）だ。単純な構造で、省力・省資源で製作できるピストルとして戦争末期に研究された。

　フォルクス・ピストルのメカニズムを活用し、現代的なプラスチックを多用して再設計されたピストルが、モデルVP70ピストルだ。そのモデル名は1970年代のフォルクス・ピストル（VOLKS PISTOLE）の意味を込めてモデルVP70とされた。残念ながらモデルVP70ピストル・シリーズは失敗作に属し、1970年に生産を開始、1983年に生産終了となった。

　だが、モデルVP70ピストル・シリーズは、有名なオーストリアのグロック・ピストルに先がけて強化プラスチックを用いてグリップ・フレームを製作するなど、意欲的で先進的な製品でもあった。

　モデルVP70ピストル・シリーズは、9mm×19弾薬を使用するが、スライドをロックするロッキング・システムが組み込まれていない。モデルVP70ピストル・

モデルVP70部品展開図

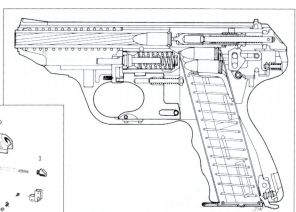

モデルVP70断面構造図

シリーズは、重量のある大きなスライドと強力なリコイル・スプリングだけで射撃を支えるブローバック方式で設計された。強力な9mm×19弾薬の反動を受けるスライドは速い速度で後退する。そのままの後退速度では、ピストルが破壊される恐れがあるため、内部にスライドの後退を停止させるための大きなアブソーバー（緩衝器）が組み込まれた。

射撃ごとにトリガーを引ききるダブル・アクション・オンリー。撃発メカニズムは、のちに開発されたグロック・ピストルを連想させるようなストライカー方式だ。ダブル・アクションのトリガーは、モデルVP70ピストル・シリーズの欠点のひとつで、長い距離を引く必要のあるスライド式として設計された。このトリガーは、長いトリガー・プルだけでなく、かなり重く、引いているうちに照準が狂い、命中精度が低下しやすかった。

もともと3発バースト射撃を考慮して設計されたため、モデルVP70ピストル・シリーズは、18発の装填数をもつダブル・カーラム（複列）マガジンが組み込まれた。

軍用のモデルVP70（VP70M）ピストルは、モロッコや南アメリカのいくつかの国で限定的に採用されただけに終わり、セミ・オートマチックの一般市販型のモデルVP70Zピストルもそのトリガーの構造から命中精度が期待できず不評だった。

他社に先がけグリップ・フレームを強化プラスチックで製作し、変則ダブル・アクションのストライカー・タイプの撃発メカニズムを組み込むなど、斬新な面も多かったが、販売実績が上がらなかったことから、ヘッケラー＆コッホ社は、このピストルに抜本的な改良を加えることなく生産終了としてしまった。

皮肉なことに、このピストルからも多くのインスピレーションを受けたであろうオーストリアのグロックは、いくつかのよく似たメカニズムを組み合わせ、より実用的で近代的なグロック・ピストルを設計して大成功につなげた。

H&KモデルP7M8セミ・オートマチック・ピストル
口径　　　　9mm×19
全長　　　　171mm
銃身長　　　105mm
重量　　　　950g
装填数　　　8発
ライフリング　6条/右回り

モデルP7M8断面構造図

## ヘッケラー&コッホ・モデルP7M8セミ・オートマチック・ピストル（ドイツ）

　ヘッケラー&コッホ・モデルP7M8セミ・オートマチック・ピストルは、ドイツ・オーベルンドルフにあるヘッケラー&コッホ社がドイツ警察向けに開発した大口径ピストルだ。

　このピストルにはいくつかの際立った特徴がある。そのひとつがグリップのフロント・ストラップの前に装備されたレバーを握ることでストライカーをコックできるスクイーズ・コッキングというメカニズムである。ほかには弾丸を発射するガスの圧力をそのままスライドのロッキングに用いるガス・ロックというロッキング・システムを組み込んだ点にある。

　弾丸の発射ガスをシリンダーに導き、そのガス圧でスライドと連結したピストンを前方に押してスライドをロックするのがガス・ロック方式だ。このロック方式は、メカニカル・フル・ロッキング方式と異なり、正確にはディレイド・ブロ

ーバック、またはヘジテート・ロックに属するロッキング方式だ。

　モデルP7M8ピストルの原型となったのは、ヘッケラー&コッホ社が開発し1976年に公開したモデルPSPピストルだ。

　モデルPSP（ポリツァイ・セルブストラーデ・ピストーレ：警察自動装填ピストル）はドイツ赤軍のテロ活動に対抗するため、西ドイツ警察（当時）が、9mm×19（9mmルガー）弾薬を使用するピストルに変更したのに対応して開発された。

　当初製品名はモデルPSPピストルだったが、西ドイツ警察のトライアルで、このピストルにモデルP7のトライアル名が付けられた。トライアルの結果、モデルPSPピストルはドイツ警察の標準ピストルに選定され、国境警備隊GSG 9 対テロ特殊部隊やドイツ軍警察、バイエルン州警察に採用されて使用された。

　ヘッケラー&コッホ社は、西ドイツ警

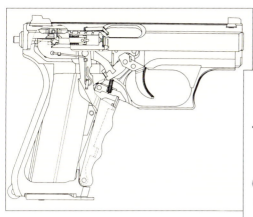

モデルP7M8トリガー・メカニズム構造図

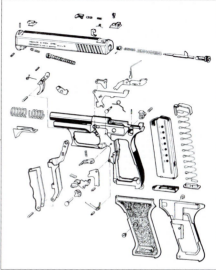

モデルP7M8部品展開図

察に納入する一方、市販向けのモデルPSPピストルの生産を始めた。最初の市販型は、ガス・ロック部分の小改良以外、オリジナルのモデルPSPピストルとほぼ同型で、警察トライアル名と同一モデルP7ピストルの商品名が付けられた。

市販されると、購入者からトリガー・ガード上方のグリップ・フレームがガス・ロック・システムで過熱して火傷する危険があると指摘された。ヘッケラー&コッホ社は、グリップ・フレームの過熱に対してプラスチックのプロテクションを追加装備した。

同時に弾薬容量の少ないシングル・ロー（単列）マガジンだけだった製品に弾薬容量の多いダブル・カーラム（複列）マガジンを使用する改良型を追加した。これらの改良市販型は、シングル・ロー・マガジン装備の製品にモデルP7M8ピストル、ダブル・カーラム・マガジン装備の製品にモデルP7M13ピストルの製品名が付けられた。製品名は、改良型を意味するMとマガジンに装填できる弾薬数から命名された。

モデルP7M8ピストルの特筆すべきメカニズムは前述したようにストライカー撃発方式で、シングル・アクションのトリガーを装備。射撃はスクイーズド・コッキング・レバーを握り素早くファイアリング・ピンをコックでき、同時にシングル・アクションの正確な命中精度が期待できた。警察で使用され、さらに市販されると、このコッキング方式の欠点も明らかになった。たとえばトリガーを引いたままでスクイーズド・コッキング・レバーを握ると、ただちに発射されてしまい暴発の危険性が高く、反発力の大きなスクイーズド・コッキング・レバーを握ったまま照準を続けるには困難を伴う。

モデルP7ピストル・シリーズは、9mm×19弾薬を使用する製品が最初に供給された。アメリカで要望が高かった.45ACP弾薬を使用するモデルP7M45ピストルが1987年に試作されが、量産されなかった。

1988年、バレルとリコイル・スプリングを交換することで、モデルHK4ピストル（188ページ参照）のように、.22LR弾薬、7.65mm×17（.32ACP）弾薬、9mm×17（.380ACP）弾薬を使用できるブローバック方式のモデルP7K3ピストルが発売された。1993年、.40S&W弾薬を使用するモデルP7M10ピストルが追加発売された。

ドイツ

H&KモデルUSPセミ・オートマチック・ピストル
口径　　　　　9mm×19
全長　　　　　194mm
銃身長　　　　108mm
重量　　　　　720g
装填数　　　　15発
ライフリング　6条/右回り

## ヘッケラー&コッホ・モデルUSPセミ・オートマチック・ピストル（ドイツ）

　ヘッケラー&コッホ・モデルUSPセミ・オートマチック・ピストルは、ドイツ・オーベルンドルフにあるヘッケラー&コッホ社が製作する強化プラスチック製のグリップ・フレームを装備させた大型ピストルだ。

　特徴は、新世代の強化プラスチック製のグリップ・フレームを装備しながら、伝統的なハンマー露出のダブル・アクション撃発メカニズムを組み込んで設計された点にある。

　ヘッケラー&コッホ社がアメリカ軍の特殊部隊向けのオフェンシブ・ハンドガン・ウェポン・システム（OHWS）のトライアルに参加したことからピストルの開発が始められた。SOCCOM（スペシャル・オペレーションズ・コマンド）ピストルとして知られるこの特殊部隊向けのピストルのグリップ・フレームは、ザイテル系の強化プラスチックが使用されている。このヘッケラー&コッホ社原案のピストルは、アメリカ軍特殊部隊の制式ピストルに選定され、モデルSOCOMピストルの名前で採用された（198ページ参照）。

　このトライアルで得られた強化プラスチック製のグリップ・フレームに関するノウハウを活かし、ヘッケラー&コッホ社は、強化プラスチック製のグリップ・フレームを装備した新世代のアメリカ輸出向けの一般市販型ピストルの開発を始めた。ヘッケラー&コッホ社は、この新世代ピストルにヘッケラー&コッホ・モデルUSP（ユニバーサル・セルフローディング・ピストル：汎用セミ・オートマチック・ピストル）の製品名を与えて、ドイツで老朽化が指摘され始めていたドイツ軍やドイツ警察向けの新世代の大型ピストルとしても開発を進めた。

　革新的なメカニズムのピストルを設計してきたヘッケラー&コッホ社だったが、モデルUSPピストルは、同社の従来の設計思想とまったく逆に、伝統的でオーソドックスな設計がなされている。理由は、モデルUSPピストルの原型のモデル

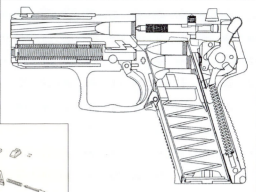

モデルUSP部品展開図

モデルUSP断面構造図

　SCCOMピストルが、保守的な軍の制式ピストルとして設計されたためだった。その発展型のモデルUSPピストルは、アメリカ軍の伝統のハンマー露出式で、一見して射撃準備が整っているかどうかがわかる。

　オプションにダブル・アクション・オンリーの製品も製作されたが、基本型は、トリガーを引ききって撃発射撃するダブル・アクションと、ハンマーを指でコックして射撃するシングル・アクションの両方が可能なコンベンショナル・ダブル・アクションが組み込まれている。

　グリップ・フレーム左側面の後部に手動セフティが装備され、スタンダード・タイプは、手動セフティをオンにしてロックすると、同時にコックされたハンマーが安全に前進するハンマー・デコッキング・メカニズムも組み込まれている。

　ハンマーとセフティは、多くのオプションがある。手動セフティをオンにしてもハンマーが前進せず、コック＆ロックにできる製品や、常にダブル・アクションで射撃するダブル・アクション・オンリーの製品、手動セフティのレバーを水平にすると射撃できるモデルと手動セフティのレバーを下方に押し下げると射撃可能になるモデルなど、ユーザーの希望に沿ったオプションが製作された。

　バレルとスライドのロックは、これも伝統的なティルト・バレル・ロッキング。バレル後端のチャンバー部分の外側が四角形のブロックとなっており、この部分の上部がスライド上面に開けられたエジェクション・ポート（排莢孔）と噛み合ってロックする。射撃後ショート・リコイルするバレルは、バレル下部ブロックの傾斜によって、後端を降下させてスライドとのロックを解除する。

　口径オプションとして、スタンダードの9mm×19弾薬を使用するモデルUSP9ピストルのほかに、.40S&W弾薬を使用するモデルUSP40ピストル、.45ACP弾薬を使用するモデルUSP45ピストルが製作された。またそれぞれのモデルにコンパクト・タイプも製作された。

ドイツ

H&KモデルMk23 Mod0
セミ・オートマチック・ピストル
口径　　　　.45ACP+P
全長　　　　245mm
銃身長　　　149mm
重量　　　　1210g
装填数　　　12発
ライフリング　4条/右回り

## ヘッケラー&コッホ・モデルMk23 Mod0セミ・オートマチック・ピストル（ドイツ）

　ヘッケラー&コッホ・モデルMk23 Mod0セミ・オートマチック・ピストルは、アメリカ軍特殊部隊向けピストルとして、ドイツ・オーベルンドルフにあるヘッケラー&コッホ社が開発・製造した大口径ピストルだ。

　アメリカ軍内での制式名称は、U.S.モデルMk23 Mod0とされているが、モデルSOCOM（スペシャル・オペレーションズ・コマンド）ピストルの名称で広く一般に知られている。

　このピストルの特徴は、特殊部隊による接近戦闘用武器として使用できるピストルとしてじゅうぶんな威力を備えている点だ。そのため弾薬としてストッピング・パワーに優れた.45ACP弾薬を使用する。

　特殊作戦向けに、アメリカ・ナイツ・アーマメント社が開発したサウンド・サプレッサー（サイレンサー：消音器）をバレル先端部分に装着できる機能も備えている。サウンド・サプレッサーを最大限有効に使用するため、スライドをロックして開かないようにする装置も装備されている。装置を作動させると最大の消音効果が得られるが、発射済みの薬莢の排除を手動でおこなう必要がある。装置をオフにするとピストルはセミ・オートマチック連発となる。

　夜間や暗い室内での戦闘でターゲットを照射し照準するレーザー・エイミング・ディバイス（デザイネーター）をトリガー・ガード先端に装着することもできる。

　1990年アメリカ軍特殊部隊司令部（SOCOM）は、特殊作戦に従事する部隊向けのピストルのトライアルを始めた。トライアルには、アメリカのコルト社とドイツのヘッケラー&コッホ社が試作ピストルを提示した。1994年比較トライアルの末にヘッケラー&コッホ社の試作品がアメリカ軍特殊部隊の制式ピストルU.S.モデルMk23 Mod0ピストル（モデル

モデルMk23Mod0
部品展開図

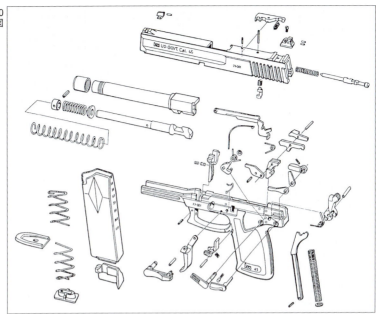

SOCOMピストル）に選定された。

　アメリカ軍特殊部隊司令部は、総計1380挺のU.S.モデルMk23 Mod0ピストルをヘッケラー＆コッホ社に発注し納入させた。ナイツ・アーマメント社はピストルと同数のサウンド・サプレッサー1380個を納入した。夜間戦闘用のレーザー・エイミング・ディバイス（デザイネーター）は、ピストル総数の約半数の650台が納入された。

　U.S.モデルMk23 Mod0ピストルを納入後、ほかのNATO軍諸国の特殊部隊からの要望に応えて、ヘッケラー＆コッホ社は、オリジナルに一部改良を加えたH&KモデルMK23スペシャル・オペレーションズ・ピストルを開発し1996年に発売した。ドイツ軍もこのピストルを特殊作戦部隊向けピストルとして選定採用した。

　U.S.モデルMk23 Mod0ピストルは、撃発メカニズムとして露出式のハンマーを装備している。トリガー・メカニズムは、トリガーを引ききって射撃するダブル・アクションとハンマーを指でコックし、トリガーを引いて射撃するシングル・アクションのどちらでも可能なコンベンショナル・ダブル・アクションだ。

　射撃は、基本的にセミ・オートマチック連発式だ。サウンド・サプレッサー最大の消音効果を得るため、スライドをブロックし後退しないようにすることもできる。その場合、ピストルは手動式となる。

　ロッキング方式は、ティルト・バレル・ロッキングだ。バレル後端のチャンバー部の外側が四角形のブロック状になっており、その上部とスライド上面のエジェクション・ポート（排莢孔）開口部が噛み合ってロックされる。射撃後ショート・リコイルするバレルは、チャンバー部の下方ブロックの傾斜で後端部が降下し、スライドとのロックが解除される。

　マガジンもグリップ・フレーム同様に強化プラスチックが用いられているが、弾薬を送り出すマガジン上部のマガジン・リップ部分を強化させるため、プラスチック内部に金属製のライナーがインサートされている。

H&KモデルP2000セミ・オートマチック・ピストル
口径　　　　9mm×19
全長　　　　174mm
銃身長　　　93mm
重量　　　　620g
装填数　　　13発
ライフリング　6条/右回り

## ヘッケラー&コッホ・モデルP2000セミ・オートマチック・ピストル（ドイツ）

　ヘッケラー&コッホ・モデルP2000セミ・オートマチック・ピストルは、ドイツ・オーベルンドルフにあるヘッケラー&コッホ社がモデルUSPピストルを原型に改良し開発した大口径ピストルだ。

　このピストルの特徴は、最近増加している女性警察官にも無理なく使用できるように、モデルUSPピストルに比べてやや小型で、手の小さな人でも使いやすくなっている点にある。

　ドイツ警察のスタンダード・ピストルを念頭に置いて設計されたところから、基本型は9mm×19弾薬を使用する。弾薬オプションとして、.40S&W弾薬を使用できるものと、.357SIG弾薬を使用できるものも製作された。

　基本的なメカニズムは、原型となったモデルUSPピストルとよく似た構造だ。

　モデルP2000ピストルは、強化プラスチック製のグリップ・フレームを装備し、ハンマー露出式の撃発メカニズムが組み込まれている。モデルUSPピストルの強化プラスチック製のグリップ・フレームが一体型だったのに対し、モデルP2000ピストルのグリップ・フレームは、グリップ部分の後面のバック・ストラップ部が取り外し式になっている。バック・ストラップは、異なる大きさのものが用意されており、より多くの使用者の手の大きさに合わせることが可能になった。

　スタンダード・タイプ（V0：バージョン0）のハンマー・トリガー・システムは、コンバット・ディフェンス・アクション（CDA）とも呼ばれ、トリガーを引ききってダブル・アクションで射撃することも、ハンマーを指でコックしてトリガーを引いてシングル・アクションで射撃することも可能なコンベンショナル・ダブル・アクションが組み込まれた。

　トリガー・オプションには、コンバッ

モデルP2000部品展開図

モデルP2000断面構造図

ト・ディフェンス・アクション（CDA）の派生型のV1（バージョン1）、V2（バージョン2）、V4（バージョン4）がある。基本的な撃発方式は同一だが、トリガー・プルの重量、つまりトリガーを引く重さが異なる。V0（バージョン0）は、トリガー・プル重量がダブル・アクションで51ニュートン（11.5ポンド）、シングル・アクションで20ニュートン（4.5ポンド）だ。

それに対し、V1（バージョン1）は、LEM（ロー・エンフォースメント・モディフィケーション：警察向け改良型）トリガー・システムが組み込まれており、シングル・アクション、ダブル・アクションともに、20ニュートン（4.5ポンド）のトリガー・プル重量に設定されている。

V2（バージョン2）も、LEMトリガー・システムが組み込まれており、シングル・アクション、ダブル・アクションともに、やや重い32.5ニュートン（7.3ポンド）のトリガー・プル重量に設定された。

V3（バージョン3）は、伝統的なコンベンショナル・アクションで、トリガー・プル重量がダブル・アクションで51ニュートン（11.5ポンド）、シングル・アクションで20ニュートン（4.5ポンド）に設定された。このV3（バージョン3）がV1（バージョン1）と異なっているのは、スライドの後端部分にコックされたハンマーを安全に前進できるデコッキング・レバーが装備されている点だ。

V4（バージョン4）も、LEMトリガー・システムが組み込まれており、トリガー・プル重量がV1（バージョン1）とV2（バージョン2）の中間のシングル・アクション、ダブル・アクションともに27.5ニュートン（6.2ポンド）に設定された。

V5（バージョン5）は、毎回トリガーを引ききって射撃するダブル・アクション・オンリーのトリガー・システムが組み込まれており、トリガー・プル重量が36ニュートン（8.1ポンド）に設定されている。

このモデル2000ピストルのバリエーションとしては、小型化させたサブ・コンパクト・タイプのモデル2000SKピストルが製作された。スタンダードのモデル2000ピストルが93mmのバレルを装備していたのに対し、サブ・コンパクト・タイプのモデル2000SKピストルは83mmのバレルを装備している。

ドイツ

H&KモデルP30セミ・
オートマチック・ピストル
口径　　　　9mm×19
全長　　　　177mm
銃身長　　　　98mm
重量　　　　740g
装填数　　　　15発
ライフリング　6条/右回り

モデルP30断面構造図

## ヘッケラー&コッホ・モデルP30セミ・オートマチック・ピストル（ドイツ）

　ヘッケラー&コッホ・モデルP30セミ・オートマチック・ピストルは、ドイツ・オーベルンドルフにあるヘッケラー&コッホ社が先行モデルP2000ピストル（200ページ参照）をベースに改良を加え開発した大口径ピストルだ。

　開発当初の2005年に試作型がH&KモデルP3000セミ・オートマチック・ピストルの製品名で公開されたが、数字が4桁では長すぎると指摘されたため、量産型は2桁のモデルP30に改められた。

　モデルP2000ピストルは、警察向けのピストルだったが、競合他社製品の中に、グリップのバック・ストラップだけでなく、左右のグリップ・パネルも交換式のものが登場した。これに対応させてモデルP2000ピストルに改良を加えた製品がモデルP30ピストルだ。

　モデルP2000ピストルは、バック・ストラップのみ交換可能だったが、ピストルの命中精度の向上には、手にしっかりとフィットするグリップ側面の厚さも重要な要件だ。モデルP30ピストルは、バック・ストラップとともにグリップ側面のグリップ・パネルも交換式にし、厚さの異なるグリップ・パネルを用意した。これで使用者の手の大きさに最もフィットするグリップを得られるようにした。

　モデルP30ピストルは、モデルP2000ピストルとよく似た構造で設計されている。バレルとスライドのロッキング・システムは、バレル後端を上下動させてロック

させるティルト・バレル・ロッキングだ。バレル後端部が四角形のブロック状になっており、この上部をスライドのエジェクション・ポート(排莢孔)の開口部とロックさせる。射撃の際にショート・リコイルするバレルは、バレル下方のブロックの傾斜によって降下しスライドとのロックが解除される。

撃発は、露出ハンマーによるハンマー撃発方式。警察向けとしての性能を重視して設計されたため、モデルP2000ピストルで採用されたLEMトリガー・システムを発展させたCDA(コンバット・デイフェンス・アクション)トリガー・システムを組み込んだダブル・アクション・オンリーの製品も製作された。

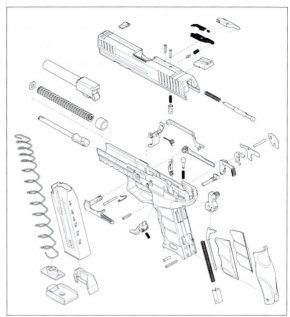

モデルP30部品展開図

トリガー・システム・オプションには、V0(バージョン0)からV6(バージョン6)まで6種類ある(V5は市販製品で欠番となっている)。

V0はトリガー・プル20ニュートン(4.5ポンド)のシングル・アクションと51ニュートン(11.5ポンド)のダブル・アクションのコンベンショナル・ダブル・アクションで、ハンマー・コッキングとハンマー・デコッキング機能が組み込まれている。

V1はCDAトリガー・システムが組み込まれており、トリガー・プル重量が20ニュートン(4.5ポンド)でハンマー・コッキング機能も装備する。

V2もCDAトリガー・システムを備え、V1と同型で、トリガー・プルがやや重い32.5ニュートン(7.3ポンド)に設定され、ハンマー・コッキングが装備された。

V3はV0に準じ、20ニュートン(4.5ポンド)のトリガー・プルのシングル・アクションと51ニュートン(11.5ポンド)のダブル・アクションのコンベンショナル・ダブル・アクションだ。V0との違いは、ハンマー・コッキング機能がないハンマー・デコッキングが組み込まれた点だ。

V4はV1やV2に準じ、両者の中間の27.5ニュートン(6.2ポンド)のCDAトリガー・システムを装備し、ハンマー・コッキング機能が組み込まれている。

V6はトリガー・プル39ニュートン(8.8ポンド)のダブル・アクション・オンリーのトリガー・システムを装備する。

モデルP30ピストルは、ドイツの税関など連邦政府が選定採用し13,500挺を調達。ドイツ州警察も採用した。またノルウェー警察もこのピストルを採用し、約7,000挺を輸入して支給した。

口径オプションには9mm×19弾薬のほかに.40S&W弾薬を使用する製品がある。

バリエーションに、ロング・スライドを装備させたモデル30Lピストルが製作された。また手動セフティを装備させたモデル30Sピストルとモデル30LSピストルも製作されている。

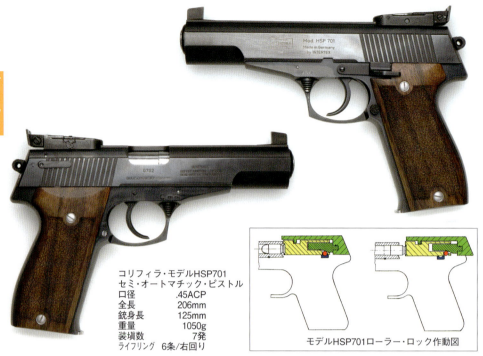

コリフィラ・モデルHSP701
セミ・オートマチック・ピストル
口径　　　.45ACP
全長　　　206mm
銃身長　　125mm
重量　　　1050g
装填数　　7発
ライフリング　6条/右回り

モデルHSP701ローラー・ロック作動図

## コリフィラ・モデルHSP701セミ・オートマチック・ピストル（ドイツ）

　コリフィラ・モデルHSP701セミ・オートマチック・ピストルは、ドイツ・ウルムにあったコリフィラ・プレジションメカニック社から1982年に発売された大口径ピストルだ。

　このピストルの特徴は、セミ・オートマチック・ピストルのロッキング・システムとしては珍しいローラー・ロッキングが組み込まれた点にある。

　作動メカニズムは、バレル固定式で、スライドのブリーチ部分が二重構造になっており、ここにローラー・ロッキングが組み込まれている。ローラー・ロッキングは、フル・ロックではなくハーフ・ロックとして作動する。モデルHSPピストルはバレル固定式で、ローラー・ハーフ・ロックを組み込んであり、ディレイド・ブローバック方式で作動する。

　作動方式は、ドイツのヘッケラー＆コッホ社が製作したモデルP9やP9Sピスト ル（190ページ参照）と同じだが、ローラー・ロックの設定に大きな違いがある。

　モデルP9やP9Sピストルは、スライドのブリーチ先端部分の左右側面から2つのローラーが突き出し、このローラーが、バレルから後方に延長されたバレル・エクステンションとロック（ハーフ・ロック）する形式で設計された。

　これに対しコリフィラ・モデルHSPピストルは、スライドのブリーチ後方の下面から1つのローラー・ロックが突き出し、このローラーとグリップ・フレームがロック（ハーフ・ロック）される形式で設計されている。

　弾薬が撃発されるとそのガス圧がブリーチ前面に加わり、スライドが後退を始める。しかし、ブリーチ下面のローラー・ロックによって二重になったブリーチ内部は、前進位置からほとんど動かない。スライド本体がさらに後退すると、

モデルHSP701
断面構造図

モデルHSP701
部品展開写真

スライド内部から二重になったブリーチに突き出した部分の傾斜にさしかかる。この傾斜によってブリーチ上面に突き出ていたローラー・ロックは、ブリーチ内に引き込まれ、スライドがフリーになって後方いっぱいまで後退する。

二重になったブリーチが短時間前方にとどまることで、バレル内に充満した高圧の発射ガスは、弾丸が飛び出したマズル部分から前方に逃げ、バレル内のガス圧が安全域にまで低下した後にスライドがブローバック方式で後退する構造だ。

コリフィラ・モデルHSPピストルは、メカニズム的に興味深い製品だった。しかし、コリフィラ・プレジションズメカニック社は、大量生産をおこなわず、受注生産に近い体制で、ほとんどハンドメイドで数挺ずつ生産した。そのため製作精度やその表面処理は良好だったが、年間の製造数も50挺を超えることがなかったといわれている。ハンドメイドに近い生産体制だったところから、同じモデルHSPピストルでもスライドの形状の異な

る製品が製作された。

モデルHSPピストルのスタンダード・モデルの素材はカーボン・スチールが用いられた。スペシャル・バージョンとしてスライドやグリップ・フレームをソリッドのダマスカス・スチールで製作した製品もある。

いずれの製品も販売価格が高価で、一部のガン・コレクターが購入するにとどまり、一般化することがなかった。

バリエーションとして、スライドの長いロング・バージョン、スライドの短いコンパクト・バージョンが製作された。そのほかダマスカス・スチールのスペシャル・バージョンも製作された。

弾薬オプションは、9mm×19弾薬を使用するスタンダードのほか、.45ACP弾薬を使用するものや、7.65mm×22（.30ルガー）弾薬、9mm×25（9mmシュタイヤー）弾薬、.38スーパー弾薬、.38ワッド・カッター弾薬、10mmノーマ弾薬、9mm×18（9mmポリス）弾薬を使用するピストルの製作を受注すると発表されていた。

コリフィラ・モデルTP70セミ・
オートマチック・ピストル
口径　6.35mm×16SR(.25ACP)
全長　　　　　　　118mm
銃身長　　　　　　 66mm
重量　　　　　　　 355g
装填数　　　　　　　6発
ライフリング　6条/右回り

## コリフィラ・モデルTP70セミ・オートマチック・ピストル（ドイツ）

　コリフィラ・モデルTP70（タッシェン・ピストーレ70：ポケット・ピストル70）セミ・オートマチック・ピストルは、ドイツ・ウルムにあったコリフィラ・プレジションメカニック社で製作された小型のポケット・ピストルだ。

　このポケット・ピストルの特徴は、極めて小型ながらダブル・アクションのトリガー・システムを組み込んで設計されている点にある。

　このピストルを開発したのは、エドガー・ブディショウスキーで、ドイツ・ウルムにあったコリフィラ・プレジションメカニック社で製作され、最初、ドイツ大手の銃砲通信販売会社のバッフェン・フランコニア社を通じて販売された。

　ドイツ・ワルサー社製のモデルPPKよりさらに小型でダブル・アクションを組み込んであったコリフィラ・モデルTP70ピストルは、アメリカに輸出されると大きな注目を浴びた。このコリフィラ・モデルTP70ピストルの出現に刺激されて、ワルサー社は、モデルPPKピストルをさらに小型化させたモデルTPHピストルの設計を進めたとされている。

　しかし、アメリカで1968年に輸入銃砲規正法が施行されると、その小さなサイズが規制対象品に指定され、アメリカに輸出ができなくなった。ドイツやヨーロッパ諸国向けのモデルTP70ピストルの生産は、コリフィラ・プレジションメカニック社で続行された。一方、アメリカ向けは、ライセンス製造権がアメリカに譲渡され、モデル・ブディショウスキーTP70ピストルの製品名で、1973年から1977年までの間製造された。このアメリカでの製品名は、言うまでもなくピストルの開発者にちなんで命名されたものだった。

　モデルTP70ピストルは、.22LR弾薬を使用する製品と6.35mm×16SR（.25ACP）弾薬を使用する製品が製作された。これらの弾薬は、発射ガス圧があまり高くな

モデルTP70断面構造図

モデルTP70
部品展開写真

いため、モデルTP70ピストルは単純なブローバック作動するように設計された。

撃発メカニズムは露出ハンマー方式。スライド後端部に不用意にコックされにくいラウンド・ハンマー・スパーを備えたハンマーが露出している。

このピストルの特徴でもあるダブル・アクションは、ハンマーの下方をトリガー・バーで前方に引いてコックさせる、いわゆるハンマー引き起こし式で、ワルサー・モデルPPKピストルに比べてはるかに単純な構造で設計されている。

スライド左側面後部に回転レバー・タイプの手動セフティが装備されている。手動セフティの先端部を下方に引き下ろしてオン（安全）にすると、スライドのブリーチ内のファイアリング・ピンをブロックして射撃できないようにする。

グリップ・フレームの左側面トリガーの上方には、マガジン内の弾薬を射撃しつくした後にスライドを後方に停止させ、ヘルド・オープンにするスライド・ストップが装備されている。

スライドを前方に押すリコイル・スプリングは、ワルサー・モデルPPKピストルのようにバレル周囲に設定するのではなく、バレルの下方にリコイル・スプリング軸とともに収容されている。

マガジンは、金属製のシングル・ロー（単列式）のボックス・タイプだ。.22LR弾薬のマガジンは、装填弾薬6発。6.35mm×16SR（.25ACP）弾薬のマガジンは、装填弾薬6発だった。

ドイツのコリフィラ・プレジションメカニク社で製造されたモデルTP70ピストルは、すべてカーボン・スチールを素材に製作された。一方、アメリカで製作されたモデル・ブディショウスキーTP70ピストルは、一部がカーボン・スチールで製作されたが、大部分の製品は、ステンレス・スチールで製作された。

モデルTP70ピストルの特殊なバリエーションとして、さらに小型の縮尺2分に1のミニチュアのモデルTP70ピストルがコリフィラ・プレジションメカニク社で10挺製造され、同じシリアル番号のオリジナル・ピストルとセットで販売された。

コルス・モデル・コルス・オート・セミ・オートマチック・ピストル
口径　　　　9mm×19
全長　　　　210mm
銃身長　　　102mm
重量　　　　1240g
装填数　　　10発
ライフリング　6条/右回り

## コルス・モデル・コルス・オート・セミ・オートマチック・ピストル（ドイツ）

　コルス（ドイツ語読みコルト。アメリカ・コルト社と同一表示で混同するので、以下英語読みのコルスと表記）モデル・コルス・セミ・オートマチック・ピストルは、ドイツ・ホルシュタイン州ラッツェブルグにあるコルス社が製作供給する大型ピストルだ。

　このピストルは、ウィリー・コルスによって開発され、1982年にドイツのパテントが取得された。同じ年に試作ピストルが公開されたが、市販型は1985年から供給が始まった。

　このピストルの特徴は、大口径ピストル射撃用として最大限の命中精度を確保するように設計された点にある。開発者ウィリー・コルスによると、シングル・ローのマガジンのほうが、ダブル・カーラム・マガジンからの給弾に比べてチャンバーのガイド部分のリミットがタイトにでき、結果として命中精度を向上できるという。そのためダブル・カーラム・マガジンが一般的になりつつあった時期に開発されたにもかかわらず、シングル・ローのマガジンで設計された。

　作動方式は、バレルをショート・リコイルするバレルによってロックを解除するターン・ブロック・ロッキング方式だ。バレルは水平にショート・リコイルし、ティルト・バレルのように軸線が偏心しない。ここにもウィリー・コルスの命中精度に対するこだわりがある。

　現在最も一般的に広く使用されているロッキング方式はジョン M.ブローニングが発案したティルト・バレル方式だ。この方式は、少ない部品数でスライドとロッキングできる利点がある。その反面、射撃ごとにサイトを装備させてあるスライドとティルトして戻るバレルの位置関係が微妙にずれる可能性がある。

　ウィリー・コルスは、独立式のロッキング・ブロックをバレルに組み込み、バレルがグリップ・フレームのガイド溝に沿ってショート・リコイルする形式を選択した。この方式は、バレルがその軸線

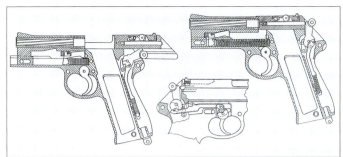

モデル・コルス・オート断面構造図

ドイツ

上を前後にショート・リコイルして動き、バレル準線のずれを最少に抑えられると考えた結果だ。

モデル・コルス・オート・ピストルには、ワルサー・モデルP38ピストルの回転式のロッキング・ブロックに似たロッキング・ブロックが組み込まれている。このロッキング・ブロックには、スライド後退後、再び前進し始めてもショート・リコイルしたバレルを後退位置にとどめてマガジンから送弾される弾薬の弾頭部分を傷つけにくくする働きももっている。弾丸の弾頭部分の変形は、空気抵抗を変化させて弾道を狂わせる可能性がある。

モデル・コルス・オート・ピストルの撃発は、露出ハンマー方式だ。スライド後端部分に丸いラウンド・ハンマー・スパー装備のハンマーが露出している。

ハンマー・トリガー・システムは、トリガーを引ききって射撃するダブル・アクションとハンマーを指でコックし、トリガーを引いて射撃するシングル・アクションの両方で使用できるコンベンショナル・ダブル・アクションが組み込まれた。シングル・アクション専用のトリガー・システムのほうが、命中精度を確保しやすいといわれる中で、コンベンショナル・ダブエル・アクションを組み込んだ理由は明らかでない。おそらくシングル・アクションではあまりにも現代的でなくなってしまうと考えた結果だろう。

通常分解したモデル・コルス・オート

モデル・コルス・オート・ピストルは、のちにNCマシン（マシーニング・センター）を用いて製作するようになったが、それ以前は手作業による製造方法を採用し、工作精度や仕上げは申し分ないが、価格が高価で、一般向けでなかった。特定のコレクターやユーザーに購買層が限られて、限定数が製作されただけだった。

モデル・コルス・オート・ピストルのバリエーションとして、ロング・バレルを装備した製品が製作された。また、ロング・バレル・バージョンに着脱式のショルダー・ストックを組み込んだピストル・カービンも少数製作された。

弾薬は、9mm×19弾薬が標準だが、弾薬オプションとして、ほかに7.65mm×22（.30ルガー）弾薬、9mm×21IMI弾薬、.357SIG弾薬、.40S&W弾薬の製品が製作された。

ド
イ
ツ

コルス・モデル・コルス・
スポーツ・リボルバー
口径　　　　　.357Mag
全長　　　　　220mm
銃身長　　　　76mm
重量　　　　　980g
装填数　　　　6発
ライフリング　6条/右回り

## コルス・モデル・コルス・スポーツ・リボルバー（ドイツ）

　コルス・モデル・コルス・スポーツ・リボルバーは、ドイツ・ホルシュタイン州ラッツェブルグにあるコルス社が製作供給する大型リボルバーだ。

　このリボルバーは、銃砲メーカーの創始者ウィリー・コルスによって開発され、1964年に発売された。一時期このリボルバーは、ダイナマイト・ノーベル・グループが代理店となって販売されていた。

　モデル・コルス・スポーツ・リボルバーの特徴は、高い工作精度で製作され、表面加工や仕上げが良好なだけでなく、命中精度が高い点にある。モデル・コルス・スポーツ・リボルバーの表面仕上げは磨き上げてブルーイングした製品とプラズマ・コーティングと呼ばれるマット仕上げの製品がある。

　このリボルバーの価格は高額で、リボルバーのメルセデス・ベンツあるいはロールスロイスと言われ、一般的なリボルバーと言いがたい。購入層はコルス製品の熱心なファンやコレクターが大半で、安価なアメリカ製リボルバーの購入者とはまったく別の層の人々を対象として製作された。

　製作を開始した当時、各部品とも手動による機械加工がおこなわれていた。その後コンピュータ・コントロールのNCマシンで部品を製作するようになった。コレクターの間では、NCマシン導入以前の製品の人気が高く、高額で取り引きされている。

　モデル・コルス・スポーツ・リボルバーは、現代リボルバーの多くと同様に、シリンダーの周囲をフレームが取り囲んだソリッド・フレームで、クレーンでスイング・アウトするシリンダーが組み込まれている。

　シリンダーをスイング・アウトさせるためのシリンダー・ロック・レリース・

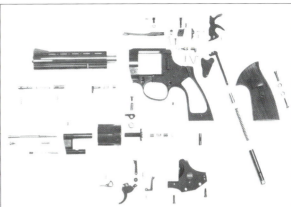

モデル・コルス・スポーツ
部品展開写真

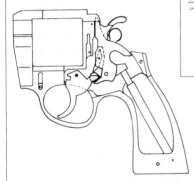

モデル・コルス・スポーツ・トリガー構造図

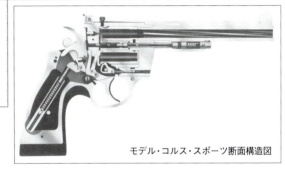

モデル・コルス・スポーツ断面構造図

レバーはハンマーの左側方に装備されている。このシリンダー・ロック・レリース・レバーを後方に引くと、シリンダーとフレームのロックが解かれシリンダーをスイング・アウトできる。

射撃済みの薬莢の排出は、シリンダー・ロッド（シリンダー軸）を前方から後方に向かって押し、シリンダー後端のエジェクターを作動させておこなう。

撃発メカニズムはハンマー露出式。トリガーを引きハンマーをコックさせ、そのまま引ききって射撃するダブル・アクションと指でハンマーを起こしてコックし、トリガーを引いて射撃するシングル・アクションの両方で射撃ができるコンベンショナル・ダブル・アクションが組み込まれている。

バレル下面には、マズル部分まで伸びたアンダー・バレル・フル・シュラウドが装備され、バレル上面にベンチ・リブが装着されている。全体として射撃振動を受けにくいようなブル・バレル構造になっている。

大口径ピストル射撃競技にも使用できるように命中精度が高く製作されており、射撃競技向けにシルエットのとりやすい大型のフロント・サイトがバレル上面に装備され、左右上下の両方向の調節ができるフル・アジャスタブルのリア・サイトがフレーム後端上面に装備された。

モデル・コルス・スポーツ・リボルバーは、.357マグナム弾薬をスタンダードの弾薬として使用する。このリボルバーと同型式のモデル・コルス・コンバット・リボルバーは、.357マグナム弾薬を使用するもののほか、.38S&Wスペシャル弾薬、9mm×19（9mmルガー）弾薬、.22マグナム・リム・ファイアー弾薬を使用するものがオプションとして製作された。

マウザー・モデル・
ニュー・モデルHScセミ・
オートマチック・ピストル
口径 7.65mm×17(.32ACP)
全長 146mm
銃身長 86mm
重量 650g
装填数 7発
ライフリング 6条/右回り

## マウザー・モデル・ニュー・モデルHScセミ・オートマチック・ピストル（ドイツ）

　マウザー・モデル・ニュー・モデルHScセミ・オートマチック・ピストルは、ドイツ・オーベルンドルフにあるマウザー社（正式名称マウザー・ヤークトバッフェンGmbH社）が製作した中型ピストルだ。

　このピストルの特徴は、第2次世界大戦中にドイツ軍によって大量に使用されたマウザー・モデルHScピストルを近代化させて再生産した製品である点だ。

　アメリカで第2次世界大戦中にドイツ軍が使用したピストルの人気が高くなったことからモデル・ニュー・モデルHScピストルの再生産が計画された。同時に開発が始められた当初、マウザー社は、このピストルを再建された西ドイツ警察（当時）のスタンダード・ピストルとしても期待をかけていたとされる。しかし、西ドイツ警察向けの官需ピストルとして、先行したドイツ・ワルサー社のモデルPP/PPKピストルが圧倒的に優位だったため、一般の市販向けピストルとして設計を進めることとなった。

　モデル・ニュー・モデルHScピストルの外観は、オリジナルのモデルHScピストルとまったく同一で、作動メカニズムもほとんどオリジナルのままで製作された。ただオリジナルのモデルHScピストルで手間がかかり製造しにくいとされていたグリップ・フレーム部分に改良が加えられて製作しやすく近代化された。

　改良はグリップ・フレームのバック・ストラップ部分に加えられた。オリジナルのモデルHScピストルは、単体ブロックからグリップ・フレームを削り出して製作していた。バック・ストラップ部分は、薄く削り残して製作され、加工に多くのジグを必要とし、作業が煩雑だった。そこで、モデル・ニュー・モデルHScピストルは、グリップ・フレームのバック・ストラップ部分を別部品とし、薄いスチール・プレートをプレス加工して製作し製造を容易にした。

　オリジナルのモデルHScピストルは、

モデル・ニュー・モデルHSc部品展開図

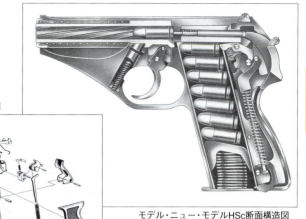

モデル・ニュー・モデルHSc断面構造図

7.65mm×17（.32ACP）弾薬を使用するものだけが製作されたが、モデル・ニュー・モデルHScピストルでは、7.65mm×17（.32ACP）弾薬を使用するものと9mm×17（.380ACP）弾薬を使用する製品が製作された。

モデルHScピストルは、1968年に生産が始められ、アメリカにはインターアームズ社を通じて販売された。アメリカへの輸出は1981年まで続けられた。

アメリカへの輸出が中止された翌年の1982年、マウザー社はこのモデル・ニュー・モデルHScピストルの製造権を、以前からドイツ・マウザーの下請け企業としてモデル・ニュー・モデルHScピストルの部品を製造し提供していたイタリアのレナート・ガンバ社に売却した。レナート・ガンバ社は、その後数年間モデル・ニュー・モデルHScピストルの製造を継続した。またレナート・ガンバ社は、このピストルの部品製造と並行して独自のダブル・カーラム・マガジンを装備したモデル・ニュー・モデルHScピストルの改良型を開発し、モデルHScスーパー・ピストルの名前で1968年から1981年まで生産した。

モデル・ニュー・モデルHScピストルは、ハンマー露出式の撃発メカニズムが組み込まれている。ハンマーはスライド後端の下部にハンマー・スパーが露出しており、不用意にハンマーがコックされにくい構造になっている。トリガー・システムは、ダブル・アクションとシングル・アクションの両方で使用できるコンベンショナル・ダブル・アクションだ。

スライドの左側面後部に手動セフティが装備されている。ハンマーをコックした状態でセフティを作動させてオン（安全）にすると、コックされたハンマーを安全に前進させるハンマー・デコッキング機能も備えている。

マガジン内の弾薬がすべて射撃されると、スライドは内蔵されたスライド・ヘルド・オープン（スライド・ストップ）によって後退位置で停止する。マガジンを抜き出し、弾薬を装填したマガジンを挿入すると、スライドは自動的に弾薬をチャンバーに送り込みながら前進する。空のマガジンを挿入してもスライドを前進させることができる。

SIGモデルP210セミ・オートマチック・ピストル
口径　　　　　9mm×19
全長　　　　　215mm
銃身長　　　　120mm
重量　　　　　985g
装填数　　　　8発
ライフリング　6条/右回り

## SIGモデルP210セミ・オートマチック・ピストル（ドイツ）

　SIGモデルP210セミ・オートマチック・ピストルは、スイス・ノイハウゼンにあるSIG（シュバイッシャー・インデュストリー・ゲゼルシャフト）社によって製作された大型ピストルだ。現在このピストルは、SIG社を買収したザウァー社によって再生産されている。

　SIGモデルP210ピストルは、スイス軍の新世代軍用ピストルとして、フランス人技術者シャルル・ペター（英語読みチャールス・ペッター）が開発したピストルを原案に1930年代から開発が始められた。フランスは、同じピストルを原案にモデル1935Aピストルを完成させた。

　第2次世界大戦の勃発によりSIG社の開発計画は停滞したが、終戦とともに再開され、1948年にモデルSP47/8ピストルの制式名でスイス軍に採用された。モデルSP47/8は、ゼルブストラーデ・ピストーレ（セルフ・ローディング・ピストル）1947年型8連発を意味する。

　SIG社は、スイス軍制式ピストルに選定されると、大戦後の軍用ピストルの需要を見込んで、外国の軍や警察向けと民間向けの製品の生産を始めた。このモデルSP47/8ピストルに準じた輸出市販型は、モデルP210ピストルと名付けられた。

　撃発方式は、露出ハンマー方式。ハンマーはシアとともにユニット化されてグリップ・フレームに組み込まれている。トリガーはシングル・アクション。

　左側面のグリップ・パネル前方に手動セフティを装備し、セフティのレバーを上方に引き上げると射撃可能になる。

　モデルP210ピストルは、ティルト・バレル・ロッキングが組み込まれている。バレルのチャンバー前方の上面にある突起が、スライド内面の溝と噛み合ってロックされる。バレルの下方ブロックの傾斜穴の働きによって、射撃時にショート・リコイルするバレルは後端を降下させ、スライドとのロックが解放される。フリーになったスライドは後方いっぱいまで後退し、発射済みの薬莢をチャンバ

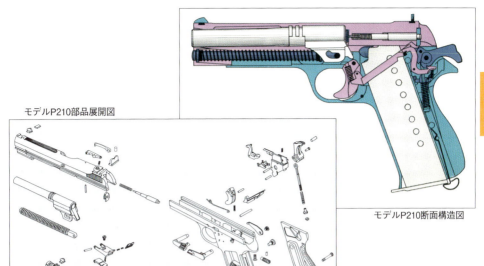

モデルP210部品展開図

モデルP210断面構造図

ドイツ

ーから排出する。後退したスライドは、後退中に圧縮したリコイル・スプリングの圧力によって前進に転じ、マガジンから弾薬をバレルのチャンバーに送り込む。

マガジンは、ボックス・タイプのシングル・ロー（単列）式。マガジン・キャッチは、マガジン底面のマガジン・フロアーを固定するコンチネンタル・タイプ。

モデルP210ピストルには、数機種のバリエーションがある。

モデルP210-1ピストルは、表面を磨き上げてブルーイングした固定式のリア・サイト装備のスタンダード。9mm×19弾薬と7.65mm×22弾薬で製作された。

モデルP210-2ピストルは、スイス軍用に製作されたモデル47/8ピストルのSIG社内での名称である。

モデルP210-3ピストルは、固定式のリア・サイト装備の9mm×19口径のスイスの各州警察向けに製作された製品。

モデルP210-4ピストルは、9mm×19口径でローディグ・インジケーター装備のドイツの国境警備隊向けに製作された製品。

モデルP210-5ピストルは、ロング・バレルと調整できるリア・サイト装備のスポーツ射撃向けの市販製品で、9mm×19口径と7.65mm×22口径で製作された。

モデルP210-6ピストルは、スタンダード・バレル装備のスポーツ射撃向けの市販製品。リア・サイトは調整のできるものと固定式の2種が製作された。口径は、9mm×19と7.65mm×22がある。

モデルP210-7ピストルは、.22LR口径のブローバック・タイプで、警察の訓練用や市販向けに製作された。

モデルP210-8ピストルは、ヘビー・フレームにチェッカー入りの木製グリップ装備、調整が可能なサイトとトリガーを組み込んだデラックス・タイプだ。

ほかにSIG M49と名付けられたデンマーク軍向のモデルP210ピストルもある。

ザウァー社との併合後に再生産されたモデルP210-5LSピストルとモデルP210-5Sピストルもある。

SIGザウァー・モデルP230
セミ・オートマチック・ピストル
口径　　　　　9mm×18
全長　　　　　170mm
銃身長　　　　93mm
重量　　　　　750g
装填数　　　　7発
ライフリング　6条/右回り

## SIGザウァー・モデルP230セミ・オートマチック・ピストル（ドイツ）

　SIGザウァー・モデルP230セミ・オートマチック・ピストルは、スイスSIG社とドイツ・ザウァー社が共同で開発した警察向けの中型ピストルだ。

　このピストルの特徴は、9mm×17（.380ACP）弾薬より強力で、9mm×19弾薬ほど強力ではない9mm×18弾薬を使用するピストルとして設計された点にある。

　1970年代に西ドイツ（当時）では、ドイツ赤軍などによるテロ活動が頻発した。当時の西ドイツ警察は、7.65mm×17（.32ACP）弾薬を使用するピストルで武装していた。一方、テロ・グループは、軍から盗んだ武器や海外から密輸した威力の高い武器を使用した。西ドイツ政府は、警察官の武装用ピストルを威力の高いものに変更する議論を進めたが、第2次世界大戦の苦い経験から警察の武装強化に対して西ドイツ社会の根強い反対意見があった。軍の制式弾薬9mm×19を使用するピストルを警察の武装に支給することに対し慎重な意見が多かった。そこで浮上したのが、前述のように、一般民間向けの9mm×17（.380ACP）弾薬より強力で、9mm19弾薬より威力の低い9mm×18弾薬を使用するピストルだった。

　9mm×18弾薬は、第2次世界大戦末にドイツ軍の汎用ピストル弾薬として開発が進められた9mmウルトラ弾薬がベースとなった。ドイツ・ゲコ社はそのまま9mmウルトラ弾薬の名称で、オーストリアのヒンテンベルガー社は9mmポリスの名称で、それぞれ9mm×18弾薬を製造し、西ドイツ警察のトライアルに提示した。

　9mm×18弾薬を使用するピストルとしてワルサー社がモデルPPスーパー・ピストルを設計し、SIG社とザウァー&ゾーン社が共同でモデルP230ピストルを開発。これらのピストルは、ドイツの州警察やスイスのカントン警察の一部が採用した。

　最終的に西ドイツ政府は、軍用ピストルに比べてバレルの短い9mm×19口径の

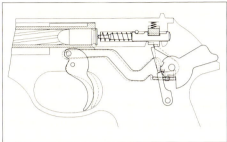

モデルP230トリガー構造図

モデルP230部品展開図

ピストルを警察に支給する決定をした。スイスも同様で、その結果、9mm×18口径のSIGザウァー・モデルP230ピストルは、ごく短期間製作されただけだった。

その後、SIGザウァー・モデルP230ピストルは、供給が限られる9mm×18口径から一般的な9mm×17（.380ACP）に改造され、民間向けとして製造された。

もともとSIGザウァー・モデルP230ピストルは、ブローバック方式で安全に作動する最大威力の9mm×18弾薬を使用するように設計され、ロッキング・システムを組み込んでいない。スライド重量とスライドを前方に押すリコイル・スプリングの圧力だけで射撃の反動を支え、ブローバック方式で作動する。

ハンマー撃発方式でスライド後端にハンマー・スパーが露出している。トリガーは、ダブル・アクションとシングル・アクションが可能なコンベンショナル・ダブル・アクションが組み込まれた。

左側面グリップ・パネルの前方にコックされたハンマーを安全に前進させることができるハンマー・デコッキング・レバーが装備されている。警察向けに即応性を重視し、手動セフティを組み込まず、トリガーを引ききって解除するオートマチック・ファイアリング・ピン・セフティがブリーチ内に組み込まれた。

マガジンは、金属製のシングル・ロー（単列）のボックス・タイプ。マガジン底面をフックして固定するコンチネンタル・マガジン・キャッチが装備された。

素材として、カーボン・スチール製とステンレス・スチール製がある。

SIGザウァー・モデルP230ピストルは、9mm×18口径のほか、数種の弾薬を使用するものとして設計が始められた。市販向けの.22LR弾薬、6.35mm×16SR（.25ACP）弾薬、7.65mm×17（.32ACP）弾薬、9mm×17（.38ACP）弾薬を使用する製品が製作された。

SIGザウァー・モデルP230ピストルは1976年から1996年まで供給された。1997年に後継のモデルP232ピストルを発売。モデルP232ピストルは、おもにステンレス・スチール製の9mm×17（.380ACP）口径がほとんどで、少量の7.65mm×17（.32ACP）口径が製作された。

SIGザウアー・モデルP220
セミ・オートマチック・ピストル
口径　　　　　9mm×19
全長　　　　　198mm
銃身長　　　　112mm
重量　　　　　830g
装填数　　　　9発
ライフリング　6条/右回り

## SIGザウアー・モデルP220セミ・オートマチック・ピストル（ドイツ）

　SIGザウアー・モデルP220セミ・オートマチック・ピストルは、スイスSIG社がSIGモデルP210ピストル（214ページ参照）に代わる次世代のスイス軍制式ピストルとして、1960年代に開発を進めた大型ピストルだ。SIGモデルP210ピストルは、命中精度の高い軍用ピストルとして定評があったが、旧世代に属する製造工法がとられており、製作に手間がかかり、単価が高くなった。

　SIG社は、ドイツ・ザウアー&ゾーン社と共同で、コストの安い軍用ピストルを開発した。これがモデルP220ピストルで、スライド製作にプレス加工を採り入れたり（オリジナル・モデル）、NCマシンで軽合金製のグリップ・フレームを加工するなど、新しい素材と工法を採り入れて製造コストを軽減させた。

　スイス軍用として設計されたオリジナルのモデルP220ピストルは、1975年にスイス軍の制式ピストルとして選定され、モデルP75（ピストーレ75）の制式名が与えられた。SIG社とザウアー&ゾーン社は、スイス陸軍向けの製造と並行させて市販型の生産に乗り出した。モデルP210と同じく、市販型はSIGザウアー・モデルP220ピストルの製品名が与えられた。軍用のモデルP75ピストルとSIGザウアー・モデルP220ピストルは同一製品だ。

　SIGザウアー・モデルP220ピストルは露出式のハンマー撃発方式。トリガー・システムは、ダブル・アクションとシングル・アクションの両方のコンベンショナル・ダブル・アクションだ。

　ロッキング・システムは、バレル後端が上下動してスライドとロックするティルト・バレル方式。バレル後端部の外側が四角形のブロック状で、その上部とスライドのエジェクション・ポート（排莢孔）の開口部を噛み合わせてロックする。

　弾薬が撃発され、弾丸がバレルを抜けると、バレルとスライド前面に大きな発

モデルP220トリガー構造図

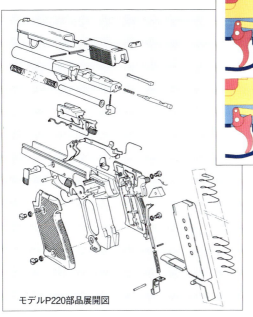

モデルP220部品展開図

射ガス圧がかかる。このガス圧でスライドとバレルは高速で後退する。バレルは短距離後退した後に停止する（ショート・リコイル）。

　射撃時にショート・リコイルするバレル後部の下方ブロックの傾斜の働きによってバレル後端が下降し、スライドとのロックが解除される。フリーになったスライドは後退を続け、発射済みの薬莢を排出しハンマーをコックする。後退しきったスライドは、後退中に圧縮したリコイル・スプリングの圧力によって前進し、次の弾薬をチャンバーに送り込む。スライドが前進しきると、再びバレルとロックされて射撃準備が整う。

　モデルP220ピストルは、手動セフティを装備していない。代わりにトリガーを引ききって解除するオートマチック・ファイアリング・ピン・セフティがスライドのブリーチ内部に装備された。左側面のグリップ・パネル前面に、コックされたハンマーを安全に前進させるハンマー・デコッキング・レバーが装備された。

　マガジンは、金属製のシングル・ロー（単列）ボックス・タイプ。ヨーロッパに供給された製品は、マガジン底面をフックするコンチネンタル・マガジン・キャッチが装備された。アメリカ向けの輸出型モデルP220A1ピストル（モデルP220アメリカン）は、トリガー・ガード下端後方にクロス・ボルト・タイプのマガジン・キャッチを装備する。

　モデルP220ピストルは、9mm×19弾薬を使用する基本型のほかに、口径オプションとして7.65mm×22弾薬、.38スーパー・オート弾薬、.45ACP弾薬を使用する製品が製作された。これらの中で7.65mm×22口径の製品は、1992年に製造中止となった。アメリカには、.45AP弾薬を使用する製品が現在も輸出されている。

　モデルP220ピストルは、スライドなどが改良された数多くのバリエーションが製作された。発展型としてモデルP225ピストル、モデルP226ピストル、モデルP228ピストル、モデルP229ピストルやモデルP239ピストル、モデルP245ピストルなどが製作された。

　日本の自衛隊もモデルP220ピストルを制式ピストルに採用し、ミネベア（旧、新中央工業）社でライセンス生産した。

```
SIGザウァー・モデルP225
セミ・オートマチック・ピストル
口径          9mm×19
全長          180mm
銃身長         98mm
重量          820g
装填数         8発
ライフリング    6条/右回り
```

モデルP225トリガー構造図

## SIGザウァー・モデルP225セミ・オートマチック・ピストル（ドイツ）

　SIGザウァー・モデルP225セミ・オートマチック・ピストルは、ドイツ・エッケルンフォルデにあるザウァー&ゾーン（現、正式社名SIGアームズAG社）がSIGザウァー・モデルP220ピストルをベースに開発した警察向けの大型ピストルだ。

　SIGザウァー・モデルP230ピストル（216ページ参照）の項で説明したが、このピストルと弾薬は、ドイツ赤軍のテロ攻撃にさらされた1970年代の西ドイツ（当時）で警察向けに開発された。もともと西ドイツの警察官は、防御的な7.65mm×17口径のピストルで武装していたが、テロに対して威力不足と指摘され、より威力の高いピストルの採用が検討された。当初、軍用の9mm×19口径のピストルを採用することに批判的な意見が多く、代わりに9mm×18弾薬を使用するピストルが検討された。最終的に西ドイツ議会は、9mm×19口径の短いバレルを装備した軍用ピストルに比べて威力が小さなピストルを警察官の標準ピストルに採用する決定を下した。

　モデルP225ピストルは、この方針にしたがって軍用向けのモデル220ピストルを再設計して警察向けにした製品だ。

　トライアルの結果、SIGザウァー社のモデルP225ピストル（P6）、ワルサー社からモデルP5ピストル、H&K社のモデルPSPピストル（P7）が、西ドイツ警察のスタンダード・ピストルとして選定された。

　西ドイツ警察に採用されたモデルP225ピストルは、トライアル名のモデルP6（ピストル6型）が制式名となった。警察に納入されたモデルP225ピストルは、スライドにモデルP6と刻印され、中央部が中空になったC型のハンマー・スパーを装備。このハンマーは誤って落下させた場合に暴発しにくくするために開発された。

　モデルP225ピストルとモデルP6ピストルは基本的に同一のピストルだ。のちにスライドにモデルP6の刻印が打たれたモ

モデルP225断面構造図

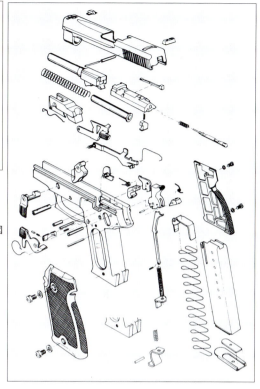

モデルP225部品展開図

デルP225ピストルが、主にコレクターからの要望を受けて製造され市販された。

モデルP225ピストルのメカニズムは、モデルP220ピストルと同一。バレル後端が上下動してスライドとロックされるティルト・バレル・ロッキングが組み込まれている。バレル後端部分の外部は四角形のブロック状で、この上部がスライド上面に開いたエジェクション・ポート（排莢孔）の開口部と噛み合ってスライドとロックされる。射撃時にショート・リコイルするバレルは、バレル後端部下方のブロックの傾斜の働きで後端部が降下し、スライドとのロックが解除される。フリーになったスライドは、そのまま後退を続けて発射済みの空薬莢をピストルから排出し、ハンマーをコックさせる。

後退しきったスライドは、後退中に圧縮したリコイル・スプリングの圧力で前進、マガジンからチャンバーに弾薬を送り込む。前進の最終段階で、バレル下部のブロックの傾斜の働きによりバレル後端が再び上昇し、バレルがスライドの開口部と噛み合ってロックされ、次の射撃準備が整う。

露出ハンマーによる撃発方式で、コンベンショナル・ダブル・アクションのトリガー・システムが組み込まれている。

手動セフティは装備されておらず、トリガーを引ききったときだけファイアリング・ピンをフリーにするオートマチック・ファイアリング・ピン・セフティでピストルの安全を確保する。左側面のグリップ・パネル前端に、ハンマーを安全に前進させるハンマー・デコッキング・レバーが装備された。

マガジンは、金属製のボックス・タイプでシングル・ロー（単列）式。マガジン・キャッチは、トリガー・ガード後方に装備されたクロス・ボルト・タイプ。ドイツ警察に納入されたものやヨーロッパに供給されたものの中には、マガジン下面をフックして固定させるコンチネンタル・マガジン・キャッチを装備した製品もある。

ドイツ

SIGザウァー・モデルP228
セミ・オートマチック・ピストル
口径　　　　　9mm×19
全長　　　　　196mm
銃身長　　　　112mm
重量　　　　　965g
装填数　　　　15発
ライフリング　6条/右回り

## SIGザウァー・モデルP228セミ・オートマチック・ピストル（ドイツ）

　SIGザウァー・モデルP228セミ・オートマチック・ピストルは、モデルP225ピストル（220ページ参照）をベースに改良を加えた大型ピストルだ。

　アメリカ軍の新制式ピストル・トライアルで、大容量のダブル・カーラム（複列）マガジン装備が要求スペックに盛り込まれたことから、以後に開発された大型ピストルの多くが、ダブル・カーラム・マガジンを装備するようになった。

　モデルP228ピストルは、大容量のダブル・カーラム・マガジンを組み込んだ新型ピストルが次々と現れていたことに対応して開発が始まった。

　モデルP228ピストルの構造メカニズムは、モデルP225ピストルと基本的に同一で、相違点はダブル・カーラム・マガジンが組み込まれている点にある。

　モデルP228ピストルのシルエットはモデルP225とほとんど変わらず、左右幅の広いダブル・カーラム・マガジンを使用するため、グリップ・フレームの左右幅が広げられていることだけが異なる。

　モデルP228ピストルは、バレル後端を上下動させてスライドとロックさせるティルト・バレル・ロッキング方式だ。

　バレル後端部の外側が四角形のブロック状をしており、ブロックの上部とスライド上面に開いたエジェクション・ポート（排莢孔）の開口部を噛み合わせてスライドとロックする。

　弾丸を発射すると、バレルとスライド先端部分に大きな発射ガス圧がかかり、スライドとバレルがともに後退する。バレルは、短距離後退（ショート・リコイル）した後に停止する。バレルがショート・リコイルする間に、バレル後端部の下方に装備されたブロックの傾斜の働きでバレル後端部が降下し、スライドとのロックが解除される。

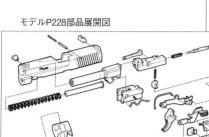

モデルP228部品展開図

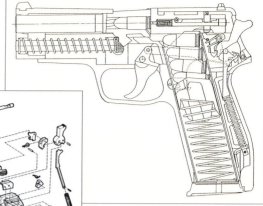

モデルP228断面構造図

　フリーになったスライドは、そのまま後退を続けて発射済みの薬莢をピストルから排出し、ハンマーを起き上がらせてコックさせる。後退中にリコイル・スプリングも圧縮する。

　後退しきったスライドは、後退中に圧縮されたリコイル・スプリングの圧力によって前進に転じる。前進するスライドは、マガジンからバレルのチャンバーに弾薬を送り込む。前進を続けるスライドは、最終段階でバレル後端部の下方に装備されたブロックの傾斜の働きでバレル後端が上昇し、スライドのエジクション・ポートの開口部と噛み合ってロックされて次の射撃の準備が整う。

　撃発は、不用意にコックされにくいセミ・ラウンド・スパーを装備した露出ハンマーでおこなう。ダブル・アクションとシングル・アクション両用のコンベンショナル・ダブル・アクションのトリガー・システムが組み込まれている。

　モデルP228ピストルも、モデルP225ピストルと同様に手動セフティが装備されていない。トリガーを引ききったときだけファイアリング・ピンがフリーになるオートマチック・ファイアリング・ピン・セフティがスライドのブリーチ内部に装備され、これによってピストルの安全を確保する。

　左側面のグリップ・パネル前端に、コックしたハンマーを前進させるためのハンマー・デコッキング・レバーが装備されている。これを押し下げると、コックされたハンマーを安全に前進させられる。

　マガジンは、金属製のボックス・タイプで、装填弾薬数の多いダブル・カーラム（複列）式。13発の弾薬を装填できる。マガジン・キャッチは、トリガー・ガード後方部分に装備したクロス・ボルト・タイプのものだけが製作された。

　モデルP220ピストルをベースに同様の改良を加え容量17発のダブル・カーラム・マガジンを組み込んだモデルP226ピストルも製作された。

　アメリカでは市販ピストルの装填弾薬数規制法が施行されており、現在アメリカで市販されるこれらのピストルは、いずれも装填弾薬数が10発になった。

SIGザウアー・モデルP2022
セミ・オートマチック・ピストル
口径　　　　9mm×19
全長　　　　187mm
銃身長　　　98mm
重量　　　　790g
装填数　　　15発
ライフリング　6条/右回り

モデルP2022断面構造図

## SIGザウアー・モデルP2022セミ・オートマチック・ピストル（ドイツ）

　SIGザウアー・モデルP2022セミ・オートマチック・ピストルは、ドイツ・エッケルンフォルデにあるSIGザウアー社が製作した強化プラスチック製のグリップ・フレームを装備した大型ピストルだ。

　このピストルは、SIGザウアー社の強化プラスチック製グリップ・フレーム装備の大型ピストルの第2世代にあたる。

　これに先行し、同社は強化プラスチック製グリップ・フレームを装備した第1世代を1998年に開発した。この第1世代は、モデルSP（SIGプロ）2340と名付けられ、.40S&W弾薬や.357SIG弾薬を使用した。翌1999年に9mm×19口径のモデルSP2009ピストルも追加発売された。

　モデルSP2022ピストルは、これらのピストルを統合した大型ピストルとして開発され、9mm×19、.40S&W、.357SIGの3種類の口径オプションがある。

　フランス内務省は、2002年に9mm×19口径のモデルSP2022ピストルを、フランス警察や税関、ジャンダルムなどの警察機構の武装向けに25万挺調達した。

　コロンビアも、国家警察の武装向けに9mm×19口径を選定し、120,890挺を調達。マレーシア警察、ポルトガルのリパブリカン・ガードと公安警察、スイス陸軍警察、アメリカ軍の戦車兵用なども同じく9mm×19口径のモデルを調達した。

　モデルSP2022ピストルは、SIGザウアー社の開発したモデルP220ピストル・シリーズの延長線上で設計された製品だ。両者の差は、モデルP220ピストル・シリーズがグリップ・フレームの素材として金属を使用したのに対し、モデルSP2022ピストルは強化プラスチックを使用している点にある。さらにモデルSP2022ピストルはグリップ・パネルを独立させ、手の大きさに対応できる設計も特徴的だ。

　トリガーやハンマーは、金属製のボッ

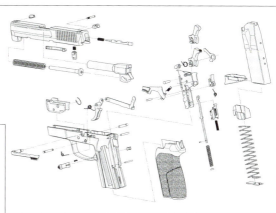

モデルP2022部品展開図

通常分解したモデルP2022

クスに組み入れたうえで強化プラスチック製のグリップ・フレーム内に組み込んで強度と正確な動きを確保している。

作動メカニズムは、バレル後端を上下動させてスライドとロックさせるティルト・バレル・ロッキング方式。バレル後端の外側が四角形のブロック状になっており、上部をスライド上面のエジェクション・ポート（排莢孔）の開口部と噛み合わせてスライドとバレルをロックさせる。

射撃時にバレルとスライドの先端部にかかる大きな発射ガス圧で、スライドとバレルが高速で後退する。バレルは短い距離後退（ショート・リコイル）した後に停止する。ショート・リコイルするバレルは、後端下部のブロックに開けられた傾斜穴の働きで後端が降下し、スライドとのロックが解除される。

フリーになったスライドは後退を続け、発射済み薬莢をピストルから排出し、ハンマーをコックする。後退しきったスライドは、後退中に圧縮したリコイル・スプリングの圧力で前進に転じる。

前進するスライドは、マガジンから弾薬をチャンバーに送り込む。スライドの前進の最終段階で、バレル後端下部のブロックの傾斜穴の働きによってバレル後端部が上昇し、バレルがスライドのエジェクション・ポートの開口部と噛み合ってロックされ、次の射撃準備が整う。

撃発は露出ハンマーでおこなう。スタンダード・タイプは、ダブル・アクションとシングル・アクション両用のコンベンショナル・ダブル・アクションのトリガー・システムを装備する。毎回ダブル・アクションで射撃するダブル・アクション・オンリーのオプション製品もある。

基本的なモデルSP2022ピストルは、手動セフティを装備しておらず、トリガーを引ききったときだけファイアリング・ピンをフリーにするオートマチック・ファイアリング・ピン・セフティをブリーチ装備させて安全を確保した。例外的に手動セフティをスライド後方に追加装備させたモデルSP2022ピストルも供給される。左側面のグリップ・パネル前端にハンマーを安全に前進させるハンマー・デコッキングが装備されている。

マガジンはダブル・カーラム（複列）式の金属ボックス・タイプ。マガジン・キャッチは、クロス・ボルト形式で、トリガー・ガード後方に装備された。

ワルサー・モデルPPKセミ・
オートマチック・ピストル
口径　7.65mm×17(.32ACP)
全長　　　　　　155mm
銃身長　　　　　83mm
重量　　　　　　635g
装填数　　　　　7発
ライフリング　6条/右回り

## ワルサー・モデルPPKセミ・オートマチック・ピストル（ドイツ）

　ワルサー・モデルPPKセミ・オートマチック・ピストルは、第2次世界大戦後、西ドイツ（当時）バーデンブルッテンベルグ州ウルムに再建されたカール・ワルサー社（正式社名カール・ワルサー・シュポーツバッフェンファブリク社）によって製作された中型ピストルだ。

　このピストルは、チューリンゲン地方のツェラメリス（のちに東ドイツ地域）にあったカール・ワルサー・バッフェンファブリク社で1931年に開発された中型ピストルの再生産品だ。当時、ワルサー社はこのピストルを、警察官や軍の将校、ナチ党員などの武装用として開発した。ピストルのモデル名は、ポリッツァイ・ピストーレ・クルツ（警察ピストル短）の頭文字からつけられた。

　特徴は、コンベンショナル・ダブル・アクションのトリガー・システムを装備させた点にある。安全装置も精度がよく、チャンバーに弾薬を装填して持ち運ぶことができ、高い即応性が特徴だった。

　第2次世界大戦中、多数のモデルPPKピストルがドイツで生産、使用された。

　大戦後ワルサー一家は、西ドイツ・ウルムに移住しワルサー社を再建したが、敗戦でドイツの武器製造が禁止されたため、スポーツ向けの銃砲の生産を始めた。フランスのマニューリン社は、戦後の銃砲需要を期待し、モデルPPK/PPピストルの再生産を計画、ワルサー社と接触して、1953年にライセンス生産を始めた。

　はじめオリジナルとほとんど変わらない製品が再生産されたが、その後、改良が加えられた。改良点は、照準がしやすいようにサイトが大型化され、スライド先端部分がスムーズな形状になり、ローディング・インジケーターの形状も変更され、硬化ゴム製の一体型グリップ・パネルが左右分離式のプラスチック製のグリップ・パネルに変わった。

　大戦後に再編中だったフランス警察は、

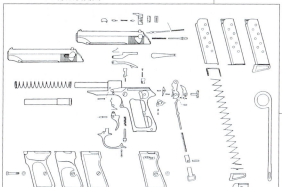

モデルPP部品展開図

モデルPPK断面構造図

再生産のモデルPPKピストルの即応性に着目、警察の一部の武装用に採用した。

マニューリン社のモデルPPK/PPピストルのライセンス生産は1964年までだったとされる。だが同社は、それ以後もモデルPPK/PPピストルの生産を続け、自社再生産を始めたワルサー社に大量の半完成品やコンポーネントを提供した。

再建された西ドイツ警察は、モデルPPK/PPピストルを警察標準ピストルに選定、以後、多くの西ドイツ州警察が制式ピストルとして使用した。西ドイツ州警察の制式ピストルとして供給されたモデルPPKピストルは、ワルサー社製とともにマニューリン社製が含まれていた。

再生産品は、モデルPPK-IIピストルやポスト・ウォー・モデルPPKピストルと呼ばれる。ワルサー社は、2001年までモデルPPKピストルの生産を継続した。

アメリカで小型ピストルの輸入規制が始まると、モデルPPKピストルも規制対象となり、輸出できなくなった。モデルPPのフレームにモデルPPKのスライドを組み合わせたモデルPPK-Sピストルを製作し輸出したが、モデルPPKピストルの

人気が高かったため、輸入代理店のインターアームズ社が1986年から国内でライセンス生産を始めた。アメリカ製は、9mm×17（.380ACP）口径だけで、モデルPPKアメリカンと呼ばれている。その後、製造権がS&W社に移り、現在同社がステンレス・スチールで製造されている。

モデルPPKピストルは、スライドの自重とバレル周囲に装備したリコイル・スプリングの圧力で射撃の反動を支え、ブローバック方式で作動する。

露出ハンマーで撃発し、ダブル・アクションとシングル・アクション両用のコンベンショナル・ダブル・アクションのトリガー・システムを装備する。

スライド左側面の後部に手動セフティを装備する。手動セフティは、ハンマー・デコッキング機能も備えている。スライドのブリーチ内には、弾薬に装填されていると後方に突き出すローディング・インジケーターが装備された。

マガジンは、シングル・ロー（単列）式。マガジン・キャッチは、フレームのトリガー・ガード後方に設けられている。

ワルサー・モデルP38セミ・
オートマチック・ピストル
口径　　　　9mm×19
全長　　　　216mm
銃身長　　　125mm
重量　　　　800g
装填数　　　8発
ライフリング　6条/右回り

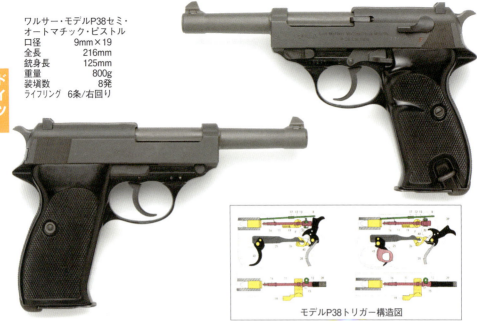

モデルP38トリガー構造図

## ワルサー・モデルP38セミ・オートマチック・ピストル（ドイツ）

　ワルサー・モデルP38セミ・オートマチック・ピストルは、ドイツ・ウルムにあるカール・ワルサー社が製作した大型の軍用向けピストルだ。

　このピストルは、モデルPPKピストル（226ページ参照）で実用化されたコンベンショナル・ダブル・アクションのメカニズムを組み込んで設計された。

　オリジナルのモデルP38ピストルは、1938年にドイツ軍の制式ピストルに選定され、モデルP38（ピストーレ38）の制式名が与えられた。ドイツ敗戦によりモデルP38ピストルの生産は一時期中断した。

　大戦後、ウルムで操業を再開したカール・ワルサー社は、再建された西ドイツ軍の制式ピストルとして供給するため、1958年からモデルP38ピストルの生産を再開した。再生産にあたり、外見シルエットはそのままに、メカニズムの一部や使用素材を近代化した。

　大きな改良点は、グリップ・フレームの素材の変更にある。オリジナルは、カーボン・スチール材なのに対して、再生産のモデルP38ピストルは、軽量化と切削加工時間を短縮する目的でアルミニウム系の軽合金でグリップ・フレームを製作した。

　初期の製品は、アルミニウム系の軽合金そのままでグリップ・フレームが製作されたが、ロッキング・ブロックを上下させる傾斜が摩滅しやすかった。改良型は、この傾斜面を保護するそのため、六角型のスチール製のキーがフレームに打ち込まれ、摩滅を防止した。

　初期に製作されたスライドは、ナロー・スライドと呼ばれ左右幅が狭かった。このスライドは、強度が不足していることが判明し、左右側面を強化した幅の広いファット・スライドに交換された。

　戦前型のトリガーやスライド・ストップは、プレス加工で製作したが、再生産型は切削加工に切り替えられた。

　再生産されたモデルP38ピストルは、西ドイツ軍（当時）の制式ピストルに選定

モデルP38部品展開図

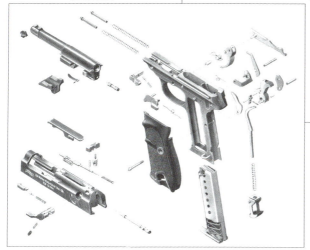

モデルP38断面構造図

され、モデルP1（ピストーレ1）の制式名で、西ドイツ軍のほか、グレンツシュッツ（国境警備隊）にも供給された。

　同型のピストルは、ワルサー・モデルP38ピストルの製品名で輸出されたり、一般に市販された。再生産された製品は、戦前型と区別するためポスト・ウォー・モデルP38ピストルやモデルP38-IIピストルなどと呼ばれる。

　モデルP38ピストルは、バレル下面に独立したロッキング・ブロックをロッキング・システムとして装備する。スライドが前進しきると、ロッキング・ブロックは、グリップ・フレームの傾斜によって上昇し、スライドの左右の溝と噛み合ってスライドとバレルをロックする。

　射撃時にバレルは、先端にかかる発射ガス圧でショート・リコイルする。ショート・リコイル中にロッキング・ブロックは突き出しピンの働きで後端が降下し、スライドとのロックが解除される。

　フリーになったスライドは後退を続けてチャンバーから発射済みの薬莢を排出し、ハンマーをコックする。後退中にスライド下部の両側面に装備された2本のリコイル・スプリングも圧縮される。後退しきったスライドは、リコイル・スプリングの圧力で前進に転じる。

　前進するスライドは、マガジンから弾薬をチャンバーに送り込む。前進の最終段階で、グリップ・フレームの傾斜がロッキング・ブロックを押し上げ、スライドの溝と噛み合ってバレルとロックされて次の射撃準備が整う。

　スライド左側面の後部にハンマー・デコッキング機能も備えた手動セフティが装備された。セフティをオン（安全）にセットすると、ファイアリング・ピンがブロックされ、ハンマーを安全に前進させる。弾薬が装填されていると後方に突き出すローディング・インジケーターもスライド後端に組み込まれた。

　マガジンは、シングル・ロー（単列）の金属製ボックス・タイプ。マガジン・キャッチは、マガジン底部をフックして固定させるコンチネンタル・タイプだ。

ワルサー・モデルTPHセミ・
オートマチック・ピストル
口径　6.35mm×16SR(.25ACP)
全長　　　　　　135mm
銃身長　　　　　71mm
重量　　　　　　325g
装填数　　　　　6発
ライフリング　6条/右回り

通常分解したモデルTPH

## ワルサー・モデルTPHセミ・オートマチック・ピストル（ドイツ）

　ワルサー・モデルTPHセミ・オートマチック・ピストルは、ドイツ・ウルムにあるカール・ワルサー社が製作した小型のポケット・ピストルだ。

　ワルサー社は、小型のポケット・ピストルのワルサー・モデルTP（タッシェン・ピストーレ：ポケット・ピストル）を大戦後に開発し1962年に発売した。モデルTPHセミ・オートマチック・ピストルは、この後継機として開発された。

　先行したモデルTPピストルは、戦争前にワルサー社が製作していたワルサー・モデルNo.9ピストルの近代化製品で、ストライカーの撃発方式が組み込まれていた。ストライカー・タイプは、撃発準備が整っているかどうか、外部から判断しにくいとアメリカ市場で指摘された。

　ドイツ・ウルムで製作されたコリフィラ・モデルTP70ピストルが、アメリカに輸出され、ダブル・アクション・メカニズム装備の小型ピストルとして好評だったことも、モデルTPHピストルを開発する動機のひとつだったともいわれる。

　ワルサー社は、アメリカで好調な販売成績を上げていた露出ハンマー方式のモデルPPKピストルをベースに小型化させたポケット・ピストルの開発を進めた。この計画で開発された製品が、露出ハンマーを備えたモデルTPH（タッシェン・ピストーレ・ハーン：ポケット・ピストル・ハンマー・タイプ）だった。

　モデルTPHピストルは1987年に発売された。その翌年、アメリカは小型銃砲輸入規制法を施行する。モデルPPKピストルよりサイズがさらにひと回り小さなモデルTPHピストルは、この規制法に抵触

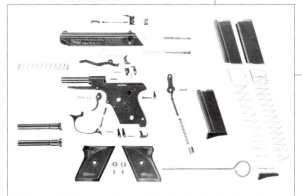

モデルTPH部品展開写真

モデルTPH断面構造図

し、アメリカへの輸出できなくなった。ワルサー社は、ヨーロッパに供給する製品をドイツで生産、アメリカに供給する製品を代理店のインターアームズ社でライセンス生産することにした。

モデルTPHピストルは、ワルサー・モデルPPKピストルを小型化させたポケット・ピストルで、基本コンセプトもモデルPPKピストルによく似ている。

モデルTPHピストルは、小型の.22LR弾薬や6.35mm×16SR（.25ACP）弾薬を使用する。これらの弾薬は射撃反動が少ないところから、スライドの自重とリコイル・スプリングの反発力だけで射撃を支えるブローバック方式で設計された。

撃発は、露出ハンマーによるハンマー撃発方式。ダブル・アクションとシングル・アクションのどちらでも使用できるコンベンショナル・ダブル・アクションのトリガー・システムが組み込まれた。

ダブル・アクション・メカニズムは、ハンマーの下部をトリガー・バーのフックによって前方に引いてハンマーをコックする方式で、モデルPPKピストルに比べて単純化し、近代化された。この方式は、モデルPPKピストルのようなハンマーのダブル・アクション・アクセルを用いる構造より単純で調整も容易である。

スライド左側面の後方に手動セフティが装備されている。この手動セフティは、回転レバー式で、レバーを下方に引き下げるとオン（安全）になり、ファイアリング・ピンをロックして前進しないようにする。手動セフティは、ハンマーを前進させるハンマー・デコッキング機能も兼用しており、セフティを作動させてオンにするとハンマー・デコッキング機能が働き安全にハンマーを前進させる。

マガジンは、金属製でシングル・ロー（単列）式のボックス・タイプ。マガジン・キャッチは、マガジンの底部をフックして固定させるコンチネンタル・マガジン・キャッチが装備された。

ドイツ・ワルサー社製はカーボン・スチールを用いて製作され、アメリカ・インターアームズ社製はステンレス・スチールを用いて製作された。

旧ソビエトのモデルPSMピストルは、設計の際にモデルTPHピストルの設計から影響を受けたと思われ、いくつかの部分の設計に類似した発想が見てとれる。

ドイツ

ワルサー・モデルPPスーパー・
セミ・オートマチック・ピストル
口径　　　　　9mm×18
全長　　　　　170mm
銃身長　　　　92mm
重量　　　　　760g
装填数　　　　7発
ライフリング　6条/右回り

## ワルサー・モデルPPスーパー・セミ・オートマチック・ピストル（ドイツ）

　ワルサー・モデルPPスーパー・セミ・オートマチック・ピストルは、ドイツ・ウルムにあるカール・ワルサー社が開発した中型ピストルだ。

　このピストルは、前出のSIGザウアー・モデルP230ピストル（216ページ参照）と同じ時期に、9mm×18（9mmウルトラ／9mmポリス）弾薬を使用するドイツの警察官武装用に開発された製品だ。ドイツ警察が制式弾薬として検討した9mm×18弾薬に関しては、SIGザウアー・モデルP230ピストルの項を参照されたい。

　西ドイツ警察（当時）は、1960年代から多数のモデルPPKピストルを、標準制式ピストルとして使用していた。ワルサー社は、警察ピストル・トライアルが計画されると、従来のモデルPPKピストルから違和感なく移行できる類似デザインの新型ピストルの開発を進めた。

　9mm×18弾薬は、一般的な9mm×17（.380ACP）弾薬に比べ薬莢の長さがわずか1mm短いだけだが、弾薬としての威力が大きく、弾丸の発射ガス圧も異なっていた。

　例外があるものの、9mm×19（9mmルガー）弾薬は、圧力が高すぎて、ロッキングを組み込まないブローバック方式でピストルを作動させるのに適していないとされる。9mm×18弾薬は、第２次世界大戦中にドイツが、軍用ピストルの生産を容易にするため、ブローバック方式で作動させられる限界を探って開発された9mmウルトラ弾薬を原型としていた。

　西ドイツ警察（当時）のトライアルに、ドイツのゲコ社が9mmウルトラ、オーストリアのヒンテンベルガー社が9mmポリスの名称で、9mm×18弾薬を提示した。

　ワルサー社は、モデルPPKピストルをベースに大型化させた9mm×18口径のモデルPPスーパー・ピストルを開発し、1972年に完成させた。警察ピストル・トライアルは、このワルサー・モデルPPKピストルと、スイスSIG社とドイツ・ザウアー＆ゾーン社が共同開発したモデル

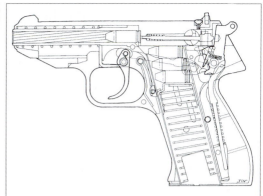

モデルPPスーパー断面構造図

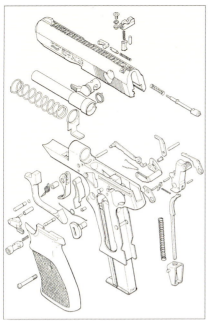

モデルPPスーパー部品展開図

P230ピストルの一騎討ちだった。トライアルで2機種とも西ドイツ警察の標準ピストルと認定され、選択は各警察組織に任された。

だが、警察官武装用としてさらに高威力の9mm×19口径ピストルをドイツ議会が許可したため、2機種ともドイツ警察に大量購入されなかった。最終的にワルサー・モデルPPスーパー・ピストルは、バイエルン州警察の一部で採用されただけにとどまった。

警察官ピストルが9mm×19口径にシフトし、9mm×18口径のモデルPPスーパー・ピストルの採用が限定的だったため、ワルサー社は、1975年にこのピストルを市販向けとして発売した。市販に先立ち、弾薬供給が限られていた9mm×18口径の製品に加え、一般的な9mm×17（.380ACP）口径の製品が加えられた。9mm×18弾薬を前提に設計されたモデルPPスーパー・ピストルは、9mm×17（.380ACP）口径のピストルとしては大きく重過ぎるため、販売が伸び悩み、1982年に製造が打ち切られた。

9mm×18弾薬を使用するモデルPPスーパー・ピストルは、スライドの自重とリコイル・スプリングの圧力で射撃を支えるブローバック作動方式で設計され、ロッキング・システムを備えていない。重量のあるスライドを装備させて高い発射ガス圧に対応させた。

撃発は露出ハンマー方式、下端をトリガー・バーで前方に引いてコックする引き起こし方式ハンマーだ。ダブル・アクションとシングル・アクションが共用できるコンベンショナル・ダブル・アクションが組み込まれている。

スライド左側面の後方にハンマーを前進させるハンマー・デコッキング機能も備えた手動セフティが装備された。手動セフティをオン（安全）にすると、ファイアリング・ピンの後端がハンマー前面の穴に誘導され、接触をカットし、ハンマーを安全に前進させることができる。

マガジンは、シングル・ロー（単列）の金属製ボックス・タイプ。マガジン・キャッチは、トリガー・ガード後方のフレームを貫通させたクロス・ボルト方式だ。

ワルサー・モデルP88セミ・
オートマチック・ピストル
口径　　　　　　9mm×19
全長　　　　　　195mm
銃身長　　　　　102mm
重量　　　　　　895g
装填数　　　　　15発
ライフリング　6条/右回り

## ワルサー・モデルP88セミ・オートマチック・ピストル（ドイツ）

　ワルサー・モデルP88セミ・オートマチック・ピストルは、ドイツ・ウルムにあるカール・ワルサー社が、1980年代はじめに開発した大型ピストルだ。

　従来のワルサー社製大型ピストルのモデルP38ピストル、モデルP5ピストルなどは、ロッキング・システムとしていずれも独立ロッキング・ブロックを用いていた。それに対してこのピストルは、バレル後端部分を上下動させてスライドとロッキングさせる一般的なティルト・バレル・ロッキング方式を組み込んで設計されている。

　この9mm×19口径の大型ピストルは、アメリカ軍の新世代制式ピストル・トライアル向けにワルサー社で開発された。

　アメリカ軍がジョンM.ブローニング設計のティルト・バレル・ロッキング方式のモデルM1911A1ピストル（モデル・ガバーメント：34ページ参照）を制式ピストルに採用していたこともワルサー社の設計に影響を与えたと考えられる。

　1983年に完成したアメリカ軍トライアル向けの新型ピストルは、開発が進められた1980年代の8とワルサー社を有名にしたモデルP38の8を重ねてモデルP88ピストルと命名された。

　モデルP88の機構は、ブローニング設計のピストルに近く、バレル周囲をスライドがカバーし、ティルト・バレル・ロッキングが組み込まれていた。バレル後端が四角形のブロック状になっており、その上部とスライド上面のエジェクション・ポート（排莢孔）の開口部を噛み合わせてロックする。SIGザウアー・モデルP220ピストルと似たロック形式だ。

　射撃時に先端に大きな発射ガス圧を受けたバレルはショート・リコイルする。ショート・リコイルするバレル後端部下方のブロックの傾斜穴の働きでバレル後端が降下し、バレルとスライドのロックが解除される。

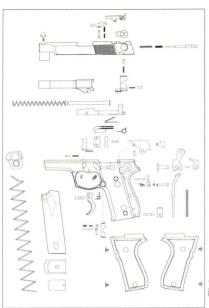
モデルP88
部品展開図

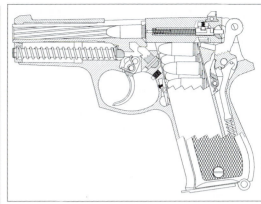
モデルP88断面構造図

　ロック解除後フリーになったスライドは後退を続け、ピストルから発射済みの薬莢を排出し、ハンマーをコックする。後退中にスライドに内蔵されたリコイル・スプリングも圧縮する。後退しきったスライドは、リコイル・スプリングの圧力によって前進に転じる。前進するスライドは、マガジンから弾薬をチャンバーに送り込む。前進の最終段階で、バレル後端下方ブロックの傾斜穴の働きで、バレル後端が上昇し、エジェクション・ポートの開口部とバレルが噛み合いロックされ、次の射撃準備が整う。

　撃発は露出ハンマーでおこなう。トリガーは、ダブル・アクションとシングル・アクションの両方で射撃可能なコンベンショナル・ダブル・アクションだ。

　オリジナルのモデルP88ピストルは、手動セフティを装備していない。ピストルの安全確保は、トリガーを引ききったときだけハンマー前面とファイアリング・ピン後端が接触する構造のオートマチック・ファイアリング・ピン・セフティによっておこなう。

　オリジナルのモデルP88ピストルがアメリカ軍に採用されなかったため、ワルサー社はこのピストルを市販することにした。アメリカには、代理店のインターアームズ社を通じて発売された。市販されるとサイズが大きく、手動セフティが装備されていないことや高い販売価格などが指摘されて不評だった。何よりこのピストルが、従来のワルサー社製のピストルとまったく異なる設計で、ワルサー製品らしくないことが販売不振の原因だった。

　販売実績が上がらず、オリジナル・モデルP88ピストルの製造は1992年に打ち切られた。代わってほぼ同じメカニズムを持ち、小型化され、手動セフティも追加装備されたモデルP88コンパクト・ピストルがワルサー社から1990年に発売された。

　モデルP88ピストルのバリエーションは、このほかに射撃競技向けのモデルP88チャンピオン・ピストル（1993年～1997年）、マズル・コンペンセーター装備のモデルP88コンペティション・ピストル（1993年～1997年）などがある。

ワルサー・モデルP99セミ・オートマチック・ピストル
口径　　　9mm×19
全長　　　180mm
銃身長　　102mm
重量　　　695g
装填数　　15発
ライフリング　6条/右回り

## ワルサー・モデルP99セミ・オートマチック・ピストル（ドイツ）

　ワルサー・モデルP99セミ・オートマチック・ピストルは、ドイツ・ウルムにあるカール・ワルサー社が開発した大型ピストルだ。

　このピストルは、ワルサー社が製作した先行のモデルP88ピストルに代わる次世代の大型ピストルとして開発が進められ、1997年に発売された。オーストリアで開発され、アメリカに輸出されて好評だったグロック・モデル17ピストルを意識して開発された製品でもある。

　モデルP99ピストルの特徴は、新世代の大型ピストルの多くが採用している強化プラスチック製のグリップ・フレームを装備した点にある。グロック・モデル17ピストルに組み込まれてその高い相応性が高く評価された変則ダブル・アクションのストライカー方式の撃発メカニズムに似た撃発方式が組み込まれている。

　開発は、1994年に始められ、市販と同時にドイツ警察向けピストルの性能も備えるように設計が進められた。その結果、ドイツのノード・ラインベストファーレン州警察、シレージック・ホルスタイン州警察、ラインランド・プァルツ州警察、ハンブルグ市警察、ブレーメン市警察が採用を決めて支給している。

　海外では、ポーランド警察が採用し、ポーランドのファブリカ・ブローニ・ラドム社がライセンス生産した。フィンランドは、フィンランド警察、国境警備隊、軍特殊部隊、軍警察が採用した。

　モデルP99ピストルは、バレル後端を上下動させてバレルとスライドをロックさせるティルト・バレル・ロッキングが組み込まれている。

　バレル後端のチャンバー周囲が四角形のブロック状をしており、この上部をスライド上面のエジェクション・ポート（排莢孔）の開口部と噛み合わせてロックする。

　射撃時にバレルとスライド先端にかか

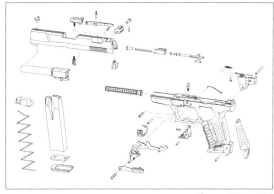

モデルP99部品展開図

モデルP99トリガー構造図

る大きなガス圧でバレルをショート・リコイルさせる。バレルがショート・リコイルすると、バレル後端ブロック下方の傾斜の働きによって、バレル後端が降下し、スライドのロックが解除される。フリーになったスライドは後退を続け、発射済みの薬莢をピストルから排出し、リコイル・スプリングを圧縮する。

　後退しきったスライドは、圧縮されたリコイル・スプリングの圧力によって前進に転じる。前進するスライドは、マガジンから弾薬をチャンバーに送り込む。スライドが前進する最終段階で、バレル後端ブロック下方の傾斜の働きによってバレル後端が上昇し、スライドの開口部と噛み合って再びロックされ、次の射撃準備が整う。

　モデルP99ピストルのトリガー・オプションには、モデルP99AS（アンチ・ストレス）、モデルP99DAO（ダブル・アクション・オンリー）、モデルP99QA（クイック・アクション）がある。

　オプションによって異なる場合があるが、1発目を射撃後、2発目からシングル・アクションに準じた短いトリガー・プルで射撃できる。射撃を中断する場合、スライド後方の左上側面に装備されたデコッキング・ディバイスを押してファイアリング・ピンを安全に前進させる。この状態にするとピストルに弾薬を装填したままで安全に携帯できる。再び射撃する場合は、トリガーをやや長い距離のダブル・アクションで引いて射撃する。

　モデルP99ピストルは、手動セフティを装備していない。ブリーチ内にトリガーを引ききった時だけファイアリング・ピンをフリーにするオートマチック・ファイアリング・ピン・セフティが組み込まれてピストルの安全を確保する。

　マガジンは、強化プラスチック製のボックス・タイプのダブル・カーラム（複列）式。マガジン・キャッチは、レバー・タイプでトリガー・ガード後端に装備された。9mm×19口径のマガジンには、15発、17発、20発容量のオプションがある。アメリカ市販型は、法規制のために10発容量となっている。

ドイツ

ワルサー・モデルPPSセミ・
オートマチック・ピストル
口径　　　　　9mm×19
全長　　　　　161mm
銃身長　　　　81mm
重量　　　　　550g
装填数　　　　6発
ライフリング　6条/右回り

## ワルサー・モデルPPSセミ・オートマチック・ピストル（ドイツ）

　ワルサー・モデルPPSセミ・オートマチック・ピストルは、ドイツ・ウルムにあるカール・ワルサー社が製作する大口径の小型ピストルだ。

　このピストルの特徴は、ワルサー社製品で人気のある中口径のモデルPPKピストルとほぼ同じ大きさでありながら、強力な9mm×19弾薬を使用するように設計された点にある。

　製品名は、警察官が携帯するセカンド・ピストル（バック・アップ・ピストル）を意識して、ポリッツァイ・ピストーレ・シュマール（薄型ポリス・ピストル）の頭文字をとり、PPSと名付けられた。

　モデルPPSピストルは、警察官のセカンド・ピストルや市民の護身用ピストルとして、小型で左右幅が薄くかさばらないことを主眼に設計された。ピストルを軽量化させるために、グリップ・フレームをグラスファイバーを混入して強化したポリマーで製作した。

　このピストルは、小型ながら9mm×19弾薬を使用するため、ショート・リコイル方式のティルト・バレルがロッキング・システムとして組み込まれた。

　バレル後端部分の外側が、四角形のブロック状になっており、その上部がスライド上面に開けられたエジェクション・ポート（排莢孔）部分と噛み合ってバレルとスライドがロックされる。

　弾丸が射出されると、バレルとスライドの先端部分に高い発射ガス圧がかかりバレルがショート・リコイルする。ショート・リコイルすると、バレル後端ブロック下面の傾斜の働きでバレル後端が降下し、スライドのロックが解除される。

　フリーになったスライドは後退を続け、

バレルのチャンバーから発射済みの薬莢を排除し、ファイアリング・ピンを後退させ、リコイル・スプリングを圧縮する。

モデルPPSピストルは、小型軽量化されてスライドの重量も軽い。そのため、ロックがあっても、スライドの後退スピードが速く、そのままではスライドやフレームが破損する恐れがある。これを防止するためリコイル・スプリング周囲に緩衝材が設けられ、これがショック・アブソーバーとなってスライドの後退を停止させるようになっている。

スライドが後退しきると、圧縮されたリコイル・スプリング圧によって前進に転じる。前進するスライドは、マガジンから弾薬をバレルのチャンバーに送り込む。スライドの前進の最終段階で、バレル後端下面のブロックの傾斜の働きでバレル後端が上昇し、スライドとロックされて次の射撃の準備が整う。

モデルPPSピストルの撃発メカニズムは、モデルP99QA（P99クイック・アクション）の派生型だ。ブリーチ内のストライカーは、わずかに後退した中立状態で、トリガーを引くと後方いっぱいまで後退してフリーになり弾薬を撃発する。

毎回この作動を繰り返して射撃をおこなう。言い換えるとモデルPPSピストルのトリガー・システムは、トリガー・プルがやや短く軽いダブル・アクション・オンリーだ。トリガー・プルの距離は約6mm、重量が約3kgに設定されている。

モデルPPSピストルは、手動セフティを装備していない。完全にトリガーに指

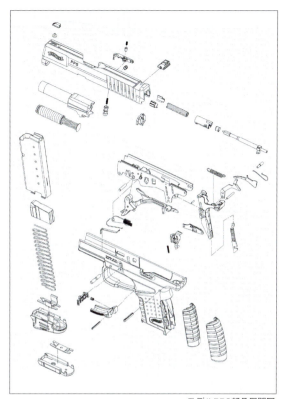

モデルPPS部品展開図

をかけないと作動しない二重構造のトリガーと、トリガーを完全に引ききったときだけファイアリング・ピンのブロックが解除されるオートマチック・ファイアリング・ピンによって、ピストルの安全を確保する。

グリップ後面のグリップ・バック・ストラップは、交換式になっており、大きさの異なるものと交換して手の大きさに合わせる。マガジン底部のバット・プレートも異なる大きさのものが用意され、グリップの長さの変更も可能だ。

マガジンはシングル・ロー（単列）式。9mm×19口径の場合、6発、7発、8発の異なる弾薬容量のマガジンが提供されている。弾薬オプションは、9mm×19口径のほか、.40S&W口径が製作されている。

ドイツ

ワルサー・モデルGSP-Cセミ・
オートマチック・ピストル
口径.32WC(GPS-C)/.22S(OSP)
全長　　　　　　292mm
銃身長　　　　　115mm
重量　　　　　　1180g
装填数　　　　　5発
ライフリング　6条/右回り

## ワルサー・モデルGSPセミ・オートマチック・ピストル（ドイツ）

　ワルサー・モデルGSPセミ・オートマチック・ピストルは、第2次世界大戦後、ドイツ・ウルムにあるカール・ワルサー社が1968年に発売した射撃競技専用ピストルだ。

　このモデルGSP（ゲブラウフス・シュポーツ・ピストーレ：スポーツ使用ピストル）と名付けられたこのピストルは、そのモデル名が示すように、小口径ピストルのスタンダード射撃競技向けに特化して開発された。

　このモデルGSPピストルに先がけてワルサー社は、国際小口径射撃競技向のラピッド・ファイアー・ピストル競技向けにモデルOSP（オリンピア・シュネールフォイヤー・ピストーレ：オリンピック・ラピッドファイアー・ピストル）ピストルを開発して1962年に発売した。

　第2次世界大戦前、ワルサー社は優れたピストル射撃競技向けの小口径ピストルの生産で名高かった。敗戦後、ドイツでピストル製造が許可されていない時期、スイスのヘンメリー社は、ライセンスを得て戦前ワルサー社が開発したモデル・オリンピア・ターゲット・ピストルの生産を再開させたほどだった。

　ドイツで銃砲製造が許されると、ワルサー社は、まずラピット・ファイアー競技向けの新型ピストルの開発を進めた。5つのターゲットを連続して射撃するセミ・オートマチック・ピストルこそワルサー社の得意とする分野だった。戦後のブランクで失われたスポーツ・ピストルのシェアを取り返す目的もあった。

　ラピット・ファイアー競技向けのモデルOSPピストルが開発された。このピストルは、マガジンをグリップ前方に装備させたマウザー・モデルC96ピストルのような外観を備えた製品だった。

　マガジンをトリガーの前方に設定し、トリガーやハンマーは、ピストルのグリップ・フレームからユニットとして取り外し調整できる構造だった。

　モデルOSPピストルを一般化させた製品が、モデルGSPピストルで、1968年に発売された。2つのピストルは、よく似た

モデルGSPトリガー構造図

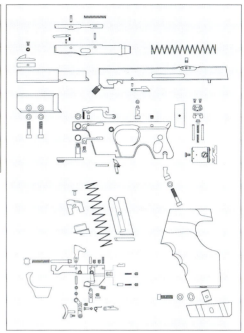

モデルGSP部品展開図

外観を備えているが、モデルOSPピストルが.22S（S22ショート・リム・ファイアー）弾薬を使用したのに対し、モデルGSPピストルは、.22LR（.22ロング・ライフル）弾薬を使用するように設計された。マガジン容量はともに5発だった。

モデルGSPピストルは、圧力の低い.22LR弾薬を使用し、ボルト（スライド）重量とリコイル・スプリングの圧力で射撃の反動を支えるブローバック方式だ。ボルトは円筒型で、バレル後方のバレル・エクステンション内で前後動する。

撃発は、内蔵されたハンマーによっておこなう。ハンマーやシア、トリガーなどは金属製のボックス内に組み込まれており、このユニットを取り外してトリガーなどの微調整ができる。このシステムはモデルOSPピストルで実用化された。

一般のピストルのようにトリガーの回転軸が上部になく、トリガーの下端にあるユニークなトリガー・システムを備えている。トリガーの上部を引いて射撃する。トリガー・プルやシアの動きは微調整可能だ。

初期のモデルGSPピストルは、グリップ・フレームの左側面に手動セフティが装備していた。スポーツ射撃専用ピストルに手動セフティは不要とされ、1977年に手動セフティは廃止された。

モデルGSPピストルのバリエーションは、1968年発売の.32S&Wワッド・カッター弾薬を使用する大口径ピストル射撃競技用のモデルGSP-C（GSP32）があり、1999年に発売のバレル・バランサーやマズル・コンペンセーター装備のアメリカ輸出向けモデルGSPエクスポート・ピストルがある。このエクスポート・モデルは、.22LR口径と.32S&W口径がある。

初級年少射撃選手向けに軽量のショート・バレルを装備させたモデルGSPジュニア・ピストルも製作された。

このほか、グリップ・クレーム部分をニッケル・メッキしたモデルGSP MVピストルやモデルGSP MV32ピストル、記念モデルとしてモデルGSPユビレオンムス・モデル・ピストルも製作された。

バイラウフ・モデル
WH9STリボルバー
口径　　　　　.22LR
全長　　　　　290mm
銃身長　　　　153mm
重量　　　　　1075g
装填数　　　　6発
ライフリング　6条/右回り

## バイラウフ・モデルWH9STリボルバー（ドイツ）

　バイラウフ・モデルWH9STリボルバーは、ドイツ・メルライヒシュタットにあるバイラウフ社が製作した低価格なリボルバーだ。

　バイラウフ社の製品は、アルミニウスの商標名でも知られている。この会社は、ヘルマン・バイラウフによって1899年にチューリンゲン地方のサンクトブラジーで創業された。銃砲のほか自転車の生産もおこなうフィールド・スポーツ用品のメーカーだった。

　第1次世界大戦終戦までサンクトブラジーで操業し、その後、本社をツェラメリスに移した。第2次世界大戦中は、ドイツ軍向けの軍用マシンガンのパーツなどの生産もおこなった。ドイツの敗戦でチューリンゲン地方が東ドイツ地域に組み込まれると、バイラウフ一族は西ドイツ地域に脱出し、1948年にメルライヒシュタットで新たに操業を開始した。

　1950年代バイラウフ社は、空気銃の生産を始め、1960年代に入って低価格なリボルバーの製造を開始した。

　この会社は、気軽にスポーツ射撃を楽しむプリンカー・ピストルと呼ばれる安価なリボルバーを生産し、アメリカなどに輸出した。この会社の製品は、アメリカでオメガ、ディクソン・エージェントなどの製品名で販売された。

　この会社が製作したリボルバーには、2系列の製品群がある。1つはモデルWH9STリボルバーに代表されるスイング・アウト・シリンダーを備えたダブル・アクション・リボルバー。もう1つがアメリカのコルト・シングル・アクション・アーミー（18ページ参照）をコピーしたシングル・アクション・リボルバーだ。

　モデルWH9STリボルバーは、.22LR弾薬を使用する典型的なプリンカー・ピス

トルで、販売価格を低く抑えるため、フレームなど主要部品を亜鉛ダイキャストで製作した。バレル部分も亜鉛ダイキャストで製作され、円筒型のライフリングを入れたスチール製のバレル本体をインサートして一体鋳造されている。シリンダー部分も同様だ。大口径のシリンダーは、全体をスチールで製作したが、.22LR弾薬を使用する製品のシリンダーは、スチール製のチャンバーをインサートしてダイキャスト鋳造で製作された。

モデルWH9STリボルバーの構造は、シリンダーの周囲をフレームが取り囲んだソリッド・フレーム。クレーンでシリンダーをリボルバーの左側方にスイング・アウトする形式だ。全体的にアメリカのハイ・スタンダード社のモデル・ダブル・ナイン・リボルバーから大きな影響を受けて設計された（140ページ参照）。

ハイ・スタンダード社の製品と同様に、組み立て作業や調整を容易にする目的で、フレームは、シリンダーやバレルを組み込む上部のメイン・フレームと、トリガーやハンマーなど撃発作動部品を組み込む下部のグリップ・フレームに2分割されている。

シリンダーとクレーンを固定するシリンダー・ロックは、シリンダー軸（シリンダー・ロッド）を利用する最も単純な方式だ。シリンダー軸を前方に引いてフレームとシリンダーのロックを解き、シリンダーをスイング・アウトさせる。開

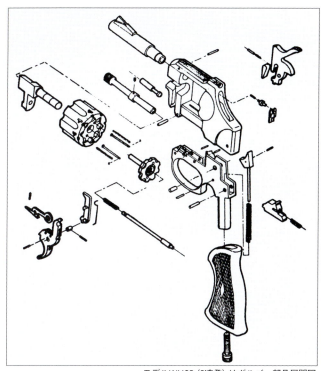

モデルWH68（8連発）リボルバー部品展開図

いたシリンダーのシリンダー軸を後方に押すと、発射済みの薬莢をシリンダーから排出できる。

モデルWH9STリボルバーは、ダブル・アクションとシングル・アクションの両方で使用できるコンベンショナル・ダブル・アクションが組み込まれている。ダブル・アクション・メカニズムは、ハンマーの前面に装備のダブル・アクション・アクセルを利用する一般的なものだ。

バイラウフ社は、同様の形式で弾薬やスペックの異なるモデルWH3リボルバー、モデルWH4リボルバー、モデルWH5リボルバー、モデルWH68リボルバーを製作した。これらのほか、アメリカS&W社の製品に似た独立シリンダー・ロック・ラッチを装備したモデルWH7リボルバーやモデルWH38リボルバー、モデル357リボルバーなども製作した。

FNモデル115セミ・
オートマチック・ピストル
口径　7.65mm×17(.32ACP)
全長　　　　　　　158mm
銃身長　　　　　　87mm
重量　　　　　　　635g
装填数　　　　　　7発
ライフリング　4条/右回り

## FNモデル115セミ・オートマチック・ピストル（ベルギー）

　FNモデル115セミ・オートマチック・ピストルは、ベルギー・リエージュ郊外のハースタルにあるFN社（現、FNハースタル社）が製作した中型ピストルだ。

　このピストルは、1910年にFN社（当時の社名、FNデ・ゲール社）が発売したFNモデル1910セミ・オートマチック・ピストルの近代化モデルだ。オリジナルのFNモデル1910ピストルは、アメリカ人発明家ジョン M.ブローニングが開発し、ベルギーのFN社が量産して大成功を収めた中型ピストルだった。

　FNモデル1910ピストルは、外部に引っかかる突起がなくスマートで、構造や操作も単純で故障の少ないセミ・オートマチック・ピストルとして定評があった。

　ヨーロッパでは、そのコンパクトで軽量なことから、警察官や捜査官の武装用ピストルとして、多くの国の警察に採用され、使用されてきた。

　ベルギーFN社は、第1次世界大戦、第2次世界大戦ともにドイツ軍によって占領・接収を受けて、モデル1910ピストルの供給が中断した期間があった。しかし、警察官の武装用ピストルとして根強い支持があり、第2次世界大戦終結直後の1946年に早くもその製造が再開された。

　警察も軍隊と同様に教育や訓練などの関係もあって、新型ピストルへの切り替えは容易でない。FNモデル1910ピストルも、警察で使い続けられて老朽化すると、再び同じピストルが購入されて支給されることが多かった。その結果、何十年にもわたって同じFNモデル1910ピストルは使用され続けた。

　FNモデル1910ピストルは、完成度の高い中型ピストルだが、1970年代に入ると、各社から新型の警察向けピストルが発表されるようになってきた。

　オランダ警察のように、支給したモデル1910ピストルが老朽化すると、繰り返し同じピストルを購入するクライアント

モデル115部品展開写真

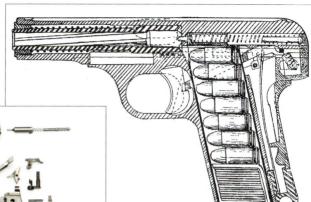

モデル1910（モデル115と同型）断面構造図

もいた。そこでFN社はモデル1910ピストルを近代化してFNモデル115ピストルを完成させた。同ピストルのメカニズムは、FNモデル1910ピストルとほとんど同一だ。改良点は、ユーザーである警察官などの意見を反映させて操作性を向上させて使いやすくした点にある。

外見は直線を多く採り入れて現代的なシルエットに変更した。丸みを帯びていたスライド後端部分が直線的なデザインになり、ストライカーが後退すると警告するコッキング・インジケーターが、後端に追加装備された。

オリジナルは、引っかかりにくいようにスライド上面の溝の中にサイトを装備させたが、素早く照準できないため、大型のフロント・サイトとリア・サイトをスライド上面に装備した。分解する時に回転させるバレル・ブッシングの突き出し量を増加させて分解操作を容易にした。

グリップ・フレームの後面装備されたグリップ・セフティの突き出し量を増加させ、オン・オフの切り替えを明確にした。グリップ下部のコンチネンタル・タイプのマガジン・キャッチも指をかけやすいよう大型化され操作しやすくなった。

FNモデル115ピストルは、スライドの重量とバレル周囲に装備したリコイル・スプリングの圧力で射撃反動を支えるブローバック方式で設計された。

撃発は、大型のファイアリング・ピン（ストライカー）で弾薬の雷管を突くストライカー方式だ。ストライカーが後退していると警告するコッキング・インジケーターがスライド後面に装備された。トリガーはシングル・アクション。

グリップ・フレーム左側面の後端部に手動セフティを装備する。セフティは、シアをロックする方式で、ピストルを分解する際にも利用できる。

FNモデル115ピストルは、FNモデル1910ピストルを近代化させた製品だが、メカニズムがオリジナルのままで、他社の新設計による警察官向け中型ピストルに対抗することができず成功しなかった。

FNモデルHP Mk.3セミ・
オートマチック・ピストル
口径　　　　9mm×19
全長　　　　200mm
銃身長　　　119mm
重量　　　　910g
装塡数　　　13発
ライフリング　6条/右回り

## FNモデルHP Mk3セミ・オートマチック・ピストル（ベルギー）

　FNモデルHP Mk3（ハイ・パワー・マーク3）セミ・オートマチック・ピストルは、ベルギー・ハースタルにあるFN社が製造する大型の軍用向けピストルだ。
　モデルHPピストルは、原案をアメリカ人の発明家ジョン M.ブローニングが開発し、これをベルギーFN社の技術者だったデュードネ・サイーブが発展させて完成させた。開発は1920年代におこなわれ1920年代末に完成された。1934年になって量産が決定され、1935年に発表されたためFNモデル1935ピストル、またはベルギー公用語のフランス語のグラン・ピザンス（ハイ・パワー）からFNモデルGPピストルなどとも呼ばれた。公開されると、軍関係者たちの関心が集まり、ベルギー軍やリトアニア軍、中国国民党軍などがこの採用を決めた。
　量産開始からわずか4年後の1939年に第2次世界大戦が勃発し、翌1940年にベルギーがドイツに占領されて、FN社は接収され、以後ドイツ軍向けに兵器生産をおこなった。そのため、ベルギーの敵国となったドイツが、最も多数のFNモデルHPピストルを第2次世界大戦中に使用した。ドイツ軍は、319,000挺のFNモデルHPピストルの供給を受け使用した。
　大戦中、カナダのジョン・イングリス社が、供給を絶たれた連合国側のイギリスやカナダ、中国国民党軍向けにモデルHPピストルを152,000挺製造した。
　終戦とともに、戦後の軍再建の需要を見込みFN社は、FNモデルHPピストルの生産を再開させた。ドイツ占領中に製造されたFNモデルHPピストルは、表面仕上げが雑だったが、戦後に再生産されたFNモデルHPピストルは、戦前の生産品と同様、ていねいな仕上げがなされた。
　大戦後、FNモデルHPピストルは、イギリス軍、デンマーク軍、オーストリア軍、西ドイツ国境警備隊などヨーロッパ各国で採用された。世界大戦で供給が途絶えていた南アメリカや中近東、アフリカ植民地の諸国などでも採用された。

モデルHP Mk3部品展開図

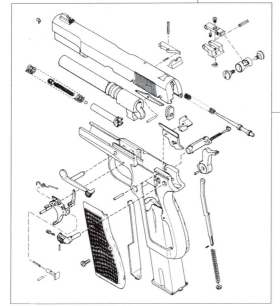

モデルHP Mk2断面構造図

　FNモデルHP Mk3ピストルは、戦後再開されたFNモデルHPピストルの第3世代だ。外観や作動メカニズムは、オリジナルとほとんど変わらない。FNモデルHP Mk3ピストルは、ブリーチ部のシア・バーの装着方法に改良が加えられ、製造工程の簡素化が図られている。

　FNモデルHP Mk3ピストルは、ティルト・バレル・ロッキングが組み込まれている。バレルの後方上面の突起とスライド内面上部に切られた溝が噛み合ってバレルとスライドがロックされる。

　射撃時に大きな発射ガス圧がかかりショート・リコイルするバレル下方のブロックの傾斜の働きでバレル後端が降下し、スライドとのロックが解除される。フリーになったスライドはそのまま後退を続け、ピストルから発射済みの薬莢を排出し、ハンマーをコックする。後退中にリコイル・スプリングを圧縮。後退しきったスライドは、リコイル・スプリングの圧力で前進に転じる。前進するスライドは、マガジンから弾薬をチャンバーに送り込む。スライドが前進する最終段階で、バレル下方のブロックの傾斜の働きによってバレル後端が上昇し、スライドとバレルがロックされて次の射撃の準備が整う。

　撃発はスライド後端に露出したハンマー撃発方式。オリジナル・モデルには不用意にコックされにくいラウンド・ハンマー・スパーが装備された。FNモデルHP Mk3ピストルは、コックしやすいロング・ハンマー・スパーに変更された。トリガーはシングル・アクション。

　グリップ・フレーム左側面後部に手動セフティを装備する。先端を上方に押し上げるとオン（安全）となる。FNモデルHP Mk3ピストルに装備されたレバーは、操作しやすいよう延長された。

　マガジンは金属製のボックス・タイプ。他社に先がけて大容量13発のダブル・カーラム（複列）マガジンを採用。マガジン・キャッチは、トリガー・ガード後方のフレームを貫通させたクロス・ボルト・タイプだ。

ベルギー

FNモデル・ベビー・セミ・
オートマチック・ピストル
口径　6.35mm×16SR(.25ACP)
全長　　　　　　102mm
銃身長　　　　　50mm
重量　　　　　　250g
装塡数　　　　　6発
ライフリング　4条/右回り

## FNモデル・ベビー・セミ・オートマチック・ピストル（ベルギー）

　FNモデル・ベビー・セミ・オートマチック・ピストルは、ベルギー・ハースタルにあるFN社が1932年に発売したきわめて小型のポケット・ピストルだ。

　このピストルに先行してFN社は、ジョンM.ブローニングが設計したFNモデル1906ポケット・ピストルを1906年に発売して大成功を収めた。FNモデル・ベビー・ピストルは、このモデル1906ポケット・ピストルをベースにFN社の技術者デュードネ・サイーブが改良した近代化モデルだ。前作の全体的に丸みを帯びたシルエットが旧式化したことと、多くのヨーロッパのガン・メーカーがFNモデル1906ポケット・ピストルのイミテーションを製造したことから新型が企画された。

　新型FNモデル・ベビー・ピストルは、直線を組み合わせた近代的なアウトラインに改められた。FNモデル・ベビー・ピストルは、FNモデル・ベビー・ブローニング・ピストルとも呼ばれ、アメリカでは、モデル・ブローニング25ベビー・ピストルと呼ばれている。

　全長が約10センチほどの小型のピストルで、ベストの内ポケットなどに忍ばせる典型的なポケット・ピストルだ。この種の小型ピストルは、護身用ピストルとして一時期高い人気があった。小型で携帯に便利なものの、小型すぎてかえって扱いにくく、暴発させやすい危険な側面もあった。その後、護身用ピストルは、これよりやや大型サイズの製品にその人気が移っていった。

　セミ・オートマチック・ピストルがまだ物珍しかった20世紀初頭、小型で自動的に作動する点が人気を集め、今でも一定の人気がある。1986年にアメリカで小型ピストル輸入規正法案が施行され、サイズの小さなFNモデル・ベビー・ピストルがアメリカに輸出ができなくなると、

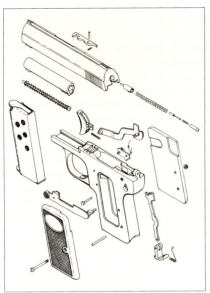

モデル・ベビー部品展開図

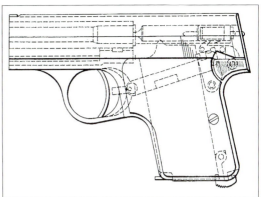

モデル・ベビー・パテント
断面構造図

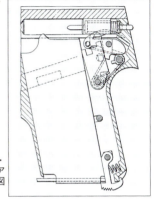

モデル・ベビー・
パテント・シア
構造図

　アメリカのPSA社（プレジション・スモール・アームズ社）は、FNモデル・ベビー・ピストルとそっくりの小型ピストルの生産を開始した。このピストルは、1987年に発売され、現在も製造されている。

　FNモデル・ベビー・ピストルは、圧力の低い6.35mm×16SR（.25ACP）弾薬を使用する。弾薬の発射ガス圧が低いことから、スライドの自重とリコイル・スプリングの圧力だけで射撃反動を支えるシンプルなブローバック方式で設計された。リコイル・スプリングは、スライド内部のバレル下方に装備されている。

　撃発メカニズムは、大型のファイアリング・ピン（ストライカー）によって弾薬の雷管を突いて撃発させるストライカー方式。ストライカーがスライド後部のブリーチ内で後退し、射撃準備が整うと、スライド後面にコッキング・インジケーター・ピンが突き出して知らせる装備が組み込まれている。

　トリガー・システムはシングル・アクション。グリップ・フレームの左側面のグリップ・パネル前方に手動セフティ・レバーが露出している。この手動セフティのレバー先端部を上方に押し上げるとオン（安全）になり、ブロックされる。

　マガジンは金属製のボックス・タイプで、シングル・ロー（単列）式。マガジンには、6.35mm×16SR（.25ACP）弾薬を6発装填できる。マガジン・キャッチは、マガジンの底部をフックして固定させるコンチネンタル・マガジン・キャッチが装備された。

　オリジナル・モデルのグリップ・パネル上部のフィールドには、ベビー（BABY）の文字が入れられていた。第2次世界大戦後に生産が再開された製品のグリップ・パネル上部のフィールドには、FN社のロゴ・マークが入れられた。最終製品には、ブローニング（BROWNING）の文字が入れられた。

FNモデルHP DAセミ・
オートマチック・ピストル
口径　　　　　9mm×19
全長　　　　　　197mm
銃身長　　　　　121mm
重量　　　　　　　900g
装填数　　　　　　14発
ライフリング　6条/右回り

## FNモデルHP DAセミ・オートマチック・ピストル（ベルギー）

　FNモデルHP DAセミ・オートマチック・ピストルは、ベルギー・ハースタルにあるFN社が開発した軍用向けのダブル・アクション大型ピストルだ。

　FNモデルHP DAピストルの特徴は、同社のベストセラー軍用ピストルのFNモデルHPピストルをベースにダブル・アクション・メカニズムを組み込んだ点にある。

　ダブル・アクション・メカニズムに対して、FN社の技術陣は最初冷淡だった。射撃1発目以降は、後退するスライドによってハンマーがコックされ、シングル・アクションとダブル・アクションの差がない。むしろダブル・アクションを組み込むと、メカニズムが複雑化し、故障や作動不良を起こしやすく、そのほうが軍用ピストルとして致命的だと考えていた。

　一般のユーザーは、ダブル・アクションを組み込んだ製品のほうが即応性と安全性の両面から見て有効だと考えるようになっていった。外観がFNモデルHPピストルにそっくりで、ダブル・アクションを組み込んだモデルCZ75ピストルが発売されると大成功を収めた。

　FN社もダブル・アクションを無視していたわけではなく、1930年代にダブル・アクションの大型ピストルのプロト・タイプを製作したことがあった。FN社の現代ダブル・アクション・ピストル開発は、1970年代後半に進められ、HPピストルをベースにダブル・アクション・システムを組み込む研究がおこなわれた。FNモデルHP DAピストルは、この開発研究の成果で、1983年に公開された。FNモデルBDA9（ブローニング・ダブル・アクション9）ピストルの名称でも知られ、外観がFNモデルHPピストルにきわめて近く、従来のユーザーが違和感なく移行できるように配慮された。

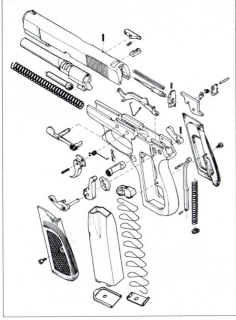

モデルHP DA
断面構造図

モデルHP DA部品展開図

　FNモデルHP DAピストルは、ティルト・バレル・ロッキングが組み込まれている。バレル後方上面の2つの突起をスライド内面上部の溝と噛み合わせてバレルとスライドをロックする。

　射撃時に大きな発射ガス圧がかかりショート・リコイルするバレル下方のブロックの傾斜溝の働きでバレル後端が降下、スライドとのロックが解除される。フリーになったスライドは、そのまま後退を続け、ピストルから発射済みの空薬莢を排出し、ハンマーをコックする。後退中にリコイル・スプリングも圧縮。後退しきったスライドは、リコイル・スプリングの圧力で前進に転じる。前進するスライドは、マガジンから弾薬をチャンバーに送り込む。スライドが前進する最終段階で、バレル下方のブロックの傾斜溝の働きによって、バレル後端が上昇し、スライドとバレルがロックされて次の射撃の準備が整う。

　撃発は、露出式のハンマーでおこなう。不用意にコックされにくい小ぶりのハンマー・スパーを装備。シングル・アクションとダブル・アクション両用のコンベンショナル・ダブル・アクションが組み込まれている。

　手動セフティは装備されていない。ピストルの安全は、トリガーを引ききったときにだけファイアリング・ピンのブロックを解除するオートマチック・ファイアリング・ピン・セフティで確保する。

　ハンマーを安全に前進させるため、左右の両面から操作できるデコッキング・レバーがグリップ・フレーム後端部分に装備された。

　マガジンは金属製のボックス・タイプで、ダブル・カーラム（複列）式。FNモデルHPより1発多い14発を装塡できる。マガジン・キャッチは、トリガー・ガードの後方のフレームを貫通させたクロス・ボルト・タイプで、左右の両側面から操作が可能だ。

　FNモデルHP DAピストルは、良くできたピストルだったが開発が遅すぎた。量産開始の頃になると、一般の関心は強化プラスチック製グリップ・フレーム装備のピストルに移っており、大きな成功を収めることはなかった。

| | |
|---|---|
| FNモデルHP FAセミ・オートマチック・ピストル | |
| 口径 | 9mm×19 |
| 全長 | 197mm |
| 銃身長 | 121mm |
| 重量 | 900g |
| 装填数 | 14発 |
| ライフリング | 6条/右回り |

## FNモデルHP FAセミ・オートマチック・ピストル（ベルギー）

　FNモデルHP FA（ファスト・アクション）セミ・オートマチック・ピストルは、ベルギー・ハースタルにあるFN社が、FNモデルHPピストルをベースに改良を加えた軍用向けの大型ピストルだ。

　このピストルの特徴はユニークなファスト・アクションのハンマー・メカニズムを備えた点にある。ファスト・アクションは、シングル・アクションともダブル・アクションとも異なるシステムで、ダブル・アクションの即応性とシングル・アクションの軽いトリガー・プルを兼ね備えた第3のアクションとして考案された。

　ファスト・アクションは次のように作動する。スライドを引いてハンマーをコック。コックされたハンマーを指で前方に押し戻すとスプリング圧がかかりハンマーが前進した状態でブロックされる。トリガーを引くと、ハンマーがスプリング圧によって再びコックされ、シングル・アクションと同じ状態になり軽く短いトリガー・プルで射撃できる。

　ファスト・アクションは、ダブル・アクションと同じくトリガーを引くとハンマーが起き上がる即応性を備え、シングル・アクション同様の短く軽いトリガー・プルで撃発・射撃でき、高い命中精度が期待できるメカニズムだったが、生き残ることはできなかった。その理由は、ファスト・アクションのやや長いトリガー・プルの中でハンマーが再コックされるタイミングがわかりにくいことにあった。唐突にハンマーがコックされる感じがあり、照準に集中しにくく、じゅうぶんに訓練しないと不用意にハンマーがコックされて暴発の危険性が高かった。

　FNモデルHPピストルをダブル・アクション化したFNモデルHP DAピストル（FNモデルBDA9ピストル）が製品化され、大量生産に移行したのと対照的に、このFNモデルHP FAピストルは、トライアル向けの試作品が製造されただけで量産されなかった。

モデルHP FA断面構造図

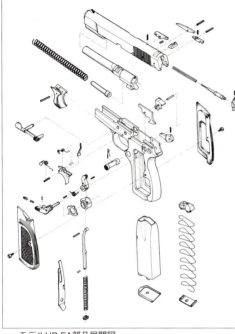

モデルHP FA部品展開図

それでもこのファスト・アクションが銃砲技術者に与えたインパクトは大きかった。FN社で量産されなかったが、韓国の大宇（デーウ）社は、のちにファスト・アクションとよく似たコンセプトのピストルを設計し、大宇モデルDP51ピストルの製品名で量産し、韓国の軍や警察に供給され海外にも輸出された（440ページ参照）。

FNモデルHP FAピストルは、ファスト・アクション部分を除けば、FNモデルHPピストルと共通点が多い。

FNモデルHP FAピストルは、ティルト・バレル・ロッキングが組み込まれている。バレル後方上面の2つの突起をスライド内面上部の溝と噛み合わせてバレルとスライドをロックする。

FNモデルHP FAピストルの作動は、FNモデルHP DAピストル（250ページ参照）とまったく同一なのでそちらを参照されたい。

撃発は露出式のハンマーでおこなう。ハンマー・メカニズムは、独特なファスト・アクションが組み込まれ、シングル・アクションに準じた短く軽いトリガー・プルで作動する。前進したハンマーをレリースして再コックさせ、シアをレリースする2つの働きをもつトリガー・バーが、ブリーチ内部に装備された。

FNモデルHP FAピストルには、FNモデルHPピストルと同型の手動セフティがグリップ・フレーム後部に装備された。改良型には、トリガーを引ききらないとファイアリング・ピンのロックが解除されないオートマチック・ファイアリング・ピン・セフティが追加装備された

マガジンは、金属製のボックス・タイプで、ダブル・カーラム（複列）式。FNモデルHPより1発多い14発を装填できる。マガジン・キャッチは、トリガー・ガードの後方のフレームを貫通させたクロス・ボルト・タイプで、左右の両側面から操作が可能だ。

ベルギー

ブローニング・アームズ・
モデルBDMセミ・
オートマチック・ピストル
口径　　　　　9mm×19
全長　　　　　　200mm
銃身長　　　　　120mm
重量　　　　　　850g
装填数　　　　　15発
ライフリング　6条/右回り

## ブローニング・アームズ・モデルBDMセミ・オートマチック・ピストル（ベルギー）

　ブローニング・アームズ・モデルBDMセミ・オートマチック・ピストルは、FN社製品のアメリカ代理店のブローニング・アームズ社（現在はFN社の子会社）が製作した大型ピストルで、ヨーロッパにはFN社を通じて販売された。
　このピストルは、アメリカFBIの制式ピストル・トライアルに向けて開発されたが、FBIがこのピストルを採用しなかったため、ブローニング・アームズ社がアメリカの一般市販向けピストルとして1991年に発売した。
　モデルBDMピストルの特徴は、スライド左側面の後部にある円盤状の部品を回転させることによって、コンベンショナル・ダブル・アクション・モードと、常にトリガーを引ききって射撃するダブル・ダブル・アクション・オンリー・モードに切り替えられる点だ。
　モデル名BDMは、メカニズムを表わすブローニング・デュアル・モードの頭文字から命名された。
　モデルBDMピストルは、ショート・リコイルするティルト・バレルをロッキング・システムとして組み込んである。
　バレル後端部分のチャンバー部外側が四角形のブロック状になっており、その上部がスライドのエジェクション・ポート（排莢孔）の開口部と噛み合ってバレルとスライドがロックされる。
　射撃時にマズル部に加わる発射ガスの高い圧力によってバレルがショート・リコイルする。ショート・リコイルするバレル下方に装備されたブロックの傾斜の働きでバレル後端が降下し、スライドとのロックが解除される。フリーになったスライドは、そのまま後退を続け、ピストルから発射済みの薬莢を排出し、ハンマーをコックする（コンベンショナル・ダブル・アクション・モードの場合）。後

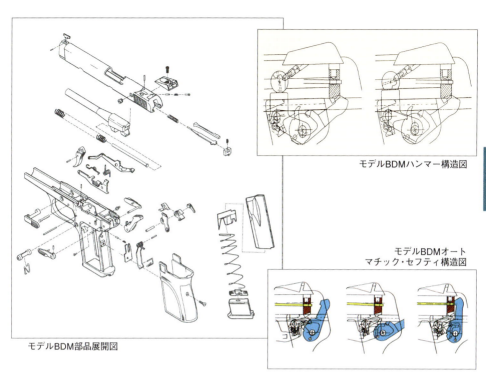

モデルBDMハンマー構造図

モデルBDMオートマチック・セフティ構造図

モデルBDM部品展開図

退中にスライドはリコイル・スプリングも圧縮する。後退しきったスライドは、圧縮されたリコイル・スプリングの圧力で前進に転じる。前進するスライドは、マガジンから弾薬をチャンバーに送り込む。スライドが前進しきる最終段階で、バレル下方に装備されたブロックの傾斜の働きによりバレル後端が上昇し、スライドの開口部と噛み合ってロックされ、次の射撃の準備が整う。

撃発は露出ハンマーでおこなわれる。不用意にコックされにくいセミ・ラウンド・ハンマー・スパーが装備された。

射撃モードは、コンベンショナル・ダブル・アクションとダブル・アクション・オンリーのいずれかの射撃モードを選択できるブローニング・デュアル・アクションが組み込まれた。スライド左側面の円盤型の切り替えスイッチは、コインや弾薬の薬莢のリムなどを使って回転させて射撃モードを切り替える。R（リボルバー・アクション）がコンベンショナル・ダブル・アクション、D（ダブル・アクション）がダブル・アクション・オンリーだ。

マガジンは金属製のボックス・タイプで、ダブル・カーラム（複列）式。マガジンには、15発の9mm×19弾薬を装填できる。アメリカの一般市販型は、弾薬装填量規制法が施行されているため装填数が10発に制限されている。

ヨーロッパでは、モデルBDA9アメリカン・ピストルの名称で販売された。派生型にハンマー・デコッキング機能を装備させたモデルBDM-Dピストルがある。

FBI向けに開発されたため、シミュレーション訓練用の非致死性のエァムニションを使用するモデルBDMプラクティス・ピストルが製作された。このピストルは、実弾を使用するピストルと容易に区別できるようにブルーに着色されたスライドを装備させた。

ベルギー

FNモデル140DAセミ・オートマチック・ピストル
口径　9mm×17(.380ACP)
全長　　　　　　170mm
銃身長　　　　　96mm
重量　　　　　　650g
装填数　　　　　13発
ライフリング　6条/右回り

## FNモデル140DAセミ・オートマチック・ピストル（ベルギー）

　FNモデル140DAセミ・オートマチック・ピストルは、ベルギー・ハースタルにあるFN社が販売した中型ピストルだ。

　このピストルは、FNモデル1910ピストルに代わる警察官の武装用向けピストルの後継機種としてFN社が販売を始めたが、同社で製造された製品ではない。FN社と協力関係にあったイタリア・ベレッタ社が製造し、FN社に納入された。ベレッタ社は、自社で製造する中型のベレッタ・モデル80シリーズ・ピストル（270ページ参照）をベースに改良を加えてFNモデル140DAピストルを設計した。

　主な改良点はスライドとハンマーにある。ベレッタ社のピストルの特徴は、スライド前半の上部をカットしバレル上面が露出している点にある。FNモデル140DAピストルは、スライド上面がカットされておらず、一般的なピストルのスライドのように小さなエジェクション・ポート（排莢孔）が装備された。

　ベレッタ・モデル84シリーズ・ピストルは、いずれも中央に穴を開けたラウンド・ハンマー・スパーが装備されているが、FNモデル140DAピストルのハンマーは、指で起こしやすいロング・ハンマー・スパーを装備している。

　FNモデル140DAピストルには、楕円でFNのロゴを囲んだマークを入れたプラスチック製のグリップ・パネルと、Bを二重円で囲んだ金属製メダリオンを付けた木製のグリップ・パネルが製作された。

　これらの改良によって、FNモデル140DAピストルは、ベレッタ・モデル84シリーズ・ピストルと異なる外見になった。FNモデル140DAピストルはアメリカにも輸出され、代理店のブローニング・アームズ社が1977年から販売した。アメリカでは、ブローニング・アームズ・モデルBDA380ピストルの商品名で販売された。FNモデル140DAピストルとモデルBDA380ピストルは、異なったスライド刻

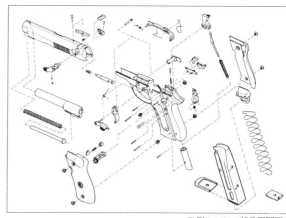

モデル140DA部品展開図

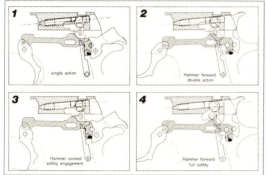

モデル140DAトリガー構造図

印が打刻された。

FNモデル140DAピストルは、スチール製のバレルやスライド、作動メカニズム部品を、アルミニウム系の軽合金製のグリップ・フレームに組み込んでいる。使用弾薬は、9mm×17（.380ACP）だ。

FNモデル140DAピストルは、バレル固定式で、スライドの自重とリコイル・スプリングの反発力で射撃の反動を支えるブローバック方式で設計された。

弾薬が撃発されるとスライドは、スライド自体の重量とリコイル・スプリングの反発力、そして摩擦などの複合的な働きによって、すぐには後退を始めない。弾丸がバレル先端から射出されるタイミングにあわせてスライドが後退し、バレル内の発射ガス圧が低下して安全になってからスライドが完全に後退する。

撃発メカニズムは、露出したハンマーによるハンマー撃発方式。ハンマーはロング・ハンマー・スパーを装備している。トリガー・バーでハンマー下部を前方に引いてコックする引き起こし式ハンマー・システムで設計されている。

スライド左側面の後部に回転レバー方式の手動セフティが装備されている。手動セフティは、ハンマー・デコッキング機能も装備している。セフティのレバー先端を押し下げるとオン（安全）になり、ファイアリング・ピンをロックし、同時にハンマーを安全に前進させる。

グリップ・フレームのトリガー上方にスライド・ストップ・レバーを装備する。マガジンの弾薬を撃ちつくすと、スライド・ストップの働きによってスライドは後退位置で停止する。スライド・ストップ・レバー後端を押し下げると、スライドを再び前進させることができる。

マガジンは金属製のボックス・タイプ、ダブル・カーラム（複列）式。13発の9mm×17（.380ACP）弾薬を装填できるが、ちょうど警察官の武装用ピストルの口径が、9mm×19弾薬に移行する時期にあたり、販売実績が上がらなかった。一般の関心も大口径に移り、ブローニング・アームズ社も1997年に販売を中止した。

```
FNモデル・ファイブ・セブン・
セミ・オートマチック・ピストル
口径        5.7mm×28
全長        208mm
銃身長      122.5mm
重量        645g
装填数      20発
ライフリング  6条/右回り
```

ベルギー

通常分解したモデル・
ファイブ・セブン

## FNモデル・ファイブ・セブン・セミ・オートマチック・ピストル（ベルギー）

　FNモデル・ファイブ・セブン・セミ・オートマチック・ピストルは、ベルギー・ハースタルにあるFN社が開発した特殊部隊向けの大型ピストルだ。

　その特徴は、ベルギーFN社が開発した特殊な性能を備えた5.7mm×28弾薬を使用する点にある。製品名もこの特殊な弾薬の口径にちなんでいる。

　5.7mm×28弾薬は、1980年代にFN社が新カテゴリーのPDW（パーソナル・ディフェンス・ウェポン）の弾薬として開発した。PDWはライフルを携帯しない兵員用の小型武器として開発され、ピストル弾薬より遠距離を射撃でき、威力も高い弾薬を使用する。この弾薬を使用する小型サブ・マシンガンのFNモデルP90PDWが最初に完成され、1980年代末に公開された。これが特殊部隊の突入班用に有効なことが理解されると、弾薬の特殊化が図られ、防弾チョッキに対する貫通能力の向上だけでなく、跳弾による二次被害を防ぐ機能が追加された。

　特殊部隊のピストル弾薬は、サブ・マシンガンと同一が望ましい。1990年代に入ってFNモデルP90サブ・マシンガンと共通の5.7mm×28弾薬を使用するピストルの開発が進められ、FNモデル・ファイブ・セブン・ピストルが開発された。

　1995年にダブル・アクション・オンリーの製品が公開され、1998年から供給が始まった。2000年にシングル・アクションのトリガー・システムを組み込んだFNモデル・ファイブ・セブン・タクティカル・ピストルが生産された。2013年にスライド部分に改良を加えたFNモデル・ファイブ・セブンMk2ピストルが追加された。

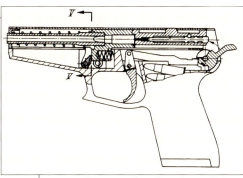

モデル・ファイブ・セブン・パテント構造図

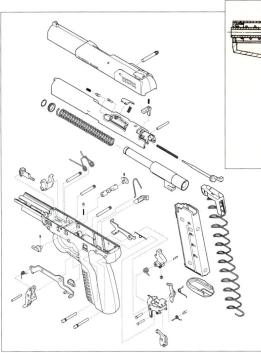

モデル・ファイブ・セブン部品展開図

　FNモデル・ファイブ・セブン・ピストルのスライドやバレルはスチール製で、強化プラスチック製のグリップ・フレームに組み込まれ、スライドも多くの部分が強化プラスチックでカバーされている。

　使用する5.7mm×28弾薬は、小口径の弾丸を用い、初速が速いわりに射撃反動が小さい特性をもつ。その特性を活かし、FNモデル・ファイブ・セブン・ピストルは、フル・ロックでなく独特なヘジテート・ロックを組み込んで、時差ブローバックさせるディレイド・ブローバック方式で設計された。

　弾薬が撃発されると、バレル内を進む弾の発射ガス圧によってスライドより軽いバレルが、まず前方に約3mmほど前進する。この動きでバレルの下方のブロックが、グリップ・フレームに装備されたコの字型の部品を前方に回転させスライドの溝と噛み合ってスライドの後退を阻止する。弾丸がバレルから射出されると、バレルとスライド先端に発射ガスの大きな圧力がかかりスライドとバレルが同時に後退する。バレルが後退するとバレル下方のブロックによって前方に押されていたグリップ・フレームのコの字型部品は後方に回転し、スライドとのロックが解かれ、スライドの後退が始まる。

　フリーになったスライドは、後退を続けて空薬莢を排出し、ハンマーをコックする。スライドは後退中にバレル周囲に装備されたリコイル・スプリングも圧縮する。後退しきったスライドは、後退中に圧縮したリコイル・スプリングの圧力で前進に転じる。

　前進するスライドは、マガジンからバレルのチャンバーに弾薬を送り込む。スライドが前進しきるとバレルがわずかに前進し、グリップ・フレームのコの字型部品を前方に押して回転させ、その先端をスライドの溝に噛み合わせて次弾の射撃準備が整う。

　撃発は内蔵されたハンマーによっておこなう。オリジナルはダブル・アクション・オンリーだったが、発売から2年後に高い命中精度が期待できるシングル・アクションのトリガーを組み込んだタクティカルが追加された。タクティカルは、グリップ・フレームのトリガー上方の左右両側面に手動セフティを装備する。

ブローニング・アームズ・
モデル・バック・マーク・
セミ・オートマチック・ピストル
口径　　　　　　　.22LR
全長　　　　　　　241mm
銃身長　　　　　　140mm
重量　　　　　　　900g
装填数　　　　　　10発
ライフリング　6条/右回り

## ブローニング・アームズ・モデル・バック・マーク・セミ・オートマチック・ピストル（ベルギー）

　ブローニング・アームズ・モデル・バック・マーク・セミ・オートマチック・ピストルは、アメリカのFN社代理店ブローニング・アームズ社が製作した射撃競技用の小口径ピストルだ。ヨーロッパではベルギーのFN社を通じて販売された。

　このピストルの特徴は、グリップ・フレームに露出式のバレルが装備され、バレル後方にスライドが設定された典型的な射撃競技用ピストルの特徴とシルエットで設計された点にある。また、グリップ・フレームやスライドなどの多くの部品が、アルミニウム系の軽合金で製作されている点も特徴のひとつだ。

　モデル・バック・マーク・ピストルは、モデル・チャレンジャー・シリーズ・ピストルの後継機種としてブローニング・アームズ社で開発された。先行のモデル・チャレンジャー・シリーズ・ピスト ルは、もともとベルギーFN社で製造されていたものをブローニング・アームズ社が受け継いでアメリカで製作した。

　ブローニング・アームズ社は、オリジナルに改良を加え、現代的な直線デザインのモデル・チャレンジャー2やチャレンジャー3ピストルを開発。これをさらに改良してモデル・バック・マーク・ピストルを完成した。

　モデル・バック・マーク・ピストルは、新素材のアルミニウム系の軽合金を導入してグリップ・フレームやスライドなどを製作し、軽量化させるとともに、製造過程の切削工作時間の短縮を図った。

　モデル・バック・マーク・シリーズ・ピストルは1985年に発売された。以来、15種類以上のバリエーションが製品化されて、現在も製造が続けられている。

　モデル・バック・マーク・ピストルは、

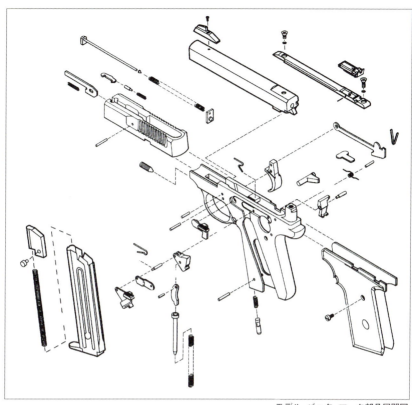

モデル・バック・マーク部品展開図

露出したバレルが装備され、スライドはバレル後方のグリップ・フレーム上面を前後動する。コルト・ウッズマン・ピストルによく似た設計だ。

小口径のスポーツ射撃ピストルで最も一般的な.22LR弾薬を使用し、スライド内部に装備されたリコイル・スプリングの圧力とスライド自重で射撃反動を支えるブローバック方式で作動する。

弾薬が撃発されると発射ガス圧で薬莢底部がスライドのブリーチ前面を後方に押す。スライドの自重、リコイル・スプリング圧などで、スライドはすぐに後退せず、短時間遅れて後退が始まる。スライドが動き始めた直後にバレルから弾丸が射出され、発射ガスも噴き出しバレル内のガス圧力が急速に低下する。バレル内に残ったガス圧（余圧）によってスライドは後退し、発射済みの薬莢をピストルの外に排出、ハンマーをコックさせる。スライドは、後退中に内蔵されたリコイル・スプリングも圧縮する。

後退しきったスライドは、リコイル・スプリング圧力で前進に転じ、マガジンから弾薬をチャンバーに送り込む。スライドが前進しきると次の射撃準備が整う。

グリップ・フレーム左側面のグリップ・パネル後部上方に、手動セフティが装備されている。

マガジンは、10発の弾薬を装填できるボックス・タイプで、シングル・ロー（単列）式の金属製。マガジン・キャッチは、トリガー・ガード後方のフレームを貫通させたクロス・ボルト方式だ。

FNモデルFNPセミ・
オートマチック・ピストル
口径　　　　　9mm×19
全長　　　　　189mm
銃身長　　　　102mm
重量　　　　　695g
装填数　　　　17発
ライフリング　6条/右回り

## FNモデルFNPセミ・オートマチック・ピストル（ベルギー）

　FNモデルFNPピストルは、ベルギーFN社ではなく、アメリカのサウス・カロナイナ州コロンビアのFN USA社の工場で製造された大型ピストルだ。

　このピストルの特徴は、強化プラスチックのポリマー材でグリップ・フレームを製作した点にある。グリップのプラスチック部分を交換することでピストルをリニューアルできるように設計された。

　ベルギーFN社が生産、供給してきたモデルFN HP（ハイパワー）ピストル（246ページ参照）は信頼性が高く、同社のロングセラー製品だったため、新世代の大型ピストルの開発が遅れた一因になった。

　多くのメーカーが強化プラスチック製のグリップ・フレームを装備した現代大型ピストルを生産し始める中で、FN社がモデルFN Xピストルの製作を発表したのは2006年になってからだった。

　開発は、ベルギーFN社の技術者と、アメリカ法人のFN USA社の技術者が共同でおこなったとされる。強化プラスチック製グリップ・フレームはアメリカで広く受け入れられ、アメリカ法人のほうが情報収集能力が高かったことから共同開発体制がとられた。

　強化プラスチック製のグリップ・フレームを装備したこのモデルFN Xピストルは、ブローニング・モデル・プロ9ピストルの商品名でブローニング社を通じてアメリカで民間向けに販売された。

　のちにモデルFN Xピストルは、改良が加えられてFNモデルFNPピストルとなった。

　FNモデルFNPピストルは、9mm×19弾薬を使用するスンダードのモデルFNP9ピストルのほか、アメリカ向けの.40S&W口径のモデルFNP40ピストル、.45ACP口径のモデルFNP45ピストル、.357 SIG口径のモデルFNP357ピストルが、同一のメカニ

モデルFNP構造図（❶フレーム、❷ハンマー・ユニット）

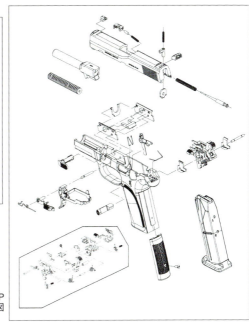

モデルFNP部品展開図

ズムの弾薬オプションとして製作されている。

　FNモデルFNPピストルは、ショート・リコイルのティルト・バレルが組み込まれ、スライドやバレルはステンレス・スチールを素材にして、表面を黒色に加工されている。

　バレル後端のチャンバー外側が四角形のブロック状で、この上部をスライドのエジェクション・ポートの開口部と噛み合わせてロックさせる方式だ。

　弾丸が射出されると、高い発射ガスの圧力でスライドとバレルが高速で後退する。バレルがショート・リコイルする間にバレル下方の突起の傾斜によってバレル後端が降下し、スライドとのロックが解かれる。フリーになったスライドは後退を続け、発射済みの薬莢をピストルから排出し、ハンマーをコックさせ、リコイル・スプリングも圧縮する。後退しきったスライドは、リコイル・スプリングの反発力で前進に転じる。

　前進するスライドは、マガジンから弾薬をチャンバーに送り込む。スライドの前進の最終段階で、バレル下方の突起の傾斜の働きで、バレル後端が上昇しスライドとロックされ、次の射撃の準備が整う。

　撃発は、スライド後端の露出ハンマーでおこなう。トリガーは、シングル・アクションとダブル・アクションの両方で射撃できるコンベンショナル・ダブル・アクション方式。フレーム後端上方に左右両側面から操作可能なハンマー・デコッキング・レバーが装備された。

　FNモデルFNPピストルは、即応性を重視して手動セフティを装備せず、トリガーを引ききったときだけファイアリング・ピンをフリーにするオートマチック・ファイアリング・ピン・セフティを組み込んでピストルの安全を確保した。

　マガジンは、ダブル・カーラム（複列）式。口径によって装填数は異なる。マガジン・キャッチはフレームを貫通させたクロス・ボルト・タイプで、トリガー・ガード後方に装備された。

ベネリ・モデルB76セミ・
オートマチック・ピストル
口径　　　　　9mm×19
全長　　　　　　205mm
銃身長　　　　　108mm
重量　　　　　　　970g
装填数　　　　　　　9発
ライフリング　6条/右回り

## ベネリ・モデルB76セミ・オートマチック・ピストル（イタリア）

　ベネリ・モデルB76セミ・オートマチック・ピストルは、1970年代にイタリア・ウルビノにあるベネリ・アルミ社が製作した大口径ピストルだ。

　この銃の特徴は、ピストルで利用されることの少ないティルト・ブリーチ・ロッキング・システムがスライドに組み込まれた点にある。ベネリ社はこのロッキングをイネルティア・ロックと名付けた。

　モデルB76ピストルは、新世代の大口径の軍用向けピストルとして、1970年代初めにベネリ社で開発が進められた。同社はセミ・オートマチック・ショットガンの経験を積んだメーカーだ。ショットガンは射撃の反動が大きいため、セミ・オートマチック作動にはリコイル利用が有効だった。ベネリ社は、この経験豊富なリコイル利用方式でセミ・オートマチック・ピストルの開発を進め、バレル固定のリコイル作動方式の大型ピストルを設計した。モデルB76ピストルは、ピストルでは珍しいティルトするブリーチをスライド内に装備したショットガン・メーカーならではのユニークな構造をもつ。ベネリ社のBと完成した1976年を組み合わせてモデルB76の製品名で発表した。

　ベネリ・モデルB76ピストルは、イタリア軍や警察、アメリカ軍などでテストされ、大量調達にはいたらなかったものの、アメリカ海軍特殊部隊シール（SEAL）が限定数量ながら購入した。1979年、ベネリ社はこのピストルを民間向けに発売。現用制式ピストル弾薬が許可されない国向けの市販型として、7.65mm×22（.30ルガー）口径や9mm×21 IMI口径、9mm×18ポリス口径の製品も開発したが、販売不振で量産体制の継続が困難になり1989年に生産停止に追い込まれた。

　ベネリ・モデルB76ピストルは、バレル固定式で、前述のように後端がティルトするブリーチがスライド内に組み込まれ、ディレイド・ブローバック（遅延ブローバック）方式で作動する。

　スライドの後部のブリーチが二重構造

モデルB76断面構造図

モデルB76部品展開図

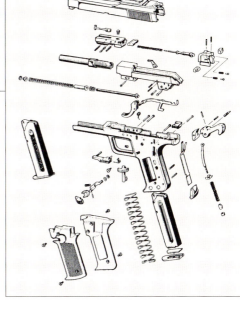

で、内部ブリーチの後部が上下にティルトする。スライドが前進しきると、ブリーチ後端が降下し、グリップ・フレーム側の傾斜段と噛み合ってロックされる。

　弾薬が撃発されると、発射ガス圧で薬莢底部がブリーチを後方に押す。ブリーチはフレームの傾斜段と噛み合ってハーフ・ロックされているため、スライドがすぐに動くことはない。ブリーチにかかる圧力は、ブリーチ後端を上昇させるが、ブリーチ後端部上方に装備されたひょうたん型をした部品が、反対にブリーチの後端を押し下げる方向に働く。その結果、ブリーチ後端が一気にフレームの傾斜段を滑り上がることはなく、一定の時差ののちに傾斜段を滑り上がってロックが解除され、スライド全体が後方に動き出す。

　後退するスライドは、発射済みの空薬莢をピストルから排出し、ハンマーをコックさせる。後退中にリコイル・スプリングも圧縮する。

　後退しきったスライドは、圧縮されたリコイル・スプリング圧によって前進に転じる。前進するスライドは、マガジンから弾薬をチャンバーに送り込む。スライドが前進しきる最終段階で、スライド後端の内部に装備されたひょうたん型の部品を通じて、前進するスライドの圧力がブリーチ後端に伝えられ、後端部を降下させてフレームの傾斜部と噛み合わせロックして次の射撃の準備が整う。

　撃発は露出ハンマー方式。トリガーは、シングル・アクションだ。グリップ・フレーム左側面の後端に手動セフティが装備されている。セフティの先端を引き上げるとオン（安全）となる。

　マガジンは、金属製のボックス・タイプでシングル・ロー（単列）式。マガジン・キャッチは、トリガー・ガード後方に設けられ、フレームを貫通させたクロス・ボルト方式だ。

　バリエーションとして、射撃競技用に大型のグリップを装備したモデルB76Sピストルがあるほか、7.65mm×17（.32ACP）弾薬を使用するブローバック方式のベネリ・モデルB77ピストルが約400挺製作された。

ベレッタ・モデル1951セミ・
オートマチック・ピストル
口径　　　　　9mm×19
全長　　　　　204mm
銃身長　　　　116mm
重量　　　　　935g
装填数　　　　8発
ライフリング　6条/右回り

## ベレッタ・モデル1951セミ・オートマチック・ピストル（イタリア）

　ベレッタ・モデル1951セミ・オートマチック・ピストルは、イタリアのブレッシア地方ガルドーネ・バル・トロンピアにあるベレッタ社（正式社名ピエトロ・ベレッタ社）が製作した軍用向けの大型ピストルだ。

　このピストルの特徴は、ベレッタ社が製作した初めての大口径ピストルで、ワルサー・モデル38ピストルに似た独立ロッキング・ブロックが組み込まれた点にある。第2次世界大戦中にベレッタ社が独占的に納入していたイタリア軍の制式ピストルは、7.65mm×17（.32ACP）口径や9mm×17（.380ACP）口径のいずれも中口径だった。各国の制式ピストルの標準弾薬は、9mm×19弾薬が主流となっていた。大戦が終結すると、ベレッタ社は、以前から研究を進めていた9mm×19口径の軍用ピストルの開発を急いだ。

　1940年代末に9mm×19口径の試作ピストルが完成し、イタリア軍と内務省の新世代制式ピストル・トライアルに提出された。1951年イタリア軍とカラビニエーリ（国境警備隊）は、ベレッタ社案の9mm×19口径のピストルを制式に選定、ピストラ・モデロ1951の制式名を与えた。

　大量生産に先立つ限定生産されたベレッタ・モデル1951ピストルが納入されると問題が判明した。納入されたピストルは、軽量化のためアルミニウム系の軽合金でグリップ・フレームを製作していたが、強度がじゅうぶんではなく、射撃するとクラックが出た。ベレッタ社は対応に追われ、モデル1951ピストルの生産は一時中断した。

　2回目の納入からグリップ・フレームを強度のあるスチールに変更して対応した。そのためモデル1951ピストルの本格的な量産は1957年から始められた。量産が始まると、海外の軍隊や警察、民間向けの供給も始まった。輸出型は、モデル951ピストルの製品名が付けられた。アメリカでは、モデル・ブリガーディア・ピストルの製品名で販売された。エジプト、イスラエル、パキスタン、南アメリカ諸国も制式ピストルとして選定した。エジ

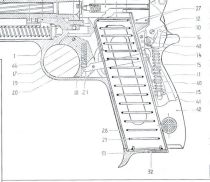

モデル1951断面構造図

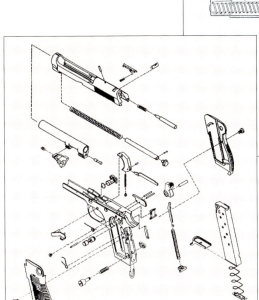

モデル1951部品展開図

プトは、のちにモデル・ヘルワン・ピストルの名称で国産化した。

モデル1951ピストルの製造は1980年まで継続された。

モデル1951ピストルは、ショート・リコイル作動する独立ロッキング・ブロックを組み込んである。ロッキング・ブロックは、ドイツ・ワルサー社が開発したモデルP38ピストル（228ページ参照）のものとよく似ている。スライドが前進しきると、グリップ・フレームの傾斜によって、バレルの下方に装備されたロッキング・ブロックの後端が上昇しロックされる。

弾丸が発射されると、高圧の発射ガスの力がかかりバレルとスライドが高速で後退する。バレルがショート・リコイルすると、突き出しピンの働きでロッキング・ブロックが回転して後端を降下させ、

スライドとのロックが解除される。

フリーになったスライドは後退を続け、発射済みの薬莢をピストルから排出し、ハンマーをコックさせ、スライド内のリコイル・スプリングも圧縮させる。後退しきったスライドは、リコイル・スプリング圧で前進に転じる。

前進するスライドは、マガジンから弾薬をチャンバーに送り込む。スライドの前進の最終段階で、ロッキング・ブロックがグリップ・フレームの傾斜によって後端を上昇させ、スライドの溝と噛み合いバレルとロックし次の射撃準備が整う。

撃発は露出ハンマー撃発方式。グリップ・フレームの後方の上部に、フレームを貫通したクロス・ボルト・タイプの手動セフティを装備する。セフティは、右側面から押すとオン（安全）になる。

マガジンは、金属製のボックス・タイプで、シングル・ロー（単列）式。マガジン・キャッチは、グリップ左側面下端にあるボタン・タイプだ。

マガジン内の弾薬を撃ちつくすと、スライド・ストップで、スライドが後退位置に停止する。フレーム左側面トリガー上方のスライド・ストップ後部を押し下げるとスライドが前進する。

ベレッタ・モデル70セミ・
オートマチック・ピストル
口径　7.65mm×17(.32ACP)
全長　　　　　　169mm
銃身長　　　　　　91mm
重量　　　　　　　635g
装填数　　　　　　8発
ライフリング　6条/右回り

## ベレッタ・モデル70セミ・オートマチック・ピストル（イタリア）

　ベレッタ・モデル70セミ・オートマチック・ピストルは、第2次世界大戦後に設計された中型ピストルで、イタリアのブレッシア地方ガルドーネ・バル・トロンピアにあるベレッタ社が製作した。

　このピストルの特徴は、第2次世界大戦後に拡大したアメリカの民間市場を狙って、従来のベレッタ社製のピストルとまったく異なる近代的なデザインを備えている点だ。

　アメリカで一時期流行した流線型のラインを組み合わせてシルエットが設計された。外観は大きく変わったが、内部メカニズムは戦前のベレッタ社のモデル1934ピストルと基本的に大差ない。

　大戦後、アメリカには戦時中に捕獲されたり、放出されたイタリア軍の制式ピストルがあふれた。放出された軍用ピストルは雑な仕上げのものも多かったが安価なため、新たに製造したピストルは価格的に太刀打ちできなかった。

　ベレッタ社は、従来の製品と外観を一新した中型ピストルを1950年代の後半に設計した。この流線型の新型ピストルは、ベレッタ・モデル958ピストルの名称で1958年に公開された。その後、ベレッタ・モデル70ピストルと製品名を改めて発売された。

　ベレッタ社がダブル・アクションを組み込んだ中型ピストルのモデル80シリーズ・ピストルを発売した後も、シングル・アクションを組み込んだ中型ピストルとして多くのバリエーションを加えながら1985年まで製造が続けられた。

　モデル70ピストルは、スライドの自重とスライドを前方に押すリコイル・スプリングの反発力だけで射撃反動を支えるブローバック作動方式で設計された。

　弾薬が撃発されると発射ガス圧が薬莢を通じてスライドのブリーチ前面を後方に押す。スライドは、その重量とリコイル・スプリング圧などで、すぐに後退を

モデル70断面構造図

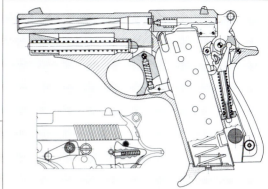

モデル70部品展開図

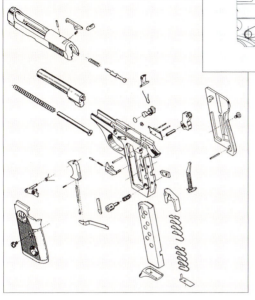

始めず、バレル内の危険な高圧の発射ガスが安全域に低下してから後退するように、バランスをもってリコイル・スプリングの反発力などが計算されている。

後退するスライドは、発射済みの薬莢をピストルから排出、ハンマーをコックする。スライドは後退中にリコイル・スプリングも圧縮する。後退しきったスライドは、後退中に圧縮したリコイル・スプリングの反発力で前進に転じる。前進するスライドは弾薬をマガジンからチャンバーに送り込む。スライドが前進しきれば次弾の射撃準備が整う。

撃発はスライド後端に露出したハンマーでおこなう。不用意にコックされないようラウンド・ハンマー・スパーを装備。トリガーはシングル・アクション。

オリジナルは、グリップ上部後端にフレームを貫通させたクロス・ボルト・タイプの手動セフティを装備していた。クロス・ボルト・タイプのセフティは、オンとオフが判断しにくいとの批判を受けて、のちにレバー・タイプの手動セフティに改良された。

マガジンは金属製のボックス・タイプで、シングル・ロー（単列）式。マガジン・キャッチはプッシュ・ボタン・タイプで、グリップ左側面の下部後方に装備された。マガジン内の弾薬を撃ちつくすと、グリップ・フレーム左側面トリガー上方に装備されたスライド・ストップにより、スライドは後退位置に停止する。スライド・ストップを押し下げると再びスライドを前進できる。

モデル70ピストルの主なバリエーションには、マガジン・セフティを追加装備したモデル70Sピストル、ロング・バレルとアジャスタブル・サイトを装備したモデル70Tピストル、.22LR口径のモデル71ピストル、.22LR口径の長と短の複数バレルを装備したモデル72（モデル・ジャガー）ピストル、.22LR口径でロング・バレルを装備したモデル73ピストル、同じく.22LR口径でロング・バレルを装備したモデル74ピストル、.22LR口径でロング・バレルを装備したモデル75ピストル、ヘビー・バレルと改良型スライドを組み込んだモデル76ピストルなどがある。

ベレッタ・モデル81BBセミ・
オートマチック・ピストル
口径　　7.65mm×17(.32ACP)
全長　　　　　　　172mm
銃身長　　　　　　 98mm
重量　　　　　　　665g
装填数　　　　　　 12発
ライフリング　6条/右回り

## ベレッタ・モデル81BBセミ・オートマチック・ピストル（イタリア）

　ベレッタ・モデル81BBセミ・オートマチック・ピストルは、イタリアのガルドーネ・バル・トロンピアにあるベレッタ社が開発したダブル・アクションの中型ピストルだ。その特徴は、ダブル・アクションのハンマー・トリガー・メカニズムを組み込んで設計された中型ピストルという点にある。モデル81BBピストルをはじめとするモデル80シリーズ・ピストルは、ベレッタ社が供給していたシングル・アクションのモデル70シリーズの後継機種の中口径ピストルとして製作された。モデル80シリーズは、モデル70シリーズの流線型のシルエットを継承して設計されている。

　1960年代から70年代、イタリアも西ドイツ（当時）同様にテロ活動に悩まされた。従来、警察官のピストルはシンボル的なものだった。そのため実戦向きではなく、テロ攻撃に対して機能・威力ともじゅうぶんでないと指摘された。

　ベレッタ社は、安全性が高く弾薬を装填して携帯でき、必要な場合にただちに射撃できる即応性が高いダブル・アクションを組み込んだピストルを企画した。当時ヨーロッパで一般警察官の武装は、中型ピストルが標準とされ、この新型は中型ピストルとして設計された。

　ベレッタ社は、モデル70ピストルをベースに、ダブル・アクションのハンマー・トリガー・システムと操作性の良いセフティを組み込んで開発を進め、モデル81ピストルを完成し、1976年発表した。

　モデル81ピストルは、警察官用ピストルの標準弾薬と考えられていた7.65mm×17（.32ACP）弾薬を使用する。そのため、ブローバック方式で設計された。

　弾薬が撃発されるとバレル内に発射ガス圧が充満し、薬莢を通じてブリーチ前面を後方に押しスライドを後退させようとする。スライドは自重とリコイル・スプリングの反発力などで、すぐには動き出さない。弾丸がバレルを通り抜け銃口から射出されるタイミングで、スライド

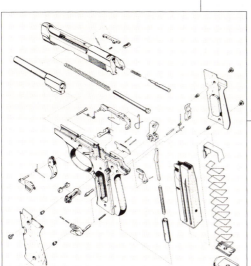

モデル81BB断面構造図

モデル81BB部品展開図

が後退する。このタイミングを合わせるためリコイル・スプリングの圧力が調整されている。バレル内の発射ガス圧は急速に低下するが、スライドは残った余圧と後方に動き始めた慣性で後方いっぱいまで後退し、空薬莢をピストルの外に排出し、ハンマーをコックさせる。後退するスライドはスライド内のリコイル・スプリングも圧縮する。後退しきったスライドは、リコイル・スプリングの反発力で前進に転じる。前進するスライドは、マガジンから弾薬をチャンバーに送り込みスライドが前進しきると、次の射撃準備が完了する。

撃発はスライド後端に露出したハンマーでおこなう。不用意に起き上がらないようラウンド・ハンマー・スパーが装備された。トリガー・システムは、シングル・アクションとダブル・アクションの両方で射撃できるコンベンショナル・ダブル・アクションが組み込まれている。フレームの上部後端に左右両側から操作できる手動セフティが装備された。セフティ先端を引き上げるとオン（安全）となる。

マガジンは金属製のボックス・タイプで、ダブル・カーラム（複列）式。マガジン・キャッチは、トリガー・ガード後方のフレーム左側面に装備されたプッシュ・ボタン方式。マガジン内の全弾薬を射撃すると、スライド・ストップにより、スライドが後退位置で停止する。スライドを再び前進させるには、フレーム左側面のトリガー上方のスライド・ストップ後端を下方に押し下げる。

ベレッタ・モデル80ピストル・シリーズのバリエーションは、1976年発表のオリジナル・モデル81ピストル、1977年発売のモデル81BBピストル、1977年発売のモデル82BBピストル、1976年発売のモデル84ピストル、1977年発売のモデル84BBピストル、1990年発売のモデル84Fピストル、1977年発売のモデル85BBピストル、1990年発売のモデル85Fピストル、1991年発売のモデル86ピストル、1997年発売のモデル87BBピストル、1977年発売のモデル89ピストル、2000年発売のモデル87BBターゲット・ピストルなどがある。

ベレッタ・モデル21セミ・
オートマチック・ピストル
口径　6.35mm×16SR(.25ACP)
全長　　　　　　　125mm
銃身長　　　　　　61mm
重量　　　　　　　335g
装填数　　　　　　7発
ライフリング　4条/右回り

## ベレッタ・モデル21セミ・オートマチック・ピストル（イタリア）

　ベレッタ・モデル21セミ・オートマチック・ピストルは、イタリアのガルドーネ・バル・トロンピアにあるベレッタ社が1984年に発売したポケット・ピストルだ。

　このピストルの特徴は、ティップ・アップ（跳ね上げ式）バレル装備の小型の典型的なポケット・ピストルながら、ダブル・アクションのハンマー・トリガー・システムが組み込まれている点にある。

　ポケット・ピストルは、全長が10センチ内外で、上着のポケットに入れられる小型のピストルをいう。小型なだけに、威力の低い小型弾薬を使用するものが多い。実際のストッピング・パワーより、軽量さやコンパクトさで常に一定の購買層があるピストルだ。

　ベレッタ社は、ティップ・アップ・バレル装備のポケット・ピストルを、モデル950ピストル（モデル・ジェットファイアー・ピストル）と名付けて第2次世界大戦後に製造・供給し、ロングセラー製品となった。ベレッタ・モデル21ピストルは、モデル950の近代化モデルとして企画され、1984年発売された。

　モデル21ピストルは、ティップ・アップ・バレルをそのまま残し、即応性が高いダブル・アクションのハンマー・トリガー・システムを組み込んでいる。

　バリエーションとして6.35mm×16SR(.25ACP)口径のベレッタ・モデル21ピストルとともに.22LR口径のモデル20ピストルも発売され、アメリカでは、モデル・ボブキャット・ピストルの名称で販売された。2000年にはステンレスで製作されたモデル21 INOXピストルが追加発売された。

　ティップ・アップ・バレルを装備する現代ピストルは少ない。ティップ・アップ・

バレルは、バレル先端部の下方を軸としてバレル後端を跳ね上げて開けるメカニズムだ。バレルをティップ・アップすると、バレル後端のチャンバーが開き、容易にバレル内の弾薬を取り出せる。

セミ・オートマチック・ピストルのほとんどが、射撃を中断させるとバレルのチャンバーに弾薬が残っていることは常識だ。だが、セミ・オートマチック・ピストルが出現した最初の頃、このことを知らずに、マガジンをピストルから抜き出せば安全だと勘違いし、不用意に扱って暴発事故が多発した。

ティップ・アップ・バレルは、この種の暴発事故を防止する方法として考えられた。第1次世界大戦頃にフランスのマニュフランス社がこの構造を組み込んだピストルを製作し、広く知られるようになった。

スライド上面は、ベレッタ社製品らしく、カットされて開口部となり、バレル上面が露出している。ティップ・バレルを組み込んだため、モデル21ピストルのスライドの開口部は、バレル先端まで開いており、フロント・サイトがバレル上面に装備された。フレーム左側面のトリガー上方に装備されたレバー下端を前方に押すと、バレルが跳ね上げられバレル後端のチャンバーから弾薬を取り出せる。

モデル21ピストルは圧力の低い6.35mm×16SR（.25ACP）弾薬を使用し、シンプ

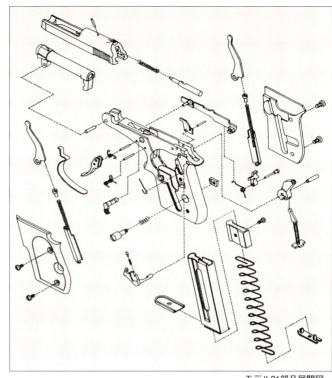

モデル21部品展開図

ルなブローバック方式で作動する。

撃発はスライド後端に露出したハンマーでおこなう。不用意にコックされないよう、ラウンド・ハンマー・スパーが装備された。トリガーはダブル・アクションと、シングル・アクション両用のコンベンショナル・ダブル・アクション。フレーム左側面上方の後端部分に手動セフティが装備された。

マガジンは金属製のボックス・タイプで、シングル・ロー（単列）式。マガジン・キャッチは、グリップ・パネル左側面の後方下部に装備され、プッシュ・ボタン・タイプだ。

小型ピストル輸入制限法が施行されて、アメリカへ輸出できなくなってから、ベレッタ社のアメリカ法人のベレッタUSA社が製造し供給している。

ベレッタ・モデル92FSセミ・
オートマチック・ピストル
口径　　　　9mm×19
全長　　　　217mm
銃身長　　　125mm
重量　　　　975g
装弾数　　　15発
ライフリング　6条/右回り

モデル92FSスライド・ブロック・セフティ

## ベレッタ・モデル92FSセミ・オートマチック・ピストル（イタリア）

　ベレッタ・モデル92FSセミ・オートマチック・ピストルは、イタリアのガルドーネ・バル・トロンピアにあるベレッタ社が開発した大型ピストルで、アメリカ軍の制式ピストルにも選定された。

　このピストルの特徴は、モデル1951ピストル（266ページ参照）と同型の独立回転式のロッキング・ブロックを装備し、ダブル・アクションのトリガーを組み込んだ点にある。

　1970年代、ベレッタ社は、次世代の警察官武装用中型ピストルの開発と並行させて軍用向けの大型ピストルの開発を進めた。ともに即応性の高いダブル・アクションのハンマー・トリガー・システムを組み込み、装弾数の多いダブル・カーラム（複列）マガジンを装備して設計された。一般警察用向けのモデル80中型ピストルと軍用向けのモデル92大型ピストルが1976年に完成された。

　オリジナルのモデル92ピストルは、フレーム左側面の後端部分に手動セフティを装備していた。1978年に手動セフティをスライド後部に移動させ、ファイアリング・ピンをロックし、ハンマー・デコッキング機能も備えた改良型のモデル92Sピストルが完成した。

　さらに手動セフティに改良が加えられ、1979年にモデル92SBピストルが開発された。このピストルは、アメリカ軍の新制式ピストル・トライアルに提出された。トライアルの過程で、いくつかの改良点が指摘され、改良型のモデル92Fピストルが完成、アメリカ軍仮制式ピストルに選定された。仮採用後、多数の強装弾薬を射撃したモデル92Fピストルのスライドの破断事故が起こった。

　事故を受けてベレッタ社は、1984年にハンマー軸の頭の直径を大きく改良し、スライドが破断されてもスライドが後方

モデル92FS断面構造図

モデル92FS部品展開図

に飛び出さないように改良を加えたモデル92FSピストルを完成した。モデル92FSピストルは、1985年にアメリカ軍の制式ピストルに選定された。

モデル92FSピストルは、独立回転式ロッキング・ブロックを組み込み、水平ショート・リコイルするバレルで作動する。

組み込まれたロッキング・ブロックは、バレル後方の下面に装備され、回転して後端でロックする形式だ。スライドが前進しきると、フレームの傾斜によって、ロッキング・ブロックは後端を上昇させ、バレルとスライドをロックする。

射撃するとバレルとスライド先端にかかる発射ガス圧で、バレルとスライドが後退する。バレルがショート・リコイルすると、突き出しピンの働きでロッキング・ブロックが回転し後端を降下させ、スライドとのロックが解除される。フリーになったスライドは後退を続け、発射済みの薬莢を排出し、ハンマーをコックさせ、リコイル・スプリングを圧縮する。

後退しきったスライドは、リコイル・スプリング圧で前進に転じ、マガジンから弾薬をチャンバーに送り込み、最終段階でロッキング・ブロックを回転させ、ロックして次の射撃準備が整う。

撃発は露出したハンマーでおこなう。トリガーはシングル・アクションとダブル・アクション両用のコンベンショナル・ダブル・アクション。スライドの後部に、右左の両側面から操作できる手動セフティが装備された。セフティを下方に押し下げるとオン（安全）になり、ハンマーも安全に前進する。

マガジンはボックス・タイプの金属製、15発を装塡できるダブル・カーラム（複列）式。アメリカ向けの市販型は、装塡数10発に改造されている。マガジン・キャッチは、トリガー・ガード後方のフレームを貫通したクロス・ボルト・タイプ。

マガジンの弾薬を撃ちつくすと、スライド・ストップでスライドは後退位置に停止する。フレーム左側面トリガー上方のスライド・ストップを押し下げるとスライドが前進する。

モデル92FSピストルは、スタンダード・モデル以外にスペックの異なる多くのバリエーションが製作された。

ベレッタ・モデル8000Fセミ・オートマチック・ピストル
口径　　　　　　9mm×19
全長　　　　　　180mm
銃身長　　　　　92mm
重量　　　　　　950g
装填数　　　　　15発
ライフリング　6条/右回り

## ベレッタ・モデル8000セミ・オートマチック・ピストル（イタリア）

　ベレッタ・モデル8000セミ・オートマチック・ピストルは、イタリアのガルドーネ・バル・トロンピアにあるベレッタ社が開発し、1994年に発売したセミ・コンパクトの大型ピストルだ。

　このピストルの特徴は、ショート・リコイルする回転式のバレルを用いたターン・バレル・ロッキングが組み込まれている点にある。

　モデル8000ピストルは、モデル・クーガーの製品名ももち、ベレッタ社で製造後、現在はグループ傘下のストーガー社がトルコで生産している。

　モデル8000ピストルは、コンベンショナル・ダブル・アクションを組み込んだFシリーズとダブル・アクション・オンリーを組み込んだDシリーズの2系統で製作されている。モデル8000ピストルは、9mm×19弾薬を使用する警察官用向けの重武装ピストルとして製品化された。警察官用にコンパクト化するとともに、グリップ・フレームはアルミニウム系軽金属で製作されて軽量化が図られている。

　モデル8000ピストルは、小型のセミ・コンパクトを除くと基本的にターン・バレル・ロッキングが組み込まれている。

　ターン・バレル・ロッキングは、バレルの外側の突起でスライドとバレル、フレームをロックさせる方式だ。スライドが前進しきるとバレルのロック突起がスライドの直角溝に入ってロックする。

　射撃すると、発射ガスの高い圧力がバレルとスライドの前端にかかり、ともに高速で後退する。ショート・リコイルするバレルは、ロック突起に設けられた傾斜溝に噛み合っているフレーム側の突起によって回転する。

　バレルが回転すると、バレルのロック突起は、スライド内部のL型溝の直角部分からスライドと平行した溝に入り、ロックが解除される。フリーになったスライドは後退を続け、ピストルから発射済みの薬莢を排出し、ハンマーをコックし、リコイル・スプリングも圧縮する。

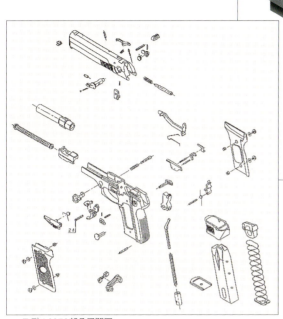

モデル8000作動図

モデル92FS部品展開図

　後退しきったスライドは、リコイル・スプリング圧で前進に転じる。前進するスライドは、マガジンから弾薬をチャンバーに送り込み、最終段階でフレームの突起がバレルの傾斜溝に沿ってバレルを回転させスライドとロックさせる。これでピストルは次の射撃準備が整う。

　撃発はスライド後端に露出したハンマーでおこなう。Fシリーズは、コンベンショナル・ダブル・アクションが組み込まれており、シングル・アクションとダブル・アクションの両方で射撃が可能だ。Dシリーズは毎回ダブル・アクションで射撃する。Fシリーズはスライドの後部にハンマー・デコッキング機能も備えた左右の両側面から操作できる手動セフティが装備された。

　マガジンはボックス・タイプの金属製、15発を装塡できるダブル・カーラム（複列）式。マガジン・キャッチはトリガー・ガード後方のフレームを貫通したクロス・ボルト・タイプだ。

　マガジンの弾薬を撃ちつくすと、スライド・ストップによって、スライドが後退位置で停止する。フレーム左側面トリガー上方のスライド・ストップ後部を押し下げるとスライドが前進する。

　1994年、9mm×19口径のモデル8000ピストルが最初に製作された。9mm×19弾薬が許可されない国に向けに9mm×21 IMI口径の製品も製作された。

　同じ年に、アメリカ向けに.40S&W口径のモデル8040ピストルと、.45ACP口径のモデル8045ピストルも発売された。

　このほかに.357 SIG口径のモデル8357ピストルも生産された。各モデルともFシリーズ、Dシリーズの2系列で製造され、ステンレス製のバレルやスライドを装備させたINOXモデルも製作された。

　サイズのオプションとして小型のセミ・コンパクト・タイプと、さらに小型化されたサブ・コンパクト・タイプが製作された。サブ・コンパクト・タイプは、ターン・バレル・ロッキングでなくティルト・バレル・ロッキングが組み込まれた。

ベレッタ・モデルPX4
ストーム・セミ・オート
マチック・ピストル
口径　　　　9mm×19
全長　　　　158mm
銃身長　　　76mm
重量　　　　740g
装填数　　　13発
ライフリング　6条/右回り

通常分解したモデルPX4ストーム

## ベレッタ・モデルPX4 ストーム・セミ・オートマチック・ピストル（イタリア）

　ベレッタ・モデルPX4 ストーム・セミ・オートマチック・ピストルは、イタリアのガルドーネ・バル・トロンピアにあるベレッタ社が開発した大型ピストルだ。

　このピストルの特徴は、モデル8000ピストルと同様のターン・バレル・ロッキング・システムが組み込まれたことと、強化プラスチック製のグリップ・フレームを装備させたことにある。

　ドイツのヘッケラー&コッホ社が最初に実用化し、オーストリアのグロック社が一般化させた強化プラスチック製のグリップ・フレームは、軽量さと射撃時の反動リコイルがマイルドなことから、多くのメーカーが新世代ピストルの設計に採り入れるようになった。

　ベレッタ社などの大手ガン・メーカーは最初、強化プラスチック製のグリップ・フレームを装備させた大型ピストルに懐疑的だった。大型ピストルは、ピストル生産の中核で、新素材の導入により失敗すると、それまでの実績を台無しにする可能性があったからだ。

　スチール製だったピストルのグリップ・フレームがアルミニウム系の軽合金製に転換したように、現在のトレンドは、強化プラスチック製のグリップ・フレームに移行している。

　強化プラスチック製のグリップ・フレーム装備のピストルが次々と発売されると、ベレッタ社も強化プラスチック製グリップ・フレーム装備のベレッタ・モデルPX4 ストーム・ピストルの発売に踏みきった。同時にベレッタ社は、サブ・マシンガン、アサルト・ライフル、ショットガンなども強化プラスチックを多用し、流線型の統一したデザインのモデルX4シリーズをスタートさせた。

　モデルPXストーム・ピストルは、前作のベレッタ・モデル8000シリーズ・ピス

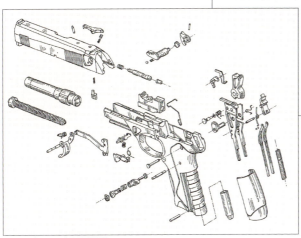

モデルPX4
断面構造図

モデルPX4部品展開図

トルと同型式のターン・バレル・ロッキングが組み込まれている。ベレッタ社の開発技術者は、モデル1951ピストル以来、バレル軸線上を前後動させるショート・リコイル方式にこだわった。この形式のほうが、バレル後端を上下動させるティルト・ロック・バレル方式より、高い命中精度を維持しやすいと考えている。

ターン・バレル・ロッキングは、バレルの外側にスライドとロックさせるための突起と、バレルを回転させるための溝が装備されている。スライドが前進しきるとバレルのロック突起がスライドの直角溝に入ってロックする。

射撃時にバレルとスライドの前端にかかる高い発射ガス圧で、バレルとスライドはともに高速で後退する。ショート・リコイルするバレルは、外面に設けられた傾斜溝とフレームの突起で回転する。

バレルが回転するとバレルのロック突起が、スライド内部のL型溝の直角のロック溝から、スライドと平行した溝に入りロックが解除される。フリーになったスライドは後退を続け、発射済みの薬莢を排出し、ハンマーをコックさせ、リコイル・スプリングも圧縮する。スライドは後退中にスライド内部に装備されたリコイル・スプリングを圧縮させる。後退しきったスライドは、リコイル・スプリング圧で前進に転じ、マガジンから弾薬をチャンバーに送り込む。前進の最終段階で、バレルの傾斜溝とフレーム側の突起の働きでバレルが回転し、バレルのロック突起がスライドのロック溝と噛み合ってロックされ、射撃準備が整う。

撃発はスライド後端に露出したハンマーでおこなう。コンベンショナル・ダブル・アクションの製品には、ハンマー・デコッキング機能を備え、両側面から操作できる手動セフティがスライド後部に装備された。

マガジンはボックス・タイプの金属製、15発を装填できるダブル・カーラム（複列）式だ。マガジン・キャッチはトリガー・ガード後方のフレームを貫通したクロス・ボルト・タイプ。

マガジンの弾薬を撃ちつくすと、スライド・ストップでスライドが後退位置で停止する。フレーム左側面トリガー上方のスライド・ストップを押し下げると前進する。

ベルナルデリ・モデルPO18
セミ・オートマチック・ピストル
口径　　　　　9mm×19
全長　　　　　209mm
銃身長　　　　122mm
重量　　　　　970g
装填数　　　　16発
ライフリング　6条/右回り

## ベルナルデリ・モデルP018セミ・オートマチック・ピストル（イタリア）

　ベルナルデリ・モデルP018セミ・オートマチック・ピストルは、イタリアのガルドーネ・バル・トロンピアにあったビンセンツォ・ベルナルデリ社（同社は、現在トルコのサルジルマツ社の傘下企業）によって製作された大型ピストルだ。

　このピストルは、ベルナルデリ社の初の大口径セミ・オートマチック・ピストルとして製作された。

　第2次世界大戦後、ベルナルデリ社は、アメリカ輸出向けに多くの中型や小型のセミ・オートマチック・ピストルを製作した。1970年代末、ベルナルデリ社は、大口径の9mm×19弾薬や7.65mm×22（7.65mmルガー）弾薬を使用するセミ・オートマチック・ピストルの開発を始め、1982年に完成し公開した。ベルナルデリ・モデルP018ピストルは公開された3年後の1985年から量産が始められ、1987年にアメリカへの輸出も開始された。アメリカでは、アームスポーツ社とマグナム・リサーチ社を通じて販売された。9mm×19弾薬が許可されないイタリア向けは、9mm×21 IMI口径で製造された。

　モデルP018ピストルは、直線的なシルエットでデザインされ、バレルやスライド、グリップ・フレームなどの主要な部品をスチールで製造した。

　作動メカニズムとして、ブローニング原案のショート・リコイルするティルト・バレルを組み込んである。

　ティルト・バレルは、チャンバーのやや前のバレルの外面に2つのロッキング突起が装備され、この突起とスライド内面の上部に切られた2つの溝を噛み合わせてフル・ロッキングする構造だ。ティルト・バレルとしては、やや旧世代に属する形式で設計された。

　射撃時にバレルとスライド前面にかかる大きな発射ガス圧によってバレルをショート・リコイルさせ起動する。ショート・リコイルするバレルは、バレル後端

下方に設けられたブロックの傾斜穴によって、バレル後端を降下させ、バレルの突起とスライドの溝の結合が解かれ、スライドとのロックを解除する。

フリーになったスライドは、後退を続け、発射済みの薬莢をピストルから排出し、ハンマーをコックし、リコイル・スプリングも圧縮する。

後退しきったスライドはリコイル・スプリングの反発力で前進に転じ、マガジンから弾薬をチャンバーに送り込む。スライドが前進しきる最終段階で、バレル下方に設けられたブロックの傾斜穴の働きでバレル後端が上昇し、バレル上面の2つの突起とスライドの内面上部の2つの溝が噛み合ってスライドとバレルがロックされ、次の射撃の準備が整う。

撃発はスライド後端に露出したハンマーでおこなう。ハンマーには指でコックしやすいロング・ハンマー・スパーが装備されている。トリガーはダブル・アクションとシングル・アクションの両方で射撃が可能なコンベンショナル・ダブル・アクションが組み込まれた。

グリップ・フレーム上部の後端部分に手動セフティが装備されている。手動セフティのほかに、ファイアリング・ピンをブロックし、トリガーを引ききらないと解除されないオートマチック・ファイアリング・ピン・セフティもブリーチ内に装備した。

マガジンは金属製のボックス・タイプで、ダブル・カーラム（複列）式。グリップ・フレーム下面にマガジン底部をフックして固定するコンチネンタル・マガジン・キャッチが装備された。

照準装置として、固定式のフロント・サイトと左右のウィンデージのみ可能な調節式のリア・サイトが装備された。

モデルP018ピストルのバリエーションとして、表面をクローム・メッキした製品が製作された。またモデルP018-9ピストルと名付けられた製品も製作された。モデルP018-9ピストルは、別名モデルP018コンパクト・ピストルと呼ばれる小型化モデルだ。

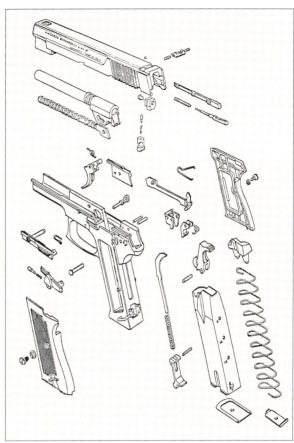

モデルP018部品展開図

ベルナルデリ・モデル80セミ・
オートマチック・ピストル
口径　　7.65mm×17(.32ACP)
全長　　　　　　　　165mm
銃身長　　　　　　　90mm
重量　　　　　　　　505g
装填数　　　　　　　8発
ライフリング　6条/右回り

## ベルナルデリ・モデル80セミ・オートマチック・ピストル（イタリア）

　ベルナルデリ・モデル80セミ・オートマチック・ピストルは、イタリアのガルドーネ・バル・トロンピアにあったビンセンツォ・ベルナルデリ社によって製作された中型ピストルだ。

　このピストルは、1959年に先行して発売されたモデル60ピストルに改良を加え、後継機種として1968年に発売された。

　モデル80とモデル60ピストルはほぼ同型で、アメリカの小型ピストル輸入規正法に適合させるためスライドの後部に手動セフティを装備している以外、基本的なメカニズムに大きな違いはない。

　モデル80ピストルの特徴は、シングル・アクションながら、アメリカで人気のあったドイツ・ワルサーのモデルPPピストルに似せた外観を備えている点で、モデルPPピストルが装備していなかった調節可能なリア・サイトを装備した。

　モデル80ピストルは、7.65mm×17（.32ACP）弾薬や9mm×17（.380ACP）弾薬、.22LR弾薬などの複数の弾薬を使用できるピストル・ベースとして企画された。これらの弾薬は比較的、発射ガス圧力が低いため、ブローバック方式で設計された。ブローバック方式は、スライド自体の重量とバレル周囲に装備されたリコイル・スプリングの反発力によって射撃の反動を支える構造だ。

　射撃すると、発射ガスがバレルに充満し、薬莢を通じてスライドのブリーチの前面にかかり後方に押す。この圧力で、スライドは後退しようとするが、リコイル・スプリングの反発力などにより、すぐには後退しない。ごく短い時間の後、スライドは後方に動き始める。

　射撃時の最も高いガス圧は、前進して動き出しにくいスライドを起動させるために利用し、スライドの後退は動き出したスライド自体の慣性と余ったガスの圧力によっておこなわれる。

　スライドが後退し発射済みの薬莢がチ

モデル80
断面構造図

モデル80部品展開図

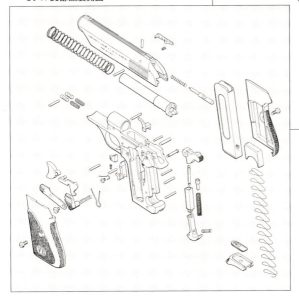

の薬莢をピストルの外に排出し、ハンマーをコックし、バレル周囲のリコイル・スプリングも圧縮する。後退しきったスライドは、圧縮されたリコイル・スプリング圧で前進に転じる。前進するスライドはマガジンから弾薬をバレルのチャンバーに送り込んで前進を終え、次の射撃の準備が整う。

撃発はスライド後端に露出したハンマーでおこなう。不用意にコックされないようにセミ・ラウンド・ハンマー・スパーがハンマーに装備された。

トリガーはシングル・アクション。フレーム左側面グリップ・パネル前方とスライド左側面後方の2カ所に手動セフティが装備された。フレームのセフティは、先端部を下方に押し下げるとオン（安全）になりトリガーを引くことができない。スライドのセフティは、先端を押し下げるとファイアリング・ピンの後端部分をブロックする構造だ。シングル・アクションのため、このセフティにハンマー・デコッキング機能は組み込まれていない

マガジンは金属製のボックス・タイプでシングル・ロー（単列）式。マガジンの底部をフックして固定するコンチネンタル・マガジン・キャッチが、グリップ・フレーム下面に装備された。

ャンバーから完全に抜き出されるまでに、弾丸はマズルから射出され、バレル内に充満していた高圧発射ガスがマズルから空中に逃げて圧力を安全域にまで低下させて射手の安全を図っている。

そのため構造的には単純なブローバック方式だが、安全に作動させるためにスライドの重量、リコイル・スプリングの反発力などの調整が重要になる。

これらの調整を適切におこなえば、同じピストルで、ブローバック方式で使用可能な異なる発射ガス圧のさまざまな口径の弾薬を発射することが可能になる。

モデル80ピストルはこの好例で、同型ピストルに反発力の異なるリコイル・スプリングを装備させ、7.65mm×17（.32 ACP）弾薬、9mm×17（.380ACP）弾薬、.22LR弾薬を使用する口径オプションが製作された。

射撃後、後退するスライドから発射済

チアッパ・モデル・
ライノ・リボルバー
口径　　　　　.357Mag
全長　　　　　240mm
銃身長　　　　127mm
重量　　　　　895g
装填数　　　　6発
ライフリング　6条/右回り

モデル・ライノ構造写真

## チアッパ・モデル・ライノ・リボルバー（イタリア）

　チアッパ・モデル・ライノ・リボルバーは、イタリアのガルドーネ・バル・トロンピアにあるチアッパ・アルミ社によって製作された中口径のリボルバーだ。

　このリボルバーの特徴は、通常のリボルバーでシリンダー最上部の前方に設けられているバレルをシリンダー前方の最下部に装備させた点にある。

　バレルをシリンダーの最下部の前方に装備させた理由は、グリップした手から最も高低差の少ない位置にバレルの軸線を設定するためだった。

　ピストルは、バレルの軸線とグリップした手の高低差が大きくなるほど、射撃したときのマズル部分の跳ね上がりが大きくなる。モデル・ライノ・リボルバーは、この射撃時のマズルの跳ね上がりを最小にすべく設計された。一般的に射撃時のマズル部分の跳ね上がりが少ないほど、命中精度の向上が期待できる。

　このリボルバーを開発したのは、ユニークなモデルMTR8リボルバー（286ページ参照）をマテバ社に提供したエミリオ・ギソーニとアントニオ・クダッツォだ。

　エミリオ・ギソーニは、モデル・ライノ・リボルバーに先立ち、よく似た原理のリボルバーを数機種開発し、マテバ社に提供した。しかしマテバ社は前社主が他界したため、ピストル製造分野から手を引いた。エミリオ・ギソーニは、新たに改良したリボルバーをチアッパ・アルミ社に提示。同社はこの改良型リボルバーにモデル・ライノ（犀：サイ）の名称を付けて製品化し、2009年から製造を始めた。

　モデル・ライノ・リボルバーは、ソリッド・フレームにクレーンで左側方にスイング・アウトできるシリンダーを組み込んだリボルバーだ。一見ブル・バレル風の上下幅の大きなバレルは、射手の手

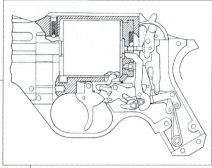

モデル・ライノ断面構造図

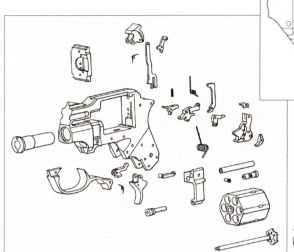

モデル・ライノ
部品展開図

にバレル軸線を近づけるための特殊な構造が組み込まれている。前述したように通常、シリンダー前方の最上部に装備されているバレルは、モデル・ライノ・リボルバーの場合、シリンダー前方の最下部に装備された。通常のリボルバーは、シリンダーの最上部のチャンバーで弾薬を撃発し射撃するが、モデル・ライノ・リボルバーの場合、シリンダーの最も低い位置のチャンバーで弾薬を撃発して射撃する。

このリボルバーはスポーツ射撃向けに企画され、バレル上部にベンチ・リブが装備された。製造を簡素化させるため、下半分の内部にライフリングを入れたパイプ状のバレル・ライナーが、バレル本体の下方に内蔵された。撃発はフレームに内蔵式されたハンマーでおこなう。モデル・ライノ・リボルバーのフレーム後方の上部にハンマー・スパーのような内蔵ハンマーをコックするためのハンマー・コッキング・レバーが露出している。

シリンダーの最下部で撃発させることからハンマーの位置が低くなり、適正な移動量のハンマーを組み込むために内蔵式ハンマーとした。トリガーはダブル・アクションとシングル・アクションの両方の射撃が可能なコンベンショナル・ダブル・アクション方式だ。

フレームとのロックを解き、シリンダーをスイング・アウトさせるためのシリンダー・ロック・ラッチが左側面グリップ後端上方に装備された。レバー後端を押し下げると、ロックが解除される。

シリンダーの作動は、通常のリボルバーと同様だ。ハンマーに装備されたハンドでラチェット押し上げてシリンダーを回転させる。シリンダーに6発の弾薬を装填でき、シリンダー軸を後方に押して、射撃済みの薬莢を排出する。

モデル・ライノ・リボルバーは、.357マグナム弾薬のほか、9mm×19弾薬、.40S&W弾薬、9mm×21 IMI弾薬を使用する口径オプションがあり、51mm、102mm、127mm、152mmの長さのバレルが製作されている。

マテバ・モデルMTR8
リボルバー
口径　　　.38S&W Sp
全長　　　　265mm
銃身長　　　　75mm
重量　　　　1260g
装填数　　　　8発
ライフリング　6条/右回り

## マテバ・モデルMTR8リボルバー（イタリア）

　マテバ・モデルMTR8リボルバーは、イタリアのアドリア海沿いのパビアにあるマテバ社（正式社名マキナ・テルモ・バレスティキ社）が製造したユニークなリボルバーだ。

　このリボルバーの特徴は、セミ・オートマチック・ピストルのような形のフレームを後ろ半分に組み込んで設計された点にある。この特殊な形状は命中精度を上げるためグリップを握る手からバレル軸線までの高低差を最小にするためだ。同リボルバーはイタリア人エミリオ・ギソーニによって開発・設計された。

　グリップした手とバレル軸線との高低差が少ないほど、射撃するときにマズル（銃口）部分の跳ね上がりが少なく、一般的に命中精度の向上が期待できる。とくに短時間に多数の標的を射撃する射撃競技では有効に作用する。

　国際ラピッド・ファイアー射撃競技には、過去に旧ソビエトがセミ・オートマチック・ピストルを上下逆さまにしたよ うなピストルを開発して使用したため形状を含めた規制が設けられた。ギソーニの開発したピストルは、この国際基準を満たすものとして開発が進められた。

　セミ・オートマチック・ピストルの後退するスライドも連続射撃するときにマズルを跳ね上げる要因になる。そこでスライドの動かないリボルバー形式をベースにしながら、前半分がリボルバーで後半分がセミ・オートマチックのような形の22口径のピストルを開発した。後半分のグリップ部分がバレルの軸線に最も近くなるように設計されている。

　ピストルの跳ね上がりを減少させるため、後半分に内蔵させた撃発メカニズムを自動的にコックし、シリンダーを回転させるメカニズムが組み込めなかったため、ダブル・アクションでトリガーを引くかフレーム左側面のコッキング・レバーを操作して連発する必要があり、ともに連発に時間がかかり、いくらマズルの跳ね上がりが少なくとも、4秒間に5つ

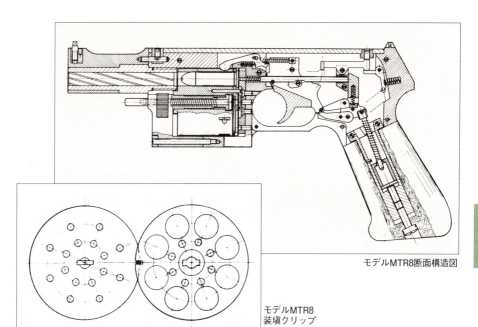

モデルMTR8断面構造図

モデルMTR8
装填クリップ

の標的を正確に照準して射撃することは不可能だった。そのためせっかくの跳ね上がり防止の設計を相殺してしまった。最終的にギソーニのピストルは、ラピド・ファイアー競技用には製作されなかった。

ラピド・ファイアー競技向けとしては問題があったが、ピストルを提示されたマテバ社は、このユニークな構造のピストルが、一般の射撃を楽しむ人々にじゅうぶんアピールすると判断し、1983年に製品化することにした。

マテバ社は、ギソーニのメカニズムを組み込んで、.22LR口径で14連発のモデルMTR14リボルバー、同口径で20連発のモデルMTR20リボルバー、.38S&Wスペシャル口径で8連発のモデルMTR8リボルバー、同口径で12連発のモデルMTR12リボルバー、.357マグナム口径で12連発のモデルMTR12Mリボルバーを製品化させた。

これらの中で最も多数製作されたのが、マテバ・モデル・スポーツ&ディフェンス・リボルバーの別名をもつモデルMTR8リボルバーだった。

モデルMTR8リボルバーは、ユニークな外観ながら、基本的にソリッド・フレームにスイング・アウトするシリンダーを組み込んだダブル・アクション・リボルバーだ。

撃発はフレームに内蔵されたストライカーでおこなう。ストライカーはトリガーをダブル・アクションで引くか、フレーム左側面のコッキング・レバーを操作してコックする。トリガーはダブル・アクションとシングル・アクションの両方で射撃可能なコンベンショナル・ダブル・アクション。

シリンダーはクレーンの左側面上部に装備されたシリンダー・クレーン・ロックによって固定されている。引き下ろし解除するとシリンダーを左側方にスイング・アウトできる。

弾薬は2枚の円盤状のスチール・プレートでリムをはさむようまとめてシリンダーに装填する。円盤は一種のスピード・ローダーとしての働きももつ。

マテバ・モデル2006
リボルバー
口径　　　　　.357Mag
全長　　　　　187mm
銃身長　　　　76mm
重量　　　　　1070g
装弾数　　　　6発
ライフリング　6条/右回り

モデル2006断面構造図

## マテバ・モデル2006リボルバー／モデルMTR6+6リボルバー（イタリア）

　マテバ・モデル2006リボルバーは、イタリアのパビアにあるマテバ社が、モデルMTR8リボルバー（286ページ参照）の後継機種として製造したユニークな構造のリボルバーだ。

　このリボルバーの特徴は、通常のリボルバーのような外観を備えているものの、通常のリボルバーと異なり、バレル部分をフレームの下方に設定した点にある。

　1983年にマテバ社がモデルMTR8リボルバーを発売すると、そのユニークな構造とキャラクターで、射撃愛好家から大きな反響があったものの、同時に欠点も多く指摘された。

　モデルMTR8リボルバーは、射撃時のマズルの跳ね上がりを最小にできたが、連発するのにコッキング・レバーを操作したり、ダブル・アクションで射撃する必要があり、正確な連続射撃が望めなかった。また弾薬の装填に特殊な装填クリップを必要とし、これがないと射撃できないことも欠点だった。

　これらの指摘に対して、開発者のエミリオ・ギソーニは、モデルMTR8の長所をそのまま残し、改良を加えたリボルバーを開発した。この改良型は1985年にマテバ・モデル2006リボルバーの製品名で公開された。このリボルバーは、別名マテバ・モデルMTR6+6リボルバーとしても知られる。

　前作のモデルMTR8リボルバーがリボルバーとセミ・オートマチック・ピストルを合体させたような特殊な外観だったのに対し、マテバ・モデル2006リボルバーはブル・バレル装備の一般的なリボルバーに似た外観をしている。

　普通のリボルバーと大きく異なっているのが、バレルの設定位置だ。普通のリ

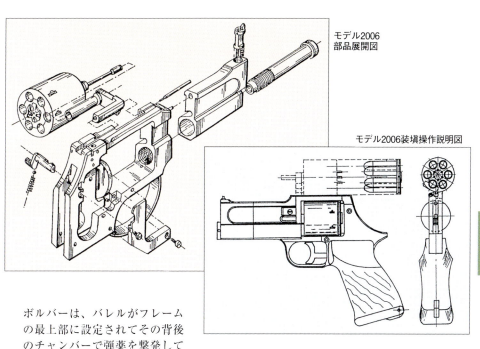

モデル2006部品展開図

モデル2006装填操作説明図

ボルバーは、バレルがフレームの最上部に設定されてその背後のチャンバーで弾薬を撃発して射撃する。これに対し、マテバ・モデル2006リボルバーのバレルは、バレル上半分がフロント・サイトを保持するためのリブで、バレル本体が最も低い位置に装備されている。この設計により、前作同様にマテバ・モデル2006リボルバーは、バレルの軸線に最も接近した位置でグリップでき、射撃時のマズルの跳ね上がりを最小にできた。

撃発メカニズムは通常のリボルバーと変わらない。フレーム後端部分にハンマー・スパーを露出させたハンマーが組み込まれている。

ハンマーも通常のリボルバーと同じで、ダブル・アクションとシングル・アクションの両方で射撃可能なコンベンショナル・ダブル・アクションだ。

改良の結果、マテバ・モデル2006リボルバーは、特殊なバレルの構造を別にすれば、通常のリボルバーとほとんど変わらず、前作のモデルMTR8ように、そのユニークな外観から人々に大きなインパクトを与えることのない製品となった。

マテバ社は.357マグナム弾薬と.38S&Wスペシャル弾薬を共用できるマテバ・モデル2006Mリボルバーと.38S&Wスペシャル弾薬のみを使用するマテバ・モデル2007Sリボルバーを製作した。

モデル2006リボルバーは、基本的にソリッド・フレームにスイング・アウトするシリンダーを組み込んだダブル・アクション・リボルバーだ。

スイング・アウト・シリンダーは、フレームの上部をクレーンの軸として、ピストルの左側の上方にスイング・アウトする独特な構造になっている。この方式は、通常のものに比べて弾薬の再装填がしにくく、操作性が良くなかった。

フレーム左側面の後端部にシリンダー・ラッチを装備し、押し下げるとシリンダーをスイング・アウトできる。

モデル2006リボルバーは、外観のインパクトが小さかったことと操作性があまり良くなかったことが重なって販売実績が上がらず、最終的に限定数が製造されただけで製造中止となった。

マテバ・モデル6ウニカ・
オートマチック・リボルバー
口径　　　　.357Mag
全長　　　　227mm
銃身長　　　102mm
重量　　　　1220g
装填数　　　6発
ライフリング　6条/右回り

モデル6ウニカ部品展開図

## マテバ・モデル6ウニカ・オートマチック・リボルバー（イタリア）

　マテバ・モデル6ウニカ・オートマチック・リボルバーは、イタリアのパビアにあるマテバ社が製作したユニークな構造のリボルバーだ。

　このリボルバーの特徴は、リボルバーとセミ・オートマチック・ピストル両方の特徴を混合したオートマチック・リボルバーとして設計された点にある。

　マテバ・モデル6ウニカ・オートマチック・リボルバーを設計したのは、マテバ社の2つのリボルバー（286〜289ページ参照）を設計したエミリオ・ギソーニだ。

　彼が設計したこのリボルバーは、射撃反動を利用して自動的にハンマーをコックし、シリンダーを回転させるオートマチック・リボルバーだ。同時にマテバ社で製品化されたモデルMTR8リボルバーとモデル2006リボルバーの欠点を改良して作られた最終製品であった。

　前作2機種は、射撃するときのマズルの跳ね上がりを小さくすることには成功したが、ピストルの連発性能、とくに連発スピードが通常のリボルバーを上回ることがなかった。モデル6ウニカ・オートマチック・リボルバーは、この連発性能の向上に焦点を当てて設計された。

　モデル6ウニカ・オートマチック・リボルバーは、自動的にハンマーをコックさせるオートマチック・リボルバーとして完成し、1997年に発売された。

　オートマチック・リボルバーと呼ばれるピストルには、作動の違いにより数種類に分けられる。その中で、モデル6ウニカ・オートマチック・リボルバーは、イギリスのウエブリー＆スコット社が過去に製作したモデル・ウエブリー・フォスベリー・オートマチック・リボルバーによく似たコンセプトで設計された。

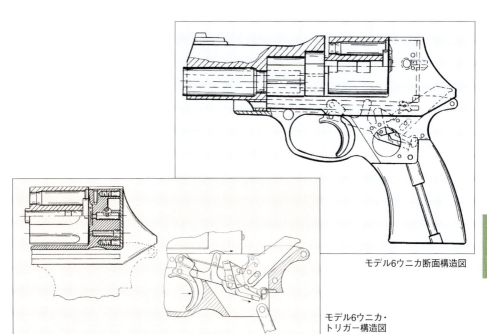

モデル6ウニカ断面構造図

モデル6ウニカ・トリガー構造図

　フレームが上下に2分割され、上部のフレームにシリンダーとバレルが組み込まれ、下部のフレームにハンマーやトリガーなどの撃発メカニズムが装備されている。射撃時にマズル部分にかかる大きな発射ガス圧を利用して上部のフレームを後退させ、シリンダーを回転させるとともにハンマーをコックさせる構造だ。上部フレームは、後退中に圧縮したリコイル・スプリング圧で、ハンマーをコックさせたままで前進し、次の射撃準備が整う。次の射撃は、シングル・アクションでおこなえる。この形式のオートマチック・リボルバーは、1発目以降、自動的に短い距離のトリガー・プルで正確な照準ができるシングル・アクション射撃ができる利点があった。

　モデル6ウニカ・オートマチック・リボルバーは、前作同様にバレルをシリンダー最下部の前方に装備し、オートマチック・リボルバー化させてある。理想的な形式のように思われるが、過去にオートマチック・リボルバーが普及しなかったのと同じ理由で、成功しなかった。

　上部フレームを後退させてハンマーをコックさせる形式のオートマチック・リボルバーは、重量のあるバレルとフレーム、弾薬を装填した重いシリンダーが後方にスライドすることで、下部フレームに大きな反動を与える。この反動は、マズル部分を跳ね上げる方向に働きやすく、構造も複雑となった。

　モデル6ウニカ・オートマチック・リボルバーは、オートマチック・リボルバー化して連発スピードの向上には成功したが、反面オートマチック・リボルバー化することにより、マテバ社の一連のリボルバーが最も重視してきた射撃時のマズルの跳ね上がりを最小にとどめるコンセプトを結果的に犠牲にすることとなった。

　モデル6ウニカ・オートマチック・リボルバーは、作動の面白さで再び注目を集めたものの、構造が複雑化したため販売価格が上昇して一部の銃砲愛好家を除いて販売実績が伸びず、製造数は限定的だった。

タンフォリオ・モデル21L
セミ・オートマチック・ピストル
口径　　　　9mm×21
全長　　　　210mm
銃身長　　　119mm
重量　　　　1150g
装填数　　　17発
ライフリング　6条/右回り

## タンフォリオ・モデルTA95セミ・オートマチック・ピストル（イタリア）

　タンフォリオ・モデルTA95セミ・オートマチック・ピストルは、イタリアのガルドーネ・バル・トロンピアにあるタンフォリオ社（現、正式社名フラテリ・タンフォリオ社）が製造した大型ピストルだ。同型モデルはヨーロピアン・アメリカン・アーモリー社が輸入しEAAモデル・ウイットネス・ピストルの製品名でアメリカで販売された。

　このピストルの特徴は、チェコスロバキア（当時）が開発したCZ75（Vz75）ピストル（368ページ参照）とよく似た設計であることだ。

　冷戦当時、社会主義国の製品が輸入できなかったアメリカなどに輸出するため、タンフォリオ社がモデルCZ75ピストルを一部改良したコピー製品だ。チェコのチェスカー・ゾブルヨフカ社が、CZ75ピストルの特許を西側諸国で取得していなかったため、非合法ではなかったのだ。

　チェコは、ベルギーFN社のモデルFN HPピストルに似た外観を備え、ダブル・アクション・トリガー・システムを組み込んだ近代的なモデルCZ75ピストルを外貨獲得のために一部の国に輸出し、西側でも注目された。冷戦中で、西側諸国の中には、社会主義国の製品を正規に輸入できない国があった。

　タンフォリオ社は、規制の対象にはならないコピー製品の生産を計画し、モデルTA90ピストルをアメリカ向けに開発した。前述のようにモデルTA90ピストルの外観は、モデルCZ75ピストルとそっくりで、スライド左側面後部に手動セフティが追加装備されていた。

　タンフォリオ社は、もともと低価格な中型や小型のセミ・オートマチック・ピストル生産を得意とするメーカーで、モデルTA90ピストルの生産をきっかけに大型セミ・オートマチック・ピストルの製

造に乗り出して大成功を収めた。

モデルTA90ピストルは、アメリカに輸出されたが、当時、アメリカはコンバット・シューティング競技が全盛で、ハンマーを起こしてロックするコック・アンド・ロックで操作性の良くないスライド上の手動セフティは不人気だった。指摘を受けたタンフォリオ社は、スライドの手動セフティをグリップ・フレーム側に移動させたモデルTA95ピストル（モデル・ウィトネス・ピストル）を開発し1997年に発売した。

以後モデルTA95ピストルをベースに多くの口径オプションとバレルの長さ、使用素材の異なるバリエーションが製作された。輸出先のクライアントの求めに応じて地域や国によって製品名は異なる。写真は口径を9mm×21 IMIに変更しロング・スライドを装備したイタリア向けの製品である。

モデルTA95ピストルは、バレル後方の上面に2つの突起があり、これをスライド内面上部に設けられた2つの溝と噛み合わせてバレルとスライドをロックするティルト・バレルが組み込んである。

射撃時にショート・リコイルするバレルは、バレル後方下部のブロックの傾斜孔の働きでバレル後端部を降下させてスライドとのロックが解除される。フリーになったスライドは後退を続け、発射済みの薬莢を排出し、ハンマーをコックして、リコイル・スプリングも圧縮する。

後退しきったスライドは、リコイル・スプリング圧で前進に転じる。前進するスライドは、マガジンから弾薬をバレルのチャンバーに送り込み、最終段階でバレル後端部を上昇させてスライドとロックし、次の射撃の準備が完了する。

露出ハンマーによる撃発方式で、ダブル・アクションとシングル・アクション両用のコンベンショナル・ダブル・アクションが組み込まれている。

コック・アンド・ロック可能な手動セフティがフレーム左側面の後方に装備され、ブリーチ内にファイアリング・ピンをロックするオートマチック・ファイアリング・ピン・セフティも装備する。

マガジンは、金属製のボックス・タイプのダブル・カーラム（複列）式。トリガー・ガード後方にクロス・ボルト・タイプのマガジン・キャッチを装備する。

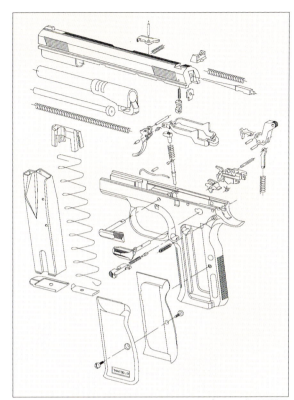

モデルTA95部品展開図

イタリア

タンフォリオ・モデル・フォース・
セミ・オートマチック・ピストル
口径　　　　9mm×21
全長　　　　210mm
銃身長　　　113mm
重量　　　　850g
装填数　　　16発
ライフリング　6条/右回り

## タンフォリオ・モデル・フォース・セミ・オートマチック・ピストル（イタリア）

　タンフォリオ・モデル・フォース・セミ・オートマチック・ピストルは、イタリアのガルドーネ・バル・トロンピアにあるタンフォリオ社が製造した大口径の大型ピストルだ。

　このピストルの特徴は、チェコのCZモデルCZ75ピストル（368ページ参照）をベースに設計されたタンフォリオ・モデルTA95ピストル（292ページ参照）のグリップ・フレーム素材を強化プラスチック製に交換して近代化させた点にある。第1世代は1997年に発売され、一部を改良したモデル・フォース99ピストルが1999年に発売された。

　ヨーロピアン・アメリカン・アーモリー社によってアメリカに輸入された製品は、モデル・ウィトネス・ポリマー・ピストル、モデル・ウィトネス・ポリマーPピストル（フォース99）の製品名で販売された。国によっては、モデル・フォース99をモデル・フォース2002と呼ぶ。

　タンフォリオ社は、モデル・フォース・ピストルのライセンス生産輸出もおこない、同型のピストルが、フランス、チェコ、スロバキア、イスラエル、トルコなど多くの国で製作された。ライセンス生産に関してタンフォリオ社が正式な発表をしたことはなく、ライセンスを移譲された国名や時期に関して不明だ。

　モデル・フォース99ピストルは前作モデルTA95ピストルと同様に、使用する弾薬、スペックやサイズなどの異なる多くのバリエーションが製作されている。

　モデル・フォース99ピストルの基本的なメカニズムは、金属製のグリップ・フレームを装備したモデルTA95ピストルとほとんど同じだ。強化プラスチック製のグリップ・フレームは、摩擦耐性強度が

金属に劣る。トリガーやハンマーなどの動きを正確にし、スライドとの接触面を強化するため、フレームの前後にスチール製のブロックが組み込まれた。作動部品は、スチール製ブロック内に組み立てられて強化プラスチック製のグリップ・フレームに組み込まれた。

モデル・フォース・ピストルは、ショート・リコイルによって起動するティルト・バレル・ロッキング・システムが組み込まれた。バレル後部上面に2つの突起があり、これをスライド内面上部に切られた溝と嚙み合わせてロックする。

射撃時の発射ガス圧でショート・リコイルするバレルは、下部のブロックの傾斜孔の働きで後端部を降下させスライドとのロックが解除される。

フリーになったスライドは後退を続け、発射済みの薬莢を排出し、ハンマーをコックしてリコイル・スプリングも圧縮する。後退しきったスライドは、リコイル・スプリングの反発力で前進に転じる。

前進するスライドは、マガジンから弾薬をチャンバーに送り込み、最終段階でバレル下部のブロックの傾斜穴の働きによってバレル後端部を上昇させてロックし、次の射撃の準備が完了する。

撃発は露出したハンマーでおこなう。トリガーは、ダブル・アクションとシングル・アクション両用のコンベンショナル・ダブル・アクション。フレーム左側面の後方に手動セフティを装備し、セフティの先端を引き上げるとオン（安全）

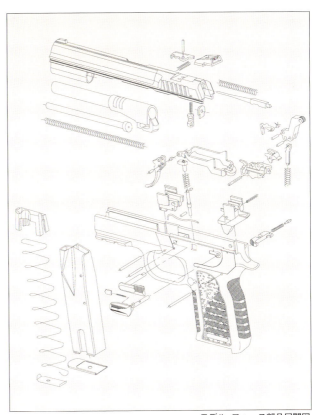

モデル・フォース部品展開図

になる。手動セフティは、コック・アンド・ロックも可能だ。ブリーチ内にオートマチック・ファイアリング・ピン・セフティも装備されている。

マガジンは金属製のボックス・タイプのダブル・カーラム（複列）式。トリガー・ガード後方にフレームを貫通させたクロス・ボルト・タイプのマガジン・キャッチが装備された。マガジン・キャッチは左右逆に装備することで、左右両面で操作できる。

弾薬をすべて発射するとスライド・ストップの働きで、スライドは後退位置で停止。グリップ・フレーム左側面のスライド・ストップのレバーを下方に押すとスライドを再び前進できる。

|タンフォリオ・モデル・ラプター・シングル・ショット・ピストル| |
|---|---|
|口径|5.56mm×45|
|全長|405mm|
|銃身長|355mm|
|重量|2250g|
|装填数|1発|
|ライフリング|6条/右回り|

## タンフォリオ・モデル・ラプター・シングル・ショット・ピストル（イタリア）

　タンフォリオ・モデル・ラプター・シングル・ショット・ピストルは、イタリアのガルドーネ・バル・トロンピアにあるタンフォリオ社が開発した大口径の大型単発ピストルだ。

　このピストルの特徴は、アメリカで普及しているコルト・モデル・ガバーメント・ピストル（34ページ参照）との組み合せによる単発ピストル・システムという点にある。また、強力なマグナム弾薬や、さらに強力なライフルの弾薬を射撃できる点も特徴だ。

　同種のピストルには、アメリカのスプリングフィールド・アーモリー社のモデル1911A2 SASS単発ピストル（172ページ参照）がある。

　ピストルによる狩猟が許されているアメリカでは、強力な弾薬を使用できるピストルの需要がある。また、金属製の動物をかたどった標的を遠距離で射撃するシルエット射撃競技用の需要もある。

　タンフォリオ・モデル・ラプター・シングル・ショット・ピストルは、撃発メカニズムとして、スライドとバレル、リコイル・スプリングを取り外し、マガジンを抜きとったモデル・ガバーメント・ピストルのグリップ・フレーム部分をそのまま使用する。

　グリップはもちろん、トリガーやハンマーなどがモデル・ラプター・ピストルの撃発メカニズムにそのまま使用され、組み込まれている手動セフティやグリップ・セフティもそのまま利用できる。調整可能で繊細なトリガーを装備するコルト・モデル・ゴールド・カップ・ピストルに組み込めば、正確なトリガー・プルの射撃も可能だ。

　モデル・ラプター・ピストルは、完全なピストルの形で供給されるほか、自分のモデル・ガバーメント・ピストルに組み込むためのコンバージョン・キットも供給されている。コンバージョン・キッ

トは、オリジナルのモデル・ガバーメント・ピストルのほか、アメリカ軍制式ピストルのモデル1911A1や、コピー製品のほとんどに組み合せることが可能である。

モデル・ラプター・ピストルは、手動式の単発ピストルで、弾薬の装填や発射済み薬莢の排出は手でおこなう。

撃発はモデル・ガバーメント・ピストルの撃発メカニズムをそのまま転用した露出ハンマーでおこなう。射撃ごとにハンマーを指でコックし、トリガーを引き撃発するシングル・アクションだ。

弾薬の装填は中折れ式。マガジン・キャッチがバレル・ロック・ラッチとして機能する。ハンマーをハーフ・コックにし、マガジン・キャッチを左側面から押すとバレルのロックが解除され、グリップ・フレーム先端部を軸としてバレル後端を引き上げられる。

バレルを中折れにすると、ファイアリング・ピンを内蔵したブリーチ・ブロックがフレーム側に残り、バレル後端がもち上がってチャンバーが開く。弾薬をチャンバーに装填し、バレル後端を下方に押し戻してロックすれば、射撃の準備が完了する。ハンマーを指でフル・コックし、トリガーを引いて射撃する。射撃を中断する場合、手動セフティ先端を引き上げてオン（安全）に設定すれば、ピストルはロックされた状態となり安全を確保できる。

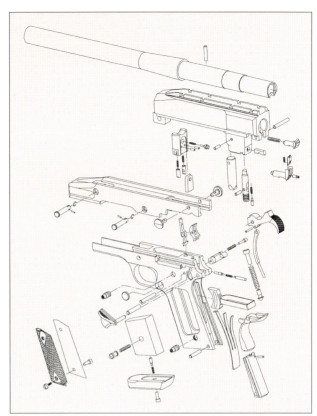

モデル・ラプター・シングル・ショット・ピストル部品展開図

射撃後、再びマガジン・キャッチ・ボタンを押してバレル後端を引き上げれば、チャンバー後端が開き、同時にバレル後端部分の下方に装備されたエジェクターが自動的に作動し、エジェクター・スプリングの反発力で発射済みの薬莢がチャンバーから後方に排出される。

.357マグナム、.44マグナム、.500S&Wマグナムのピストル弾薬と.223レミントン、.270ウィンチェスター、.270ウィンチェスター・ショート・マグナム、.308、.375ウィンチェスター、.444マーリン、5.6mm×52R、6.5mm×57、7mmウィチェスター・ショート・マグナム、7mm-08レミントン、8mm×57JSRのライフル弾薬が口径プションとして供給されている。

モデル17
部品展開写真

グロック・モデル17セミ・
オートマチック・ピストル
口径　　　　9mm×19
全長　　　　186mm
銃身長　　　114mm
重量　　　　703g
装填数　　　17発
ライフリング　6条/右回り

## グロック・モデル17セミ・オートマチック・ピストル（オーストリア）

　グロック・モデル17セミ・オートマチック・ピストルは、オーストリアのドイッチェ・バグラムにあるグロック社が開発した大型ピストルだ。

　このピストルの特徴は、強化プラスチック製のグリップ・フレームを装備した大型ピストルとして、世界で初めて大量生産された製品という点にある。また、セーフ・アクションと名付けられたストライカー方式の変則ダブル・アクションの撃発メカニズムも大きな特徴だ。

　これらの2つの特徴は新型ピストルの開発設計に大きな影響を与えた。グロック・モデル17ピストルの成功が、それ以降に開発された新世代ピストルに与えた影響は計り知れない。このピストルのコンセプトに大きく影響されて、設計・製作された多くのコピー製品が出現した。

　グロック・ピストルの成功で、新世代ピストルは、ほとんどが強化プラスチックをグリップ・フレームの素材として使用するようになった。

　このピストルは、グロック社の創始者ガストン・グロックによって開発された。彼は強化プラスチックに関する知見はあるが、銃砲設計の経験のない技術者だった。これがピストルの設計で常識にこだわらない自由な発想を可能にし、大きな成功につながった。

　ガストン・グロックは1980年にオーストリア軍が新世代の軍用ピストルのトライアルを計画していることを知り興味を

もち、得意とする強化プラスチックのグリップ・フレームを装備した最初の試作ピストルを3カ月で完成させた。続いて数機種の試作品を製作。試作品を見る限り、既製のピストルからいくつものインスピレーションを受けて設計が進められたことがうかがえる。

バレルの設定位置を低くする全体形状はドイツH&KモデルP7ピストルから、ロッキング・システムはSIGザウアー・モデルP220ピストルから、撃発メカニズムはH&KモデルVP70ピストルから、それぞれ大きな影響を受けて設計したと考えられる。1983年、グロックのピストルは、ほかの候補を破ってオーストリア軍の制式ピストルに選定され、モデルP80（ピストーレ80）の制式名が与えられ、25,000挺が調達された。

オーストリア軍やその後採用を決めたオーストリア警察などに納入するとともに、民間にもグロック・モデル17ピストルの製品名で1986年から販売が始まった。製品名は試作の開始から17番目の設計図で製作されたことから付けられた。

発売されるとアメリカで警察関係者の注目が集まった。グロック・ピストルは、ピストルに弾薬を装填したまま安全に携帯できる即応性の高いユニークな撃発メカニズムが、軽量の強化プラスチック製のグリップ・フレームに組み込んである。実際にピストルを使用する機会の多いアメリカの警察官が求める要件は、安全性、即応性、そして軽量さだった。

グロック・ピストルは多くのアメリカの警察組織によって採用された。警察の高評価が大きな宣伝となり、アメリカで

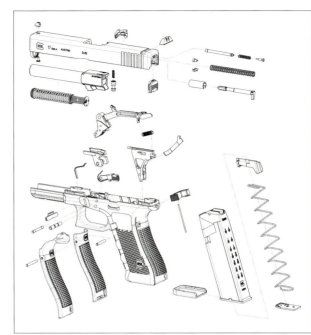

モデル17部品展開図

の販売台数は、ヨーロッパを上回るスピードで拡大した。2000年の時点でバリエーション・モデルを含めた販売台数は250万挺を超え、現代ピストルの中で最大の成功作のひとつとなった。

グロック社は、グロック・モデル17ピストル以後、同一の外観を備えた口径オプション・モデルやバリエーション・モデルを多機種製作する戦略をとった。バリエーション・モデルは305ページを参照。

グロック社はシルエットを変えず、同時に使用者の指摘に応えて数次の改良を加えた。最初のモデルは一体型のグリップ・フレームを装備していたが、現在製造されている第4世代は、グリップのバック・ストラップ部分が交換でき、手の大きさに対応させることが可能になった。即応性と表裏一体の暴発の危険性に対しても、撃発メカニズムがより安全に操作できるよう改良された。作動メカニズムに関しては303ページを参照されたい。

グロック・モデル18
セレクティブ・
ファイアー・ピストル
口径　　　　9mm×19
全長　　　　186mm
銃身長　　　114mm
重量　　　　710g
装填数　　　17発
ライフリング　6条/右回り

## グロック・モデル18セレクティブ・ファイアー・ピストル（オーストリア）

　グロック・モデル18セレクティブ・ファイアー・ピストルは、オーストリアのドイッチェ・バグラムにあるグロック社が開発、製作した大型ピストルだ。

　このピストルの特徴は、軍や警察の特殊部隊用向けに設計された点にある。モデル17ピストル（298ページ参照）と同一サイズで、セミ・オートマチック射撃とマシンガンのようにフル・オートマチック連射の選択ができる機能を備えている。

　モデル18ピストルは、オーストリア警察の対テロ特殊部隊からの要請で開発が始められた。突入部隊がセミ・オートマチック射撃とともにフル・オートマチック射撃でサブ・マシンガンの代用に使用できるよう考えられた。特殊な性能のため一般には市販されず、軍や警察などの官需用に1985年に発売された。

　モデル18ピストルは、モデル17とまったく同じ大きさで、フル・オートマチック射撃とセミ・オートマチック射撃を切り替えるセレクター・スイッチがスライド左側面後方に装備された。セレクター・スイッチは回転式で、レバーを押し上げるとセミ・オートマチック射撃モードになり、引き下げるとル・オートマチック射撃モードになる。

　フル・オートマチック射撃モードにすると、平均的なサブ・マシンガンに比べて速い毎分約1,200発のスピードで連射できる。この速い連射速度は、軽量で後退量も少ないスライドを装備したセミ・オートマチック・ピストルをフル・オートマチックに改造したためである。

　原型のモデル17ピストルは、グリップを握った手とバレルの軸線が接近して設計され、セミ・オートマチック射撃でマズル（銃口）部の跳ね上がりが小さい。

それに対し、同型同サイズのモデル18ピストルをフル・オートマチックで射撃すると、毎分1,200発の連射スピードのためマズル部が激しく跳ね上げられる。マズル部の跳ね上がりを抑制する目的で初期の製品は、バレル上面に発射ガスを噴出させるガス・ポートを設けたが、効果が小さいところから省かれた。

モデル18ピストルは、セミ・オートマチック、フル・オートマチック両方のモードで射撃できるセレクティブ・ファイアー・ピストルだ。セミ・オートマチック射撃でオリジナルのピストル用マガジンは、17発の弾薬を装填でき問題なかった。フル・オートマチック射撃では17発の弾薬が短時間で撃ちつくしてしまうため、33発の弾薬を装填できるロング・マガジンが開発されて供給された。

モデル18ピストルをサブ・マシンガンの代用として使いやすくするため、オーストリアやイスラエルの独立メーカーから、グリップ後方の下面の開口部に差し込んで装着する強化プラスチック製のショルダー・ストックが供給された。

グロック・モデル18ピストルをフル・オートマチック射撃するときに、このショルダー・ストックを装着すると、マズル部の跳ね上がりをコントロールしやすくなる。その反面、かさばるショルダー・ストックを装着すると、特殊部隊向けにピストル・サイズで設計された小型

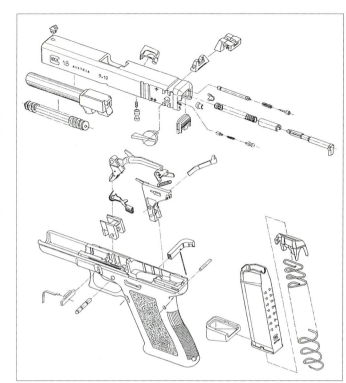

モデル18部品展開図

サブ・マシンガンとしての特性が失われてしまう。

このグロック・モデル18ピストルとは別に複数の独立メーカーが、グロック・モデル17ピストルのスライド後端部に装備されたプレートを入れ替えることでフル・オートマチック射撃モードに改造できるキットを製作した。言うまでもなく、このキットをグロック・モデル17ピストルに組み込むことは、多くの国で禁じられている。

前述のように、その特殊な機能から、モデル18ピストルは市販されなかった。代用サブ・マシンガンとしてピストル・サイズのコンパクトさが評価されたものの、速い連射スピードで射撃のコントロールが難しく、モデル17ピストルのような高い評価が得られず、生産台数は限定的だった。

グロック・モデル38
セミ・オートマチック・
ピストル
口径　　　　　.45GAP
全長　　　　　174mm
銃身長　　　　102mm
重量　　　　　685g
装填数　　　　8発
ライフリング　6条/右回り

## グロック・モデル38セミ・オートマチック・ピストル（オーストリア）

　グロック・モデル38セミ・オートマチック・ピストルは、オーストリアのドイッチェ・バグラムにあるグロック社が製作した大型ピストルだ。

　このピストルの特徴は、グロック社が開発した特殊な.45GAP（グロック・オートマチック・ピストル）弾薬を使用する点にある。.45GAP弾薬は、アメリカ軍の制式ピストル弾薬の.45ACP（オートマチック・コルト・ピストル）弾薬と口径が同じだが、薬莢が短い。.45ACPを使用するグロック・ピストルが大型グリップ・フレームだったのに対し、.45GAP口径のグロック・ピストルは、グリップ前後幅の小さなモデル17と同じグリップ・フレームを用いている。この弾薬の開発で、大きなストッピング・パワーの.45口径グロック・ピストルを良好な操作性で射撃できるようになった。

　フル・サイズの.45GAP口径のグロック・モデル37ピストルが2003年に発売され、コンパクト型.45GAP口径のモデル38ピストルは2006年に発売された。さらに小型のセミ・コンパクト型のモデル39ピストルも供給されている。これらのピストルは、大きなストッピング・パワーを高く評価される一方、弾薬の供給が限られているため、あまり普及していない。

　グロック・ピストルは、一部の例外を除くと同型式のメカニズムが組み込まれており、その作動は同一だ。

　グロック・ピストルは、ショート・リコイルでロック解除するティルト・バレル・ロッキングが組み込まれている。

　バレル後端のチャンバーの外側が、四角形のブロック状をしており、このブロックの上端部とスライドのエジェクション・ポート（排莢孔）の開口部を噛み合

わせて、バレルとスライドをロックする。

射撃時に高い発射ガス圧がバレルとスライドの先端にかかってバレルがショート・リコイルする。ショート・リコイルするバレルは、バレル下方ブロックの傾斜面の働きによってバレル後端を降下させ、スライドとのロックが解除される。

フリーになったスライドは後退を続け、発射済みの薬莢を排出し、リコイル・スプリングを圧縮する。

後退しきったスライドは、リコイル・スプリングの反発力で前進に転じ、マガジンから弾薬をチャンバーに送り込み、最終段階でバレル下方ブロックの傾斜面の働きでバレル後端を上昇させてスライドとロックさせる。

撃発はストライカー（ファイアリング・ピン）でおこなう。グロックの撃発方式は、一般的なストライカー方式とは異なる変則ダブル・アクションだ。ストライカーを前進させるファイアリング・ピン・スプリングが後方に装備され、前方にストライカーを押し戻すスプリングが装備されている。ストライカーを押し戻すスプリングの働きで、射撃前にストライカーは、やや後退している。トリガーを引くとストライカーが後方いっぱいまで後退させられ、リリースされて前進、最後にストライカーを押し戻すスプリングも圧縮し、先端がブリーチ前面から突き出て撃発する。射撃後スライドが前後動してもストライカーが後方に保持されることはなく、スライドとともに前進し、

モデル38部品展開図

最初と同じブリーチ内のやや後退した位置で停止する。この方式はセーフ・アクションと名付けられた。

グロック・ピストルは手動セフティが装備していない代わりに指をしっかりかけないとトリガーを引けなくするレバーがトリガーの前面に装備された。トリガーを引ききるとストライカーのブロックが解除されるオートマチック・ファイアリング・ピンセフティも装備された。

マガジンはスチールをインサートした強化プラスチック製で、ダブル・カーラム（複列）式。トリガー・ガード後方のフレームにプッシュ・ボタン式のマガジン・キャッチが装備された。

すべての弾薬を撃ちつくすと、スライド・ストップの働きでスライドは後退した位置で停止する。グリップ・フレーム左側面のスライド・ストップを押し下げるとスライドが再び前進する。

グロック・モデル42セミ・
オートマチック・ピストル
口径9mm×17（.380ACP)
全長　　　　　151mm
銃身長　　　　83mm
重量　　　　　380g
装填数　　　　6発
ライフリング　6条/右回り

## グロック・モデル42セミ・オートマチック・ピストル（オーストリア）

　グロック・モデル42セミ・オートマチック・ピストルは、オーストリアのドイッチェ・バグラムにあるグロック社が開発した中型ピストルだ。

　このピストルの特徴は、射撃反動が少なく射撃しやすい9mm×17（.380ACP）弾薬を使用した護身用中型ピストルという点にある。

　グロック・ピストルは軍用や警察用の大型ピストルとして開発され、バリエーションも大口径弾薬を使用するものがほとんどだった。コンパクト化させた大口径グロック・ピストルも多機種製作されたが、これらのコンパクト・ピストルは、射撃反動が大きく、小さなグリップでは使用しにくかった。また、女性ユーザーには射撃反動が大きいため、敬遠されがちだった。

　そこで、グロック社は、反動の少ない9mm×17（.380ACP）弾薬を使用する中型のグロック・ピストルを企画した。最初の製品は、1995年に発売されたフル・サイズのグロック・モデル25ピストルだ。このピストルは大型で、護身用というより、この弾薬を制式としている国の警察向けの製品だった。モデル25ピストルは、大口径の製品と外観が同一ながら、9mm×17（.380ACP）弾薬を使用するためブローバック方式で設計された。これをコンパクト化させたモデル28ピストルは1997年に発売された。

　9mm×17（.380ACP）口径のグロック・モデル42ピストルは、2014年に発売された最新型だ。このピストルは、前作2機種の9mm×17（.380ACP）口径のピストルと作動メカニズムが異なっている。

　モデル42ピストルは発射ガス圧が低い弾薬を使用するにもかかわらず、ティル

ト・バレル・ロッキングが組み込まれた。9mm×17（.380ACP）口径のピストルにロックは必ずしも必要ないが、ロッキング・システムを組み込むと、軽量のスライドで安全に作動させることができ、ピストル全体の重量を軽減できるほか、射撃反動も軽減できる。ロッキングを組み込むとピストルの構造はわずかに複雑になるが、射撃反動を軽減できることは、女性ユーザーを意識した護身用ピストルとして重要なセールス・ポイントだった。

モデル42ピストルのメカニズムや作動は、ほかの大口径の製品と同一のため、グロック・モデル38ピストルの項（302ページ）を参照されたい。

グロック・ピストルの使用弾薬・モデル名・形態は下記のとおり。

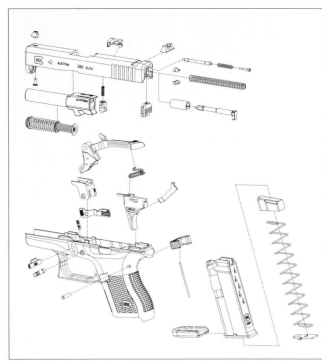

モデル42部品展開図

**9mm×19**

| | |
|---|---|
| モデル17 | フル・サイズ |
| モデル17L | 射撃競技向け |
| モデル18 | セレクティブ・ファイアー |
| モデル19 | コンパクト |
| モデル26 | サブ・コンパクト |
| モデル34 | 射撃競技向け |

**10mmオート**

| | |
|---|---|
| モデル20 | フル・サイズ |
| モデル29 | サブ・コンパクト |

**.45ACP**

| | |
|---|---|
| モデル21 | フル・サイズ |
| モデル30 | サブ・コンパクト |
| モデル36 | スリムライン |
| モデル41 | 射撃競技向け |

**.40S&W**

| | |
|---|---|
| モデル22 | フル・サイズ |
| モデル23 | コンパクト |
| モデル24 | 射撃競技向け |
| モデル27 | サブ・コンパクト |
| モデル35 | 射撃競技向け |

**9mm×17**

| | |
|---|---|
| モデル25 | フル・サイズ |
| モデル28 | コンパクト |
| モデル42 | スリムライン |

**.357SIG**

| | |
|---|---|
| モデル31 | フル・サイズ |
| モデル32 | コンパクト |
| モデル33 | サブ・コンパクト |

**.45GAP**

| | |
|---|---|
| モデル37 | フル・サイズ |
| モデル38 | コンパクト |
| モデル39 | サブ・コンパクト |

シュタイヤー・モデルGB
セミ・オートマチック・
ピストル
口径　　　　9mm×19
全長　　　　　216mm
銃身長　　　　136mm
重量　　　　　　845g
装填数　　　　　18発
ライフリング　6条/右回り

## シュタイヤー・モデルGBセミ・オートマチック・ピストル（オーストリア）

　シュタイヤー・モデルGBセミ・オートマチック・ピストルは、オーストリアのシュタイヤーにあるシュタイヤー社（正式社名シュタイヤー・マンリッヒャー社）が製作した大型ピストルだ。

　このピストルの特徴は、機械的に作動するロッキング・メカニズムを組み込んでおらず、発射ガス圧を利用するガス・ロック方式が組み込まれている点だ。また、ポリゴナル・バレルを装備していることも特徴だ。

　このピストルは、オーストリア軍の次世代制式ピストルとして、1968年にシュタイヤーで開発が始められた。オーストリアの銃砲開発者クフステイナーが開発を担当し、1974年にモデルP18ピストルの名称で公開された。このモデル名はマガジン容量の18発から名付けられた。モデルP18ピストルは、セミ・オートマチック射撃だけのモデル以外に、フル・オートマチック射撃も可能な特殊部隊向けピストルも製作された。このセレクティブ・ファイアー機能を装備するモデルP18ピストルには、着脱式のショルダー・ストックも製作された。

　アメリカへの輸出を計画したが、フル・オートマチック射撃モデルがあることから軍用兵器と認定され、オーストリア政府の許可が得られなかった。シュタイヤー社は、輸入代理店のモーリス・ミッチェル・ローガク社でライセンス生産を計画し、製作はイリノイ州モートン・グローブのLSI社が担当した。ステンレス・スチールで製作され、モデル・ローガクP18ピストルの名称で発売された。1970年代末に生産が始まり、ガス・ロックやポリゴナル・ライフリングで注目されたが、作動が不安定だと指摘され、約2300挺が生産されただけで製造中止となった。

　モデル・ローガクP18ピストルのメカニズムがアメリカで注目されたことを受け、

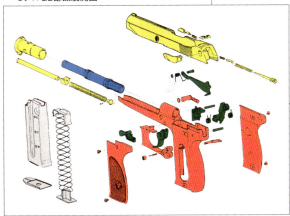

モデルGB断面構造図

モデルGB部品展開図

シュタイヤー社は高い精度で製作した自社のモデル18ピストルならアメリカでビジネス・チャンスがあると判断した。輸出規制を受けないようモデルP18ピストルが改良され、民間バージョンのシュタイヤー・モデルGBピストルが開発され、1981年に発売された。

モデルGBピストルは、フル・オートマチック射撃機能が組み込まれていない点を除けば、先行のモデルP18ピストルと外観やメカニズム、作動方式は同じである。オーストリア政府の輸出認定も受けアメリカに輸出されたが、先行のモデル・ローガクP18ピストルの作動不良の評判を払拭できず、販売実績があがらなかった。期待していたオーストリア軍の新世代軍用ピストル選定も新興のグロック社に敗れたことから、モデルGBピストルの生産は1988年に終了。生産数は2万挺に満たなかった。

モデルGBピストルはバレル固定式で、発射ガスの圧力を利用するガス・ロックが組み込まれている。ガス・ロックは、スライドとバレルやフレームを完全にロックするものでなく、ディレイド・ブローバック（遅延ブローバック）方式で作動する時間差を得るもので、ヘジテート・ロッキングとも呼ばれる。

スライド先端のバレル・ブッシング延長部とバレルを組み合せてガス・チャンバーとし、バレル前方に発射ガスを噴き出させる4つの小孔が開けられている。

射撃時にスライドは発射ガスの圧力で後退しようとする。スライドの重量とリコイル・スプリングの反発力などでスライドはすぐに後退しない。その間に弾丸がバレル内を進み、4つの小孔から発射ガスをガス・チャンバーに噴き出し、後退しかけていたスライドを前進させる。マズル（銃口）から弾丸が射出されるとガス圧が低下し、スライドはバレル内に残る余ったガスによって後退する。

後退するスライドは発射済みの薬莢を排出し、ハンマーをコックし、リコイル・スプリングを圧縮する。後退しきったスライドは、リコイル・スプリングの反発力で前進に転じ、マガジンから弾薬をチャンバーに送り込み前進が止まり、次の射撃の準備が整う。

撃発は露出ハンマーによっておこなう。トリガーはコンベンショナル・ダブル・アクション。マガジンはスチール製で、18発容量のダブル・カーラム（複列）式だ。フレーム左側面にスライド・ストップを装備する。

オーストリア

シュタイヤー・モデルSSP
セミ・オートマチック・
ピストル
口径　　　　　9mm×19
全長　　　　　　322mm
銃身長　　　　　130mm
重量　　　　　　1255g
装填数　　　　　　15発
ライフリング　6条/右回り

## シュタイヤー・モデルSSPセミ・オートマチック・ピストル（オーストリア）

　シュタイヤー・モデルSSPセミ・オートマチック・ピストルは、オーストリアのシュタイヤーにあるシュタイヤー社が製作した大型ピストルだ。

　このピストルの特徴は、同社製のモデルTMP（タクテイカル・マシン・ピストル）の部品と最大限の共通性をもたせて設計された点にある。また、強化プラスチックを多用しているのも特徴だ。

　製品名はスペシャル・パーパス・ピストル（特殊用途ピストル）の頭文字から命名された。モデルSSPピストルは小型のモデルTMPサブ・マシンガンをセミ・オートマチック射撃のみに限定し、フォワード・バーチカル・グリップを取り除いて設計された。

　原型のモデルTMPサブ・マシンガンは、VIP警護要員などが衣服の下に隠して携行できる小型サブ・マシンガンで、ドイツH&K社のモデルMP5Kサブ・マシンガンの対抗商品として製作された。

　小型のサブ・マシンガンを改造し、セミ・オートマチック・ピストル化させた製品が、一時期アメリカで良好な販売実績をあげた。モデルSSPピストルも小型のモデルTMPサブ・マシンガンをセミ・オートマチック射撃だけに制限し、アメリカで市販できるように企画された。

　原型がサブ・マシンガンのためモデルSSPピストルは、強化プラスチック製のレシーバー内でボルト（スライド）を前後動させる構造で左右幅が広い。

　モデルSSPピストルは、1993年にアメリカで発売されたが、アメリカで多発する乱射事件で使用されるこの種の銃器を規制するアサルト・ウェポン規制連邦法が1994年に施行され、小型サブ・マシンガンを改良した同ピストルも規制対象製品となり、アメリカへの輸出が禁止された。モデルSSPピストルは多くの国々から規制を受け輸出が困難となり、製造が打ち切られた。

　ピストルの製造中止後もモデルTMPサブ・マシンガンの製造は続けられたが、

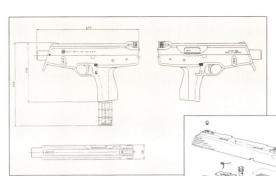

モデルSSP外観図

モデルSSP部品展開図

2001年に製造権をスイスのブルッガー&トーメ社（現B&T社）に売却した。

モデルSSPピストルは強化プラスチックを多用した大型ピストルで、バレル本体を回転させるターン・バレルが組み込まれた。バレルはショート・リコイルせず定位置で回転する。ターン・バレルはヘジテート・ロックとして作動し、ディレイド・ブローバック方式で作動する。ボルトを前進させて射撃するクローズド・ボルト方式だ。

ボルトはL型ボルトで、バレルにかぶさる形状をしている。ボルト先端部にもバレルの通過する孔が設けられたブロックが装備された。ブロックに設けられたバレルの通過孔は、歯車状をしている。バレルは後ろ半分の外周にボルトの歯車状の通過孔に対応させたバレル軸線と並行する多数のリブが突き出している。

ボルトが前進しきると、バレル上面に設けられた「くの字」型の溝によってバレルが回転し、ボルト前面のブロックとバレルがロックされた状態になる。

射撃時ブリーチ前面に発射ガスの圧力が加わる。ボルトはバレルとロックされて後退できない。ボルトを後退させる圧力が増大するとバレル上面の「くの字」型の溝の働きでバレルが回転する。バレルが回転するとボルト先端のブロックの歯車状のバレル通過孔とバレルのリブが合致する。スライドはフリーになって後退し、発射済みの薬莢を排出、ハンマーをコックする。

ショート・リコイルなどの外力を使わず、ボルトが後退しようとする圧力だけでバレルを回転させてロックを解除する基本的にブローバック方式である。バレルを回転させることで、ボルトが開くまでの時間を遅らせ、バレル内の発射ガス圧が低下してからボルトを開かせる構造だ。

後退しきったボルトはリコイル・スプリング圧で前進に転じ、マガジンから弾薬をチャンバーに送り込み最終段階でバレル上面の「くの字」型の溝の働きでバレルが回転し、ボルト先端のブロックとロックされて次の射撃準備が整う。

ハンマー撃発方式でトリガーはシングル・アクション。ダブル・カーラム・マガジンは、強化プラスチック製のボックス・タイプ。スタンダードの15発とサブ・マシンガン用の20発と30発がある。

オーストリア

309

シュタイヤー・
モデルM9-A1セミ・
オートマチック・ピストル
口径　　　　9mm×19
全長　　　　176mm
銃身長　　　102mm
重量　　　　850g
装填数　14発（10、15、17発）
ライフリング　6条/右回り

通常分解した
モデルM9

## シュタイヤー・モデルM9セミ・オートマチック・ピストル（オーストリア）

　シュタイヤー・モデルM9セミ・オートマチック・ピストルは、オーストリアのシュタイヤー社が製作した警察向けの大型ピストルで、民用用も市販されている。

　このピストルの特徴は、強化プラスチック製グリップ・フレームを装備させ、グロック・ピストルに似たストライカー方式の変則ダブル・アクションを組み込んだ点にある。また、ピストルをブロックして射撃できなくするロック・キーが装備されている。

　シュタイヤー社は、総合銃砲メーカーとして弱点だったピストル分野を補強するため、1990年代はじめに新世代のピストルの開発を始め、フレデリック・アイグナーが担当した。この新型ピストルは、オーストリアの軍、警察の制式ピストルに選定されたグロック・ピストル（298ページ参照）を意識して開発され、1999年にシュタイヤー・モデルM9ピストルの名称で公開された。前述のように強化プラスチック製のグリップ・フレームとストライカー方式の変則ダブル・アクションを装備し、そのコンセプトはグロック・ピストルにきわめて近い。

　続いて全長176mmのモデルM9ピストルを168mmに切り詰めたシュタイヤー・モデルS9ピストルが発売された。さらにアメリカ輸出向けに、.40S&W弾薬を使用する口径オプションのシュタイヤー・モデルM40ピストルも作られた。その後モデルMシリーズに.357 SIG口径のシュタイヤー・モデルM357ピストルやコンパクト・タイプで.40S&W口径のシュタイヤー・モデルS40ピストルなども追加された。

　シュタイヤー社は、2004年に改良を加

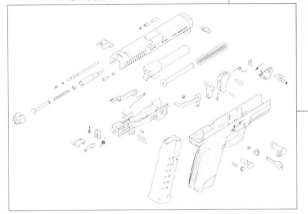

モデルM9部品展開図

モデルM9断面構造図

えた新型のモデルM9-A1ピストルを公開した。モデルM9-A1ピストルは、基本的なメカニズムは前作と大きく変わらないが、グリップ部分のデザインがすべりにくい形状に変更され、フレームの先端下部に補助照準装置などを装着するためのピカテニー・レールが装備された。モデルM9ピストルに標準装備だった手動セフティはオプション装備となった。同型で、.40S&W口径のモデルM40-A1ピストルと.357 SIG口径のモデルM357-A1ピストルも製作された。このほかにコンパクト・タイプで、9mm×19口径のモデルS9-A1ピストルと.40S&W口径のモデルS40-A1ピストルが製作された。

モデルM9ピストルはティルト・バレル・ロッキングが組み込まれ、変則ダブル・アクションのストライカー撃発メカニズムを装備している。

バレル後端の外側が四角形のブロック状をしており、この上部がスライド上面のエジェクション・ポートの開口部と噛み合ってスライドをロックする。

射撃時に高い発射ガス圧がかかりショート・リコイルするバレルは、バレル下方の突起の傾斜の働きでバレル後端を降下させてロックを解除する。

フリーになったスライドは後退を続け、発射済みの薬莢を排出し、リコイル・スプリングを圧縮する。

後退しきったスライドは圧縮したリコイル・スプリング圧で前進に転じ、マガジンから弾薬をチャンバーに送り込み、最終段階でバレル下方の突起の傾斜の働きでバレル後端が上昇してスライドをロックし、次の射撃の準備が整う。

撃発はストライカー方式、グロック・ピストルと同様の変則ダブル・アクションで撃発する。トリガーを引くとストライカーがスプリングを圧縮しながら後退し、後退しきるとリリースされて前進し撃発する。スライドが前後動してもストライカーは後退位置で保持されることはなく、射撃のたびにトリガーを引いてストライカーを後退させる方式だ。

手動セフティを装備せず、二重になったトリガーとブリーチ内のオートマチック・ファイアリング・ピン・セフティによって安全を確保する。ピストル保管中の安全装置として付属のキーか手錠のキーで回転してロックする円形のブロック・ボタンがフレーム右側面のトリガー上部に装備されている。

MASモデル1950セミ・
オートマチック・ピストル
口径　　　　　9mm×19
全長　　　　　193mm
銃身長　　　　112mm
重量　　　　　820g
装填数　　　　9発
ライフリング　4条/右回り

## MASモデル1950セミ・オートマチック・ピストル（フランス）

　MASモデル1950セミ・オートマチック・ピストルは、MACモデル1950セミ・オートマチック・ピストルとも呼ばれ、1950年に選定されたフランス軍用の大型ピストルだ。

　フランス軍の制式名称はピストル・オートマチック・モデル1950。フランスの造兵廠マニュファクチュール・ダルメー・デュ・サンチェンヌとマニュファクチュール・ダルメー・デュ・シャテルローで生産された。前者で生産されたピストルのスライドにはMAS、後者で生産されたものはMACの刻印が打たれた。

　このピストルはマニュファクチュール・ダルメー・デュ・サンチェンヌ（MAS）で開発された。最初の生産をマニュファクチュール・ダルメー・デュ・シャテルロー（MAC）がおこない、大多数を製造しMAC刻印のものが多いため、一般にMACモデル1950ピストルと呼ばれる。

　MASモデル1950ピストルの特徴は、第2次世界大戦前にフランス軍の制式ピストルに制定されたMASモデル1935Sピストルをベースに、大型化して9mm×19弾薬を使用できるようにしたことだ。また、ハンマー・メカニズムがブロック化されて組み込まれている点も特徴だ。

　MASモデル1935Sピストルは、フランス軍独自の7.65mm×20弾薬を使用した。このピストル弾薬は、口径が小さくストッピング・パワー不足が指摘されていた。

　第2次世界大戦が終わると混乱した制式兵器の再整備が進められた。フランスは、新制式ピストル弾薬にドイツの制式と同一の9mm×19弾薬を制定し、この口径のピストルの開発を進めた。

　マニュファクチュール・ダルメー・デュ・サンチェンヌ（MAS）は、MASモデル1935ピストルを大型化させ、9mm×19弾薬を使用できる試作ピストルを完成させた。トライアルの結果、MAS試作ピストルが1950年にフランス軍の新制式ピストルに採用され、ピストル・オートマチック・モデル1950となった。後年ベレッタ・

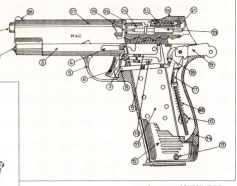

モデル1950断面構造図

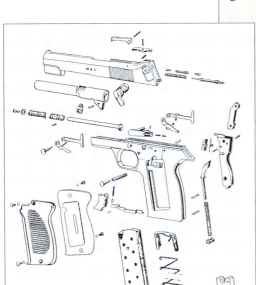

モデル1950部品展開図

ピストルに世代交代するまで、制式ピストルとして長期にわたって使用された。

MASモデル1950ピストルは、ハンマー撃発方式でティルト・バレルを組み込んだオーソドックスな構造を備えている。

組み込まれたティルト・バレル・ロッキングは、ブローニングの原案に近く、バレル上面に2つの突起が設けられている。この突起とスライド内面上部の2つの溝を噛み合わせてスライドをロックする。射撃時、大きな発射ガスの圧力がかかりショート・リコイルするバレルは、バレル下方に装着された8の字型リンクの働きでバレル後端を降下させ、スライドとのロックを解除する。

フリーになったスライドは後退を続け、発射済みの薬莢をピストルから排出し、ハンマーをコックしてリコイル・スプリングを圧縮する。

後退しきったスライドは、圧縮されたリコイル・スプリング圧で前進に転じ、マガジンから次弾をチャンバーに送り込み、最終段階でバレル下方の8の字型リンクの働きで後端を上昇させ、スライドをロックさせて次の射撃準備が整う。

撃発はスライド後端に露出したハンマーでおこなう。ハンマーには不用意にコックされにくいラウンド・ハンマー・スパーが装備された。通常の手入れで分解のときの部品の紛失を防ぎ、製造やメインテナンス時の作動調整を容易にするため、ハンマーやハンマー・スプリング、シアなどをブロックに組み込んでユニット化させてある。トリガーはシングル・アクション。

ファイアリング・ピンとハンマー前面の接触をカットする手動セフティが、スライド左側面後部に装備された。ハンマー・デコッキング機能はない。

マガジンはスチール製のボックス・タイプで、シングル・ロー（単列）式。トリガー・ガード後方のフレームにプッシュ・ボタン方式マガジン・キャッチがあり、左側面からボタンを押してマガジンを取り出す。フレーム左側面のトリガー上方にスライド・ストップを装備する。

MABモデルPA-15セミ・
オートマチック・ピストル
口径　　　　　9mm×19
全長　　　　　234mm
銃身長　　　　115mm
重量　　　　　1250g
装填数　　　　15発
ライフリング　6条/右回り

通常分解した
モデルPA-15

## MABモデルPA-15セミ・オートマチック・ピストル（フランス）

　MABモデルPA-15セミ・オートマチック・ピストルは、フランス・バイヨンヌのマニュファクチュール・ダルメー・デュ・バイヨンヌ社製の大型ピストルだ。

　このピストルの特徴は、ターン・バレルが組み込まれヘジテート・ロッキング（ディレイド・ブローバック）方式で作動する点にある。

　このピストルを製作したマニュファクチュール・ダルメー・デュ・バイヨンヌ社は、主に民間向けのセミ・オートマチック・ピストルを製造し、第2次世界大戦中のドイツ占領時には、ドイツ軍の中型セミ・オートマチック・ピストルの製造に従事した。大戦後、フランス警察向けのピストル生産を再開し、西ドイツ（当時）警察向けに中型セミ・オートマチック・ピストルも生産納入した。

　MABモデルPA-15ピストルは、このメーカーが製作した数少ない大口径ピストルのひとつで、ユニークなターン・バレルが組み込まれている。ターン・バレルは、バレル自体を回転させて、ロックやディレイド・ブローバックの時間差を得るために使用される方式だ。MABモデルPA-15ピストルは、ターン・バレルを時間差を得るためのヘジテート・ロックとして利用した。ヘジテート・ロックは完全にロックされるフル・ロックと異なり、ブリーチ前面にかかる発射ガス圧が上昇すると解除される構造だ。

　同社は、このピストルに先立ち同じメカニズムを組み込んでMABモデルR-パラ・ピストルを製品化させた。MABモデルR-パラ・ピストルの発展改良型がMABモデルPA-15ピストルで1975年に公開され

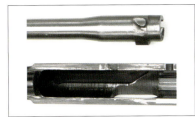

モデルPA-15ターン・バレル・ロック

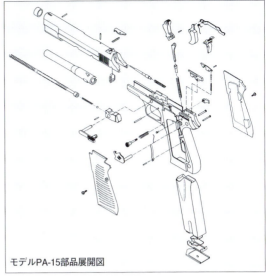

モデルPA-15部品展開図

た。モデル名はピストル・オートマチックとマガジン容量の15発から命名された。同ピストルは民間向けに販売輸出され、フランス陸軍や空軍、ジャンダルム（国家憲兵隊）が老朽化したMASモデル1950ピストルの不足を補うため、1970年代に限定数を調達し使用した。

MABモデルPA-15ピストルはターン・バレルが組み込まれている。バレル後部の下部にバレル軸線と直角のブロックが装備され、バレル上面には菱形の突起が装備されている。バレル下面のブロックは、バレルを定位置で回転させるグリップ・フレームと噛み合う。上面の菱形の突起は、スライド内面の溝と噛み合ってバレルを回転させる働きがある。スライド内部上面に「くの字」型をした作動溝が設けられ、菱形の突起がこの作動溝と噛み合っている。

射撃時、スライドのブリーチ前面に大きな発射ガス圧が加わり、スライドが後退し始める。バレル上部の菱形の突起がスライド内面の傾斜溝に噛み合っており、スライドは一気に後退できない。

ブリーチにかかるガス圧が高まると、スライドが後退し内面の傾斜溝がバレル上面の菱形突起を通じてバレルを回転させる。バレルは発射ガスで前進する力が加わっており、バレル下部のブロックとフレームとの間に大きな摩擦が生じている。この摩擦がバレルの回転を遅らせ一気に回転しない。摩擦に対抗してバレルが回転し上面の菱形突起がスライドの作動傾斜溝からバレル軸線と平行した溝に

入るとスライドはフリーになり後退。この段階までに弾丸がマズルから射出され、後方に危険な発射ガスが噴き出さない。発射済みの薬莢がピストルから排出され、ハンマーをコックし、リコイル・スプリングも圧縮する。

後退しきったスライドはリコイル・スプリングの反発力で前進に転じ、マガジンから弾薬をチャンバーに送り込み最終段階でスライド内の傾斜溝とバレル上面の菱形突起の働きでバレルが回転して前進を終わり、次の射撃準備が整う。

撃発は露出ハンマーでおこなう。ハンマーはラウンド・ハンマー・スパー装備。トリガーはシングル・アクション。

フレーム左側面の後端に回転式の手動セフティを装備する。手動セフティ前端を引き上げるとオン（安全）。マガジンはダブル・カーラム（複列）式のスチール製ボックス・タイプ。トリガー・ガード後方のフレームに左側面から操作するプッシュ・ボタン方式マガジン・キャッチが装備された。フレーム左側面のトリガー上部に、全弾薬を射撃後スライドを後退位置で停止させるスライド・ストップがある。

ユニーク・モデルBch-66セミ・オートマチック・ピストル
口径　　　7.65mm×17(.32ACP)
全長　　　　　　　168mm
銃身長　　　　　　101mm
重量　　　　　　　730g
装填数　　　　　　9発
ライフリング　6条/右回り

## ユニーク・モデルBch-66セミ・オートマチック・ピストル（フランス）

　ユニーク・モデルBch-66セミ・オートマチック・ピストルは、スペイン国境に近いフランスのヘンダイにあった民間銃砲メーカーのマニュファクチュール・ダルメー・ピレネー・フランス社（マニュファクチュール・ダルメー・ユニークに1988年社名変更）が製作した。

　このピストルは、第1次世界大戦中にスペインで製造されたモデル・ルビー・タイプ・ピストルと総称されるセミ・オートマチック・ピストルの流れを受け継いでいる点が特徴だ。

　モデル・ルビー・タイプ・ピストルは、第1次世界大戦中にスペインで大量に生産され、将校武装用のピストル不足に悩むフランスに輸入されて軍で使用された。ルビー・タイプ・ピストルは、コルト・モデル32ポケット・ピストルのコピー製品で、スライドに内蔵させたハンマーによって撃発するバレル固定式のブローバック作動ピストルだ。

　第1次世界大戦中に20万挺を超えるルビー・タイプ・ピストルがフランスに輸入されたことから、大戦後フランスの民間銃砲メーカーは、これに影響を受けたピストルを製作した。マニュファクチュール・ダルメー・ピレネー・フランス社も例外ではなく、ルビー・タイプ・ピストルによく似た外観と構造を備えた中型ピストルを、ユニーク・モデル17ピストルの製品名で1920年代中頃から生産した。ユニーク・モデル17ピストルは、第2次世界大戦中にフランスを占領したドイツ軍の管理下で、ユニーク・クリーグス・モデルの名称で生産され、ドイツ軍の準標準ピストルとして使用された。ユニーク・モデルBch-66ピストルは、第2次世界大戦後開発された初の製品として、モデル17ピストルを近代化させて1954年に発売された。

　前作のユニーク・モデル17ピストルは、ハンマー内蔵方式で、撃発準備が整っているかどうか外から見て判別しにくかったが、改良型のユニーク・モデルBch-66ピストルは、ハンマーを露出式にして、撃発準備が整っているかどうかを判別し

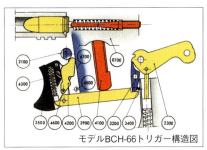

モデルBCH-66トリガー構造図

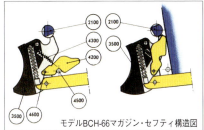

モデルBCH-66マガジン・セフティ構造図

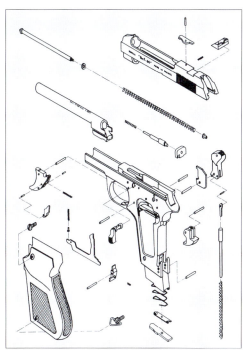

モデルBCH-66部品展開図

やすくし、加えてエジェクション（排莢）不良を起こしやすかったスライドの小さなエジェクション・ポート（排莢孔）を改良し、イタリアのベレッタ社の製品によく似たスライド上面を大きくカットしたものに変更した。ユニーク・モデルBch-66ピストルは1954年に市販され、海外にも輸出された。フランス警察用ピストルとしても使用された。

メカニズムはシンプルで、中口径弾薬を使用するためロッキング・メカニズムが組み込まれておらず、露出式ハンマーで撃発する。バレルは固定式。スライドの重量とスライド内のリコイル・スプリングによって射撃の反動を支えるブローバック方式で作動する。

弾薬が撃発されると、弾丸がバレルの中を前進し、バレル内に高圧の発射ガスが充満する。発射ガスはバレル後端のチャンバー内の薬莢を後方に押し、スライドを後退させようとする。スライド自体の重量とリコイル・スプリングの反発力などが総合的に作用し、スライドはすぐに動かない。バレル内の発射ガス圧が高まるとスライドが後退し始める。その段階までにバレル内の弾丸が銃口近くまで進み、スライドが後退して薬莢を排出する時までに弾丸が射出され、バレル内のガス圧が急速に低下し、射手に危害を与えないようバランスがとられている。

後退するスライドは発射済みの薬莢をピストルから排出し、ハンマーをコックする。同時にスライド内のバレル下方に装備したリコイル・スプリングを圧縮する。後退しきったスライドは、リコイル・スプリングの反発力で前進に転じ、マガジンから弾薬をバレルのチャンバーに送り込み、スライドが前進しきれば次の射撃の準備が整う。フレーム左側面のトリガー上方に手動セフティを装備する。手動セフティは回転方式で、後方に180度回転させるとオン（安全）になり、トリガーをブロックする。マガジンは金属製のボックス・タイプで、シングル・ロー（単列）式。マガジン・キャッチはマガジンの底部をフックして固定させるコンチネンタル・マガジン・キャッチだ。

マニューリン・モデル
MR73リボルバー
口径　　　　　.357Mag
全長　　　　　233mm
銃身長　　　　102mm
重量　　　　　970g
装填数　　　　6発
ライフリング　6条/右回り

## マニューリン・モデルMR73リボルバー（フランス）

マニューリン・モデルMR73リボルバーは、フランスのミュールハウスにある民間の銃砲メーカーのマニューリン社（正式社名マニュファクチュール・ダルメー・デ・マシーン・デュ・アウト・ライン）が製作した中型のリボルバーだ。

このリボルバーは、全体的に見るとアメリカS&W社の現代中型リボルバーに類似している。フランスの警察の要請を受けて、高い命中精度を備えたリボルバーとして設計、製作された点が特徴だ。

メーカーのマニューリン社は、もともと弾薬自動製造機械メーカーとして創業した。第2次世界大戦後のフランス警察の再編成に対応するため、戦後に銃砲製造部門を整備させた。

マニューリン社はドイツのワルサー社と提携してワルサー・モデルPP/PPKピストルのライセンス生産を1950年代中頃から開始し、フランス警察に納入する一方、アメリカなどにも輸出した。のちにドイツのワルサー社がモデルPP/PPKピストルを再生産し始めると、多くのコンポーネントを提供した。

マニューリン・モデルMR73リボルバーは、マニューリン社が独自に開発した初めてのピストルだ。開発は1970年代はじめにフランスの国家警察にあたるジャンダルム（国家憲兵隊とも称される）から堅牢で、とくに命中精度の高いリボルバーの製作を要請されたことから始まった。マニューリン社は、この要請に沿った試作リボルバーを1973年に完成させた。このリボルバーに小改良が加えられ、のちのマニューリン・モデルMR73リボルバーが誕生した。モデル名はマニューリン・リボルバーの頭文字と試作リボルバーの完成年の下二桁を組み合わせて命名された。

マニューリン・モデル73リボルバーは、素材の利用も含めて命中精度を上げる工夫がなされ、設計・製造がおこなわれた。

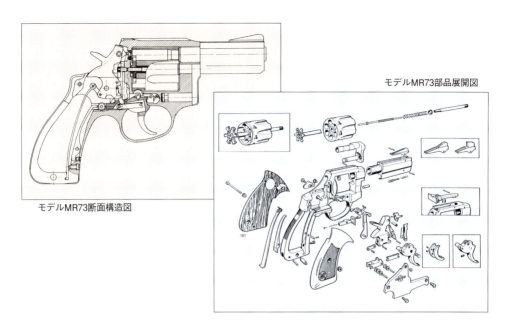

モデルMR73断面構造図

モデルMR73部品展開図

ジャンダルムは、このマニューリン・モデルMR73リボルバーを制式リボルバーとして選定し使用した。また、市販もされた。高い命中精度とともに製作精度の良好なリボルバーだったが、高い命中精度を維持するため、製造コストがかさみ、高価だった。

ジャンダルム以外のフランス警察もマニューリン・モデルMR73リボルバーの採用を検討したが、その高額な価格がネックとなり予算の調整がつかなかった。そのためフランス警察の一部がマニューリン・モデルMR73リボルバーを採用するにとどまった。のちに高い命中精度に着目したフランス警察の特殊部隊RAIDが採用している。

ニューリン・モデルMR73リボルバーは、ソリッド・フレームにクレーンでスイング・アウトするシリンダーを組み込んだ典型的なダブル・アクションのリボルバーで、全体の構成がアメリカのS&Wモデル10リボルバー（50ページ参照）によく似ている。

シリンダーとフレームのロックを解いてシリンダーをスイング・アウトさせるためのシリンダー・オープン・ラッチは、フレーム左側面のシリンダー後方に装備されている。シリンダー・オープン・ラッチは前方に押してスライドさせると、フレームとシリンダーのロックが解除され、シリンダーをピストルの左側方にスイング・アウトできる。スイング・アウトしたシリンダーの前方に突き出しているシリンダー・ロッド（シリンダー軸）を後方に押すと、エジェクターの働きでシリンダー内の発射済の薬莢を排出できる。ハンマーは露出式で、シングル・アクションとダブル・アクションの両方で射撃可能なコンベンショナル・ダブル・アクションが組み込まれている。

スタンダード・モデルは、.357マグナム弾薬を使用し、6発の弾薬を装填できる。そのほかに.22LR口径のマニューリン・モデルMR22リボルバーと32S&Wワッド・カッター口径のマニューリン・モデルMR32リボルバーも製作された。

マニューリン・モデルMR73リボルバーは、バレル・オプションとして、2.5インチ、2.75インチ、3インチ、4インチ、5.25インチ、6インチの長さの製品がある。

フランス

アストラ・モデルA60セミ・
オートマチック・ピストル
口径　　7.65mm×17(.32ACP)
全長　　　　　　　168mm
銃身長　　　　　　 89mm
重量　　　　　　　 720g
装填数　　　　　　　7発
ライフリング　6条/右回り

## アストラ・モデルA60セミ・オートマチック・ピストル（スペイン）

アストラ・モデルA60セミ・オートマチック・ピストルは、スペインのゲルニカにあったアストラ社（正式社名アストラ・ウンセタ社）が製作した中型ピストルだ。このピストルの特徴は、ドイツ・ワルサー社のモデルPP/PPKピストルと同じコンセプトで設計された点にある。

モデルA60ピストルは、先行して1969年に発売されたアストラ・モデル5000ピストル（アストラ・モデル・コンスタブルIIピストル）の近代化モデルだ。

オリジナルのモデル・コンスタブル・ピストルは、アメリカで人気が高かったワルサー・モデルPP/PPKピストルに対抗して低価格な中型ピストルとして製品化された。モデルPP/PPKに似た流線型のアウト・ラインを備え、ダブル・アクションの露出式ハンマーが組み込まれた。モデル5000ピストルは、アメリカで一定の人気があり、数次の改良が加えられた。

後期に生産されたモデル・コンスタブルIIピストル（モデル5000ピストル）は、手動セフティがグリップ・フレームからスライドの左側面後部に移動され、ハンマー・デコッキング機能も追加されて、よりワルサー・モデルPP/PPKピストルに近い性能を備えた製品だった。モデルA60ピストルは、このモデル5000ピストルの発展型として設計された。

開発は、銃砲メーカー各社が新規開発や従来製品を盛んに近代化させていた1980年代後半に進められた。多くの場合、製品の近代化は従来のメカニズムをそのまま活用し、ピストルのグリップ・パネルやアウト・ラインに手を加え、外観をリニューアルしておこなわれた。

モデルA60ピストルの開発も例外ではなく、モデル5000ピストルの作動メカニズムをそのまま活用し、スライド両側面にステップを設けてアクセントをつけ、

グリップ・パネルをシボ皮表面のすっきりしたものに交換してリニューアルが図られた。スライド・ストップ・レバーも小型化されてデザイン的にすっきりさせた。機能的にもスライドに装備された手動セフティが左右両側面で操作できるアンビ・タイプに改良され、弾薬装填数の多いダブル・カーラム（複列）マガジンを使用するよう改良が加えられ1986年に発売された。総合的にはマイナー・チェンジだが、モデルA60ピストルの外観は現代的な印象を与える。

モデルA60ピストルは、ブローバック作動方式で作動し、ハンマー露出方式でコンベンショナル・ダブル・アクションが組み込まれている。射撃の反動をスライドの重量とスライド内のバレル下方に装備されたリコイル・スプリングによって支えるブローバック方式だ。

弾薬が撃発されると、弾丸がバレル内を前進し、バレルの中に高圧の発射ガスが充満し、チャンバー内の薬莢を後方に押してスライドを後退させようとする。スライドの重量とリコイル・スプリングの反発力などが総合的に作用し、スライドはすぐに動かない。バレル内の発射ガス圧が高まるとスライドが後退し始める。その段階までにバレル内の弾丸が銃口の近くまで進み、スライドがチャンバーから発射済みの薬莢を排出するときにはバレルから射出されて、バレル内のガス圧が急速に低下し射手に危険を及ぼさない程度まで低下するようバランスがとられている。

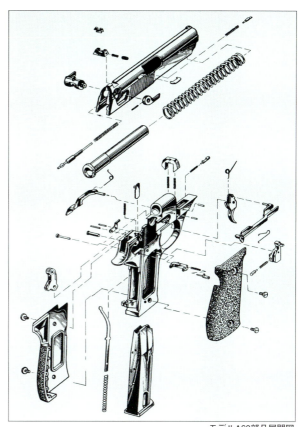

モデルA60部品展開図

後退するスライドはハンマーをコックし、スライド内のリコイル・スプリングを圧縮する。後退しきったスライドは、リコイル・スプリングの反発力で前進に転じ、マガジンから弾薬をチャンバーに送り込む。スライドが前進しきれば、次の射撃の準備が整う。

モデルA60ピストルは、モデル・コンスタブル・ピストルと異なり、アメリカで人気が低かった7.65mm×17（.32ACP）弾薬口径や.22LR弾薬口径は製作されず、9mm×17（.38ACP）弾薬を使用する製品のみが製造されて供給された。

一般の関心が大型ピストルに移行したため、モデルA60ピストルの販売は振わず、1991年に製造中止となった。

アストラ・モデルA70セミ・
オートマチック・ピストル
口径　　　　　　9mm×19
全長　　　　　　　166mm
銃身長　　　　　　89mm
重量　　　　　　　830g
装填数　　　　　　7発
ライフリング　6条/右回り

## アストラ・モデルA70セミ・オートマチック・ピストル（スペイン）

　アストラ・モデルA70セミ・オートマチック・ピストルは、スペインのゲルニカにあったアストラ社（正式社名アストラ・ウンセタ社）が製作したコンパクト・タイプの大型ピストルだ。

　モデルA70ピストルは、アストラ社が開発した大口径弾薬を使用する現代コンパクト・ピストルの最初の製品であり、1992年に発売された。

　アストラ社は、7.65mm×17（.32ACP）弾薬や9mm×17（.380ACP）弾薬を使用する多くの中型セミ・オートマチック・ピストルを生産してきた。1980年代になるとピストルの最大市場であるアメリカの射撃愛好家の関心が、中小口径弾薬からストッピング・パワー（阻止力）の大きな大口径弾薬に移行していった。護身用の中型ピストルや警察官のセカンド・ピストルも同様で、大口径の弾薬を使用するコンパクト・ピストルに関心が高まった。この動向は中口径や小口径のピストルに生産の主力を置いていたアストラ社にとって重大な変化だった。

　アストラ社は、アメリカ市場でも受け入れられる大口径のコンパクト・ピストルの開発を始めた。1992年に完成、発売されたアストラ社初の大口径ピストル、モデルA70は、中型ピストル分野で知名度を得ていた同社らしく、大型ピストルではなくコンパクト・タイプだった。

　アストラ・モデルA70ピストルの設計は、総合的に見るとブローニング原案を発展させたもので、先行した他メーカーの現代大型ピストルのメカニズムの多くの要素が総合的に採り入れられていた。

　メカニズムはショート・リコイルするティルト・バレルが組み込まれ、スライド後端に露出ハンマーを装備している。

　バレル後端のチャンバーの外側が、四角形のブロック状をしており、このブロックの上端部とスライドのエジェクション・ポート（排莢孔）の開口部を嚙み合

わせて、バレルとスライドをロックする方式だ。

弾丸を射出するときバレルとスライドの先端にかかる高い発射ガス圧でバレルをショート・リコイルさせ、バレル後端下方のブロックに設けられた「くの字」型の孔の働きでバレル後端を降下させてスライドとのロックを解除する。フリーになったスライドは、さらに後退を続け、ピストルから発射済みの薬莢を排出し、ハンマーをコックし、リコイル・スプリングを圧縮する。

後退しきったスライドは、リコイル・スプリングの反発力で前進に転じ、マガジンから弾薬をバレルのチャンバーに送り込む。最終段階で、バレル下方ブロックに設けられた「くの字」型の孔の傾斜面の働きによってバレル後端が上昇し、スライドとバレルが噛み合ってロックされて次の射撃準備が整う。

撃発メカニズムはスライド後端の露出したハンマーによるハンマー撃発方式。ハンマーは、不用意にコックされにくいラウンド・ハンマー・スパーを装備する。トリガーはシングル・アクション。

手動セフティがフレーム左側面の後端に装備された。手動セフティの先端を上方に引き上げるとオン（安全）となってブロックされる。スライドのブリーチ内部には、トリガーを引ききったとき以外、ファイアリング・ピンをブロックするオートマチック・ファイアリング・ピン・セフティが組み込まれている。

マガジンはスチール製のボックス・タイプで、シングル・ロー（単列）式。マ

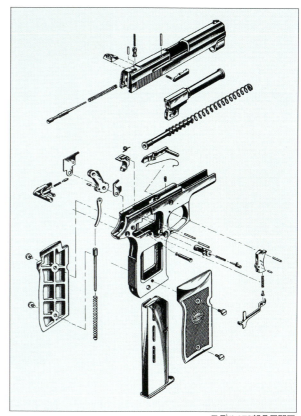

モデルA70部品展開図

ガジン・キャッチはトリガー・ガード後方のフレームの左側面に装備されたプッシュ・ボタン・タイプ。

フレーム左側面のトリガー上方にスライド・ストップ・レバーを装備する。

口径オプションに19mm×19弾薬用と.40S&W弾薬用のものが製作された。

即応性が高いダブル・アクションを組み込み、多くの弾薬を装填できるダブル・カーラム・マガジンを装備させた大口径コンパクト・ピストル製品が次々と登場したため、スペック的に及ばなかったアストラ・モデルA70ピストルは、1996年に製造中止となり、後継機としてダブル・アクションを組み込んだモデルA75ピストルが開発された。

アストラ・モデルA100セミ・
オートマチック・ピストル
口径　　　　　9mm×19
全長　　　　　180mm
銃身長　　　　97mm
重量　　　　　985g
装填数　　　　17発
ライフリング　6条/右回り

通常分解した
モデルA100

## アストラ・モデルA100セミ・オートマチック・ピストル（スペイン）

　アストラ・モデルA100セミ・オートマチック・ピストルは、スペインのゲルニカにあったアストラ社（正式社名アストラ・ウンセタ社）が製作したダブル・アクションを組み込んだフル・サイズの大型ピストルで、1990年に発売された。

　このピストルは、アストラ社が製作した最後の金属製グリップ・フレーム装備の大口径ピストルとなった。

　ユーザーの関心が大口径ピストルに移行していた1980年代、アストラ社はこの動向に対応して大口径の大型ピストルの開発を始め、1982年にアストラ・モデルA80ピストルを完成させて発売した。これが現代アストラ大口径ピストルの第1世代となった。

　このピストルは総合的に見るとスイスSIGザウァー社が開発したモデルP220ピストル（218ページ参照）の影響を大きく受けた。1985年、モデルA80ピストルをベースにした発展型のアストラ・モデルA90ピストルが発売された。これが第2世代の現代アストラ大口径ピストルだ。

　1990年、アストラ社はモデルA90ピストルをさらに発展させたアストラ・モデルA100ピストルを完成して発売した。同時に前作のモデルA90ピストルとモデルA80ピストルを廃版にした。モデルA100ピストルは現代アストラ大口径ピストルの第3世代にあたる製品で、アメリカへの供給は1993年にスタートした。

　モデルA100ピストルのメカニズムは、ショート・リコイルさせてロックを解除するティルト・バレルを装備し、露出ハ

ンマーが組み込まれている。バレル後端のチャンバーの外側が、四角形のブロック状をしており、この上部をスライドのエジェクション・ポート（排莢孔）と噛み合わせてロックする。

弾丸を射出するときバレルとスライドの先端にかかる高い発射ガス圧でバレルをショート・リコイルさせ、バレル後端下方のブロックに設けられた傾斜の働きでバレル後端を降下させてスライドとのロックを解除する。フリーになったスライドは、さらに後退を続け、ピストルから発射済みの空薬莢を排出し、ハンマーをコックし、リコイル・スプリングを圧縮する。

後退しきったスライドは、リコイル・スプリングの反発力で前進に転じ、マガジンから弾薬をバレルのチャンバーに送り込む。最終段階で、バレル下方ブロックに設けられた傾斜面の働きによって、バレル後端が上昇し、スライドとバレルが噛み合ってロックされ、次の射撃準備が整う。

撃発はスライド後端に露出したハンマーでおこなう。ハンマーにはロング・ハンマー・スパーが装備されている。トリガーはシングル・アクションによる射撃とダブル・アクションによる射撃の両方が可能なコンベンショナル・ダブル・アクションが組み込まれている。

即応性を重視して手動セフティは装備されておらず、代わりにフレーム左側面のグリップ・パネル前面にハンマーを安全に前進できるハンマー・デコッキング・レバーとトリガーを引ききったとき以外、ファイアリング・ピンをロックして前進できなくするオートマチック・フ

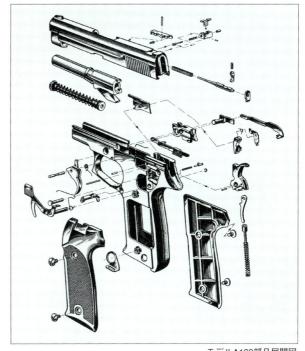

モデルA100部品展開図

ァイアリング・ピン・セフティがブリーチ内に組み込まれた。

マガジンはスチール製のボックス・タイプで、ダブル・カーラム（複列）式。マガジン・キャッチはトリガー・ガード後方のフレーム左側面に装備されたプッシュ・ボタン・タイプ。

マガジン内の弾薬をすべて撃ちつくすと、スライドはスライド・ストップの働きで後退位置で停止する。フレーム左側面のグリップ・パネル上方に装備されたスライド・ストップ・レバーを押し下げて再び前進させる。

モデルA100ピストルは、9mm×19口径、9mm×21口径、.45ACP口径で製作されたが、アストラ社の経営が行き詰まり倒産したため、同社の最後の大型セミ・オートマチック・ピストルとなり、アメリカへの供給も1997年で終了した。

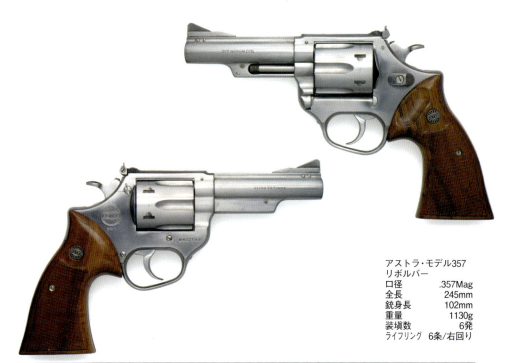

アストラ・モデル357
リボルバー
口径　　　　　　.357Mag
全長　　　　　　245mm
銃身長　　　　　102mm
重量　　　　　　1130g
装填数　　　　　6発
ライフリング　6条/右回り

## アストラ・モデル357リボルバー（スペイン）

　アストラ・モデル357リボルバーは、スペインのゲルニカにあったアストラ社（正式社名アストラ・ウンセタ社）が製作した中型の現代ダブル・アクション・リボルバーだ。

　外観はアメリカのS&W社の中型ダブル・アクション・リボルバーに似ているが、内部のハンマー・スプリング部分に独自の改良が加えられている点が特徴だ。

　アストラ・モデル357リボルバーは、アストラ社が1950年代末から製作していた中口径のアストラ・モデル・カディックス・リボルバーのメカニズムを一部改良し、.357マグナム弾薬が使用できるように強化・大型化して再設計し、1972年に発売された。

　改良点はハンマーに装備されていたファイアリング・ピンをフレーム側に移動させたことと、ハンマー打撃のトランスファー・バーを組み込んだことだ。

　アストラ・モデル357リボルバーは市販品としてアメリカなどの海外に輸出され、スペインの警察官の装備としても使用された。

　アストラ・モデル357リボルバーは、その製品名どおり、.357マグナム弾薬を使用し、ほかの口径のオプション・モデルは製造されなかった。バレル・オプションとして、3インチ、4インチ、5インチ、6インチ、8.5インチの製品が供給された。

　カーボン・スチールの製品がスタンダード・モデルで、このほかにステンレス・スチールを素材としたアストラ・モデル357INOXリボルバーが供給された。

　アストラ社は、ベルギーのFN社の求めに応じて、モデル357リボルバーを製造しFN社に納入した。FN社はモデル357リボルバーをFNモデル・バラクーダ・リボルバーの製品名で販売した。

　アストラ社はアストラ・モデル357リボルバーをベースに発展型として9mm×19弾薬も使用できるアストラ・モデル357ポ

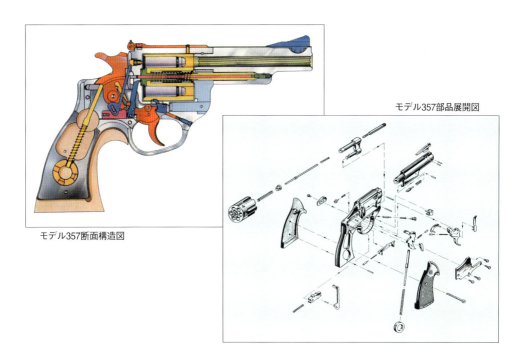

モデル357断面構造図

モデル357部品展開図

リス・マグナム・リボルバーを開発し、1880年に発売した。

モデル357ポリス・マグナム・リボルバーは、モデル357マグナム・リボルバーと基本的に同一だが、シリンダーが容易に交換でき、シリンダーを交換することによって.357マグナム弾薬だけでなく、軍用や警察用として一般的な、9mm×19弾薬を使用できる点が特徴的だった。

モデル357ポリス・マグナム・リボルバーは、口径オプションとして、スペインの警察や軍が制式としていた9mm×23（9mmラルゴ）弾薬を使用する交換シリンダーも製作された。

モデル357マグナム・リボルバーは、ソリッド・フレームにクレーンでスイング・アウトするシリンダーを組み込んだ典型的な中型ダブル・アクション・リボルバーだ。フレームの左側面、シリンダーのリコイル・プレート後方にシリンダー・ロック・レリース・ラッチが装備され、ラッチを前方に押すとフレームとシリンダーのロックが解除され、シリンダーをスイング・アウトできる。スイング・アウトしたシリンダーのシリンダー・ロッド（シリンダー軸）を後方に強く押すと、エジェクターの働きで、シリンダーから発射済みの薬莢を排出できる。

ハンマー・トリガー・システムは、シングル・アクション射撃とダブル・アクション射撃の両方が可能なコンベンショナル・ダブル・アクション方式だ。セフティを兼用したトランファー・バーは、通常フレームとハンマー間に入ってハンマーがファイアリング・ピンと接触することをブロックし、トリガーを引ききると先端部が上昇してハンマーとファイアリング・ピンの間に入り、ハンマーの打撃をファイアリング・ピンに伝える。

グリップ内にハンマー・スプリングを受ける深さの違う孔が4ヵ所に設けられたリング状の部品が組み込まれており、弱くなったスプリング圧を高めたり、強すぎるスプリング圧を弱めることができる。

スペイン

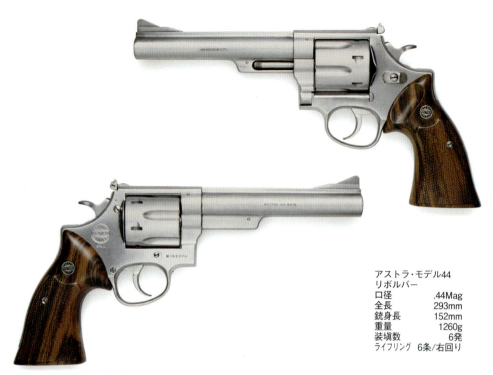

アストラ・モデル44
リボルバー
口径　　　　　　　.44Mag
全長　　　　　　　293mm
銃身長　　　　　　152mm
重量　　　　　　　1260g
装填数　　　　　　6発
ライフリング　6条/右回り

## アストラ・モデル44リボルバー（スペイン）

　アストラ・モデル44リボルバーは、スペインのゲルニカにあったアストラ社（正式社名アストラ・ウンセタ社）が製作した大型の.44マグナム口径のダブル・アクション・リボルバーだ。

　このリボルバーの特徴は、前出のアストラ・モデル357マグナム・リボルバー（326ページ参照）を大型化させ、強力な.44マグナム弾薬を使用できるようにしたことだ。

　アストラ・モデル44リボルバーは、アメリカの刑事映画「ダーティ・ハリー・シリーズ」（1971年第1作公開）の大ヒットで、S&W社製の.44マグナム弾薬を使用するS&Wモデル29リボルバー（60ページ参照）に注目が集まり、好調な販売実績を上げていたことに対応するためアストラ社で企画・設計された。

　アストラ社が製作していた現代ダブル・アクション・リボルバーは、S&W社のリボルバーをコピーしたものだ。アストラ社は、主に中型のKフレーム・サイズのS&Wリボルバーをコピー製造していた。

　弾薬自体のサイズが大きく強力な.44マグナム弾薬は、S&W社の中型のKフレームでは射撃できない。S&W社は、Kフレームより大型のNフレームを使用してモデル29リボルバーを製造していた。

　アストラ社は同社が製作していたモデル357リボルバーをスケール・アップして開発を進め、1980年に.44マグナム弾薬を使用できる大型のアストラ・モデル44マグナム・リボルバーを発売した。モデル.44マグナム・リボルバーは、モデル.357マグナム・リボルバーをそのまま大型化させたもので、まったく同一のメカニズム備えている。

　S&W社が大型のNフレームで展開した口径オプションと同様、モデル.44マグナム・リボルバーを完成後、アストラ社は、

このリボルバーのフレームを流用して.41マグナム弾薬を使用する製品と、.45ロング・コルト弾薬を使用する製品を製作、それぞれ、アストラ・モデル41マグナム・リボルバー、アストラ・モデル45リボルバーの製品名でアストラ・モデル44マグナム・リボルバーと同時に発売した。

アストラ・モデル44マグナム・リボルバーは、ソリッド・フレームにクレーンでスイング・アウトするシリンダーを組み込んだ大型ダブル・アクション・リボルバーだ。

フレームの左側面、シリンダーのリコイル・プレート後方にシリンダー・ロック・レリース・ラッチが装備されている。ラッチを前方に押すとフレームとシリンダーのロックを解除でき、シリンダーをリボルバーの左側方にスイング・アウトできる。スイング・アウトしたシリンダーのシリンダー・ロッド（シリンダー軸）を後方に強く押すと、エジェクターの働きで、シリンダーから発射済みの薬莢を排出できる。

ハンマー・トリガー・システムは、シングル・アクション射撃とダブル・アクション射撃の両方が可能なコンベンショナル・ダブル・アクション方式だ。ファイアリング・ピンはフレーム側に装備されている。セフティを兼用したトランスファー・バーは、通常フレームとハンマー間に入ってハンマーがファイアリング・ピンと接触することをブロックし、トリガーを引ききると先端部が上昇してハンマーとファイアリング・ピンの間に入りハンマーの打撃をファイアリング・ピンに伝える

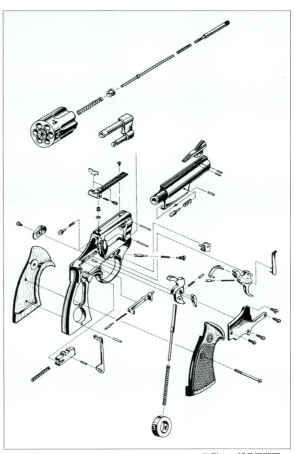

モデル44部品展開図

モデル.357マグナム・リボルバーをそのまま大型化させたモデル44マグナム・リボルバーにも、グリップ内にハンマー・スプリングを受ける深さの違う孔が4カ所に設けられたリング状の部品が組み込まれており、弱くなったスプリング圧を高めたり、強すぎるスプリング圧を弱めることができる。

スタンダード・モデルは、カーボン・スチールを素材として製作されたが、バリエーションとしてステンレス・スチールで製作されたアストラ・モデル44INOXマグナム・リボルバーも供給された。

リャマ・モデル・マイクロ・マックス380セミ・オートマチック・ピストル
口径　　9mm×17(.380ACP)
全長　　　　　　160mm
銃身長　　　　　94mm
重量　　　　　　625g
装填数　　　　　　7発
ライフリング　6条/右回り

## リャマ・モデル・マイクロ・マックス380セミ・オートマチック・ピストル（スペイン）

　リャマ・モデル・マイクロ・マックス380セミ・オートマチック・ピストルは、スペインのビトリアにあったリャマ社（正式社名リャマ・ガビロンド社）が製作した中型ピストルだ。

　このピストルの特徴は、アメリカのコルト・モデル・ガバーメント・ピストルを小型化させた外観のブローバック方式の中型ピストルという点にある。

　このピストルの原型は、リャマ社が1933年に発売した7.65mm×17（.32ACP）口径のリャマ・モデル1ピストルと9mm×17（.380ACP）口径のリャマ・モデル2ピストルだ。いずれのモデルもコルト・モデル・ガバーメント・ピストルを小型化させたブローバック作動方式の中型ピストルだった。モデル2ピストルは1936年に改良されて、リャマ・モデル3ピストルになった。第2次世界大戦後の1951年にさらに改良が加えられたリャマ・モデル3Aピストルが発売された。

　アメリカでコルト・モデル・ガバーメント・ピストルは人気があり、その外観をまねて中型ピストルにしたモデル3Aピストルも気軽に射撃を楽しむ愛好家用や護身用ピストルとして販売が好調だった。そのため本家のコルト社もモデル・ガバーメント・ピストルを小型化し、ブローバック作動する中型ピストルの発売に踏み切ったほどだった。

　リャマ・モデル・マイクロ・マックス380セミ・オートマチック・ピストルは、このモデル3Aピストルの近代化モデルとして製品化された。

　いちばん大きな改良点はスライド部分にある。スライド先端部分とスライド上面のリブのデザインが変更され、安全性を高めるためにブリーチ内部にオートマ

チック・ファイアリング・ピン・セフティが追加装備された。

また、護身用としての実用性を考えて、不用意にコックされにくいラウンド・ハンマー・スパーに変更された。

ピストル表面の仕上げも現代的な反射しにくいマット・フィニッシュに変更され、グリップ・パネルのデザインも変更された。

モデル・マイクロ・マックス380ピストルはブローバック方式で作動するバレル固定式のハンマーで撃発する中型ピストルだ。スライドとバレルをロックするロッキング・メカニズムがなく、スライドの重量とバレル下方に装備されたリコイル・スプリングの反発力で射撃の反動を支えるブローバック作動方式で設計されている。

弾薬が撃発されると、弾丸がバレル内を前進し、バレルの中に高圧の発射ガスが充満する。発射ガスはスライドのブリーチ前面を押してスライドを後退させようとする。だが、スライド自体の重量とスライドを前方に押しているリコイル・スプリングの反発力などが複合的に作用し、スライドはすぐに動かない。バレル内の発射ガス圧が高まるとスライドが後退し始める。その時までにバレル内の弾丸は、マズル（銃口）近くまで進んでいる。スライドが大きく後退するまでに、弾丸はバレルから射出されて、バレル内のガス圧が急速に低下し射手に危害を及ぼさない。後退するスライドはリコイ

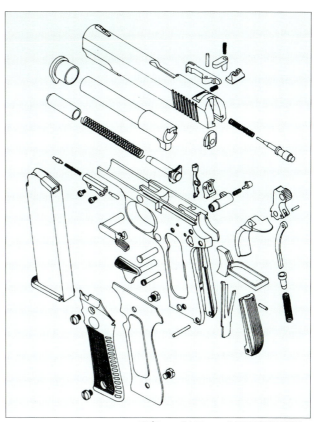

モデル・マイクロ・マックス380部品展開図

ル・スプリングを圧縮し、ハンマーをコックする。後退しきったスライドは、圧縮されたリコイル・スプリングの反発力で前進に転じる。

前進するスライドは弾薬をマガジンからチャンバーに送り込む。スライドが前進しきれば、次の射撃の準備が整う。

手動セフティは、グリップ・フレーム左側面後端部分に装備されており、先端を上方に引き上げるとオン（安全）になって撃発できなくなる。手動セフティとは別にスライドのブリーチ内には、トリガーを引ききったときだけファイアリング・ピンのブロックが解除されるオートマチック・ファイアリング・ピン・セフティが装備されている。

リャマ・モデル・ミニ・マックス・
セミ・オートマチック・ピストル
口径　　　　　　　.45ACP
全長　　　　　　　170mm
銃身長　　　　　　76mm
重量　　　　　　　700g
装填数　　　　　　9発
ライフリング　6条/右回り

## リャマ・モデル・ミニ・マックス・セミ・オートマチック・ピストル（スペイン）

リャマ・モデル・ミニ・マックス・セミ・オートマチック・ピストルは、スペインのビトリアにあったリャマ社（正式社名リャマ・ガビロンド社）が製作した大型ピストルだ。

このピストルの特徴は、リャマ社が製作していたコルト・モデル・ガバーメント・ピストル・タイプの大型ピストルのサイズを切り詰めて小型化させ、携帯性を向上させた点にある。

モデル・ミニ・マックスは、フル・サイズのリャマ・モデル・マックスI-L/Fピストル（334ページ参照）をベースにして、バレルやスライド、グリップなどをそれぞれ短く切り詰めて小型化させた製品で、1996年にリャマ社から発売された。

基本的なメカニズムは、コルト・モデル・ガバーメント・ピストルとほとんど同一で、ティルトしてショート・リコイルするバレルを組み込んである。オリジナルのコルト・モデル・ガバーメント・ピストルと異なり、装填弾薬量の多いダブル・カーラム（複列）マガジンを使用する。

バレルの後端部の下方ブロックに8の字型のリンクを装備させ、これでフレームと連結させ、ショート・リコイルする際にバレル後端部分を上下動させてスライドとロックさせるティルト・バレルが組み込まれた。

バレル後方上面に2つの突起を設け、この突起とスライド内面上部の溝を噛み合わせてバレルとスライドとロックさせるジョンM.ブローニングが考案したのと同じ方式で設計されている。

トリガーはシングル・アクション。スライド後端部に露出したハンマーで撃発するハンマー撃発方式だ。露出したハン

マー・スパーは、不用意に起きにくく、指で起こしやすいようにセミ・ラウンド・タイプで設計されている。

　安全装置として、手動セフティとグリップ部後面にグリップ・セフティが組み込まれている。手動セフティはフレーム左側面後部に装備され、先端部を押し上げるとオンとなってブロックされる。手動セフティはハンマーを前進させた状態でも、またハンマーを起こした状態でも作動させてコック・アンド・ロックが可能になっている。

　弾丸を射出すると、バレルとスライドの先端に高い発射ガス圧がかかる。このガス圧でバレルをショート・リコイルさせ、バレル後端下方の8の字型のリンクの働きでバレル後端を降下させてスライドとのロックを解除する。フリーになったスライドは後退を続けて発射済みの薬莢を排出、ハンマーをコックし、リコイル・スプリングを圧縮する。

　後退しきったスライドは、リコイル・スプリングの反発力で前進に転じ、マガジンから弾薬をバレルのチャンバーに送り込む。最終段階で、バレル下方の8の字型のリンクの働きによって、バレル後端が上昇し、スライドの内面の溝とバレル上面の突起が噛み合ってロックされて次の射撃準備が整う。

　マガジンはスチール製のボックス・タイプで、装填弾薬量の多いダブル・カーラム・マガジンが標準装備されている。マガジン・キャッチはクロス・ボルト・タイプで、フレーム左側面トリガー・ガ

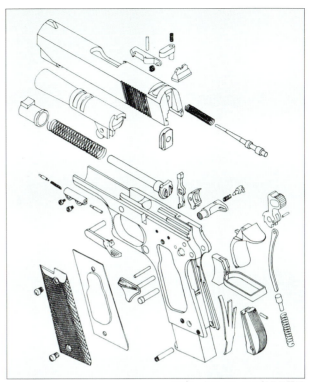

モデル・ミニ・マックス部品展開図

ード後方に装備されている。

　マガジン内の全弾薬を撃ちつくすと、スライドは後退した位置で停止する。フレーム左側面トリガー上部に装備されたスライド・ストップ後端を押し下げるとスライドを再び前進させることができる。

　モデル・ミニ・マックス・ピストルは、.45ACP弾薬、.40S&W弾薬、9mm×19弾薬を使用する製品が口径オプションとして製作された。この中であまり人気のなかった9mm×19口径の製品は、1997年に製造中止となった。

　モデル・ミニ・マックス・ピストルのバリエーションとして、さらに小型化されたリャマ・モデル・ミニ・マックス・サブ・コンパクト・ピストルも製作された。この製品は、79mmのごく短いバレルが組み込まれている。

リャマ・モデル・マックスⅠ-L/F
セミ・オートマチック・ピストル
口径　　　　　.45ACP
全長　　　　　216mm
銃身長　　　　127mm
重量　　　　　1150g
装填数　　　　13発
ライフリング　6条/右回り

## リャマ・モデル・マックスⅠ-L/Fセミ・オートマチック・ピストル（スペイン）

**スペイン**

　リャマ・モデル・マックスⅠ-L/Fセミ・オートマチック・ピストルは、スペイン・ビトリアにあったリャマ社（正式社名リャマ・ガビロンド社）が製作したフル・サイズの大型ピストルだ。

　このピストルは、アメリカで盛んだったコンバット・シューティグ競技向けのピストルとして企画され、1995年に発売された。コルト・モデル・ガバーメント・ピストルのクローン製品のひとつだが、コンバット・シューティング競技に有利な装填弾薬量の多いダブル・カーラム（複列）マガジンの標準装備が特徴である。また、射撃競技用に企画されたところから、リア・サイトはウィンデージ、エレベーションともに調整できるアジャスタブル・サイトが標準装備された。

　基本的なメカニズムは、ジョンM.ブローニング原案のコルト・モデル・ガバーメント・ピストルとほとんど同一の設計だ。ショート・リコイルするティルト・バレルが組み込まれた。その作動方式や形状はコルト・モデル・ガバーメント・ピストルとほとんど変わらない。

　バレル後方上面に2つの突起があり、この突起とスライド内面上部の溝を噛み合わせてスライドとバレルをロックさせる。バレルの後端部の下方ブロックに8の字型のリンクが装備されており、これでフレームと連結させている。ティルト・バレルはショート・リコイルする際にバレル後端部分を上下動させてスライドとロックさせる。

　トリガーはシングル・アクション。スライド後端部に露出したハンマーで撃発するハンマー撃発方式だ。露出したハン

マー・スパーは、不用意に起きにくく、指で起こしやすいようにセミ・ラウンド・タイプで設計されている。

　安全装置として、手動セフティとグリップ部後面にグリップ・セフティが組み込まれている。手動セフティはフレーム左側面後部に装備され、先端部を押し上げるとオンとなってブロックされる。

　手動セフティは、ハンマーを前進させた状態でも、またハンマーを起こした状態でも作動させてコック・アンド・ロックが可能になっている。

　弾丸を射出すると、バレルとスライドの先端に高い発射ガス圧がかかる。このガス圧でバレルをショート・リコイルさせ、バレル後端下方の8の字型のリンクの働きでバレル後端を降下させてスライドとのロックを解除する。フリーになったスライドは後退を続け、発射済みの薬莢をピストルから排出、ハンマーをコックし、リコイル・スプリングを圧縮する。

　後退しきったスライドはリコイル・スプリングの反発力で前進に転じ、マガジンから弾薬をバレルのチャンバーに送り込む。最終段階で、バレル下方の8の字

モデル・マックスⅠ-L/F部品展開図

型のリンクの働きによって、バレル後端が上昇し、スライドの内面の溝とバレル上面の突起が噛み合ってロックされて次の射撃準備が整う。

　マガジンはスチール製のボックス・タイプで、マガジン・キャッチはクロス・ボルト・タイプで、フレーム左側面トリガー・ガード後方に装備されている。

　マガジン内の全弾薬を撃ちつくすと、スライドは後退した位置で停止する。フレーム左側面トリガー上部に装備されたスライド・ストップ後端を押し下げるとスライドを再び前進させることができる。

スペイン

リャマ・モデル・オムニ・セミ・
オートマチック・ピストル
口径　　　　　.45ACP
全長　　　　　199mm
銃身長　　　　110mm
重量　　　　　1055g
装填数　　　　7発
ライフリング　6条/右回り

## リャマ・モデル・オムニ・セミ・オートマチック・ピストル（スペイン）

　リャマ・モデル・オムニ・セミ・オートマチック・ピストルは、スペインのビトリアにあったリャマ社（正式社名リャマ・ガビロンド社）が製作した大型ピストルだ。

　このピストルは、従来リャマ社が生産していたコルト・モデル・ガバーメント・ピストルのクローン・モデルと異なり、同社が独自に設計した現代大口径セミ・オートマチック・ピストルだ。また、リャマ社が製作した初のダブル・アクション・セミ・オートマチック・ピストルでもあった。

　リャマ・モデル・オムニ・ピストルは、.45ACP口径のモデル・オムニ1ピストルと9mm×19口径のモデル・オムニ2ピストルが1982年に発売された。その後、9mm×19弾薬を使用し、弾薬装填量の多いダブル・カーラム（複列）マガジンを組み込んだモデル・オムニ3ピストルが追加発売された。

　モデル・オムニ・ピストルの撃発メカニズムはハンマー撃発方式。スライド後端に露出したハンマーは不用意に起きにくいラウンド・ハンマー・スパーが装備されている。

　トリガー・システムはダブル・アクション。ダブル・アクションはダブル・アクションとシングル・アクションの両方で使用できるコンベンショナル・ダブル・アクションだ。トリガー・ガードはダブル・ハンド・ホールディング向けに先端部が角形をしている。

　ロッキング・システムはティルト・バレル・ロッキング方式。バレル後方にある突起をスライド内面上部に設定された溝と噛み合わせてスライドとバレルをロックする。

　スライド後方左側面に手動セフティが装備されている。手動セフティは回転レ

モデル・オムニ断面構造図

モデル・オムニ・トリガー構造図

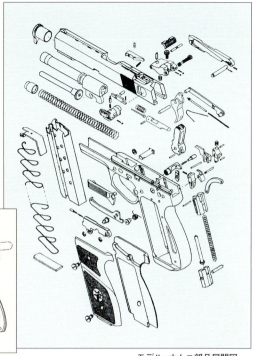

モデル・オムニ部品展開図

バー方式で、先端部を下方に押し下げるとファイアリング・ピンをブロックし、同時にハンマーを安全に前進させるハンマー・デコッキング機能が組み込まれている。スライド後端部上面には、左右ウィンデージと上下エレベーション調整のできるアジャスタブル・リア・サイトが標準装備されている。

　リャマ・モデル・オムニ・ピストルの作動は次のようにおこなわれる。弾丸を射出するときバレルとスライドの先端にかかる高い発射ガス圧でバレルをショート・リコイルさせ、バレル後端下方のブロックの傾斜溝の働きでバレル後端を降下させてスライドとのロックを解除する。フリーになったスライドは、さらに後退を続け、発射済みの薬莢を排出し、ハンマーをコックし、リコイル・スプリングを圧縮する。

　後退しきったスライドはリコイル・スプリングの反発力で前進に転じ、マガジンから弾薬をバレルのチャンバーに送り込む。最終段階でバレル下方ブロックの傾斜溝の傾斜面の働きによって、バレル後端が上昇し、スライドとバレルが嚙み合ってロックされて次の射撃準備が整う。

　マガジンはスチール製のボックス・タイプ。モデル・オムニ1ピストルとモデル・オムニ2ピストルは、単列のシングル・ロー・マガジンを使用し、モデル・オムニ3ピストルは、装塡弾薬量の多いダブル・カーラム・マガジンを使用する。マガジン・キャッチはクロス・ボルト・タイプで、フレーム左側面トリガー・ガード後方に装備されている。

　マガジン内の全弾薬を撃ちつくすと、スライドは後退した位置で停止する。フレーム左側面トリガー上部に装備されたスライド・ストップ後端を押し下げるとスライドを再び前進させることができる。

| | |
|---|---|
| リャマ・モデル82セミ・オートマチック・ピストル | |
| 口径 | 9mm×19 |
| 全長 | 209mm |
| 銃身長 | 114mm |
| 重量 | 1110g |
| 装填数 | 15発 |
| ライフリング | 6条/右回り |

## リャマ・モデル82セミ・オートマチック・ピストル（スペイン）

リャマ・モデル82セミ・オートマチック・ピストルは、スペインのビトリアにあったリャマ社（正式社名リャマ・ガビロンド社）が製作した大型ピストルだ。

このピストルは、リャマ社によって独自に設計された大型ピストルで、スペイン軍の新制式ピストルを視野に設計が進められた。リャマ社の独自設計ながら、リャマ・モデル82ピストルの内部メカニズムは、当時アメリカ軍の新制式ピストルの有力候補だったイタリア・ベレッタ社の開発したモデル92ピストルに大きな影響を受けている。

リャマ・モデル82ピストルは、スペイン軍の制式ピストルに制定され、スペイン軍の一部に支給され、1985年に一般向けに市販された。

リャマ・モデル82ピストルは、スライドとバレル、作動メカニズム部品をカーボン・スチールで製作し、グリップ・フレームをアルミニウム系の軽金属で製作して組み合わせてある。

ロッキング・メカニズムとして、ドイツのワルサー・モデルP38ピストルやイタリアのベレッタ・モデル92ピストルと同系の独立回転式のロッキング・ブロックを組み込んで設計された。このロッキング方式は、バレルが水平移動してショート・リコイルしてバレルとスライドのロッキングを解除する。モデル82ピストルのロッキング方式は、とくにベレッタ・モデル92ピストルのメカニズムとほぼ同一の設計が採用されている。

撃発方式はスライド後端に露出したハンマーでおこなう。トリガーはダブル・アクションとシングル・アクションの両方で射撃できるコンベンショナル・ダブル・アクションが組み込まれている。

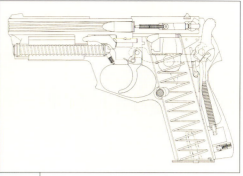

モデル82断面構造図

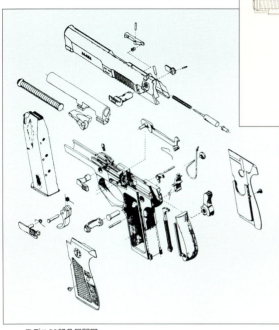

モデル82部品展開図

スライド後部に手動セフティが設定されている。手動セフティはスライドの左右両面で操作できるアンビ・タイプだ。セフティ・レバー前端を下方に押し下げるとファイアリング・ピンがブロックされて、コックされたハンマーも安全に前進する。

リャマ・モデル82ピストルは次のように作動する。

弾丸を射出すると、高い発射ガス圧がバレルとスライドの先端にかかる。この圧力によってバレルをショート・リコイルさせ、バレル下方に装備させた独立式のロッキング・ブロックをプランジャーの働きで降下させてスライド内部の左右側面とのロックを解除する。フリーになったスライドは、さらに後退を続け、ピストルから発射済みの薬莢を排出、ハンマーをコックし、リコイル・スプリングを圧縮する。

後退しきったスライドは、リコイル・スプリングの反発力で前進に転じ、マガジンから弾薬をバレルのチャンバーに送り込む。スライドが前進する最終段階で、バレル下方に装備されたロッキング・ブロックは、フレーム側の傾斜の働きによって、後端部が上昇し、スライドと噛み合ってロックされて次の射撃準備が整う。

マガジンは、スチール製のボックス・タイプで、装填弾薬量の多いダブル・カーラム（複列）マガジンを使用する。

グリップ・フレーム左側面トリガー・ガード後方にクロス・ボルト・タイプのマガジン・キャッチが装備されている。マガジン・キャッチは左右を入れ替えることで左右両側面から操作できる。

マガジン内の全弾薬を撃ちつくすと、スライドはスライド・ストップの働きによって後退位置で停止する。スライドを再び前進させるには、フレーム左側面トリガー上部に装備されたスライド・ストップ後端を押し下げると、スライドを再び前進させることができる。

バリエーションとして、射撃競技向けに改良を加えたリャマ・モデル87ピストルが1989年に追加発売された。

リャマ・モデル・ピッコロ・リボルバー
口径　　　　　.38S&W Sp
全長　　　　　165mm
銃身長　　　　51mm
重量　　　　　650g
装填数　　　　6発
ライフリング　6条/右回り

## リャマ・モデル・ピッコロ・リボルバー（スペイン）

　リャマ・モデル・ピッコロ・リボルバーは、スペインのビトリアにあったリャマ社（正式社名リャマ・ガビロンド社）が製作した小型リボルバーだ。

　このリボルバーの特徴は、護身用携帯リボルバーとして短いバレルを装備した典型的なスナブノーズ・リボルバーという点にある。

　ベースになったのは、リャマ社が製作・販売していた.38S&Wスペシャル弾薬を使用する中型フレームのリボルバーだ。

　この中型フレーム・リボルバーを護身用や私服警察官の武装に向くように短いバレルに加え、グリップを小型化して設計された。

　リャマ・モデル・ピッコロ・リボルバーは、ソリッド・フレームにクレーンでスイング・アウトするシリンダーを組み込んだ典型的な現代リボルバーだ。

　このピストルはハンマー露出式で、ハンマーをコックして射撃するシングル・アクションとトリガーを引ききって射撃するダブル・アクションの両方に対応したコンベンショナル・ダブル・アクションのトリガー・システムが組み込まれている。ハンマーには角形のハンマー・ス

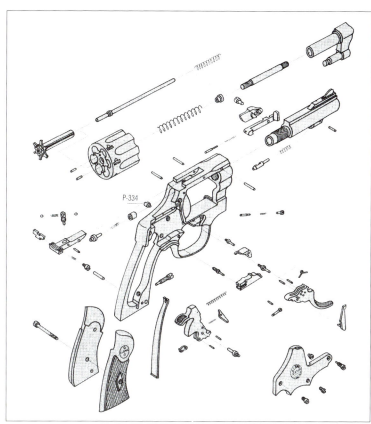

モデル・ピッコロ断面構造図

パーを装備している。

　フレーム左側面にシリンダーをスイング・アウトさせるためのシリンダー・ロック・ラッチが装備されている。

　このシリンダー・ロック・ラッチを前方に押してスライドさせると、シリンダーをリボルバーの左側方にスイング・アウトすることができる。このシリンダーのスイング・アウト形式は、アメリカS&W社の現代リボルバーと同一だ。

　弾薬の装填や発射済みの薬莢の排出は、シリンダーをスイング・アウトしておこなう。空薬莢の排出はシリンダー前方に伸びたシリンダー・ロッド（シリンダー軸）を後方に押してシリンダー後面に装備されたエジェクターを作動させておこなう。

　シリンダーには、6発の.38S&Wスペシャル弾薬を装填できる。

　フレーム上面には、溝形のリア・サイトが設定され、後方になだらかな傾斜をもつフロント・サイトがバレル上面に装備されている。サイトは調整ができない固定式のフィックス・サイトだ。

　グリップ部分は、引っかかりにくいように下端部分のコーナーに丸みをもたせたラウンド・グリップになっている。

　グリップ・パネルは木製で、側面に滑り止めのチェッカーが入れられたものが装着されている。

リャマ・モデル・スーパー・
コマンチ・リボルバー
口径　　　　　.44Mag
全長　　　　　303mm
銃身長　　　　152mm
重量　　　　　1425g
装填数　　　　6発
ライフリング　6条/右回り

## リャマ・モデル・スーパー・コマンチ・リボルバー（スペイン）

　リャマ・モデル・スーパー・コマンチ・リボルバーは、スペインのビトリアにあったリャマ社（正式社名リャマ・ガビロンド社）が製作した大型リボルバーだ。

　このピストルの特徴は、リボルバー弾薬として強力な.44マグナム弾薬を使用する点にある。

　映画「ダーティ・ハリー」シリーズがアメリカでヒットしたことで、.44マグナム弾薬を使用する大型リボルバーに対する関心が一般市民に高まったことが、リャマ社が開発を始めた背景にある。

　ベースになったのは、リャマ社が製作・販売していた.357マグナム弾薬を使用するリャマ・モデル・コマンチ・リボルバーだ。モデル・スーパー・コマンチ・リボルバーは、このモデル・コマンチ・リボルバーを大型化させて設計が進められた。

　大型の.44マグナム弾薬を使用するため、.357マグナム弾薬を使用するモデル・コマンチ・リボルバーのフレームでは対応しきれなかったところから、フレームやシリンダーをひと回り大きくし、S&W社のNフレームに相当するサイズに拡大して設計され、1977年に発売された。

　モデル・スーパー・コマンチ・リボルバーは、.44マグナム弾薬を使用することを前提に設計されたが、.44マグナム弾薬を使用するモデル・スーパー・コマンチ・リボルバーとともに同じサイズで.357マグナム弾薬を使用するバリエーションも同時に発売された。

　.44マグナム口径のものにはモデル・スーパー・コマンチ4リボルバー、.357マグナム口径の製品にはモデル・スーパー・コマンチ5リボルバーの製品名が付けられて販売された。

　.44マグナム口径のモデル・スーパー・コマンチ4リボルバーは2000年まで製造された。.357マグナム口径のモデル・スーパー・コマンチ5リボルバーは大きすぎて人気がなく1988年に製造打ち切りとな

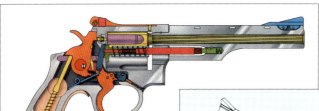

モデル・スーパー・コマンチ
断面構造図

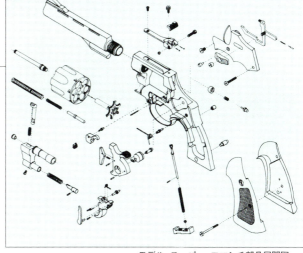

モデル・スーパー・コマンチ部品展開図

った。

リャマ・モデル・スーパー・コマンチ・リボルバーは、ソリッド・フレームにクレーンでスイング・アウトするシリンダーを組み込んだリボルバーだ。

ハンマー露出式で、ハンマーをコックして射撃するシングル・アクション、トリガーを引ききって射撃するダブル・アクションの両方に対応したコンベンショナル・ダブル・アクションのトリガー・システムが組み込まれている。

フレーム左側面にシリンダーをスイング・アウトさせるためのシリンダー・ロック・ラッチが装備されている。このシリンダー・ロック・ラッチを前方に押してスライドさせると、シリンダーをリボルバーの左側方にスイング・アウトすることができる。このシリンダーのスイング・アウト形式は、アメリカS&W社の現代リボルバーと同一だ。

弾薬の装填や発射済みの薬莢の排出は、シリンダーをスイング・アウトしておこなう。空薬莢の排出はシリンダー前方に伸びたシリンダー・ロッド（シリンダー軸）を後方に押し、シリンダー後面に装備されたエジェクターを作動させておこなう。シリンダーには、6発の.44マグナム弾薬を装填できる。

フレーム後端部上面には、左右ウィンデージ調整と、上下エレベーション調整のできるアジャスタブル・リア・サイトが標準装備された。バレル上面にはベンチレーション・リブが装備されている。グリップ部分には、フレームよりひと回り大型のオーバー・サイズ木製グリップ・パネルが装備された。グリップ・パネルの側面には滑り止めのチェッカーが施されている。

スタンダード・モデルはカーボン・スチールで製作され、ブルー仕上げだが、マット仕上げのニッケル・メッキを施した製品も供給された。またステンレス・スチールで製作された製品も供給された。

スター・モデルBMセミ・
オートマチック・ピストル
口径　　　　　9mm×19
全長　　　　　　182mm
銃身長　　　　　 99mm
重量　　　　　　 965g
装填数　　　　　　8発
ライフリング　6条/右回り

## スター・モデルBMセミ・オートマチック・ピストル（スペイン）

　スター・モデルBMセミ・オートマチック・ピストルは、スペインのバスク地方エイバーにあったスター社（正式社名スター・ボニファシオ・エチェベリア社）が製造した大口径中型ピストルだ。

　このピストルは、全体的に見るとアメリカ・コルト社のモデル・ガバーメント・ピストルのクローン・モデルのひとつだ。オリジナルと異なる特徴は、9mm×19弾薬を使用する中型ピストルとして、小型化されて設計し直された点と、オリジナルのモデル・ガバーメント・ピストルのグリップ部後面に装備されていたグリップ・セフティを取り除いた点だ。

　原型となったのは1920年代からスター社が製造してきたフル・サイズのスター・モデルBピストルだ。1970年代になってスター社は、携帯性を向上させる目的で、9mm×19弾薬を使用するスター・モデルBSピストルを発売した。

　この小型化されたスター・モデルBSピストルをさらに小型化させた製品がスター・モデルBMピストルである。

　スター・モデルBMピストルのメカニズムはコルト・モデル・ガバーメント・ピストルにきわめてよく似ている。

　ロッキング・システムとしてジョン M.ブローニング原案のティルト・バレル・ロッキング方式が組み込まれている。バレルの後端部の下方のブロックに装備された8の字型をしたリンクでグリップ・フレームと連結されている。バレルがショート・リコイルすると、この8の字型のリンクによってバレル後端が降下してスライドとのロックが解除される。

　バレルはバレル後方の突起とスライド内部上面の溝と噛み合わせてスライドとロックする。

　撃発はハンマー露出式のハンマーによっておこなう。ハンマー・スパーはモデ

モデルBM断面構造図

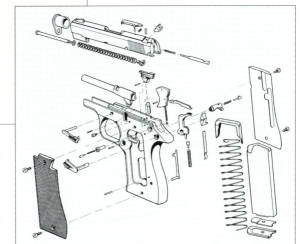

モデルBM部品展開図

ル・ガバーメントと同じ角型で、トリガーはシングル・アクション。

手動セフティはフレーム左側面の後端に装備されており、先端部を引き上げるとロックされる。手動セフティはハンマーを前進させた位置でのロックと、ハンマーをコックさせたままの状態でのコック・アンド・ロックもできる。

スター・モデルBMピストルの作動は、次のようにおこなわれる。

弾丸を射出するとき高い発射ガス圧がバレルとスライドの先端にかかる。この圧力でバレルをショート・リコイルさせ、バレル後端下方のブロックに装備させた8の字型のリンクの働きでバレル後端を降下させてスライドとのロックを解除する。フリーになったスライドは、さらに後退を続け、発射済みの薬莢をピストルから排出し、ハンマーをコックしてリコイル・スプリングを圧縮する。

後退しきったスライドは、リコイル・スプリングの反発力で前進に転じ、マガジンから弾薬をバレルのチャンバーに送り込む。最終段階で、バレル下方ブロックに装備された8の字型のリンクの傾斜面の働きによって、バレル後端が上昇し、スライドとバレルが噛み合ってロックさ

れて次の射撃準備が整う。

スライド上面に装備されたサイトは、フロント・サイト、リア・サイトともに固定式で微調整はできない。

マガジンはスチール製のボックス・タイプで、シングル・ロー（単列）マガジンを使用。グリップ・フレーム左側面トリガー・ガード後方にクロス・ボルト・タイプのマガジン・キャッチが装備されている。

マガジン内の全弾薬を撃ちつくすと、スライドはスライド・ストップの働きによって後退位置で停止する。スライドを再び前進させるには、フレーム左側面トリガー上部に装備されたスライド・ストップ後端を押し下げる。

スター・モデルBMピストルは、バレル、スライド、フレームともにカーボン・スチールで製作されたが、バリエーションとしてフレームをアルミニウム系軽合金で製作したモデルBKMピストルも製作・供給された。

スター・モデル30Mセミ・
オートマチック・ピストル
口径　　　　9mm×19
全長　　　　205mm
銃身長　　　110mm
重量　　　　1140g
装填数　　　15発
ライフリング　6条/右回り

## スター・モデル30Mセミ・オートマチック・ピストル（スペイン）

　スター・モデル30Mセミ・オートマチック・ピストルは、スペインのエイバーにあったスター社（正式社名スター・ボニファシオ・エチェベリア社）が製造した大口径ピストルだ。

　このピストルは、スター社がコルト・モデル・ガバーメント・ピストルのクローン・モデルを脱却し、独自に設計した一連の大口径現代ピストルのひとつだ。

　1980年代初頭、スター社は新世代のスペイン軍や警察の制式ピストルとして、スター・モデル28ピストルを設計した。このピストルはトライアルで要求された改良を加えて発展型のモデル30ピストルになった。主な改良点は手動セフティ部分で、モデル30ピストルはモデル28ピストルに比べて操作性・安全性が向上した。

　モデル30ピストルはスペイン軍やスペイン警察に採用された。

　モデル30ピストルは、ロッキング・システムとしてティルト・バレル・ロッキングが組み込まれた。バレル後方の外面に2つのロッキング突起が設けられており、この突起をスライド内面の上部の溝と噛み合わせてロックする。

　撃発方式はスライド後端に露出したハンマーによっておこなう。不用意にコックされにくいラウンド・ハンマー・スパーが装備されている。

　トリガーはシングル・アクションとダブル・アクションの両方で使用できるコンベンショナル・ダブル・アクションが組み込まれた。

　左右の両側面から操作できるアンビ・タイプの手動セフティがスライド後端部に装備されている。手動セフティ・レバー先端部を押し下げるとファイアリング・ピンがロックされ、同時にハンマーを安全に前進させるハンマー・デコッキング機能も備えている。

　スター・モデル30ピストルの作動は次のようにおこなわれる。

　弾丸を射出するとき高い発射ガス圧がバレルとスライドの先端にかかる。この

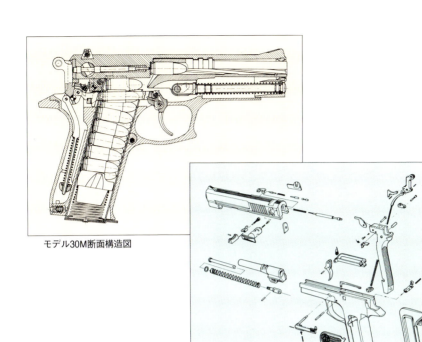

モデル30M断面構造図

モデル30M
部品展開図

　圧力でバレルをショート・リコイルさせ、バレル後端下方のブロック後端の傾斜面の働きでバレル後端を降下させてスライドとのロックを解除する。フリーになったスライドは、さらに後退を続け、発射済みの薬莢を排出し、ハンマーをコックし、リコイル・スプリングを圧縮する。

　後退しきったスライドは、リコイル・スプリングの反発力で前進に転じ、マガジンから弾薬をバレルのチャンバーに送り込む。最終段階で、バレル下方ブロック後端の傾斜面の働きによって、バレル後端が上昇し、スライドとバレルが噛み合ってロックされ、次の射撃準備が整う。

　マガジンはスチール製のボックス・タイプで、装填弾薬量の多いダブル・カーラム（複列）マガジンを使用する。

　グリップ・フレーム左側面トリガー・ガード後方にクロス・ボルト・タイプのマガジン・キャッチが装備されている。

マガジン内の全弾薬を撃ちつくすと、スライドはスライド・ストップの働きによって後退位置で停止する。スライドを再び前進させるには、フレーム左側面トリガー上部に装備されたスライド・ストップ後端を押し下げると、スライドを再び前進させることができる。

　スター・モデル30Mピストルは、バレル、スライド、フレームともにカーボン・スチールで製作されたが、バリエーションとしてフレームをアルミニウム系軽合金で製作したモデル30PKピストルも供給された。

　さらに警察官の武装向けにスター・モデル30をやや小型化させたセミ・コンパクトタイプのピストルとして、モデル31Pピストルも生産された。モデル31Pピストルも同様にフレームをアルミニウム系軽合金で製作したモデル31PKピストルが供給された。

スター・モデル205
ウルトラスター・セミ・
オートマチック・ピストル
口径　　　　9mm×19
全長　　　　175mm
銃身長　　　84mm
重量　　　　775g
装填数　　　9発
ライフリング　6条/右回り

## スター・モデル205ウルトラスター・セミ・オートマチック・ピストル（スペイン）

　スター・モデル205ウルトラスター・セミ・オートマチック・ピストルは、スペインのエイバーにあったスター社（正式社名スター・ボニファシオ・エチェベリア社）が製造した大口径ピストルだ。

　このピストルの特徴は、現代ピストルのトレンドとなっている強化プラスチックのポリマー製のグリップ・フレームが装備された点にある。ポリマー製のグリップ・フレームは、ピストルを軽量化できるとともに射撃の際の発射リコイルをマイルドにできる長所をもっている。

　モデル205ウルトラスター・ピストルは、スペイン警察の新制式ピストルを視野に開発が進められ、1994年に発売された。しかし、スター社が1997年に経営的に破綻したため同年製造中止になった。

　モデル205ウルトラスター・ピストルは、スター・モデル30-31ピストルをベースに発展させたスター・モデル105ピストルの金属製グリップ・フレームをポリマー製グリップ・フレームに交換するかたちで設計された。

　モデル205ウルトラスター・ピストルのフレームは、強化プラスチックのポリマーで製作され、精密な作動を必要とするハンマー、シア部分は、金属製のバックス・トラップ・ブロックに組み付けられてグリップ・フレームに組み込まれている。

　モデル205ウルトラスター・ピストルは、ロッキング・システムとしてティルト・バレル・ロッキングが組み込まれた。バレル後方のチャンバー外面をブロック状にし、この部分をスライド上部のエジェクション・ポート（排莢孔）と噛み合わせてロックする。

　撃発方式はスライド後端に露出したハ

ンマーによっておこなう。不用意にコックされにくいラウンド・ハンマー・スパーが装備されている。

トリガー・システムはチェコのCZモデルCZ75ピストルによく似た構造で設計されている。シングル・アクションとダブル・アクションの両方で使用できるコンベンショナル・ダブル・アクションが組み込まれた。

スライド後端部に左右の両側面から操作できるアンビ・タイプの手動セフティが装備された。手動セフティ・レバー後端部を押し下げるとファイアリング・ピンがロックされ、同時にハンマーを安全に前進させるハンマー・デコッキング機能も備えている。

スター・モデル205ウルトラスター・ピストルは次のように作動する。

弾丸を射出するとき高い発射ガス圧がバレルとスライドの先端にかかる。この圧力でバレルをショート・リコイルさせ、バレル後端下方のブロックに設けられた「くの字」型の孔の働きでバレル後端を降下させてスライドとのロックを解除する。フリーになったスライドは、さらに後退を続け、発射済みの薬莢を排出し、ハンマーをコックし、リコイル・スプリングを圧縮する。

後退しきったスライドは、リコイル・スプリングの反発力で前進に転じ、マガジンから弾薬をバレルのチャンバーに送り込む。最終段階で、バレル下方ブロックに設けられた「くの字」型の孔の傾斜

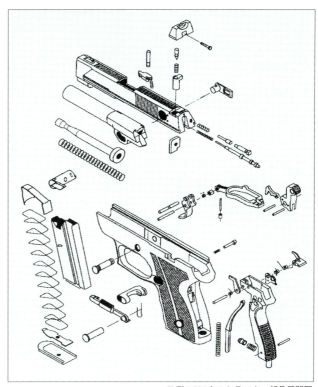

モデル205ウルトラスター部品展開図

面の働きによって、バレル後端が上昇し、スライドのエジェクション・ポートとバレルが噛み合ってロックされ、次の射撃準備が整う。

マガジンはスチール製のボックス・タイプで、装填弾薬量の多いダブル・カーラム（複列）マガジンを使用する。

グリップ・フレーム左側面トリガー・ガード後方に左右両側から操作できるアンビ・タイプのクロス・ボルト・タイプのマガジン・キャッチが装備されている。

マガジン内の全弾薬を撃ちつくすと、スライドはスライド・ストップの働きによって後退位置で停止する。スライドを再び前進させるには、フレーム左側面グリップ上部に装備されたスライド・ストップ後端を押し下げると、スライドを前進させることができる。

JSLモデル・スピット
ファイアーMk2セミ・
オートマチック・ピストル
口径　　　　9mm×19
全長　　　　180mm
銃身長　　　94mm
重量　　　　1000g
装填数　　　15発
ライフリング　6条/右回り

通常分解した
モデル・スピット
ファイアーMk2

## JSLモデル・スピットファイアーMk2セミ・オートマチック・ピストル（イギリス）

　JSLモデル・スピットファイアーMk2セミ・オートマチック・ピストルは、イギリスのファーフォードにあったJSL社が製作したステンレス製の大型ピストルだ。

　このピストルは、チェコのCZモデルCZ75ピストル（368ページ参照）のクローン製品のひとつだ。当時社会主義国だったチェコは、西ヨーロッパ諸国にCZモデルCZ75ピストルのパテントを申請しておらず、モラル的には問題があったものの、クローン製品は非合法ではなかった。

　JSLモデル・スピットファイアーMk2ピストルの特徴は、オリジナルに先がけてステンレス素材を採用した点にある。

　モデル・スピットファイアーMk2ピストルは、ロッキング・システムとしてティルト・バレル・ロッキングが組み込まれた。バレル後方の外面に1つのロッキング突起が設けられ、この突起をスライド内面の上部の溝と噛み合わせてロックする。

　撃発方式はスライド後端に露出したハ

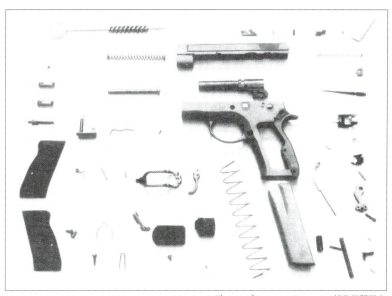

モデル・スピットファイアーMk2部品展開写真

ンマーによっておこなう。不用意にコックされにくいラウンド・ハンマー・スパーが装備された。

トリガーはシングル・アクションとダブル・アクションの両方で使用できるコンベンショナル・ダブル・アクションが組み込まれた。

グリップ・フレーム左側面後部に手動セフティが装備されている。手動セフティ・レバー先端部を押し上げるとブロックされて安全（オン）となる。手動セフティはハンマーが前進した状態でも、ハンマーをコックした状態でもオンにできる。

モデル・スピットファイアーMk2ピストルは次のように作動する。

弾丸を射出するとき高い発射ガス圧がバレルとスライドの先端にかかる。この圧力でバレルをショート・リコイルさせ、バレル後端下方のブロックに設けられた「くの字」型をした孔の働きでバレル後端を降下させてスライドとのロックを解除する。フリーになったスライドは、さらに後退を続け、ピストルから発射済みの薬莢を排出し、ハンマーをコックしてリコイル・スプリングを圧縮する。

後退しきったスライドは、リコイル・スプリングの反発力で前進に転じ、マガジンから弾薬をバレルのチャンバーに送り込む。最終段階で、バレル下方ブロックに設けられた「くの字」型の孔の傾斜面の働きによって、バレル後端が上昇し、スライドとバレルが噛み合ってロックされて次の射撃準備が整う。

マガジンはスチール製のボックス・タイプで、装塡弾薬量の多いダブル・カーラム（複列）マガジンを使用する。

グリップ・フレームの左側面トリガー・ガード後方にクロス・ボルト・タイプのマガジン・キャッチが装備されている。

マガジン内の全弾薬を撃ちつくすと、スライドはスライド・ストップの働きによって後退位置で停止する。スライドを再び前進させるには、フレーム左側面トリガー上部に装備されたスライド・ストップ後端を押し下げると、スライドを前進させることができる。

モデル（ピストレット・マカロバ）セミ・オートマチック・ピストル
口径　　　　　9mm×18
全長　　　　　　160mm
銃身長　　　　　　91mm
重量　　　　　　　665g
装填数　　　　　　　8発
ライフリング　6条/右回り

## モデルPM（ピストレット・マカロバ）セミ・オートマチック・ピストル（ロシア）

　モデルPM（ピストレット・マカロバ：マカロフ・ピストル）セミ・オートマチック・ピストルは、独自の9mm×18弾薬を使用するロシア軍の制式ピストルで、ロシア・ウドムルド共和国イジェブスクにあるイジェ・メックで製作されている中型ピストルだ。

　このマカロフ・ピストルの特徴は、ブローバック方式の中型ピストルで安全に使用できる限界の9mm×18弾薬を使用する点にある。この9mm×18弾薬は、一般に9mmマカロフ弾薬と呼ばれる。

　モデルPMピストルは、ロシア人銃器技術者ニコライ F.マカロフによって開発され、1951年に旧ソビエト陸軍の制式ピストルに制定された。モデルPMピストルは、1951年以降、ソビエト軍の制式ピストルとして、またソビエトの警察の制式ピストルとして広く使用された。現在も制式ピストルとして使用されており、製造も継続されている。また海外に輸出もされている。

　ピストル全体のコンセプトは、ドイツ・ワルサー・モデルPP/PPKピストルに強い影響を受けている。しかし、内部の作動メカニズムはまったく異なる。

　スライドとバレルがロックされないブローバック方式で作動する。軍用ピストルとして設計されたところから、9mm×18弾薬を使用する。この弾薬は、第2次世界大戦中にドイツが開発した9mmウルトラ弾薬をベースに開発されたとされている。

　スライド後端に露出したハンマーで撃発する。ハンマー・スパーは不用意にコックされにくいラウンド・ハンマー・スパーが装備されている。トリガー・システムはダブル・アクション、シングル・アクションとダブル・アクションの両方で使用できるコンベンショナル・ダブ

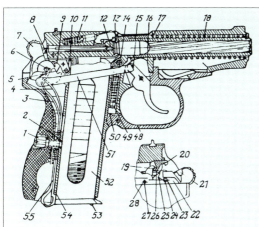

モデルPM断面構造図

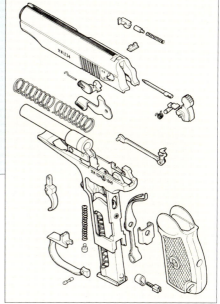

モデルPM部品展開図

ル・アクションが組み込まれている。

スライド左側面の後方に手動セフティを装備している。手動セフティのレバー先端を押し上げるとファイアリング・ピンがブロックされ、同時にコックされたハンマーを安全に前進させるハンマー・デコッキング機能を備えている。

モデルPMピストルの作動はシンプルだ。中口径弾薬を使用するためロッキング・メカニズムが組み込まれておらず、露出式ハンマーで撃発する。バレルは固定式。スライドの重量とスライド内のリコイル・スプリングによって射撃の反動を支えるブローバック方式で作動する。

弾薬が撃発されると、弾丸がバレルの中を前進し、バレル内に高圧の発射ガスが充満する。発射ガスはバレル後端のチャンバー内の薬莢を後方に押してスライドを後退させようとする。スライド自体の重量とリコイル・スプリングの反発力などが総合的に作用し、スライドはすぐに動かない。バレル内の発射ガス圧が高まるとスライドが後退し始める。その段階までにバレル内の弾丸が銃口近くまで進み、スライドが後退して空薬莢を排出するまでに弾丸が射出され、バレル内のガス圧が急速に低下し、射手に危害を与えないようバランスがとられている。

後退するスライドは発射済みの薬莢を排出し、ハンマーをコックする。同時にスライド内のバレル周囲に装備されたリコイル・スプリングを圧縮する。後退しきったスライドは、リコイル・スプリングの反発力で前進に転じ、マガジンから弾薬をバレルのチャンバーに送り込みスライドが前進しきれば次の射撃の準備が整う。

マガジンは金属製のボックス・タイプで、シングル・ロー（単列）式。マガジン・キャッチは、マガジンの底部をフックして固定させるコンチネンタル・マガジン・キャッチ。

マガジン内の全弾薬を撃ちつくすと、スライドはスライド・ストップの働きによって後退位置で停止する。スライドを再び前進させるには、フレーム左側面トリガー上部に装備されたスライド・ストップを押し下げると、スライドを前進させることができる。

東ヨーロッパ

スチェッキン・セレクティブ
ファイアー・オートマチック・
ピストル
口径 9mm×18
全長 225mm
銃身長 140mm
重量 1030g
装填数 20発
ライフリング 4条/右回り

## スチェッキン・セレクティブファイアー・オートマチック・ピストル（ロシア）

　スチェッキン・セレクティブファイアー・オートマチック・ピストル（旧ソビエト制式名アブトマチェスキー・ピストレット・スチェッキナ）は、第2次世界大戦後、特殊部隊がサブ・マシンガンの代用として使用できるように設計された大型ピストルだ。

　このピストルの特徴は、ホルスターを兼用したショルダー・ストックを装着し、セレクター・スイッチで射撃モードを切り替えるとフル・オートマチックで連射できる点にある。大型ピストルながら、マカロフ・ピストル（352ページ参照）と共通の比較的圧力の低い9mm×18弾薬を使用するところから、ロッキング・メカニズムを組み込んでおらず、シンプルなブローバック方式で作動する。フル・オートマチック連射も可能なため、マガジンは容量の多い20発のダブル・カーラム（複列）マガジン。マガジンの底部をフックして固定させるコンチネンタル・マガジン・キャッチが装備されている。

　開発を担当したのは、イゴール Y.スチェッキンで、1952年に旧ソビエト軍の制式ピストルに選定され、ビアツキー・ポリアーニ造兵廠で製造されて将校、下士官、そして特殊部隊の隊員に支給された。しかし、弾薬の威力があまり大きくなく、戦闘火器として不十分と判断され、のちにカラシニコフ・アサルト・ライフルに交換された。軍から引き揚げられたスチェッキン・ピストルは、国境警備隊や警察などに再支給された。

　スチェッキン・ピストルのコンパクトさが好評価されて、ソビエト軍の特殊部隊（スペツナズ）はその後も使用し続けた。一部のスチェッキン・ピストルは改造されてサイレンサーが組み込まれた。

　スチェッキン・ピストルは、スライド後端に露出したハンマーを使用するハンマー撃発方式だ。マカロフ・ピストル同様に不用意にコックされにくいラウン

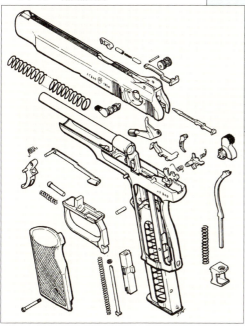

モデル・スチェッキン・セレクティブファイアー断面構造図

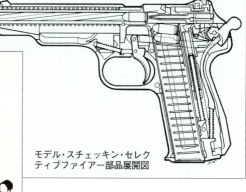

モデル・スチェッキン・セレクティブファイアー部品展開図

ド・ハンマー・スパーが装備されている。トリガー・システムは、ダブル・アクション、シングル・アクションとダブル・アクション両用のコンベンショナル・ダブル・アクションが組み込まれている。

スライド左側面の後方に手動セフティを兼用したセレクター・レバーが装備されている。セレクター・レバーを後方に回転させるとフル・オートマチックになり、レバーを前方に押し上げると、ファイアリング・ピンがブロックされて、同時にコックされたハンマーを安全に前進させるハンマー・デコッキング機能を備えている。スチェッキン・ピストルの作動はシンプルだ。中口径弾薬を使用するためロッキング・メカニズムが組み込まれておらず、バレル固定式でスライドの重量とスライド内のリコイル・スプリングによって射撃の反動を支えるブローバック方式で作動する。

弾薬が撃発されると、弾丸がバレルの中を前進し、バレル内に高圧の発射ガスが充満する。発射ガスはバレル後端のチャンバー内の薬莢を後方に押してスライドを後退させようとする。スライド自体の重量とリコイル・スプリングの反発力などが総合的に作用し、スライドはすぐに動かない。バレル内の発射ガス圧が高まるとスライドが後退し始める。その段階までにバレル内の弾丸が銃口近くまで進み、スライドが後退して空薬莢を排出するときまでに弾丸が射出され、バレル内のガス圧が急速に低下し、射手に危害を与えないようバランスがとられている。

後退するスライドは、発射済みの薬莢をピストルから排出し、ハンマーをコックする。同時にスライド内のバレル周囲に装備されたリコイル・スプリングを圧縮する。後退しきったスライドは、リコイル・スプリングの反発力で前進に転じ、マガジンから弾薬をバレルのチャンバーに送り込み、スライドが前進しきれば次の射撃の準備が整う。

マガジン内の全弾薬を撃ちつくすと、スライドはスライド・ストップの働きによって後退位置で停止する。フレーム左側面のトリガー上部に装備されたスライド・ストップを押し下げると、スライドを前進できる。

モデルPSMセミ・オートマチック・
ピストル(ピストレット・サモザラ
ヤドニ・マロガバリトニィイ)
口径　　　5.45mm×18
全長　　　155mm
銃身長　　85mm
重量　　　430g
装填数　　8発
ライフリング　6条/右回り

通常分解した
モデルPSM

## モデルPSMセミ・オートマチック・ピストル（ロシア）

　モデルPSMセミ・オートマチック・ピストル。(旧ソビエト制式名ピストレット・サモザラヤドニ・マロガバリトニィイ)は、軍の高級将校向けに設計された軽量で小型のピストルだ。

　このピストルの特徴は、ピストルの左右幅を最大限に小さくして設計された点にある。小型化しても弾薬の威力を低下させないために、このピストル専用の小口径弾薬も開発された。高級将校向けのピストルだったが、その小型・軽量さが好評価されて、旧ソビエトの特殊部隊および警察でも使用された。

　ピストルの開発は、ティクホン I.ラシノフ、アナトリー A.シマリン、レブ L.クリコフの3人が共同で担当した。ピストルで使用する小口径の5.45mm×18ピストル弾薬は、アレキサンダー I.ボキンによって開発された。開発は1970年代後半に進められ、軍の制定年は公表されていないが、1980年に旧ソビエト軍内での使用が確認されている。

　PSMピストルはドイツ・ワルサー社の小型ピストル・モデルTPHピストルに大きな影響を受けて設計されたと考えられているが、ピストルの左右幅を薄くするため、スライドに装備された手動セフティやグリップ・パネルなどに独自の工夫が凝らされている。

　弾薬は、威力を最大限にするために先端を絞ったボトル・ネック・タイプの薬莢と、スチール製の弾芯を入れた5.45mm口径の弾丸を組み合わせてある。この弾薬は貫通能力が高いため、市販向けに輸入できない国も多い。

　モデルPASピストルは、スライド後端

モデルPSM断面構造図

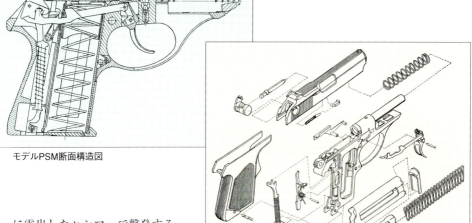

モデルPSM部品展開図

に露出したハンマーで撃発する。不用意にコックされにくいラウンド・ハンマー・スパーが装備されており、トリガー・システムとして、ダブル・アクションとシングル・アクション両用のコンベンショナル・ダブル・アクションが組み込まれている。

　スライド左側面の後端に手動セフティを装備している。手動セフティのレバー先端を押し下げると、ファイアリング・ピンをブロックして、コックされたハンマーを安全に前進させるハンマー・デコッキング機能を備えている。

　モデルPMピストルは、小口径小型弾薬を使用するため、ロッキング・メカニズムが組み込まれていない。スライドの重量とスライド内のリコイル・スプリングによって射撃の反動を支えるバレル固定式のブローバック作動方式だ。

　弾薬が撃発されると、弾丸がバレルの中を前進し、バレル内に高圧の発射ガスが充満する。発射ガスはバレル後端のチャンバー内の薬莢を後方に押してスライドを後退させようとする。スライド自体の重量とリコイル・スプリングの反発力などが総合的に作用し、スライドはすぐに動かない。バレル内の発射ガス圧が高まるとスライドが後退し始める。その段階までにバレル内の弾丸が銃口近くまで進み、スライドが後退して空薬莢を排出するときまでに弾丸が射出され、バレル内のガス圧が急速に低下し、射手に危害を与えないようバランスがとられている。

　後退するスライドは、発射済みの薬莢を排出しハンマーをコックする。同時にスライド内のバレル周囲に装備されたリコイル・スプリングを圧縮。後退しきったスライドは、リコイル・スプリングの反発力で前進に転じ、マガジンから弾薬をバレルのチャンバーに送り込みスライドが前進しきれば次の射撃の準備が整う。

　マガジンは金属製のボックス・タイプで、シングル・ロー（単列）式。マガジン・キャッチはマガジンの底部をフックして固定させるコンチネンタル・マガジン・キャッチだ。

　マガジン内の全弾薬を撃ちつくすと、スライドは内蔵スライド・ストップの働きで後退位置で停止する。マガジンを抜き出し、スライドをわずかに後退させて手を離すとスライドが前進する。

東ヨーロッパ

モデルPYaセミ・
オートマチック・ピストル
口径　　　　9mm×19
全長　　　　198mm
銃身長　　　112.5mm
重量　　　　1000g
装填数　　　17発
ライフリング　6条/右回り

## モデルPYaセミ・オートマチック・ピストル（ロシア）

　モデルPYaセミ・オートマチック・ピストルは、NATOと同一の9mm×19弾薬を使用する大型ピストルで、ロシア軍の新制式ピストルとして選定され、使用されている。

　モデルPYaピストルは、ロシア軍内で6P35の兵器番号が与えられており、バイカル・モデルMP443アーミー・ピストル、モデル・グラッチ・ピストル、モデル・ヤリギン・ピストルなどと呼ばれることもある。

　モデルPYaピストルの特徴は、NATOスタンダードの9mm×19弾薬を使用し、ティルト・バレル・ロックを組み込んである点だ。開発はロシアのイジェブスクにあるイズメック社の開発部の技術者ヤリギンによって進められた。

　軍用ピストルとして、スライドやバレルだけでなく、グリップ・フレームも耐久性の高いスチールを用いて製作されたオール・スチール製の大型ピストルだ。

　圧力の高い9mm×19弾薬を使用するため、ティルト・バレル・ロッキング・システムが組み込まれている。ティルト・バレルは、バレル後端を上下動させてスライド上面のエジェクション・ポートと噛み合わせてロックする。

　撃発はスライド後端に露出したハンマーによっておこなうハンマー撃発方式。不用意にコックされにくいようラウンド・ハンマー・スパーが装備されている。トリガーはシングル・アクションとダブル・アクションの両方で使用できるコンベンショナル・ダブル・アクションが組み込まれている。

　グリップ・フレーム左側面後部に手動

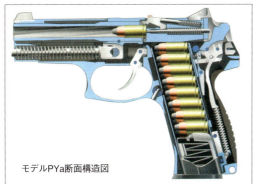

モデルPYa断面構造図

デルPYaトリガー構造図

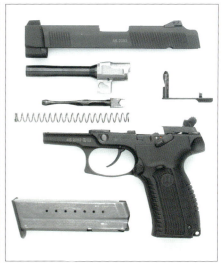

通常分解したモデルPYa

セフティが装備されている。手動セフティ・レバーの先端部を押し上げるとハンマーとシアがブロックされて安全となる。手動セフティにはハンマー・デコッキング機能は組み込まれていない。

作動は次のとおりだ。弾丸を射出するとき高い発射ガス圧がバレルとスライドの先端にかかる。この圧力でバレルをショート・リコイルさせ、バレル後端下方のブロックに設けられた「くの字」型の孔の働きでバレル後端を降下させてスライドとのロックを解除する。フリーになったスライドは、さらに後退を続け、ピストルから発射済みの薬莢を排出し、ハンマーをコックし、リコイル・スプリングを圧縮する。

後退しきったスライドは、リコイル・スプリングの反発力で前進に転じ、マガジンから弾薬をバレルのチャンバーに送り込む。最終段階でバレル下方ブロックに設けられた「くの字」型の孔の傾斜面の働きによって、バレル後端が上昇し、スライドとバレルが噛み合ってロックされて次の射撃準備が整う。

マガジンはスチール製のダブル・カーラム（複列）のボックス・タイプ。マガジン・キャッチはグリップ・フレームの左側面トリガー・ガード後方に装備されたクロス・ボルト・タイプ。マガジン・キャッチを入れ替えることで左右両面から操作可能だ。マガジン内の全弾薬を撃ちつくすとスライド・ストップの働きでスライドが後退位置で停止する。フレーム左側面トリガー上部に装備されたスライド・ストップ後端を押し下げると、スライドを前進できる。

KBPモデルGSh18セミ・
オートマチック・ピストル
口径　　　　9mm×19
全長　　　　　183mm
銃身長　　　　125mm
重量　　　　　　560g
装填数　　　　　18発
ライフリング　6条/右回り

## KBPモデルGSh18セミ・オートマチック・ピストル（ロシア）

　KBPモデルGSh18セミ・オートマチック・ピストルは、ロシアのツーラにあるKBP社が開発したNATOスタンダードの9mm×19弾薬を使用する大型ピストルだ。

　このピストルの特徴は、バレルが回転してバレルとスライドをロックするターン・バレル・ロッキング・システムが組み込まれている点にある。加えてピストルと同時に開発された大型のスチール・コアを組み込んだ貫通能力の高い9mm×19弾薬を使用することも特徴だ。

　このピストルは、モデルPYaピストルが選定されたロシア軍の新制式ピストル・トライアルに向けてKBP社で開発が進められた。モデルPYaピストルが選定されたところから、市販や輸出向けに生産されるようになった。

　スライドやバレル、作動部品などはスチールで製作されているが、グリップ・フレームは軽量化のために強化プラスチックを用いて製作されている。

　ロッキング・システムとしてターン・バレル・ロッキングが組み込まれている。バレル先端部分の外側に8カ所の突起があり、スライド先端部分の開口部がこの突起に対応させた星型になっている。

　バレルが回転するとスライド先端部でブロックされる。撃発はオーストリアのグロック社が生産しているグロック・ピストル（298ページ参照）に似た変則ダブル・アクションのストライカー方式が組み込まれている。

　手動セフティはなく、代わりにこれもグロック・ピストルと同じアイデアの二重トリガーと自動的にファイアリング・ピンをブロックするオートマチック・フ

通常分解したモデルGSh18

ァイアリング・ピン・ロックで暴発を防ぐ方式がとられている。

　作動は次のとおり。弾丸を射出するとき高い発射ガス圧がバレルとスライドの先端にかかる。この圧力でバレルをショート・リコイルさせ、バレル下面の「くの字」型の溝とグリップ・フレーム側の突起の働きでバレルを回転させ、スライドの開口部とバレル外側の突起を合わせてロックを解除する。フリーになったスライドは、さらに後退を続け、ピストルから発射済みの薬莢を排出し、リコイル・スプリングを圧縮する。

　後退しきったスライドは、リコイル・スプリングの反発力で前進に転じ、マガジンから弾薬をバレルのチャンバーに送り込む。最終段階で、バレル下方に開けられた「くの字」型の孔とグリップ・フレーム側の突起の働きによって、バレルを回転させ、スライドとバレルをロックさせて次の射撃準備が整う。変則ダブル・アクションのストライカー方式のため、毎回やや長いトリガー・プルで射撃する。

　マガジンはスチール製で、装填弾薬量の多いダブル・カーラム（複列）のボックス・タイプ・マガジン。両側面に中の弾薬数を確認できる大型の開口部がある。

　グリップ・フレーム左側面のトリガー・ガード後方にクロス・ボルト・タイプのマガジン・キャッチが装備されている。

　マガジン内の全弾薬を撃ちつくすと、スライドはスライド・ストップの働きによって後退位置で停止する。フレーム左側面トリガー上部に装備されたスライド・ストップ後端を押し下げると、スライドを再び前進できる。

　使用する弾薬は、NATOスタンダードの9mm×19弾薬だが、テシニートチェマッシ社が開発した大型のスチール製弾芯を内蔵させた9mm×19口径の7N31弾薬も使用できる。7N31弾薬は弾頭部分に大型のスチール製の弾芯が露出しており、高い貫通能力がある。

　このスチール製弾芯の貫通性能は、FN社やヘッケラー＆コッホ社の小口径弾薬に相当するため、ロシアでは9mm×19弾薬で統一している。

| | |
|---|---|
| モデルFORT12セミ・オートマチック・ピストル | |
| 口径 | 9mm×18 |
| 全長 | 180mm |
| 銃身長 | 95mm |
| 重量 | 830g |
| 装填数 | 12発 |
| ライフリング | 6条/右回り |

## モデルFORT12セミ・オートマチック・ピストル（ウクライナ）

　モデルFORT12セミ・オートマチック・ピストルは、ウクライナのフォート社が開発し製造している9mm×18弾薬を使用するやや大型のピストルだ。

　このピストルの特徴は、ブローニング・ピストル系の外観を備えているが、比較的圧力の低い9mm×18マカロフ弾薬を使用するため、単純なブローバック方式で作動する点にある。

　モデルFORT12ピストルは、旧ソビエトから独立し、軍用や警察用のピストルの供給源を失ったウクライナによって、独立後にウクライナ政府が創設したフォート社が開発した。

　フォート社は、ウクライナ独立後チェコのチェスカー・ゾブロヨフカ・ウァスキー・ブロド社から製造機械を輸入して稼働を始めた。

　フォート社が創設されて最初に開発された製品が、このモデルFORT12ピストルだった。

　モデルFORT12ピストルは、独立後再編されたウクライナ警察向けの制式ピストルとして開発が進められ、旧ソビエト時代に警察用ピストルの制式弾薬だった9mm×18弾薬と共通性をもたせて設計された。

　耐久性を高めるため、スライドやバレル、作動メカニズムとともに、グリップ・フレームもスチールで製作されている。

　圧力が低い9mm×18マカロフ弾薬を使用するため、バレル固定式で、シンプルなブローバック方式で設計され、ロッキング・システムは組み込まれていない。

　撃発はスライド後端に露出したハンマ

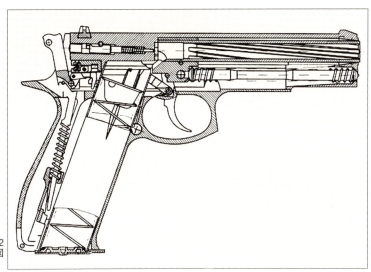

モデルFORT12
断面構造図

ーを使用するハンマー撃発方式。ハンマーは不用意にコックされにくい小型のハンマー・スパーを装備している。トリガー・システムは、シングル・アクションとダブル・アクションの両方で使用できるコンベンショナル・ダブル・アクションが組み込まれている。

手動セフティはスライド後方の左側面に装備されている。手動セフティは回転レバー方式で、レバーを押し下げるとハンマーをブロックしてロックする。手動セフティにハンマー・デコッキング機能は備えておらず、ハンマーが前進した状態でも、ハンマーがコックされた状態でもロックできる。

ブローバック方式のため作動は単純だ。弾薬が撃発されると、弾丸がバレルの中を前進し、バレル内に高圧の発射ガスが充満する。発射ガスはバレル後端のチャンバー内の薬莢を後方に押してスライドを後退させようとする。スライド自体の重量とリコイル・スプリングの反発力などが総合的に作用し、スライドはすぐに動かない。

バレル内の発射ガス圧が高まるとスライドが後退し始める。その段階までにバレル内の弾丸が銃口近くまで進み、スライドが後退して空薬莢を排出するまでに弾丸が射出され、バレル内のガス圧が急速に低下し、射手に危害を与えないようバランスがとられている。

後退するスライドは、発射済みの薬莢を排出し、ハンマーをコックする。同時にスライド内のバレル下方に装備されたリコイル・スプリングを圧縮する。

後退しきったスライドは、リコイル・スプリングの反発力で前進に転じ、マガジンから弾薬をバレルのチャンバーに送り込み、スライドが前進しきれば次の射撃の準備が整う。

マガジンはダブル・カーラム（複列）式の金属製ボックス・タイプ。マガジン・キャッチはクロス・ボルト・タイプで、グリップ・フレーム左側面トリガー・ガード後方に装備されている。

マガジン内の全弾薬を撃ちつくすと、スライド・ストップの働きによって、スライドは後退位置で停止する。フレーム左側面トリガー上部に装備されたスライド・ストップを押し下げると、スライドを再び前進できる。

東ヨーロッパ

チェスカー・ゾブロヨフカ・
モデルVz50セミ・オート
マチック・ピストル
口径　　　7.65mm×17
全長　　　　　170mm
銃身長　　　　 92mm
重量　　　　　　700g
装填数　　　　　 8発
ライフリング　4条/右回り

## チェスカー・ゾブロヨフカ・モデルVz50セミ・オートマチック・ピストル（チェコスロバキア）

　チェスカー・ゾブロヨフカ・モデルVz50セミ・オートマチック・ピストルは、チェコスロバキア（当時）のチェスカー・ゾブロヨフカ社が製造した中型ピストルだ。

　このピストルの特徴は、ドイツ・ワルサー・モデルPPピストルに似ているが、ハンマーのコッキング方式はハンマー引き起こし方式で設計されている。

　モデルVz50ピストルは、第2次世界大戦後に再独立したチェコスロバキアで、再編された警察武装用ピストルとして1940年代末に開発が始まった。全体のコンセプトは、ドイツのワルサー・モデルPPピストルから大きな影響を受けている。

　警察用として7.65mm×17（.32ACP）弾薬を使用するように設計され、ハンマー露出式の撃発メカニズムが組み込まれている。トリガーはシングル・アクションとダブル・アクションの両方で使用できるコンベンショナル・ダブル・アクション。分解方法もモデルPPピストルに似て、スライドを後方いっぱいまで引き下げて後端を持ち上げてスライドを分解する。

　ハンマー・トリガー・メカニズムは、モデルPPピストルとは異なり、作動に無理がないハンマー下端を前方に引いてコックするハンマー引き起こし式で設計されている。スライド・ブロックは独立部品で、トリガー・ガード前端上方に装備されている。分解は、このスライド・ブロックを引き下ろしておこなう。トリガー・ガードとグリップ・フレームは一体だ。

　手動セフティはスライドではなく、グリップ・フレーム左側面グリップの上部に装備され、ハンマー・デコッキング機能を備えている。セフティ・レバーを下方に押し下げると、コックされたハンマーを安全に前進できる。

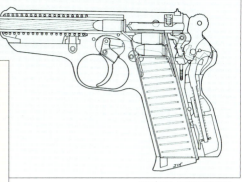

モデルVz50断面構造図

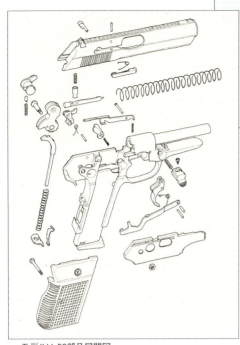

モデルVz50部品展開図

スライドのブリーチにファイアリング・ピンをブロックするオートマチック・セフティが内蔵されており、トリガーを引ききったときだけファイアリング・ピンがフリーになる。スライド左側面後方上部にエキストラクターと連動したローディング・インジケーター（装填指示器）が装備されており、弾薬が装填されているとスライド側面から突き出す。

バレル固定式のブローバック方式のため作動はシンプルだ。弾薬が撃発されると、弾丸がバレルの中を前進し、バレル内に高圧の発射ガスが充満する。発射ガスはバレル後端のチャンバー内の薬莢を後方に押してスライドを後退させようとする。スライド自体の重量とリコイル・スプリングの反発力などが総合的に作用し、スライドはすぐに動かない。バレル内の発射ガス圧が高まるとスライドが後退し始める。その段階までにバレル内の弾丸が銃口近くまで進む。スライドが後退して空薬莢を排出するまでに弾丸が射出され、バレル内のガス圧が急速に低下し、射手に危害を与えないようバランスがとられている。

後退するスライドは、発射済みの薬莢をピストルから排出し、ハンマーをコックする。同時にバレル周囲に装備されたリコイル・スプリングを圧縮する。後退しきったスライドは、リコイル・スプリングの反発力で前進に転じ、マガジンから弾薬をバレルのチャンバーに送り込み、スライドが前進しきれば次の射撃の準備が整う。

マガジンは金属製シングル・ロー（単列）式のボックス・タイプ。マガジン・キャッチはグリップ・フレーム左側面のトリガー・ガード後方に装備されたクロス・ボルト方式だ。

マガジン内の全弾薬を撃ちつくすと、ピストルに内蔵されたスライド・ストップの働きによってスライドが後退位置で停止する。マガジンを抜き出し、スライドをわずかに後方に引くと、スライド・ストップが降下し、スライドがフリーになって前進できる。

モデルVz50ピストルをマイナー・チェンジした同型の発展型モデルVz70ピストルも製作された。

チェスカー・ゾブロヨフカ・モデルVz52セミ・オートマチック・ピストル
口径　　　7.62mm×25
全長　　　209mm
銃身長　　120mm
重量　　　900g
装填数　　8発
ライフリング　4条/右回り

## チェスカー・ゾブロヨフカ・モデルVz52セミ・オートマチック・ピストル（チェコスロバキア）

　チェスカー・ゾブロヨフカ・モデルVz52セミ・オートマチック・ピストルは、チェコスロバキア（当時）のチェスカー・ゾブロヨフカ社が、第2次世界大戦後に再建されたチェコスロバキア軍向けに開発して製作した大型ピストルだ。

　このピストルの特徴は、世界で最初にロッキング・システムとしてローラー・ロックを組み込んで設計された点にある。

　第2次世界大戦後チェコスロバキアは社会主義諸国の一員として、旧ソビエトの兵器体系に組み込まれた。兵器そのものは独自設計にこだわったが、使用する弾薬は社会主義諸国の統一弾薬を使用する方針をとった。モデルVz52ピストルは、その典型的な製品で、兵器生産の長い伝統をもつチェコスロバキアらしく、まったく独自の設計をとり、世界初のローラー・ロックを組み込んで製作された。のちにドイツのヘッケラー＆コッホ社が製作したローラー・ロックとは異なり、モデルVz52ピストルのハーフ・ロックは、スライドとバレルを完全にロックするフル・ロッキングとして使用されている。

　ローラー・ロックをフル・ロックとして使用したためモデルVz52ピストルは、圧力の高いサブ・マシンガンで使用する7.62mm×25（7.62mmトカレフ・ピストル弾薬）を射撃できる。しかし、この圧力の高い弾薬を多量に射撃するとグリップ・フレームにクラックが生じることが判明し、緊急時以外は使用が制限された。

　ハーフ・ロッキング（ヘジテート・ロッキング）でローラー・ロックを使用するとディレイド・ブローバック（遅延ブローバック）で作動するが、ローラー・ロックをフル・ロッキングとして使用すると、ロックを解くためにバレルをショート・リコイルさせる必要がある。

　撃発方式はスライド後端に露出したハンマーによっておこなうハンマー撃発方式。不用意にコックされにくいラウンド・ハンマー・スパーが装備された。トリガーはシングル・アクション。

　グリップ・フレーム左側面グリップ上方に手動セフティが装備されている。セ

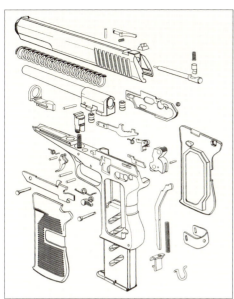

モデルVz52部品展開図

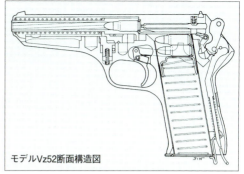

モデルVz52断面構造図

通常分解したモデルVz52

フティのレバーを押し上げるとハンマーがブロックされる。セフティにはハンマー・デコッキング機能はない。スライドのブリーチに、ファイアリング・ピンをブロックするオートマチック・ファイアリング・ピン・セフティを装備する。

　グリップ・パネルの装着法は独特で、左右のベークライト製グリップ・パネルを後方からスチール・クリップを差し込んで固定している。

　モデルVz52ピストルの作動は次のとおりだ。弾丸を射出するとき高い発射ガス圧がバレルとスライドの先端にかかる。この圧力でバレルをショート・リコイルさせ、バレル後端下方に装備されたローラー・ロックのスペーサーの後端両側面の傾斜の働きでバレル左右に突き出していたローラー・ロックをバレル幅にまで引き込み、スライドとのロックを解除する。フリーになったスライドは後退を続け、ピストルから発射済みの薬莢を排出し、ハンマーをコックしてリコイル・スプリングを圧縮する。

　後退しきったスライドは、リコイル・スプリングの反発力で前進に転じ、マガジンから弾薬をバレルのチャンバーに送り込む。最終段階でバレル後端下方に装備されたローラー・ロックのスペーサーの働きでローラー・ロックをバレル左右に突き出させてスライドとバレルをロックさせて次の射撃準備が整う。

　マガジンはスチール製シングル・ロー（単列）のボックス・タイプ。マガジン底板をフックして固定するコンチネンタル・マガジン・キャッチを装備している。

　マガジン内の全弾薬を撃ちつくすと、内蔵されたスライド・ストップの働きによってスライドが後退位置で停止する。スライドをわずかに引いて後退させ、手を離すとスライドを前進できる。

東ヨーロッパ

チェスカー・ゾブロヨフカ・モデルCZ75/CZ85セミ・オートマチック・ピストル
口径　　　　9mm×19
全長　　　　206mm
銃身長　　　120mm
重量　　　　1000g
装填数　　　16発
ライフリング　6条/右回り

## チェスカー・ゾブロヨフカ・モデルCZ75/CZ85セミ・オートマチック・ピストル（チェコスロバキア）

　チェスカー・ゾブロヨフカ・モデルCZ75／CZ85（Vz75／Vz85）セミ・オートマチック・ピストルは、チェコスロバキア（当時）のチェスカー・ゾブロヨフカ社によって開発された、第2次世界大戦後の第2世代の軍用向け大型ピストルだ。

　先行のモデルVz52ピストル（366ページ参照）が斬新なローラー・ロッキングを組み込んで設計されていたのに対し、モデルCZ75ピストルは、ブローニング原案のオーソドックスなティルト・バレル・ロッキングを組み込んで設計された。

　モデルVz52ピストルがシングル・アクションで即応性に欠けることと、サブ・マシンガン向けの強装弾薬を多量に使用するとフレームにクラックが生ずるなど耐久性に問題があったところから次世代モデルCZ75ピストルの開発が始まった。

　モデルCZ75ピストルはベルギーFN社のモデル・ハイ・パワー・ピストルから大きな影響を受けたアウト・ラインで設計されているが、大きく異なるのは即応性に優れたダブル・アクション・トリガーを組み込んでいる点だ。

　撃発はスライド後端に露出したハンマーを使用するハンマー撃発方式。トリガーはシングル・アクション、ダブル・アクションの両方で使用できるコンベンショナル・ダブル・アクションだ。ダブル・アクションのメカニズムは、シアとハンマー・コッキング部分をブロック化させた独特な構造で、国際的なパテントを取得していなかったため、後発の多くのピストルでコピーされることになった。

　外見上はFNモデル・ハイ・パワー・ピストルによく似ているものの、モデルCZ75ピストルは、その撃発メカニズムだけでなく、全体のコンセプトが高く評価され、数多くのコピー製品が生まれた。

　手動セフティはグリップ・フレーム左

モデルCZ75断面構造図

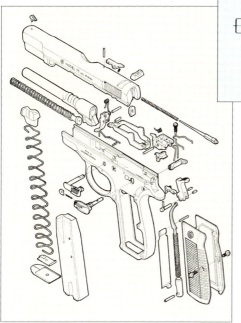

モデルCZ75部品展開図

側面グリップ上方に装備されており、ハンマーを起こした状態でも前進させた状態でもロックが可能。ハンマー・デコッキング機能は備えていない。発展改良型のモデルCZ85ピストルは同一のメカニズムながら、手動セフティはグリップ・フレーム左右両側面に装備されたアンビ・タイプになった。

作動は次のようにおこなわれる。撃発し弾丸が射出されると、高い発射ガス圧がバレルとスライドの先端にかかる。この圧力でバレルをショート・リコイルさせ、バレル後端下方のブロックに開けられた「くの字」型の孔の働きでバレル後端を降下させてスライドとのロックを解除する。フリーになったスライドは後退を続け、発射済みの薬莢を排出し、ハンマーをコックし、リコイル・スプリングを圧縮する。

後退しきったスライドは、リコイル・スプリングの反発力で前進に転じ、マガジンから弾薬をバレルのチャンバーに送り込む。最終段階で、バレル下方ブロックに設けられた「くの字」型の孔の傾斜面の働きによって、バレル後端が上昇し、スライドとバレルが噛み合ってロックされて次の射撃準備が整う。

マガジンはスチール製の装填弾薬量の多いダブル・カーラム（複列）のボックス・タイプ。トリガー・ガード後方のグリップ・フレーム左側面に、クロス・ボルト・タイプのプッシュ・ボタンのマガジン・キャッチが装備されている。

マガジン内の全弾薬を撃ちつくすと、スライド・ストップの働きによってスライドが後退位置で停止する。フレーム左側面トリガー上部に装備されたスライド・ストップ後端を押し下げると、スライドを前進できる。

モデルCZ75ピストルとCZ85ピストルは、チェコスロバキアが自由化されたこともあり、世界的なベストセラー製品となって、数次の改良を加えつつ多くのバリエーションが展開されて現在も製造が続けられている。

チェスカー・ゾブロヨフカ・
モデルCZ82セミ・
オートマチック・ピストル
口径　　　　　9mm×18
全長　　　　　172mm
銃身長　　　　97mm
重量　　　　　800g
装填数　　　　12発
ライフリング　4条/右回り

## チェスカー・ゾブロヨフカ・モデルCZ82セミ・オートマチック・ピストル（チェコスロバキア）

　チェスカー・ゾブロヨフカ・モデルCZ82セミ・オートマチック・ピストルは、チェコスロバキア（当時）のチェスカー・ゾブロヨフカ社が製造した中型ピストルだ。

　モデルCZ82ピストルは、モデルVz50/Vz70ピストル（364ページ参照）を近代化させた警察官向けの中型ピストルとして開発された。同型でモデルCZ83ピストルが製作された。モデルCZ82ピストルは、主にチェコスロバキアやワルシャワ・パクトなどに加盟していた国や社会主義友好国向けで、9mm×18（9mmマカロフ・ピストル弾薬）を使用する。モデルCZ83ピストルは、西側諸国向けに設計され、西側で一般的な7.65mm×17（.32ACP）弾薬や9mm×17（.380ACP）弾薬を使用する。口径を除けば2つのピストルは同型だ。

　いずれも比較的圧力の低い弾薬を使用するため、単純なブローバック方式で設計され、スライドとバレルをロックするロッキング・メカニズムは組み込まれていない。射撃はスライドの自重とリコイル・スプリングの圧力で支えるシンプルな構造で設計された。

　撃発はスライド後端に露出したハンマーでおこなうハンマー撃発方式。このピストルが開発された当時、イタリアのベレッタ社が開発していたベレッタ・モデル80シリーズ・ピストルによく似たコンセプトのピストルでもある。

　チェコスロバキア警察や陸軍の憲兵隊がモデルCZ82ピストルを選定し、制式ピストルにした。並行して西側で一般的な7.65mm×17（.32ACP）や9mm×17（.380ACP）弾薬を使用するモデルCZ83ピストルは輸出向けに生産された。しかし、世界的に警察官武装用のピストルが9mm×19弾薬を使用する大型ピストルに移行

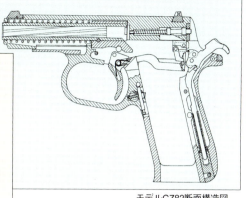

モデルCZ82断面構造図

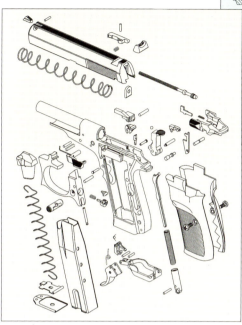

モデルCZ82部品展開図

していったため、中口径弾薬を使用するモデルCZ83ピストルは、モデルCZ85ピストル（368ページ参照）のように成功を収められなかった。

　モデルCZ82/CZ83ピストルは、バレル固定式でブローバック方式で作動する。露出ハンマーによって撃発し、シングル・アクションとダブル・アクションの両方で使用できるコンベンショナル・ダブル・アクションが組み込まれている。

　ピストルの左右両側面から操作できるアンビ・タイプの手動セフティが、グリップ・フレーム後端部分に装備されている。手動セフティはハンマー・デコッキング機能が装備されていない。

　弾薬が撃発されると、弾丸がバレルの中を前進し、バレル内に高圧の発射ガスが充満する。発射ガスはバレル後端のチャンバー内の薬莢を後方に押してスライドを後退させようとする。スライド自体の重量とリコイル・スプリングの反発力などが総合的に作用し、スライドはすぐに動かない。バレル内の発射ガス圧が高まるとスライドが後退し始める。その段階までにバレル内の弾丸が銃口近くまで進み、スライドが後退して空薬莢を排出するまでに弾丸が射出され、バレル内のガス圧が急速に低下し、射手に危害を与えないようバランスがとられている。

　後退するスライドは、発射済みの薬莢をピストルから排出し、ハンマーをコックする。同時にバレル周囲に装備されたリコイル・スプリングを圧縮する。

　後退しきったスライドは、リコイル・スプリングの反発力で前進に転じ、マガジンから弾薬をバレルのチャンバーに送り込みスライドが前進しきれば次の射撃の準備が整う。

　マガジンは金属製のダブル・カーラム（複列）式のボックス・タイプ。トリガー・ガード後端にクロス・ボルト・タイプのプッシュ・ボタン・マガジン・キャッチが装備されている。

　マガジン内の全弾薬を撃ちつくすと、内蔵されたスライド・ストップの働きによってスライドが後退位置で停止する。マガジンを抜き出してスライドをわずかに後退させるとスライド・ストップが解除され、スライドを前進できる。

チェスカー・ゾブロヨフカ・
モデルCZ100セミ・
オートマチック・ピストル
口径　　　　　9mm×19
全長　　　　　　177mm
銃身長　　　　　95mm
重量　　　　　　680g
装填数　　　　　　7発
ライフリング　6条/右回り

## チェスカー・ゾブロヨフカ・モデルCZ100セミ・オートマチック・ピストル（チェコスロバキア）

　チェスカー・ゾブロヨフカ・モデルCZ100セミ・オートマチック・ピストルは、チェコスロバキア（当時）のチェスカー・ゾブロヨフカ社が開発した強化プラスチック性のグリップ・フレームを組み込んだ現代大型ピストルだ。

　オーストリアのグロック・ピストルの大きな成功に刺激され、モデルCZ75/CZ85ピストルの後継機としてモデルCZ100ピストルの開発が始められた。

　そのためモデルCZ100ピストルの全体的な特徴は、グロック・ピストルのコンセプトによく似ている。グリップ・フレームは強化プラスチックで、これにスチール製のスライドやバレル、作動部品を組み込んだ金属製ブロックを組み合わせている。

　また、従来のチェスカー・ゾブロヨフカ社製品に装備されたハンマー撃発方式ではなく、ストライカー方式の変則ダブル・アクションが組み込まれている点も特徴のひとつだ。これらの特徴は、いずれもグロック・ピストルに共通する。

　モデルCZ100ピストルは、ティルト・バレル・ロッキングを組み込んで設計された。ティルト・バレルはバレル後端を上下動させてスライドとロックする。バレル後端部分のチャンバーの外側がブロック状になっており、この部分をスライド上面に開いたエジェクション・ポート（排莢孔）と嚙み合わせてバレルとスライドをロックする。

　撃発メカニズムは大型のファイアリング・ピンのストライカーを用いる。トリガー・メカニズムは、射撃のたびにやや長い距離でトリガーを引く変則ダブル・アクションのトリガーが組み込まれた。変則ダブル・アクションは、一般的に即

応性を維持しつつ暴発を防止するために有効とされている。

ブリーチ内には、ストライカーをブロックし、トリガーを引ききったときだけフリーにするオートマチック・ファイアリング・ピン・セフティが組み込まれた。

オーストリアのグロック・ピストルと同様に、モデルCZ100ピストルも即応性を重視し、変則ダブル・アクションとオートマチック・ファイアリング・ピン・セフティで暴発を防止し、手動セフティを装備していない。

モデルCZ100ピストルは、次のように作動する。弾丸を射出すると高い発射ガス圧がバレルとスライドの先端にかかる。この圧力でバレルをショート・リコイルさせ、バレル後端のブロックの下方に装備された傾斜をもった突起の働きでバレル後端を降下させてスライドとのロックを解除する。フリーになったスライドは後退を続け、発射済みの薬莢をピストルから排出し、ハンマーをコックしてリコイル・スプリングを圧縮する。

後退しきったスライドは、リコイル・スプリングの反発力で前進に転じ、マガジンから弾薬をバレルのチャンバーに送り込む。最終段階でバレル下方の突起の傾斜面の働きによって、バレル後端が上昇し、スライドとバレルが噛み合ってロックされて次の射撃準備が整う。

マガジンはスチール製でシングル・ロー（単列）のボックス・タイプ。グリッ

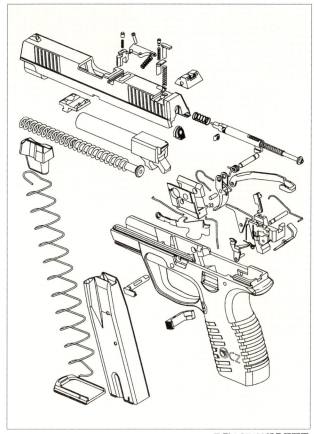

モデルCZ100部品展開図

プ・フレーム左側面のトリガー・ガード後方にクロス・ボルト・タイプのマガジン・キャッチが装備されている。

マガジン内の全弾薬を撃ちつくすと、スライド・ストップの働きによってスライドが後退位置で停止する。フレーム左側面トリガー上部に露出したスライド・ストップ・レバーを押し下げると、スライドを前進できる。

モデルCZ100ピストルにはバリエーションとして、装填弾薬量の多いダブル・カーラム（複列）マガジンを使用するモデルCZ101ピストルも製作された。装填弾薬数は9mm×19口径で13発だ。

チェスカー・ゾブロヨフカ・
モデルCZ P-07 デューティ・
セミ・オートマチック・ピストル
口径　　　　　9mm×19
全長　　　　　185mm
銃身長　　　　95mm
重量　　　　　780g
装填数　　　　15/17発
ライフリング　6条/右回り

## チェスカー・ゾブロヨフカ・モデルCZ P-07 デューティ・セミ・オートマチック・ピストル（チェコスロバキア）

　チェスカー・ゾブロヨフカ・モデルCZ P-07 デューティ・セミ・オートマチック・ピストルは、チェコスロバキアのチェスカー・ゾブロヨフカ社が開発した現代大型ピストルだ。

　このピストルは先行したモデルCZ100ピストルの後継機として開発された。特徴はグリップ・フレームが強化プラスチックで製作されている点で、モデルCZ100ピストルと同様だが、定評のあるモデルCZ75/CZ85ピストルの露出ハンマー方式の撃発メカニズムが組み込まれている。そのため、モデルCZ75 P-08ピストルの製品名でも知られている。

　モデルCZ P-07 デューティ・ピストルは、軽量化がトレンドとなっている警察官武装向けの大口径ピストルとして開発が進められた。軽量化のためにザイテル系の強化プラスチックでグリップ・フレームが製作され、スチール製のトリガー、シア、ハンマーなどの撃発メカニズム部品をスチール製のボックス内に組み込むことで作動の精度を確保した。

　モデルCZ P-07 デューティ・ピストルは、バレル後端を上下動させてスライドとロックするティルト・バレル・ロッキングを組み込んである。バレル後端のチャンバー部分の外側がブロック状になっており、この部分をスライド上面に開いたエジェクション・ポートと噛み合ってバレルとスライドをロックする。

　撃発メカニズムはスライド後端部分に露出したハンマーによって撃発するハンマー撃発方式。ハンマーはシングル・アクションとダブル・アクションのどちらでも射撃できるコンベンショナル・ダブル・アクション。モデルCZ75シグマ・ピストルに組み込まれたものとよく似た方式のものが組み込まれている。

　グリップ・フレーム後方に手動セフテ

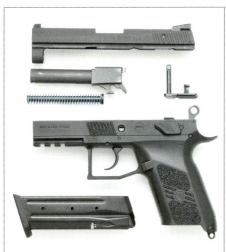

通常分解したモデルCZ P-07デューティ

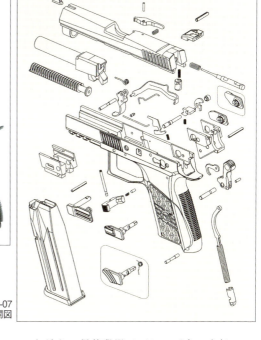

モデルCZ P-07
デューティ部品展開図

ィが装備されている。手動セフティはモデルCZ85ピストルと同様にピストルの左右両面から操作できるアンビ・タイプ。ブリーチ内にはファイアリング・ピンを常時ブロックし、トリガーを引ききったときだけフリーにするオートマチック・ファイアリング・ピン・セフティが組み込まれた。

このピストルの作動は次のとおりだ。弾丸が射出されると高い発射ガス圧がバレルとスライドの先端にかかる。この圧力でバレルをショート・リコイルさせ、バレル後端のブロック下方に設けられた傾斜をもった突起の働きでバレル後端を降下させてスライドのエジェクション・ポートとバレルとのロックを解除する。フリーになったスライドは後退を続け、発射済みの薬莢を排出し、ハンマーをコックしてリコイル・スプリングを圧縮する。

後退しきったスライドは、リコイル・スプリングの反発力で前進に転じ、マガジンから弾薬をバレルのチャンバーに送り込む。最終段階でバレル下方の突起の傾斜面の働きによって、バレル後端が上昇し、スライドとバレルが噛み合ってロックされて次の射撃準備が整う。

マガジンはスチール製で、ダブル・カーラム(複列)式。グリップ・フレーム左側面のトリガー・ガード後方にクロス・ボルト・タイプのマガジン・キャッチが装備されている。

マガジン内の全弾薬を撃ちつくすと、スライド・ストップの働きによって、スライドは後退位置で停止する。フレーム左側面トリガー上部に装備されたスライド・ストップ・レバー後部を押し下げると、スライドを前進できる。

モデルCZ P-07デューティ・ピストルはコンパクト・タイプだが、バリエーションとして、スライド、バレル、グリップなどが長いフル・サイズのモデルCZ P-09グランド・ブレーキング・サービス・ピストルが製作された。両モデルともに9mm×19口径と.40S&W口径の製品が供給された。

ZVIモデルZP-98ケビン・セミ・
オートマチック・ピストル
口径　9mm×17(.380ACP)
全長　　　　　116mm
銃身長　　　　57mm
重量　　　　　400g
装填数　　　　6/8発
ライフリング　6条/右回り

## ZVIモデルZP-98 ケビン・セミ・オートマチック・ピストル（チェコ）

　ZVIモデルZP-98ケビン・セミ・オートマチック・ピストルは、チェコのゾブロヨフカ・ベセティン・インデット（ZVI）社が製作した小型のポケット・サイズ・ピストルだ。

　もともとZVI社は、チェコスロバキア軍向けにマシンガンなどを製作するメーカーだったが、自由化後、発注が激減したため、1990年代末に民間向けの小型ピストルの製作を企画・開発した。設計を完了した小型ピストルは、モデルZP-98ピストルの名称が付けられた。アメリカへの輸出に大きな期待をもっていたZVI社は、製品化する段階でアルファベットと数字によるモデル名は、販売上インパクトが弱いとして、当時人気のあったアメリカ映画「ホーム・アローン」の主人公のケビン少年にちなんでケビンのニック・ネームを付けた。そのため、このピストルは、一般にZVIモデル・ケビン・ピストルの名前で知られている。

　このピストルは小型でポケットなどに携帯しやすい、いわゆるポケット・ピストルと呼ばれ、即応性の高いダブル・アクションのトリガーが組み込まれている。

　グリップ・フレームはアルミニウム系軽合金で製作され、軽量化が図られている。バレルやスライド、撃発メカニズムなど強度を必要とする部分はスチールで製作されている。

　比較的圧力の低い9mm×17（.380ACP）弾薬を使用するため、バレルとスライドを機械的にロックするロッキング・システムが組み込まれておらず、射撃の際の

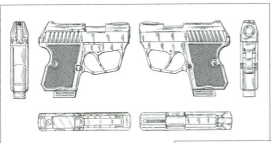

モデルZP-98ケビン・パテント外観図

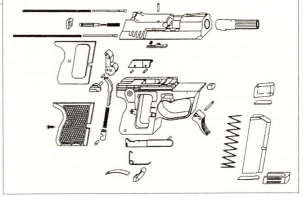

モデルZP-98ケビン部品展開図

ガス圧による反動をそのまま利用してスライドを後退させるシンプルなブローバック方式で設計された。

バレルは固定式。撃発はスライド後端に一部露出したハンマーを利用するハンマー撃発方式が組み込まれている。トリガーは護身用あるいはバック・アップ用のセカンド・ピストルとして設計されたため、緊急時に即座に使用できるよう、即応性の高いダブル・アクションのトリガーが装備されている。ハンマーを指で起こしてコックしにくい小型ピストルのため、即応性を重視し、トリガーを引ききって射撃するダブル・アクション・オンリーのメカニズムが組み込まれた。

ZVIモデルZP-98ケビン・ピストルの作動は次のとおりだ。トリガーを引ききって弾薬が撃発されると、弾丸がバレルの中を前進し、バレル内に高圧の発射ガスが充満する。発射ガスはバレル後端のチャンバー内の薬莢を後方に押してスライドを後退させようとする。スライド自体の重量とリコイル・スプリングの反発力などが総合的に作用し、スライドはすぐに動かない。バレル内の発射ガス圧が高まるとスライドが後退し始める。その段階までにバレル内の弾丸が銃口近くまで進み、スライドが後退して空薬莢を排出するまでに弾丸が射出され、バレル内のガス圧が急速に低下し、射手に危害を与えないようバランスがとられている。

後退するスライドは発射済みの薬莢を排出し、スライド内のバレル下方の左右に装備されたリコイル・スプリングを圧縮する。後退しきったスライドは、リコイル・スプリングの反発力で前進に転じ、マガジンから弾薬をバレルのチャンバーに送り込み、スライドが前進しきれば次の射撃の準備が整う。

マガジンはシングル・ロー（単列）式の金属製のボックス・タイプ。マガジン・キャッチはトリガー・ガード後方のグリップ・フレーム左側面に装備されたクロス・ボルト・タイプだ。

バリエーションとしてスタンダードのマガジンより2発多くの弾薬を装填できるエクステンション・マガジンも供給され、口径オプションとして9mm×18（9mmマカロフ・ピストル用）弾薬を使用する製品も供給された。

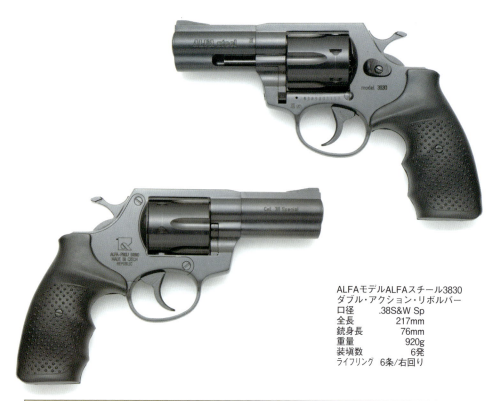

ALFAモデルALFAスチール3830
ダブル・アクション・リボルバー
口径　　　　.38S&W Sp
全長　　　　217mm
銃身長　　　76mm
重量　　　　920g
装填数　　　6発
ライフリング　6条/右回り

## ALFAモデルALFAスチール3830ダブル・アクション・リボルバー（チェコ）

　ALFAモデルALFAスチール3830ダブル・アクション・リボルバーは、チェコのALFAプロジェクト社が製作している現代中型ダブル・アクション・リボルバーだ。

　このリボルバーの特徴は、同社が製造する一連の現代ダブル・アクション・リボルバーの中で、耐久性の高いスチールでフレームを製作した点にある。同社では、スチール・フレームのモデルALFAスチール・リボルバーのほかに、製造が容易なダイキャストでフレームを使用した廉価版のモデルALFAリボルバーも製造している。

　モデルALFAスチール3830リボルバーは、チェコスロバキア（当時）の銃砲技術者バクラブ・ホレックによって設計された。全体的に見ればアメリカのS&W社製の現代ダブル・アクション・リボルバー（50ページ参照）に似た構成で設計されており、ファイアリング・ピンをフレーム側に装備させるなど、一部に独自の改良が加えられている。

　チェコスロバキアの自由化後、バクラブ・ホレック設計のリボルバーは、警察官の武装向けピストルや民間スポーツ向けリボルバーとして、コラ・ブランド社によって製品化され、ブルーノ・アームズ社が販売した。

　その後、チェコとスロバキアが分離独立し、政府が統合管理していたチェコの銃砲産業は離合集散を続け、ホレック設計のリボルバーは、ZHブルーノ社、コラ・ブランド社、アルファ（ALFA）プロジェクト社など多くの会社から異なる製品名で供給されて混乱した。最終的に

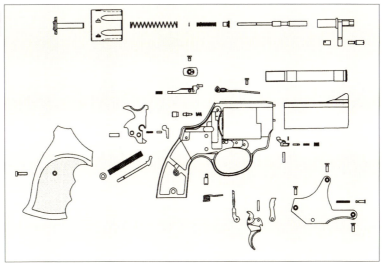

モデルALFA
スチール3830
部品展開図

ALFAプロジェクト社が生産供給するようになり、現在にいたっている。

ALFAプロジェクト社は、1993年にチェコのブルーノで創設され、所持許可を必要としない空包ピストルを製造するメーカーとしてスタートし、その後、各種実弾を使用するリボルバーの製造を始めた。

ALFAモデルALFAスチール3830リボルバーは、現代中型リボルバーで最も一般的に使用される.38S&W Sp（.38スミス＆ウェッソン・スペシャル）弾薬を使用する。

基本的な構造はソリッド・フレームと呼ばれるシリンダーをフレームが取り囲む形式だ。ソリッド・フレームにクレーンによってスイング・アウトさせるスイング・アウト・シリンダーが組み込まれている。

シリンダーをスイング・アウトさせる形式もアメリカのS&W社のリボルバーとほとんど同型で、フレームの左側面のシリンダー・リコイル・プレート後方に装備されたシリンダー・ロック・ラッチを前方に押してスライドさせてロックを解除し、シリンダーをスイング・アウトさせて弾薬を装填する。

射撃後に使用済みの薬莢を排出するのも同じくシリンダーをスイング・アウトしておこなう。シリンダーをスイング・アウトし、シリンダー・ロッド（シリンダー軸）を後方に押し、エジェクターを作動させて空薬莢を排出する。

撃発はフレームから露出したハンマーを利用するハンマー撃発方式。ダブル・アクションとシングル・アクションのどちらでも使用できるコンベンショナル・ダブル・アクション・メカニズムが組み込まれている。ファイアリング・ピンは、ハンマーの前面に装備されているのではなく、フレーム側に内蔵されている。

ALFA社は、バリエーションとして、.38S&W Sp口径の製品のほか、.22LR弾薬、.22WRM（ウィンチェスター・リムファイアー・マグナム）、.32S&Wロング、.357マグナム弾薬などを使用する同型式のリボルバーを生産・供給している。それぞれの口径のリボルバーには、2インチ（51mm）、3インチ（76mm）、4インチ（102mm）、6インチ（152mm）のバレル・オプションが製作されている。また、ステンレス・スチールを素材としたステンレス・モデルも製造されている。

グランド・パワー・モデルK100
セミ・オートマチック・ピストル
口径　　　　　9mm×19
全長　　　　　203mm
銃身長　　　　108mm
重量　　　　　740g
装弾数　　　　17発
ライフリング　6条/右回り

## グランド・パワー・モデルK100セミ・オートマチック・ピストル（スロバキア）

　グランド・パワー・モデルK100セミ・オートマチック・ピストルは、スロバキアのグランド・パワー社が生産・供給する大型セミ・オートマチック・ピストルだ。

　このピストルの特徴は、軽量化のためグリップ・フレームを強化プラスチックで製作したことと、バレル自体を回転させてバレルとスライドをロックさせるターン・バレル・ロッキング・システムが組み込まれた点にある。

　グランド・パワー・モデルK100ピストルは、スロバキアがチェコスロバキアから分離独立したため、新たに組織されたスロバキア軍やスロバキア警察の武装向けに開発が始められた。1990年代中頃にスロバキア人の銃砲開発技術者ヤロスラブ・クラシナによって設計され、セミ・オートマチックのスタンダード・モデルと、警察特殊部隊向けのフル・オートマチック射撃も可能なセレクティブ・ファイアー・モデルの2機種が試作され、セミ・オートマチック射撃のみの製品が2002年から量産された。

　当初はスロバキア向けに供給され、2008年からアメリカのSTI社を通じてアメリカに輸出された。アメリカでは、STIモデルGP6ピストルの商品名で販売された。

　グランド・パワー・モデルK100ピストルは、独自設計のターン・バレル・ロッキングを組み込んで設計されている。

　撃発はスライド後端に露出したハンマーを使用するハンマー撃発方式。トリガーはシングル・アクションとダブル・アクションのどちらでも射撃できるコンベンショナル・ダブル・アクションが組み込まれている。

　手動セフティはグリップ・フレーム後部に装備され、ピストルの左右両側面から操作できるアンビ・タイプ。セフテ

通常分解したモデルK100

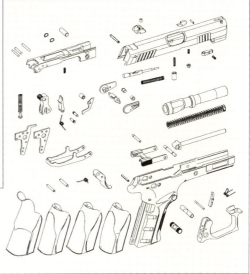

モデルK100部品展開図

ィ・レバー先端部を押し上げるとブロックされて安全となる。フル・オートマチック射撃もできるセレクティブ・ファイアー・モデルでは、手動セフティが射撃モードを切り替えるセレクター・スイッチを兼用していた。

ブリーチ内部にトリガーを引ききったときだけファイアリング・ピンのブロックを解除するオートマチック・ファイアリング・ピン・セフティが組み込まれた。

グランド・パワー・モデルK100セミ・オートマチック・ピストルは次のように作動する。

弾丸が射出されるとき、高い発射ガス圧がバレルとスライドの先端にかかる。この圧力でバレルをショート・リコイルさせ、バレル下面の傾斜をもつ切り取り部分とフレームのクロス・ボルトの働きで、バレルを回転させてスライドとのロックを解除する。フリーになったスライドは、さらに後退を続け、発射済みの薬莢を排出し、ハンマーをコックしてリコイル・スプリングを圧縮する。

後退しきったスライドは、リコイル・スプリングの反発力で前進に転じ、マガジンから弾薬をバレルのチャンバーに送り込む。最終段階で、バレル下面の傾斜をもつ切り取り部分とフレームのクロス・ボルトの働きによって、バレルが回転し、スライドとバレルがロックされて次の射撃準備が整う。

マガジンはスチール製のボックス・タイプで、装塡弾薬量の多いダブル・カーラム（複列）マガジンを使用する。

トリガー・ガード後方のグリップ・フレームにクロス・ボルト・タイプの両側面から操作できるマガジン・キャッチが装備されている。

マガジン内の全弾薬を撃ちつくすと、スライド・ストップの働きによってスライドが後退位置で停止する。フレーム左側面トリガー上部に装備されたスライド・ストップ後端を押し下げると、スライドを再び前進させることができる。

グランド・パワー・モデルK100ピストルの発展型として、異なる口径の弾薬を使用するモデルが多数製作されている。

ポーランド・モデルP-64(Wz P-64)
セミ・オートマチック・ピストル
口径　　　　9mm×18
全長　　　　160mm
銃身長　　　85mm
重量　　　　620g
装填数　　　6発
ライフリング　6条/右回り

## ポーランド・モデルP-64(Wz P-64)セミ・オートマチック・ピストル（ポーランド）

　ポーランド・モデルP-64（Wz P-64）セミ・オートマチック・ピストルは、ポーランドのルチニク兵器製造所（ラドム社）が製作した軍用中型ピストルだ。

　ポーランド語でモデルP-64ピストルを意味するWzor P-64を省略したWz P-64ピストルの制式名が付けられたため、モデルWz P-64ピストルの名称で呼ばれることもある。

　このピストルは、ドイツ・ワルサー社が開発して製品化したダブル・アクションを組み込んだモデルPPピストルと似たコンセプトで設計された点が特徴だ。

　モデルP-64ピストルは、ソビエト軍（当時）がマカロフ・ピストルを軍の制式ピストルに採用していたことを受けて、マカロフ・ピストルが使用する9mm×18弾薬を使用できるポーランドの軍や警察の制式ピストルを目指して1950年代末に開発が進められた。

　開発は砲兵開発研究所（のちのポーランド軍兵器技術研究所：WITU）でおこなわれた。開発チームによる設計で、W.チェプカジツィス、R.チムニイ、H.アダムチク、S.キャクツィマルスキー、J.パイツェルが担当した。パイツェルはあとからチームに参加したため、試作型ピストルは彼を除く4人の頭文字からCZAKピストルと仮称された。試作品は軍によってテストされ、数次の改良が加えられた。1964年にポーランド軍の制式ピストルに選定され、Wz P-64ピストルの制式名が与えられた。

　モデルP-64ピストルは、比較的圧力の低い9mm×18弾薬を使用するため、バレルとスライドをロックしない単純なブローバック方式で作動で設計された。

　設計に大きな影響を与えたのは、ドイ

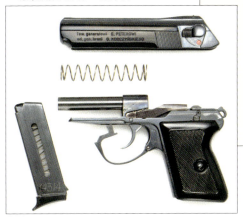

通常分解したモデルWz P64

モデルWz P64断面構造図

ツのワルサー・モデルPPK/PPピストル（226ページ参照）で、基本的なレイアウトはほとんど同一だ。

撃発はスライド後端に露出したハンマーでおこなうハンマー撃発方式。トリガーはシングル・アクションとダブル・アクションのどちらでも射撃できるコンベショナル・ダブル・アクション。ワルサー・モデルPPピストルと異なり、ハンマー下端をトリガー・バーで前方に引いてハンマーをコックさせる仕組みが採用されている。

手動セフティはハンマー・デコッキングも兼用して、スライド後方左側面に装備している。手動セフティ・レバー前端を下方に引き下ろすとセフティがオンになり、ファイアリング・ピンがブロックされてハンマーが安全に前進する。

チャンバーの弾薬が装填されていると後方に突き出して射手に知らせるローディング・インジケーターがブリーチ上部に組み込まれている。

弾薬が撃発されると、弾丸がバレルの中を前進し、バレル内に高圧の発射ガスが充満する。発射ガスはバレル後端のチャンバー内の薬莢を後方に押してスライドを後退させようとする。スライド自体の重量とリコイル・スプリングの反発力などが総合的に作用し、スライドはすぐに動かない。バレル内の発射ガス圧が高まるとスライドが後退し始める。その段階までにバレル内の弾丸が銃口近くまで進み、スライドが後退して空薬莢を排出するまでに弾丸が射出され、バレル内のガス圧が急速に低下し、射手に危害を与えないようバランスがとられている。

後退するスライドは、発射済みの薬莢を排出、ハンマーをコックし、バレル周囲のリコイル・スプリングを圧縮する。後退しきったスライドは、リコイル・スプリングの反発力で前進に転じ、マガジンから弾薬をバレルのチャンバーに送り込み、スライドが前進しきれば次の射撃の準備が整う。

マガジンはシングル・ロー（単列）式の金属製ボックス・タイプ。マガジンの底部をフックして固定するコンチネンタル・マガジン・キャッチを装備。

全弾薬を撃ちつくすと、内蔵されたスライド・ストップによってスライドが後退位置で停止する。マガジンを抜き出し、スライドを手でわずかに後退させて離すと、スライドが前進する。

ラドム・モデルMAG-95セミ・
オートマチック・ピストル
口径　　　　　9mm×19
全長　　　　　200mm
銃身長　　　　115mm
重量　　　　　1230g
装填数　　　　15発
ライフリング　6条/右回り

## ラドム・モデルMAG-95セミ・オートマチック・ピストル（ポーランド）

　ラドム・モデルMAG-95セミ・オートマチック・ピストルは、ポーランドのルチニク兵器製造所（ラドム社）が製作した軍用向けの大型ピストルだ。

　このピストルの特徴は、ポーランド自由化後、NATOに加盟することを想定し、NATOスタンダードの9mm×19弾薬を使用するピストルとして設計された点にある。

　自由化以前にポーランドは、ワルシャワ・パクト・スタンダードの9mm×18マカロフ弾薬をピストルの制式弾薬としていた。自由化後、再編されたポーランド軍やポーランド警察の武装をNATOスタンダードの9mm×19弾薬に変更する必要に迫られ、変更を急いだ。

　ポーランド軍や警察にモデルP-64ピストル（382ページ参照）を供給していたルチニク兵器製造所（ラドム社）は、1993年に9mm×19弾薬を使用する大型ピストルの開発に着手した。ラドム社はポーランド軍用ピストルに選定されることを期待して開発を進め、翌94年に試作型が製作され、その後に改良が加えられて量産型モデルMAG-95ピストルが完成した。

　ポーランド軍によるテストで、ラドム・ピストルは全金属製で耐久性に優れるものの重量があり、ポーランドのプレクサー社が製造した強化プラスチック製のグリップ・フレームを装備する先進的で軽量のモデルWIST-94ピストルに敗れ、ポーランド軍の選定を逃した。その後ラドム社は、軽金属製のグリップ・フレームの軽量型モデルMAG-98ピストルやグリップ・フレームを粉末冶金で製作し、注油不要のモデルMAG-08ピストルなどを開発したが、ポーランド国境警備隊や刑務所の法務官の武器用ピストルなど限定的な採用に終わり、大きな成功を収められなかった。生産は2000年に終了した。

　モデルMAG-95ピストルは、ティルト・

モデルMAG-95断面構造図

モデルMAG-95
部品展開図

　バレルをロッキング・システムとして組み込んだ。バレル後端がブロック状になっており、その上端をスライド上面のエジェクション・ポート（排莢孔）と噛み合わせてバレルとスライドをロックする。
　撃発はスライド後端に露出したハンマーによっておこなうハンマー撃発方式。トリガーはシングル・アクションとダブル・アクションのどちらでも射撃できるコンベンショナル・ダブル・アクション。
　グリップ・フレーム左側面後部に手動セフティが装備された。手動セフティはハンマー・デコッキングの機能も兼用している。手動セフティ・レバー先端部を押し下げるとオン（安全）となり、同時にハンマーを安全に前進できる。スライドのブリーチ内にトリガーを引ききったときだけ解除でき、常時ファイアリング・ピンをブロックするオートマチック・ファイアリング・ピン・セフティを装備する。
　トリガーを引き弾丸を射出すると、高い発射ガス圧がバレルとスライドの先端にかかる。この圧力でバレルをショート・リコイルさせ、バレル後端下方のブロックの傾斜面の働きでバレル後端を降下させてスライドとのロックを解除する。フリーになったスライドは、さらに後退を続け、ピストルから発射済みの薬莢を排出し、ハンマーをコックしてリコイル・スプリングを圧縮する。
　後退しきったスライドは、リコイル・スプリングの反発力で前進に転じ、マガジンから弾薬をバレルのチャンバーに送り込む。最終段階で、バレル下方ブロックの傾斜面の働きによって、バレル後端が上昇し、スライドとバレルが噛み合ってロックされて次の射撃準備が整う。
　マガジンは、ダブル・カーラム（複列）のスチール製ボックス・タイプ。トリガー・ガード後方のグリップ・フレームにクロス・ボルト・タイプのマガジン・キャッチが装備されている。
　弾薬を撃ちつくすと、スライド・ストップの働きによってスライドは後退位置で停止する。フレーム左側面トリガー上部のスライド・ストップ後端を押し下げると、スライドが前進する。

プレクサー・モデルWIST-95
セミ・オートマチック・ピストル
口径　　　　9mm×19
全長　　　　190mm
銃身長　　　114mm
重量　　　　730g
装填数　　　16発
ライフリング　6条/右回り

## プレクサー・モデルWIST-95セミ・オートマチック・ピストル（ポーランド）

　プレクサー・モデルWIST-95セミ・オートマチック・ピストルは、ポーランドのプレクサー社が製造し、ポーランド軍の新制式に選定された大型ピストルだ。

　このピストルの特徴は、軽量化のためにグリップ・フレームを強化プラスチックで製作し、変則ダブル・アクションの撃発メカニズムが組み込まれた点にある。全体的に見るとオーストリアのグロック・ピストル（298ページ参照）によく似ている。

　プレクサー・モデルWIST-95ピストルは、自由化後に再編されたポーランド軍の制式ピストルの候補として、ポーランド軍兵器技術研究所（WITU）が開発した。公式には発表されていないが、グロック・ピストルを参考に設計されている。

　ポーランド軍兵器技術研究所でピライト・ピストルの秘匿名を付与したA01型とB01型の試作ピストルが1992年に製作された。この2種類の試作ピストルは、次期ポーランド軍制式ピストル候補としてポーランド・ルチニク社が開発したモデルMAG-95ピストル（384ページ参照）とともにポーランド軍でテストされた。

　モデルMAG-95ピストルが耐久性を重視した伝統的な設計がなされているのに対し、ポーランド軍兵器技術研究所が開発したピライト・ピストルは、グロック・ピストルによく似た先進的な素材と構造で設計されている。

　ポーランド軍のトライアルは、自由化後のポーランドの経済事情から一時期停滞したが、プラスチック加工メーカーのプレクサー社が、ピライト・ピストルB01の発展・改良に協力し、モデルWIST-95ピストルを完成させた。

　ポーランド軍は、モデルWIST-95ピストルとラドム・モデルMAG-95ピストルを比較検討し、最終的にモデルWIST-95ピストルをポーランド軍新制式ピストルに選定した。

モデルWIST-95断面構造図

モデルWIZT-95
部品展開図

　プレクサー社によるモデルWIST-94ピストルの生産は1996年に開始され、1999年からポーランド軍に納入されている。
　モデルWIST-94ピストルは、軽量化のために強化プラスチックでグリップ・フレームを製作し、これにスチール製のバレルやスライドを組み合わせている。
　ブローニング原案のFNモデル・ハイ・パワー・ピストル（246ページ参照）によく似た構造のティルト・バレルをロッキング・メカニズムとして組み込んで設計されている。バレル後方上面の2つの突起をスライド内面上部の溝と嚙み合わせてバレルとスライドをロックする。バレルをショート・リコイルさせてバレル後端を降下させ、ロックを解除する。
　撃発はブリーチに内蔵した大型のファイアリング・ピン（ストライカー）によるストライカー方式。トリガーは射撃ごとにやや長いトリガープルで撃発する変則ダブル・アクション方式だ。トリガーを引くと、前進していたストライカーが後退し、その後フリーになり前進して弾薬を撃発する。
　即応性を重視して手動セフティは装備されておらず、しっかり指をかけないと引けない2段式のトリガーと、ブリーチに組み込まれたトリガーを引ききったとき以外、常時ストライカーをブロックするオートマチック・ファイアリング・ピン・セフティによって安全を確保する。
　ピストルの作動や構造はグロック・ピストルとほぼ同一である。マガジンはダブル・カーラム（複列）のスチール製ボックス・タイプ。マガジン・キャッチはクロス・ボルト・タイプで、トリガー・ガード後方のグリップ・フレームに装備されている。
　弾薬を撃ちつくすと、スライド・ストップの働きによってスライドは後退位置で停止する。フレーム左側面グリップ上方のスライド・ストップを押し下げると、スライドが前進する。

東ヨーロッパ

FEGモデルPA-63セミ・オートマチック・ピストル
口径　　　9mm×17(.380ACP)
全長　　　　　　　175mm
銃身長　　　　　　100mm
重量　　　　　　　595g
装填数　　　　　　7発
ライフリング　6条/右回り

## FEGモデルPA-63セミ・オートマチック・ピストル（ハンガリー）

　FEGモデルPA-63セミ・オートマチック・ピストルは、ハンガリーFEG社が設計・生産した中型ピストルだ。

　このピストルは多くのバリエーションが製作され、社会主義時代のハンガリー軍や警察の制式ピストルに用いられたほか、旧東ドイツやエジプトなど多くの国の警察向けピストルとして輸出された。

　また、海外の民間向けスポーツ射撃用に、7.65mm×17（.32ACP）口径や9mm×17（.380ACP）口径のピストルがさまざまな製品名で輸出された。

　先行のFEGモデル48ピストルは、外観は独自のアレンジが加えられているものの、内部メカニズムはドイツ・ワルサー社の開発したモデルPPK/PPピストル（226ページ参照）とほとんど変わらなかった。FEGモデル48ピストルは、ワルサー・モデルPPピストルをベースに、第2次世界大戦後の1948年にFEG社で設計され、ハンガリー軍の将校向けピストルに選定された。グリップ・フレームを含めてスチールを素材に製作されている。

　FEGモデルPA-63ピストルは、このモデル48ピストルを原型に1950年代末に改良された発展型で、グリップ・フレームはスチールではなく、アルミニウム系の軽合金で製作され、軽量化が図られた。

　比較的圧力の低い7.65mm×17（.32ACP）や9mm×17（.380ACP）、9mm×18弾薬を使用するため、モデルPA-63ピストルは、スライドとバレルがロックされておらず、単純なブローバック方式で作動する。バレルはグリップ・フレーム固定式だ。

　撃発はスライド後端に露出したハンマーを使用するハンマー撃発方式。トリガーはシングル・アクションとダブル・アクションのどちらでも射撃できるコンベンショナル・ダブル・アクションだ。

　バレルのチャンバーに弾薬が装填され

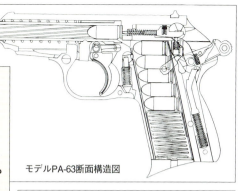

モデルPA-63断面構造図

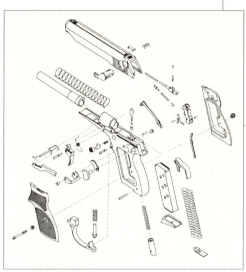

モデルPA-63部品展開図

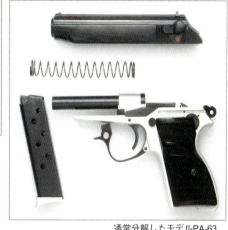

通常分解したモデルPA-63

ていると、スライド上面に突き出して射手に知らせるローディング・インジケーターが装備されている。

　トリガーを引いて弾薬が撃発されると、弾丸がバレルの中を前進し、バレル内に高圧の発射ガスが充満する。発射ガスは、バレル後端のチャンバー内の薬莢を後方に押してスライドを後退させようとする。スライド自体の重量とリコイル・スプリングの反発力などが総合的に作用し、スライドはすぐに動かない。バレル内の発射ガス圧が高まるとスライドが後退し始める。その段階までにバレル内の弾丸は銃口近くまで進み、スライドが後退して空薬莢を排出するまでに弾丸が射出され、バレル内のガス圧が急速に低下し、射手に危害を与えないようバランスがとられている。

　後退するスライドは、発射済みの薬莢を排出し、ハンマーをコックする。同時にスライド内のバレル周囲に装備されたリコイル・スプリングを圧縮する。後退しきったスライドは、リコイル・スプリングの反発力で前進に転じ、マガジンから弾薬をバレルのチャンバーに送り込み、スライドが前進しきれば次の射撃の準備が整う。

　マガジンはシングル・ロー（単列）式の金属製ボックス・タイプだ。マガジン・キャッチはグリップ・フレーム左側面のグリップ・パネル前方上部に装備されたクロス・ボルト方式。ピストルの左側面から操作する。

　マガジン内の全弾薬を撃ちつくすと、スライドは内蔵されたスライド・ストップの働きによって後退位置で停止する。マガジンを抜き出し、手でわずかにスライドを後退させ、手を放すとスライドが再び前進する。

東ヨーロッパ

FEGモデルFP-9セミ・オートマチック・ピストル
口径　　　9mm×19
全長　　　198mm
銃身長　　118mm
重量　　　950g
装填数　　13発
ライフリング　6条/右回り

## FEGモデルFP-9セミ・オートマチック・ピストル（ハンガリー）

　FEGモデルFP-9セミ・オートマチック・ピストルは、ハンガリーFEG社が輸出向けに設計・生産した大型ピストルだ。
　このピストルは、外観にわずかな改良が加えられているものの、内部のメカニズムはベルギーのFNモデル・ハイ・パワー・ピストル（246ページ参照）をほとんどそのままコピーして設計されている。
　社会主義政権末期の1980年代、ハンガリーは外貨不足に悩んでいた。チェコスロバキア（当時）のチェスカー・ゾブロヨフカ社が大型のモデルCZ75ピストルを開発し、西ヨーロッパに輸出して成功を収めていたことに刺激され、FEG社は自国の安価な労働力を活用して低価格な大型ピストルの製造を企画した。FEGモデルFP-9ピストルは、このような背景から開発された。
　大型のモデルFP-9ピストルは、西ヨーロッパで最も一般的な9mm×19弾薬を使用する。高い圧力の弾薬を使用するため、ロッキング・システムにティルト・バレルを組み込んで設計された。組み込まれたティルト・バレル・ロッキングは、バレル後方上面に2つの突起が設けられ、この突起をスライド内面上部の溝に噛み合わせてバレルとスライドをロックする。このロッキング方式やバレル形状、スライド内部の構造は、前述のようにFNモデル・ハイ・パワー・ピストルとまったく同一と言ってよい。
　撃発はスライド後端に露出したハンマーを使用しておこなう。指をかけて起こしてコックしやすいロング・スパーがハンマーに装備されている。トリガーはシングル・アクションだ。
　グリップ・フレーム左側面後部に手動セフティが装備されている。この手動セフティは、前端部分を上方に引き上げるとオンになり、ハンマーをブロックして

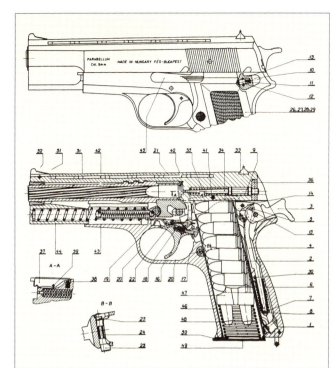

モデルFP-9断面構造図

安全にする。ハンマーをコックしても、またハンマーを前進させた状態でも手動セフティをオンにできる。

また、ピストルからマガジンを抜き出すと、自動的にトリガーを引いても撃発できなくするマガジン・セフティが組み込まれている。

モデルFP-9ピストルの作動は次のようにおこなわれる。トリガーを引き弾丸を射出すると、高い発射ガス圧がバレルとスライドの先端にかかる。この圧力でバレルをショート・リコイルさせ、バレル後端下方のブロックの傾斜面の働きでバレル後端を降下させてスライドとのロックを解除する。フリーになったスライドはさらに後退を続け、発射済みの薬莢をピストルから排出し、ハンマーをコック。スライド内部のリコイル・スプリングを圧縮する。

後退しきったスライドは、リコイル・スプリングの反発力で前進に転じ、マガジンから弾薬をバレルのチャンバーに送り込む。最終段階で、バレル下方ブロックの傾斜面の働きによって、バレル後端が上昇し、スライドとバレルが噛み合ってロックされ、次の射撃準備が整う。

マガジンは装填弾薬量の多いダブル・カーラム（複列）式のスチール製ボックス・タイプ。トリガー・ガード後方のグリップ・フレーム左側面にクロス・ボルト・タイプのマガジン・キャッチが装備されている。マガジン・キャッチは、ピストルの左側面から操作する。

マガジン内の全弾薬を撃ちつくすと、スライド・ストップの働きによってスライドは後退位置で停止する。フレーム左側面トリガー上部に装備されたスライド・ストップ後端を押し下げると、スライドを再び前進させられる。

チェコのモデルCZ75ピストルが多くの独自開発メカニズムを組み込んでいたのに対し、FEGモデルFP-9ピストルは、単なるFNモデル・ハイ・パワー・ピストルのコピーだったところから大きな成功を収めるにはいたらなかった。

FEGモデルP-9Rセミ・
オートマチック・ピストル
口径　　　　9mm×19
全長　　　　203mm
銃身長　　　118.5mm
重量　　　　1000g
装填数　　　14発
ライフリング　6条/右回り

## FEGモデルP-9Rセミ・オートマチック・ピストル（ハンガリー）

　FEGモデルP-9Rセミ・オートマチック・ピストルは、主に輸出向けとして、ハンガリーのFEG社が企画・製造した大型ピストルだ。

　このピストルの特徴は、前作のモデルFP-9ピストル（390ページ参照）と同様に、西ヨーロッパで最も一般的な大型ピストル向け弾薬の9mm×19弾薬を使用するが、撃発メカニズムにダブル・アクションが組み込まれている点にある。

　前作モデルFP-9ピストルは、ベルギーのFNモデル・ハイ・パワー・ピストルをベースに、メカニズムをほとんどそのままコピーして製品化した。そのためFNモデルと同様にシングル・アクションの撃発メカニズムが組み込まれていた。

　チェコスロバキア（当時）で製作されて成功を収めたCZモデルCZ75ピストルもFNモデル・ハイ・パワー・ピストルをベースにしていたが、いち早くダブル・アクション・トリガーを組み込んだ点が評価されて成功に結びついた。それに対してFEGモデルFP-9ピストルは、シングル・アクションで、しかも外観にアレンジを加えて変更したためバランスが崩れ、工作精度も良好とは言えなかった。

　結果的にモデルFP-9ピストルは、単に安価なモデル・ハイ・パワー・ピストルのコピーという評価しか得られなかった。

　そこで1980年代半ばにFEG社は、ダブル・アクションを組み込んだ新たな大型ピストルとしてFEGモデルP-9Rピストルを開発・製品化した。

　モデルP-9Rピストルは、前作のモデルFP-9ピストルとよく似た外観を備え、これにダブル・アクションの撃発メカニズムが組み込まれている。撃発メカニズムはハンマー露出式で、アメリカのS&Wモデル39ピストル（66ページ参照）によく似た構造をもち、ハンマーの下端をトリガー・バーで前方に引いてハンマーをコックする。シングル・アクションとダブ

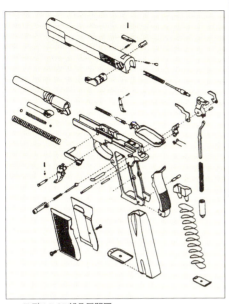

モデルP-9R部品展開図

モデルP-9R断面構造図

ル・アクション両用のコンベンショナル・ダブル・アクションだ。

　手動セフティはスライド左側面後方に装備され、セフティをオンにするとファイアリング・ピンをブロックすると同時にハンマーを安全に前進させるハンマー・デコッキング機能も兼ね備えている。

　ティルト・バレル・ロッキング・システムが組み込まれ、バレル後方外面の2つのロッキング突起をスライド内面の上部の溝と噛み合わせてロックする。

　トリガーを引き弾丸が射出されると高い発射ガス圧がバレルとスライドの先端にかかる。この圧力でバレルをショート・リコイルさせ、バレル後端下方のブロックの傾斜の働きでバレル後端を降下させてスライドとのロックを解除する。フリーになったスライドは、さらに後退を続け、ピストルから発射済みの薬莢を排出し、ハンマーをコックしてリコイル・スプリングを圧縮する。

　後退しきったスライドは、リコイル・スプリングの反発力で前進に転じ、マガジンから弾薬をバレルのチャンバーに送り込む。最終段階で、バレル下方ブロックの傾斜面の働きによって、バレル後端が上昇し、スライドとバレルが噛み合ってロックされて次の射撃準備が整う。

　マガジンはダブル・カーラム（複列）のスチール製ボックス・タイプ。グリップ・フレーム左側面トリガー・ガード後方にクロス・ボルト・タイプのマガジン・キャッチが装備されている。

　全弾薬を撃ちつくすと、スライド・ストップの働きによってスライドが後退位置で停止する。フレーム左側面トリガー上部のスライド・ストップ後端を押し下げると、スライドが前進する。

　モデルP-9Rピストルは一定の成功を収め、グリップ・フレームを軽合金で製作した軽量型のモデルP-9RAピストルや大型化させた.45ACP口径のモデルP-45Rピストルなどのバリエーション・モデルが製作された。

FEGモデルR-7.65（R-320）
セミ・オートマチック・
ピストル
口径　　　7.65mm×17
全長　　　　　140mm
銃身長　　　　　72mm
重量　　　　　　450g
装填数　　　　　　6発
ライフリング　4条/右回り

## FEGモデルR-7.65（R-320）セミ・オートマチック・ピストル（ハンガリー）

　FEGモデルR-7.65セミ・オートマチック・ピストルは、ハンガリーのFEG社が海外向けに企画・製造した護身用の小型ピストルだ。

　このピストルは、輸出先の国によって製品名が異なり、モデルR-7.65ピストルのほか、モデルR-320ピストルと呼ばれることがある。いずれの製品名もハンガリー語でダブル・アクションを表わす「レボルバーレツォ」の頭文字のRと使用する弾薬の7.65mm×17（.32ACP）にちなんで命名された。

　このピストルの特徴は、護身用の小型ピストルとして企画・製造されたため、使用時の即応性を重視して、ダブル・アクションの撃発メカニズムを組み込んで設計された点にある。

　比較的圧力の低い7.65mm×17（.32ACP）弾薬を使用するため、モデルR7.65ピストルはバレルとスライドをロックせず、スライドの自重とリコイル・スプリングの反発力によって射撃の反動に対応させるブローバック方式で設計された。そのためバレルを着脱することができるものの、グリップ・フレームに固定されていてショート・リコイルすることはない。

　常時携帯する護身用ピストルのため、強度を必要とするスライドやバレルはスチールで製作され、グリップ・フレームをアルミニウム系の軽合金で製作して軽量化された。

　撃発方式はスライド後端に露出したハンマーを用いるハンマー撃発方式で設計された。トリガーはシングル・アクションとダブル・アクションのどちらでも射撃できるコンベンショナル・ダブル・アクションが組み込まれている。

　手動セフティはスライド後方の左側面に装備されている。スライド左側面の手動セフティ・レバー先端部分を押し下げ

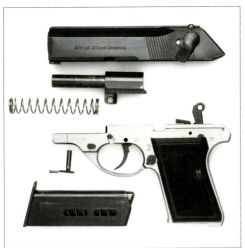

通常分解したモデルR-7.65

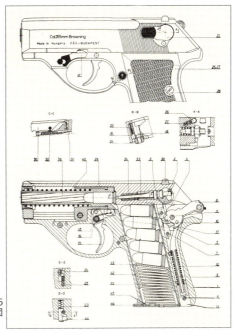

モデルP-7.65
断面構造図

ると、ファイアリング・ピンがブロックされ、同時にハンマーを安全に前進させるハンマー・デコッキングの機能が組み込まれている。

スライド上面に装備されたフロント・サイトは、引っかかりにくいようにスライド上部に設けられた溝の中に設定され、リア・サイトの高さも低く設計された。

トリガーを引き弾薬が撃発されると、弾丸がバレルの中を前進し、バレル内に高圧の発射ガスが充満する。発射ガスはバレル後端のチャンバー内の薬莢を後方に押してスライドを後退させようとする。スライド自体の重量とリコイル・スプリングの反発力などが総合的に作用し、スライドはすぐに動かない。バレル内の発射ガス圧が高まるとスライドが後退し始める。その段階までにバレル内の弾丸が銃口近くまで進み、スライドが後退して空薬莢を排出するまでに弾丸が射出され、バレル内のガス圧が急速に低下して射手に危害を与えないようバランスがとられている。

後退するスライドは発射済みの薬莢を排出し、ハンマーをコックする。同時にスライド内のバレル周囲に装備されたリコイル・スプリングを圧縮。後退しきったスライドはリコイル・スプリングの反発力で前進に転じ、マガジンから弾薬をバレルのチャンバーに送り込み、スライドが前進しきれば次の射撃の準備が整う。

マガジンはシングル・ロー（単列）式の金属製ボックス・タイプ。装填された弾薬を確認するためにマガジンの側面に楕円形の開口部が設けられている。グリップ・フレーム左側面トリガー・ガード後方にクロス・ボルト・タイプのマガジン・キャッチが装備されている。このマガジン・キャッチをピストルの左側面から押してマガジンを抜き出す。

マガジン内の全弾薬を撃ちつくすと、スライドはグリップ・フレーム左上面のトリガー前方上部に装備されたスライド・ストップの働きによって後退位置で停止する。スライド・ストップの先端部を引き下げると、スライドが再び前進する。

モデル74
トリガー・バー

クジール・モデル74セミ・
オートマチック・ピストル
口径　　　　7.65mm×17
全長　　　　　　167.5mm
銃身長　　　　　90.5mm
重量　　　　　　　570g
装填数　　　　　　6発
ライフリング　4条/右回り

## クジール・モデル74セミ・オートマチック・ピストル（ルーマニア）

　クジール・モデル74セミ・オートマチック・ピストルは、ルーマニアのサデューにあるサデュー・メカニカル・ファクトリー（自由化後ラトミル社と改称）によって製作された中型ピストルだ。

　このピストルは、もともとルーマニアの警察やルーマニア軍の将校などの武装向けに設計された。ピストルの生産が軌道に乗ると、旧東ドイツ（当時）警察など社会主義諸国向けに輸出された。自由化直前に西ドイツ（当時）の民間向けに輸出が計画されたが、ルーマニア国内の混乱で実現しなかった。

　このピストルの特徴は、設計に際してドイツ・ワルサー社が設計したモデルPPピストルの影響を大きく受けている点だ。第2次世界大戦後、モデルPPピストルの影響を受けて多くのピストルが製造されたが、クジール・モデル74ピストルはとくにその影響を強く受けている。

　強度と耐久性を必要とするスライドやバレルはスチールで、グリップ・フレームはアルミニウム系の軽合金で製作して軽量化が図られた。グリップ・フレームやスライドの外観に独自の変更が加えられたものの、撃発メカニズムはほとんどモデルPPピストルそのままだ。

　クジール・モデル74ピストルは、比較的圧力の低い7.65mm×17（.32ACP）弾薬を使用する。バレルとスライドをロックするシステムは組み込まれていない。バレルはグリップ・フレームに固定式。スライドの自重とリコイル・スプリングの反発力で射撃の反動を支えるブローバック方式で設計されている。

　撃発はスライド後端に露出したハンマーを使用するハンマー撃発方式。不用意にコックされにくいラウンド・ハンマ

モデル74ダブル・アクション・アクセル

モデル74部品展開写真

モデル74スライド・ブリーチ

ー・スパーが装備されている。トリガー方式は、シングル・アクションとダブル・アクションのどちらでも射撃できるコンベンショナル・ダブル・アクション。手動セフティはスライド左側面後部に装備。手動セフティ・レバー先端部分を下方に押し下げるとファイアリング・ピンをブロックするとともに、ハンマーを安全に前進させるハンマー・デコッキング機能も兼用されている。

トリガーを引き弾薬が撃発されると、弾丸がバレルの中を前進し、バレル内に高圧の発射ガスが充満する。発射ガスはバレル後端のチャンバー内の薬莢を後方に押してスライドを後退させようとする。スライド自重とリコイル・スプリングの反発力などが総合的に作用し、スライドはすぐに動かない。バレル内の発射ガス圧が高まるとスライドが後退し始める。その段階までにバレル内の弾丸が銃口近くまで進み、スライドが後退して空薬莢を排出するまでに弾丸が射出され、バレル内のガス圧が急速に低下し、射手に危害を与えない措置がとられている。

後退するスライドは発射済みの薬莢を排出しハンマーをコックする。同時にスライド内のバレル周囲に装備されたリコイル・スプリングを圧縮する。後退しきったスライドはリコイル・スプリングの反発力で前進に転じ、マガジンから弾薬をバレルのチャンバーに送り込みスライドが前進しきれば次の射撃の準備が整う。

マガジンはシングル・ロー（単列）式の金属製ボックス・タイプ。マガジン・キャッチはマガジンの底部をフックして固定させるコンチネンタル・マガジン・キャッチだ。

全弾薬を撃ちつくすと、内蔵されたスライド・ストップの働きによってスライドが後退位置で停止する。マガジンを抜き出しスライドを後退させて手を離すとスライドが前進する。

ラミテル社は、このピストルをベースに、9mm×17（.380ACP）口径や.22LR口径のバリエーションを製作した。

クジール・モデル92セミ・
オートマチック・ピストル
口径　　　　　9mm×19
全長　　　　　206.5mm
銃身長　　　　112mm
重量　　　　　1275g
装填数　　　　15発
ライフリング　6条/右回り

## クジール・モデル92セミ・オートマチック・ピストル（ルーマニア）

　クジール・モデル92セミ・オートマチック・ピストルは、ルーマニアのサデュにあるサデュ・メカニカル・ファクトリー（自由化後ラトミル社と改称）によって製作された大型ピストルだ。

　この大型ピストルは、ルーマニアが自由化された後にサデュ・メカニカル・ファクトリーで設計された。自由化後NATOへの加盟を希望したルーマニアらしく、NATOスタンダードの9mm×19弾薬を使用するピストルとして設計された。

　このピストルの特徴は、イスラエルのIMI社（現IWI社）の開発したモデル・ジェリコ941ピストル（430ページ参照）によく似た設計がなされていることにある。

　原型となったイスラエルのIMI（IWI）モデル・ジェリコ941ピストルは、イタリアのタンフォリオ社からの技術移転で開発されたと伝えられている。これとそっくりなデザインのルーマニアのクジール・モデル92ピストルが、単にIMI社のモデル・ジェリコ941ピストルをそのままコピーしたものなのか、イタリアのタンフォリオ社から技術供与を受けて設計されたものなのかは明らかにされていない。

　クジール・モデル92ピストルは、耐久性を重視し、スライドやバレルだけでなく、グリップ・フレームもスチールで製作されている。

　ロッキング・システムとしてティルト・バレルが組み込まれている。バレル後方、チャンバー部前方の外面に2つのロッキング突起が装備され、この突起をスライド内面の上部の溝と噛み合わせてバレルとスライドをロックする。

　撃発方式はスライド後端に露出したハ

ンマーによっておこなう。ハンマーにはコックしやすいセミ・ロング・ハンマー・スパーが装備されている。

トリガー・システムはシングル・アクションとダブル・アクション両方で射撃できるコンベンショナル・ダブル・アクションが組み込まれた。

スライド後方に手動セフティが装備されている。手動セフティはピストルの左右両面から操作できるアンビ・タイプ。レバー先端部を押し上げるとファイアリング・ピンがブロックされ、コックされたハンマーを安全に前進させるハンマー・デコッキング機能も兼ね備えている。

トリガーを引いて弾丸が射出されるとバレルとスライドの先端に高い発射ガス圧がかかる。この圧力でバレルをショート・リコイルさせ、バレル後端下方のブロックに設けられた「くの字」型の孔の働きでバレル後端を降下させてスライドとのロックを解除する。フリーになったスライドは、さらに後退を続け、ピストルから発射済みの薬莢を排出し、ハンマーをコックし、リコイル・スプリングを圧縮する。

後退しきったスライドは、リコイル・スプリングの反発力で前進に転じ、マガジンから弾薬をバレルのチャンバーに送り込む。最終段階でバレル下方ブロックに開けられた「くの字」型の孔の傾斜面の働きによって、バレル後端が上昇し、スライドとバレルが噛み合ってロックさ

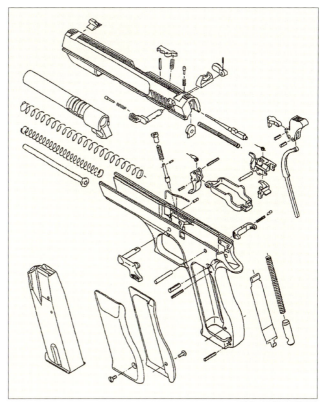

モデル92部品展開図

れて次の射撃準備が整う。

マガジンは装塡弾薬量の多いダブル・カーラム（複列）式のスチール製ボックス・タイプ。マガジン・キャッチはトリガー・ガード後方のグリップ・フレームに装備されたクロス・ボルト・タイプでピストルの左側面から操作する。

マガジン内の全弾薬を撃ちつくすと、スライドはスライド・ストップの働きによって後退位置で停止する。後退して停止したスライドは、フレーム左側面トリガー上部に装備されたスライド・ストップ後端を押し下げると、再び前進できる。

クジール・モデル92ピストルは、過去に西ヨーロッパの兵器ショーに複数回展示されたが、現時点までに輸出されていない。

アーセナル・モデルP-M02
コンパクト・セミ・
オートマチック・ピストル
口径　　　　9mm×19
全長　　　　　180mm
銃身長　　　　104mm
重量　　　　　　760g
装填数　　　　　15発
ライフリング　6条/右回り

## アーセナル・モデルP-M02コンパクト・セミ・オートマチック・ピストル（ブルガリア）

　アーセナル・モデルP-M02コンパクト・セミ・オートマチック・ピストルは、ブルガリアが自由化された後にアーセナル2000社が新たに開発したコンパクト・タイプの大型ピストルだ。

　このピストルは、NATOに加盟したブルガリアの軍と警察の新制式ピストルを目指してNATO制式弾薬の9mm×19を使用するピストルとして開発された。この特徴は、軽量化させるために強化プラスチック製のグリップ・フレームを備えている点と、ロッキング・メカニズムにガス圧を利用している点にある。

　新制式ピストルとして開発されたため、現代ピストルのトレンドとなっているポリマー製のグリップ・フレームを用いた基本設計で開発が進められた。初期のプロトタイプは一体型のプラスチック製グリップ・フレームだった。最終改良型の量産タイプは、グリップのバック・ストラップが交換式になり、手の大きさに合わせられるようになった。

　小型化させるために機械的なロッキング・システムを組み込まず、弾丸がマズルから射出されるまで、スライドが後退することを防止するために弾丸の発射ガス圧を利用するガス圧ロック方式が組み込まれた。この構造のためバレルとグリップ・フレームは固定式になっている。

　バレルのチャンバーの前端下方にガス・シリンダーが装備され、これにスライド先端に装着されたガス・ピストンが組み合わされている。弾薬が撃発されると、バレルのチャンバーの直前に設けられた小孔から高圧の発射ガスがガス・シリンダーに充満する。この高圧ガスがガス・ピストンを前方に押してスライドの後退を阻止する構造だ。

　そのためアーセナル・モデルP-M02コンパクト・ピストルは、ディレイド・ブロ

ーバック、あるいはガス圧利用ヘジテート・ロッキング方式で作動する。この作動方式はドイツのH&KモデルP7M8ピストル（194ページ参照）と同様だ。

撃発はスライド後端に露出したハンマーによっておこなうハンマー撃発方式。トリガー・システムはシングル・アクションとダブル・アクションのどちらでも可能なコンベンショナル・ダブル・アクションだ。

手動セフティはスライド後端部分に装備されている。セフティはピストルの左右両側面から操作できるアンビ・タイプ。セフティのレバー後端を上方に押し上げるとファイアリング・ピンがブロックされる。同時にコックされたハンマーを安全に前進させるハンマー・デコッキング機能も備えている。

このピストルの作動は、ブローバック方式に似てシンプルだ。高圧の9mm×19弾薬を使用するためロッキング方式としてガス・ロック・メカニズムが組み込まれている。スライドの重量とスライド内のリコイル・スプリングに加え、ガス・ロック・メカニズムで射撃の反動を支えるディレイド・ブローバック（遅延ブローバック）方式で作動する。

弾薬が撃発されると、弾丸がバレルの中を前進し、バレル内に高圧の発射ガスが充満する。発射ガスはバレル後端のチャンバー内の薬莢を後方に押してスライドを後退させようとする。スライドの自重とリコイル・スプリングの反発力などが総合的に作用し、スライドはすぐに動かない。その間にバレルのチャンバー直前に設けられた小孔から高圧の発射ガスがガス・シリンダーに流れ込み、スライド前部にあるガス・ピストンを前方に押してスライドを前方に保持する。バレル内の弾丸が銃口から射出されると、バレ

通常分解したモデルP-MO2コンパクト

ル内のガス圧は急速に低下する。それでもバレル内に残る余圧（残圧）と呼ばれるガス圧によってスライドが後退。

後退するスライドは発射済みの薬莢を排出し、スライドはハンマーをコックしてバレル周囲に装備されたリコイル・スプリングを圧縮する。

後退しきったスライドは、リコイル・スプリングの反発力で前進に転じ、マガジンから弾薬をバレルのチャンバーに送り込みスライドが前進しきれば次の射撃の準備が整う。

マガジンはダブル・カーラム（複列）式の金属製ボックス・タイプ。マガジン・キャッチはトリガー・ガード後方のグリップ・フレームに装備されたクロス・ボルト・タイプ。マガジン・キャッチはピストルの左右両側面から操作できるアンビ・タイプだ。

マガジン内の全弾薬を撃ちつくすと、スライド・ストップの働きによってスライドが後退位置で停止する。フレーム左側面トリガー上部に装備されたスライド・ストップ後部を押し下げると、スライドが再び前進する。

東ヨーロッパ

RHアラン・モデルHS2000
セミ・オートマチック・
ピストル
口径　　　　9mm×19
全長　　　　180mm
銃身長　　　102.5mm
重量　　　　700g
装填数　　　15発
ライフリング　6条/右回り

## RHアラン・モデルHS2000セミ・オートマチック・ピストル（クロアチア）

　RHアラン・モデルHS2000セミ・オートマチック・ピストルは、クロアチアのIMメタル社が製造し、RHアラン社が販売・輸出している大型ピストルだ。

　このピストルの特徴は、オーストリアのグロック社が開発したグロック・ピストルときわめてよく似た設計がなされている点だ。オリジナルのグロック・ピストルに装備されていないグリップ・セフティを追加した点も特色だ。

　このピストルは、ユーゴスラビア内戦中にクロアチア独立派にピストルを供給していたIMメタル社のマルコ・ブコビッチが率いる開発チームによって、クロアチア独立後、新たに組織されたクロアチア軍と警察の武装用ピストルとして開発された。開発はグロック・ピストルを参考に、コピーと言えるほど酷似したアウトラインと撃発メカニズムが採用された。

　1999年に試作が完了し、IMメタル社は量産に入った。名称はクロアチア・ピストルを表わすクロアチア語のフルバツキー・サモクレスの頭文字HSと2000年以降の制式ピストルに由来するモデルHS2000ピストルとされた。

　モデルHS2000ピストルは、クロアチア軍のトライアルを経てクロアチア軍の制式ピストルに選定され、クロアチア警察の制式ピストルにも選定された。

　量産が軌道に乗ると、クロアチア軍や警察納入と並行して、海外への輸出も始められた。輸出はクロアチア武器輸出商社RHアラン社を通じておこなわれ、RHアラン・モデルHS2000ピストルと呼ばれるようになった。

　アメリカではスプリングフィールド・アーモリー社を通じて販売され、モデルDX9ピストルの商品名で知られている。

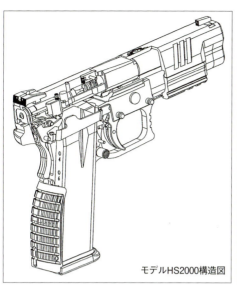

モデルHS2000構造図

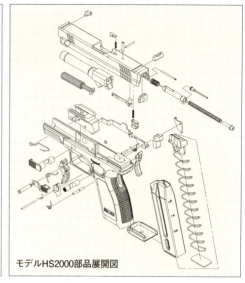

モデルHS2000部品展開図

　RHアラン・モデルHS2000ピストルは、スチール製のスライドとバレルに強化プラスチック・ポリマー製のグリップ・フレームが組み合わされている。

　圧力の高い9mm×19弾薬を使用するため、ティルト・バレルのロッキング・システムが組み込まれた。バレルの四角形のブロック状の後端部分の上部とスライド上面のエジェクション・ポート開口部を噛み合わせてバレルとスライドをロックする。

　撃発はブリーチに内蔵された大型ファイアリング・ピンのストライカーを用いたストライカー撃発方式。トリガーは射撃ごとに毎回やや長いトリガー・プルを必要とする変則ダブル・アクションが組み込まれている。

　即応性を重視し、手動セフティは装備されていない。しっかりと指をかけないと作動しないトリガーとブリーチに内蔵されたトリガーを引ききったときだけファイアリング・ピンのブロックを解除するオートマチック・ファイアリング・ピンセフティ、そしてグリップ後面に装備したグリップ・セフティで暴発を防止し安全を確保する。

　トリガーを引き弾丸が射出されると高い発射ガス圧がバレルとスライドの先端にかかる。この圧力でバレルをショート・リコイルさせ、バレル後端下方のブロックの傾斜面の働きでバレル後端を降下させてスライドとのロックを解除する。フリーになったスライドは後退を続け、ピストルから発射済みの薬莢を排出し、リコイル・スプリングを圧縮する。

　後退しきったスライドは、リコイル・スプリングの反発力で前進に転じ、マガジンから弾薬をバレルのチャンバーに送り込む。最終段階で、バレル下方ブロックの傾斜面の働きによって、バレル後端が上昇し、スライドとバレルが噛み合ってロックされて次の射撃準備が整う。

　マガジンは、ダブル・カーラム（複列）式のスチール製ボックス・タイプ。グリップ・フレーム左側面トリガー・ガード後方にクロス・ボルト・タイプのマガジン・キャッチが装備されている。

　全弾薬を撃ちつくすと、スライド・ストップの働きによってスライドが後退位置で停止。フレーム左側面トリガー上部に装備されたスライド・ストップ後部を押し下げると、スライドが前進する。

東ヨーロッパ

ツァスタバ・モデル57セミ・
オートマチック・ピストル
口径　　　　7.62mm×25
全長　　　　　　200mm
銃身長　　　　　116mm
重量　　　　　　　865g
装填数　　　　　　9発
ライフリング　4条/右回り

## ツァスタバ・モデル57セミ・オートマチック・ピストル（ユーゴスラビア）

　ツァスタバ・モデル57セミ・オートマチック・ピストルは、第2次世界大戦後にユーゴスラビア（現セルビア）のクラグヤバッツにあるツァスタバ社が開発した軍用の大型ピストルだ。

　このピストルは、旧ソビエト軍の制式ピストルだったモデルTT1933（トカレフ）の派生型だが、マガジンを抜き出すとトリガーが引けなくなるマガジン・セフティが組み込まれている点と、マガジンの装填弾薬数がオリジナルのトカレフ・ピストルより1発多いことが特徴だ。

　第2次世界大戦後、ユーゴスラビアは、NATOやワルシャワ条約機構のどちらにも属さない非同盟政策をとった。大戦で大きな被害を出し、疲弊したことから、ユーゴスラビア軍制式ピストルの製造に際して、生産性の高い究極の製造省力化ブローニング系ピストルといわれた旧ソビエト軍の制式のモデルTT1933（トカレフ）ピストルを原型にして独自の改良を加えて国産化し、1958年に制式ピストルに選定した。

　はじめユーゴスラビア軍用として生産されたが、その後、輸出向けとして、7.62mm×25（7.62mmトカレフ・ピストル弾薬）を使用するもののほか、西側でNATO制式として一般的な弾薬だった9mm×19弾薬を使用するツァスタバ・モデル70ピストルの製造もおこなった。

　ツァスタバ・モデル70ピストルは、トカレフ・ピストルと同様にティルト・バレルがロッキング・システムとして組み込まれた。バレル後方の外面に2つのロッキング突起が設けられ、この突起をスライド内面上部の溝に噛み合わせバレルとスライドをロックする。

　撃発はスライド後端に露出したハンマーによっておこなうハンマー撃発方式。不用意にコックされにくいラウンド・ハ

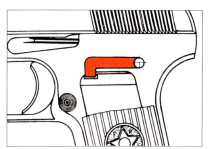

モデル57マガジン・セフティ構造図

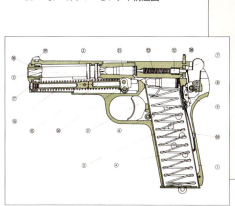

モデル57断面構造図

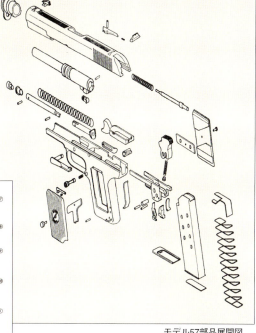

モデル57部品展開図

ンマー・スパーが装備された。トリガーはシングル・アクションだ。

　製造工程の簡略化のため、手動セフティが装備されていない。マガジンを抜き出すと撃発できなくするマガジン・セフティとハンマーをハーフ・コックにすることだけが安全を保つ手段だ。通常はバレルのチャンバー内の弾薬を排出して安全を確保する。チャンバー内の弾薬を安全に抜き出すためにもマガジン・セフティ装備は有効だった。

　トリガーを引き弾丸を射出すると高い発射ガス圧がバレルとスライドの先端にかかる。この圧力でバレルをショート・リコイルさせ、バレル後端下方に装備された8の字型のリンクの働きでバレル後端を降下させてスライドとのロックを解除する。フリーになったスライドは、後退を続け、ピストルから発射済みの薬莢を排出し、ハンマーをコックし、リコイル・スプリングを圧縮する。

　後退しきったスライドは、リコイル・スプリングの反発力で前進に転じ、マガジンから弾薬をバレルのチャンバーに送り込む。最終段階で、バレル下方に装備された8の字型のリンクの働きでバレル後端が上昇し、スライドとバレルが噛み合い、ロックされて次の射撃準備が整う。

　マガジンはシングル・ロー（単列）式のスチール製のボックス・タイプ。マガジン・キャッチはトリガー・ガード後方のグリップ・フレーム左側面に装備されている。

　全弾薬を撃ちつくすと、スライド・ストップの働きによってスライドが後退位置で停止する。フレーム左側面トリガー上部に装備されたスライド・ストップ後端を押し下げるとスライドを前進できる。

ツァスタバ7.65mmモデル70
セミ・オートマチック・ピストル
口径　7.65mm×17（.32ACP）
全長　　　　　　　　165mm
銃身長　　　　　　　94mm
重量　　　　　　　　800g
装填数　　　　　　　8発
ライフリング　4条/右回り

## ツァスタバ7.65mmモデル70セミ・オートマチック・ピストル（ユーゴスラビア）

　ツァスタバ7.65mmモデル70セミ・オートマチック・ピストルは、ユーゴスラビア（現セルビア）のクラグヤバッツにあるツァスタバ社が警察官や軍の将校の武装向けに開発した小型ピストルだ。

　このピストルの特徴は、ユーゴスラビア軍の制式ピストルだった大型のツァスタバ・モデル57セミ・オートマチック・ピストル（404ページ参照）を極限まで切り詰め、7.65mm×17弾薬を使用する小型ピストルに再設計した点にある。撃発メカニズムはモデル57ピストルから最大限転用されている。

　ツァスタバ7.65mmモデル70ピストルは、制式ピストルを小型化したこともあり、スライドやバレルだけでなく、グリップ・フレームもスチールで製作されている。比較的圧力の低い7.65mm×17（.32ACP）弾薬を使用するため、バレルとスライドをロックするロッキング・メカニズムは組み込まれていない。バレルは固定式で、スライドの自重とスライド内のリコイル・スプリングによって射撃の反動を支えるブローバック方式で作動する。

　撃発はスライド後端に露出したハンマーを用いるハンマー撃発方式。トリガーはシングル・アクションだ。

　ツァスタバ・モデル57ピストルと同様に手動セフティを装備していない。ハンマーをハーフ・コックにすることと、マガジンを抜き出すとトリガーが引けなくなるマガジン・セフティで安全を確保する。通常、バレルのチャンバーを空にして安全を確保する。バレルのチャンバーから安全に弾薬を抜き出すためにもマガジン・セフティは有効だ。

　トリガーを引いて弾薬が撃発されると、弾丸がバレルの中を前進し、バレル内に高圧の発射ガスが充満する。発射ガスはバレル後端のチャンバー内の薬莢を後方

モデル70断面構造図

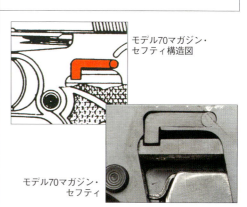

モデル70部品展開写真

モデル70マガジン・セフティ構造図

モデル70マガジン・セフティ

に押してスライドを後退させようとする。スライド自体の重量とリコイル・スプリングの反発力などが総合的に作用し、スライドはすぐに動かない。バレル内の発射ガス圧が高まるとスライドが後退し始める。その段階までにバレル内の弾丸が銃口近くまで進み、スライドが後退して空薬莢を排出するまでに弾丸が射出され、バレル内のガス圧が急速に低下し、射手に危害を与えないようバランスがとられている。

　後退するスライドは、発射済みの薬莢をピストルから排出しハンマーをコックする。同時にスライド内のバレル下方に装備されたリコイル・スプリングを圧縮する。後退しきったスライドは、リコイル・スプリングの反発力で前進に転じ、マガジンから弾薬をバレルのチャンバーに送り込み、スライドが前進しきれば次の射撃の準備が整う。

　マガジンはシングル・ロー（単列）式の金属製ボックス・タイプ。マガジン・キャッチはトリガー・ガード後方のグリップ・フレーム左側面に装備されている。

　マガジン内の全弾薬を撃ちつくすと、スライド・ストップの働きによってスライドが後退位置で停止。フレーム左側面トリガー上部に装備されたスライド・ストップを押し下げると、スライドが再び前進する。

　ツァスタバ7.65mmモデル70ピストルのバリエーションとして、手動セフティをスライド後部に装備させたツァスタバ7.65mmモデル70Aピストルなども製作された。

ツァスタバ・モデル88セミ・
オートマチック・ピストル
口径　　　　　9mm×19
全長　　　　　175mm
銃身長　　　　96mm
重量　　　　　760g
装填数　　　　8発
ライフリング　6条/右回り

## ツァスタバ・モデル88セミ・オートマチック・ピストル（ユーゴスラビア）

　ツァスタバ・モデル88セミ・オートマチック・ピストルは、ツァスタバ・モデル57セミ・オートマチック・ピストル（404ページ参照）を原型としてユーゴスラビア（現セルビア）のクラグヤバッツで改良を加えて小型軽量化した大口径のコンパクト・ピストルだ。

　このピストルの特徴は、モデル57ピストルの基本的メカニズムをそのまま流用して小型軽量化した点と、外観を近代化して手動セフティを追加し、安全性を向上させた点にある。

　ツァスタバ社は、ユーゴスラビア軍や警察向けにピストルを納入する一方、海外に輸出した。モデル57ピストルの弾薬を西側で一般的な弾薬な9mm×19用に改修し、モデル70ピストルとして輸出した。しかし、西側の競合メーカーが次々と新型ピストルを発表・生産したため、急速に旧型化していった。そこでツァスタバ社は、大きく重かったモデル70ピストルを軽くて扱いやすいコンパクト・ピストルに再設計した。

　改良型はシルエットに直線を採り入れて、より近代的なデザインに改め、安全性を高めるため、スライドにファイアリング・ピンをブロックできる手動セフティを追加し、マガジン・キャッチのボタンも扱いやすいように大型化した。

　小型化することで短くなったグリップが滑らないようマガジン下部に滑り止めのマガジン・エクステンションも追加された。これらの改良によりモデル88ピストルは、全体的に原型とは印象の異なる外観となった。

　しかし、ピストルの基本的なメカニズムはシングル・アクションのままで、マガジンも装填弾薬数が限定されるシングル・ロー（単列）だった。そのため、西側のメーカーが次々と発表するまったく

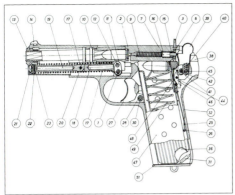

モデル70断面構造図

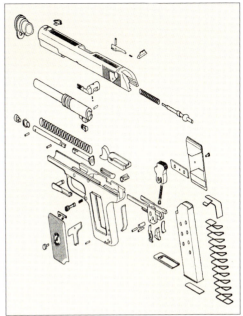

モデル70部品展開図

新しい設計のピストルに対抗することができず、やがて生産終了となった。

ツァスタバ・モデル88ピストルは、圧力の高い9mm×19弾薬を使用するところからモデル57ピストルと同様のティルト・バレルがロッキング・システムとして組み込まれた。バレル後方の外面に2つのロッキング突起が設けられており、この突起をスライド内面上部の溝と噛み合わせてバレルとスライドをロックする。

撃発はスライド後端に露出したハンマーによっておこなうハンマー撃発方式。不用意にコックされにくいラウンド・ハンマー・スパーが装備された。トリガーはシングル・アクションだ。

スライド左側面後部に手動セフティが装備されている。手動セフティのレバー前端を引き下ろすとファイアリング・ピンがロックされる。手動セフティにはハンマー・デコッキング機能が装備されていない。マガジンを抜き出すとトリガーをブロックするマガジン・セフティが装備されている。

トリガーを引いて弾丸を射出すると高い発射ガス圧がバレルとスライドの先端にかかる。この圧力でバレルをショート・リコイルさせ、バレル後端下方に装備された8の字型のリンクの働きでバレル後端を降下させてスライドとのロックを解除する。フリーになったスライドは後退を続け、ピストルから発射済みの薬莢を排出し、ハンマーをコックしてリコイル・スプリングを圧縮する。

後退しきったスライドは、リコイル・スプリングの反発力で前進に転じ、マガジンから弾薬をチャンバーに送り込む。最終段階でバレル下方に装備された8の字型のリンクの働きによって、バレル後端が上昇し、スライドとバレルが噛み合いロックされて次の射撃準備が整う。

マガジンはシングル・ロー式のスチール製ボックス・タイプ。マガジン・キャッチはトリガー・ガード後方のグリップ・フレーム左側面に装備されている。

全弾薬を撃ちつくすと、スライド・ストップの働きによってスライドが後退位置で停止する。フレーム左側面トリガー上部に装備されたスライド・ストップ後端を押し下げるとスライドを前進できる。

ツァスタバモデルCZ99セミ・
オートマチック・ピストル
口径　　　　9mm×19
全長　　　　190mm
銃身長　　　106mm
重量　　　　960g
装填数　　　15発
ライフリング　6条/右回り

## ツァスタバ・モデルCZ99セミ・オートマチック・ピストル（ユーゴスラビア）

　ツァスタバ・モデルCZ99セミ・オートマチック・ピストルは、ツァスタバ社が従来製作してきたトカレフ・ピストルの派生型から離れ、新世代の軍用・警察向け大型ピストルとして設計された。

　このピストルは、SIGザウアー社が製作したモデルP226ピストルにきわめてよく似た外観とメカニズムを備えていて、手動セフティを省いて即応性を重視したコンセプトも同じだ。

　1958年以来ツァスタバ社は、ユーゴスラビアの軍や警察に、トカレフ・ピストル改良型のモデル57ピストル（404ページ参照）を提供した。モデル57ピストルは、シングル・アクションであることや、装填できる弾薬数が少ないなど、1980年代後半になると各国の軍用ピストルに比べて機能的に見劣りするようになった。

　そこで、旧ユーゴスラビアのクラグヤバッツにあったツァスタバ社は、新世代のトレンドとなったダブル・アクションと弾薬装填数の多いダブル・カーラム・マガジンを装備したピストルの設計を開始した。設計はツァスタバ社の技術者ボジダール・グラゴェビッツの率いる開発チームが担当。新型ピストルは、SIGザウァー・モデルP226ピストルをそのままコピーして、わずか6カ月で完成させた。

　テストの結果、改良が施されて量産型となり、クレベナ・ツァスタバ工廠にちなみ、CZ99の商品名で、1991年に量産が本格化した。

　旧ユーゴスラビア軍と警察用の制式ピストルに制定され、海外への輸出も始まったが、内戦が勃発して輸出は中断した。

　ツァスタバ・モデルCZ99ピストルの外

観は、SIGザウァー・モデルP226ピストルにそっくりで、強度を必要とするバレルやスライドをスチールで製作し、グリップ・フレームはアルミニウム軽合金にして軽量化した。

ティルト・バレルがロッキング・システムとして組み込まれている。バレル後端の外側が四角形のブロック状で、この上部とスライドのエジェクション・ポートの開口部を噛み合わせてロックする。

撃発はスライド後端に露出したハンマー撃発方式。トリガーはシングル・アクションとダブル・アクション両用のコンベンショナル・ダブル・アクションが組み込まれた。

即応性を重視して手動セフティは省かれた。安全確保するためトリガーを引ききったときだけファイアリング・ピンのブロックが解除されるオートマチック・ファイアリング・ピン・セフティが組み込まれている。グリップ・パネル前端にハンマー・デコッキングが装備された。

トリガーを引き撃発すると、弾丸が射出されるときにバレルとスライドの先端に高い発射ガス圧がかかる。この圧力でバレルをショート・リコイルさせ、バレル後端ブロック下方の突起の傾斜の働きでバレル後端を降下させてスライドとのロックを解除する。フリーになったスライドは、さらに後退を続け、発射済みの薬莢を排出し、ハンマーをコックしてリコイル・スプリングを圧縮する。後退しきったスライドは、リコイル・スプリングの反発力で前進に転じ、マガジンから弾薬をバレルのチャンバーに送り込む。最終段階で、バレル後端ブロック下方の傾斜面の働きによって、

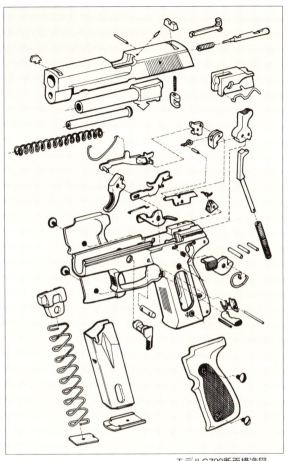

モデルCZ99断面構造図

バレル後端が上昇し、スライドとバレルがエジェクション・ポートと噛み合ってロックされて次の射撃準備が整う。

マガジンは、スチール製のダブル・カーラム（複列）ボックス・タイプ。マガジン・キャッチはトリガー・ガード後方のグリップ・フレームに装備されたクロス・ボルト・タイプだ。

全弾薬を撃ちつくすと、スライド・ストップの働きでスライドが後退位置で停止する。フレーム左側面トリガー上部に装備されたスライド・ストップ後端を押し下げると、スライドが前進する。

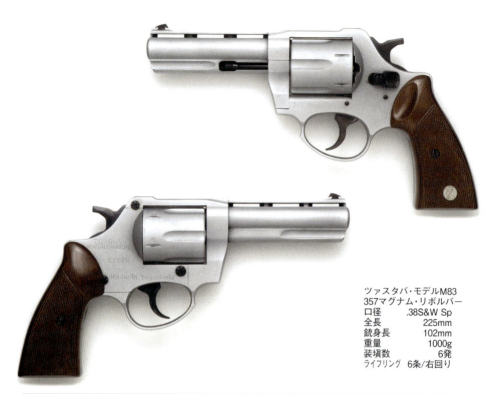

ツァスタバ・モデルM83
357マグナム・リボルバー
口径　　　　.38S&W Sp
全長　　　　　225mm
銃身長　　　　102mm
重量　　　　　1000g
装填数　　　　6発
ライフリング　6条/右回り

## ツァスタバ・モデルM83 357マグナム・リボルバー（ユーゴスラビア）

　ツァスタバ・モデルM83 357マグナム・リボルバーは、旧ユーゴスラビアのツァスタバ社が設計・製作した.357マグナム弾薬を使用する現代リボルバーだ。

　このリボルバーの特徴は、アメリカのS&W社が製作している現代ダブル・アクション・リボルバーによく似た性能とメカニズムを備えた中口径リボルバーという点にある。

　ツァスタバ社は、多くのセミ・オートマチック・ピストルを設計・製作したが、リボルバーの製造経験はなかった。現代の警察官の武装は、セミ・オートマチック・ピストルが主流となっている。だが即応性や操作の容易さ、携帯時の安全性などから、リボルバーを採用する国も少なくない。旧ユーゴスラビア警察も武装用にリボルバーを検討し、1980年代初頭にツァスタバ社に開発を依頼した。ツァスタバ社は、輸出向けの製品としても期待できるところから、1983年に現代的なダブル・アクション・リボルバーを完成させた。これがモデルM83 357マグナム・リボルバーだ。

　一般的にモデルM83 357マグナム・リボルバーの名称で知られているが、このリボルバーは、輸出先のエージェントによって多くの製品名が付けられ、ツァスタバ357リボルバーと呼ばれたり、モデルM83-94リボルバーと呼ばれたりしている。

　モデルM83 357マグナム・リボルバーは、シリンダーを取り囲むようなソリッド・フレームを装備したリボルバーで、クレーンによってピストルの左側方にスイング・アウトするシリンダーが組み込まれている。

　撃発はフレーム後方上部に露出したハンマーでおこなうハンマー撃発方式。ト

モデルM83 357マグナム
断面構造図

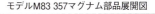

モデルM83 357マグナム部品展開図

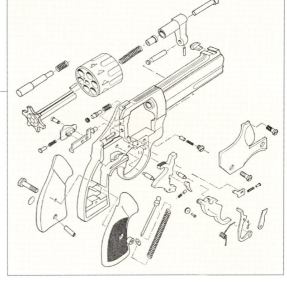

リガー方式は、ハンマーを指でコックして射撃するシングル・アクションでも、またトリガーを引いてハンマーをコックしてそのまま射撃するダブル・アクションでも使用できるコンベンショナル・ダブル・アクションが組み込まれている。

外観はS&W社のダブル・アクション・リボルバーに似ているが、ハンマーとトリガーのメカニズムは、アメリカ・コルト社製のMk 3シリーズのモデル・トルーパー・リボルバーなど（28ページ参照）に似た構成になっている。

シリンダーに6発の.357マグナム弾薬を装填できる。また.38S&Wスペシャル弾薬を使用することもできる。シリンダーを交換することも可能で、軍用として一般的に使用されているセミ・オートマチック・ピストル用弾薬の9mm×19を使用できるシリンダーも供給された。

シリンダーをスイング・アウトさせて開くためのシリンダー・ロック・ラッチは、フレームの左側面リコイル・プレートの後方に装備されている。このロック・ラッチを前方に押してスライドさせると、シリンダーとフレームのロックが解除されて、シリンダーをスイング・アウトして開くことができる。

シリンダーをスイング・アウトして弾薬を装填したり、シリンダー内の射撃済みの薬莢を排出する。シリンダーをスイング・アウトして空薬莢を排出するには、シリンダー・ロッド（シリンダー軸）を前方から押してエジェクターを作動させておこなう。

バレルの下方には、シリンダー・ロッド・シュラウドを装備したセミ・ブル・バレルで、上部にベンチレーション・リブを装備している。ベンチレーション・リブ上部先端にフロント・サイトが装着され、フレーム上面後端にリア・サイトが設けられている。サイトはいずれも固定式のフィックス・サイトだ。

モデルM83 357マグナム・リボルバーを完成させた後、このリボルバーに組み込まれたメカニズムをそのまま流用して.44マグナム弾薬を使用するモデル・ビック・クラグや44マグナム・リボルバーが製作された。

ロッシ・モデル971ダブル・
アクション・リボルバー
口径　　　　　.357Mag
全長　　　　　208mm
銃身長　　　　76mm
重量　　　　　800g
装填数　　　　6発
ライフリング　6条/右回り

## ロッシ・モデル971ダブル・アクション・リボルバー（ブラジル）

　ロッシ・モデル971ダブル・アクション・リボルバーは、ブラジルのサオ・レオポルドにあるアマデオ・ロッシ社が製造した中型リボルバーだ。

　アマデオ・ロッシ社は1889年に創設されたガン・メーカーで、リボルバーのほかライフルやショットガンなどを製造する。一時期ホレハス・タウルス社と並ぶ二大ブラジル民間ガン・メーカーのひとつとして成長したが、経営危機に陥り、タウルス社に合併されて、現在タウルス社傘下で活動している。

　ロッシ・モデル971ダブル・アクション・リボルバーの特徴は、アメリカのS&W社が製作する現代ダブル・アクション・リボルバーとよく似た外観とメカニズムを備えている点だ。

　1950年代初頭からロッシ社は、S&W社のダブル・アクション・リボルバーをベースに設計されたリボルバーを製造し、ブラジル国内に供給、その後はアメリカにも輸出した。初期のロッシ・リボルバーは、S&W製品とはデザインもやや異なり、工作精度も良くなかった。

　1980年代にコンピューター制御のNCマシンがロッシ社に導入されると、品質が大幅に向上し、製品デザインも、よりS&W社製造のオリジナルの現代ダブル・アクションに近いものになった。

　ロッシ・モデル971ダブル・アクション・リボルバーは、1988年に発売された製品で、その外観、内部メカニズムともにS&W社が製造していた中型ダブル・アクション・リボルバー（50ページ参照）にきわめてよく似ている。

　ロッシ・モデル971ダブル・アクショ

ン・リボルバーは、フレーム、シリンダー、バレルなど、すべての構成部品にカーボン・スチールを用いて製作された。

シリンダーをフレームが取り囲んだソリッド・フレーム・タイプで、クレーンでスイング・アウトするシリンダーが組み込まれている。

フレーム後方上面に露出したハンマーで撃発するハンマー撃発方式。トリガーは指でハンマーを起こして射撃することも、トリガーを引いてハンマーをコックさせてそのまま撃発させて射撃することもできる両用のコンベンショナル・ダブル・アクション方式だ。トリガーを引ききったとき以外ハンマーを常時ブロックするハンマー・ブロック・セフティが組み込まれている。

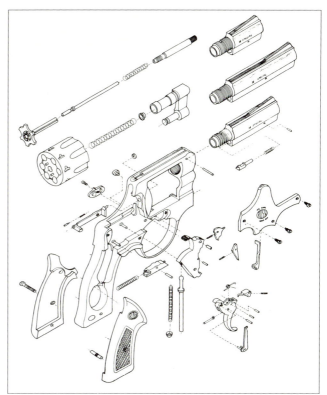

モデル971部品展開図

弾薬の装填はシリンダーをスイング・アウトさせておこなう。シリンダーをスイング・アウトさせるには、フレーム左側面のリコイル・プレート後方に装備されたシリンダー・ロック・ラッチを押し、前方にスライドさせてロックを解除する。ロックを解除するとフレーム前端に装備されたクレーンによってシリンダーをリボルバー左側方にスイング・アウトできる。.357マグナム弾薬を使用し、シリンダーに6発の弾薬を装填できる。.38S&Wスペシャル弾薬を使用することも可能だ。

射撃後シリンダー内の射撃済みの薬莢を排出するのもシリンダーをスイング・アウトしておこなう。スイング・アウトしたシリンダーのシリンダー・ロッド(シリンダー軸)の前端を後方に強く押すとエジェクターが後方に空薬莢を排出する。

バレルは下方にシリンダー・ロッド・シュラウドを装備し、上方にソリッド・リブを装備したセミ・ブル・バレル構造になっている。

ソリッド・リブ先端上面に固定式のフロント・サイトが設けられ、フレーム後端上面に左右シフトと上下エレベーションの調整ができるアジャスタブル・リア・サイトが装備されている。グリップはフレームをカバーしたやや大型のウォールナット(クルミ材)製である。

バリエーションとして、異なる長さのバレルを装備した製品と、ステンレス・スチールで製作されたモデル971Sが製作された。

ブラジル

タウルス・モデルPT92セミ・
オートマチック・ピストル
口径　　　　　9mm×19
全長　　　　　216mm
銃身長　　　　127mm
重量　　　　　965g
装填数　　　　15発
ライフリング　6条/右回り

## タウルス・モデルPT92セミ・オートマチック・ピストル（ブラジル）

　タウルス・モデルPT92セミ・オートマチック・ピストルは、ブラジルのポルト・アレグにあるフォレハス・タウルス社が製作した大型の軍用向けピストルだ。

　このピストルの特徴は、イタリアのベレッタ社からのライセンスによって、ブラジル軍向けに製作された点にある。そのため、ベレッタが製作したモデル92ピストルときわめてよく似た外観と作動メカニズムを備えている。

　ブラジル空軍はコルト・モデル・ガバーメント・ピストル（34ページ参照）を制式ピストルに採用していた。同空軍の装備の近代化計画にともないタウルス社は、アメリカ軍もテストしていたベレッタ社のモデル92ピストル（274ページ参照）の製造ライセンスを得てトライアルに参加した。タウルス社はトライアルで要求された部分に改良を加え、トリガー・ガードを大型化して量産型を完成させた。これがタウルス・モデルPT92ピストルで、ブラジル空軍と陸軍が制式ピストルに採用した。タウルス社は、軍に納入するとともに市販向け製品を生産し、輸出もおこなった。

　タウルス・モデルPT92ピストルは、ワルサー・モデルP38ピストル（228ページ参照）に組み込まれていたものに似た回転式の独立ロッキング・ブロックがバレル下方に装備された。ロッキング・ブロックが回転し後端が上昇してスライドの切り欠き溝と噛み合ってバレルとスライドをロックする。

　撃発はスライド後端に露出したハンマーによっておこなうハンマー撃発方式で、不用意にコックされにくいラウンド・ハンマー・スパーを装備。トリガーはシングル・アクションとダブル・アクション両用のコンベンショナル・ダブル・アクションが組み込まれた。

　グリップ・フレーム左側面後部に手動セフティが装備されている。手動セフティ・レバー先端部を押し上げるとブロックされて安全となる。手動セフティはハンマーが前進した状態でも、コックされた状態でもブロックできる。のちに左右

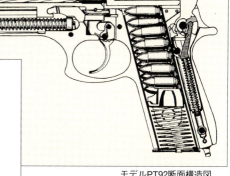

モデルPT92断面構造図

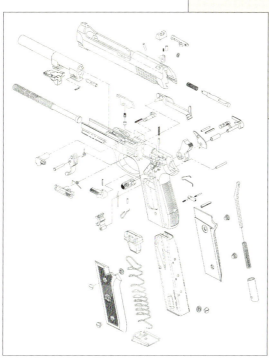

モデルPT92部品展開図

両面から操作できるアンビ・タイプの手動セフティを装備したモデルPT92AFピストルや、手動セフティにハンマー・デコッキング機能を備えたモデルPT92AF-Dピストルも製作された。

　射撃の作動は次のとおりだ。弾丸を射出されるとき、バレルとスライドの先端に高い発射ガス圧がかかる。この圧力でバレルをショート・リコイルさせ、突き出しピンとフレームの傾斜の働きでバレル下方のロッキング・ブロック後端を降下させてスライドとのロックを解除する。フリーになったスライドは後退を続け、発射済みの薬莢を排出し、ハンマーをコックしてリコイル・スプリングを圧縮する。

　後退しきったスライドは、リコイル・スプリングの反発力で前進に転じ、マガジンから弾薬をチャンバーに送り込む。最終段階で、バレル下方のロッキング・ブロックをフレームの傾斜面の働きによって上昇させ、スライドの切り欠き溝と噛み合わさりバレルとスライドがロックされて次の射撃準備が整う。

　マガジンは装填弾薬量の多いダブル・カーラム（複列）式のスチール製のボックス・タイプ。トリガー・ガード後方のグリップ・フレーム左側面にクロス・ボルト・タイプのマガジン・キャッチが装備されている。改良型のモデルPT92AFピストルは左右両側面から操作可能になった。

　マガジン内の全弾薬を撃ちつくすと、スライド・ストップの働きによってスライドが後退位置で停止する。スライドを再び前進させるには、フレーム左側面トリガー上部に装備されたスライド・ストップ後端を押し下げると、スライドを再び前進させることができる。

　バリエーション・モデルとして、エレベーションとシフト調整の可能なアジャスタブル・リア・サイトを装備したモデルPT99ピストルも製造された。

ブラジル

タウルス・モデルPT58セミ・
オートマチック・ピストル
口径　　　　　9mm×17
全長　　　　　165mm
銃身長　　　　95mm
重量　　　　　840g
装填数　　　　15発
ライフリング　6条/右回り

## タウルス・モデルPT58セミ・オートマチック・ピストル（ブラジル）

　タウルス・モデルPT58セミ・オートマチック・ピストルは、ブラジルのポルト・アレグレにあるフォレハス・タウルス社が製作した中口径の弾薬を使用するやや大型のピストルだ。タウルス社は、モデルPT92ピストルのライセンス生産にあたり、ブラジルのサーオ・パウロに所有していたベレッタ社の工場を買収した。モデルPT58ピストルもこのサーオ・パウロ工場で生産された。

　このピストルの特徴は、中口径の弾薬を使用するタウルス・モデルPT92ピストルの派生型として製作された点にある。軍用向けの大型ピストルを原型としているため、9mm×17（.380ACP）弾薬を使用するピストルにしてはやや大型だ。

　モデルPT92ピストルは、軍用の9mm×19弾薬を使用するため、民間人の所持に制限を設ける国もある。そのような国で市販できるようによく似た外観で、軍用弾薬より弱装の9mm×17（.380ACP）弾薬を使用するピストルとして、タウルス・モデルPT58ピストルが企画された。

　そのため外観や大きさは、原型となったモデルPT92ピストルとよく似ている。だが、9mm×19弾薬に比べて圧力の低い9mm×17（.380ACP）弾薬を使用するため、スライドとバレルをロックするロッキング・システムは組み込まれていない。モデルPT58ピストルは、スライドの重量とスライドを前進させるリコイル・スプリングの反発力で射撃の反動を支えるブローバック方式で設計された。

　撃発はスライド後端に露出したハンマーを使用するハンマー撃発方式。トリガーはシングル・アクションとダブル・アクションの両方で射撃できるコンベンショナル・ダブル・アクションのメカニズムが組み込まれた。これはモデルPT92ピストルに組み込まれているものとまったく同一だ。

　モデルPT58ピストルの作動は、ブロー

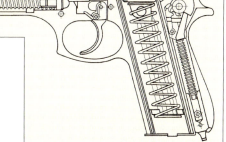

モデルPT58断面構造図

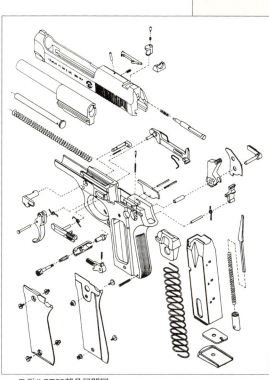

モデルPT58部品展開図

バック方式のためシンプルだ。トリガーを引いて弾薬を撃発すると、弾丸がバレルの中を前進し、バレル内に高圧の発射ガスが充満する。発射ガスはバレル後端のチャンバー内の薬莢を後方に押してスライドを後退させようとする。スライドの自重とリコイル・スプリングの反発力などが総合的に作用し、スライドはすぐに動かない。バレル内の発射ガス圧がさらに高まると、スライドが後退し始める。その段階までにバレル内の弾丸が銃口近くまで進み、スライドが後退して空薬莢を排出するまでに弾丸が射出され、バレル内のガス圧が急速に低下して射手に危害を与えないようバランスがとられている。

後退するスライドは、発射済みの薬莢を排出し、ハンマーをコックする。同時にスライド内のバレル下方に装備されたリコイル・スプリングを圧縮する。後退しきったスライドは、リコイル・スプリングの反発力で前進に転じ、マガジンから弾薬をバレルのチャンバーに送り込みスライドが前進しきれば次の射撃の準備が整う。

マガジンはダブル・カーラム（複列）式の金属製のボックス・タイプで、装填数が多い。トリガー・ガード後方のグリップ・フレーム左側面にクロス・ボルト・タイプのマガジン・キャッチが装備されている。

マガジン内の全弾薬を撃ちつくすと、スライド・ストップの働きによってスライドが後退位置で停止する。フレーム左側面トリガー上部に装備されたスライド・ストップ後端部分を押し下げると、スライドを再び前進させることができる。

モデルPT58ピストルの派生型バリエーションとして、7.65mm×17（.32ACP）弾薬を使用する同型のタウルス・モデルPT57ピストルも生産された。

タウルス・モデルPT845セミ・
オートマチック・ピストル
口径　　　　　.45ACP
全長　　　　　190mm
銃身長　　　　108mm
重量　　　　　825g
装填数　　　　8発
ライフリング　6条/右回り

## タウルス・モデルPT845セミ・オートマチック・ピストル（ブラジル）

　タウルス・モデルPT845セミ・オートマチック・ピストルは、ブラジルのポルト・アレグレにあるフォレハス・タウルス社が、独自に開発したコンパクト型の大口径ピストルで、1995年に発売された。

　このピストルの特徴は、大きなストッピング・パワーをもつ.45ACP弾薬を使用するコンパクト型ピストルという点だ。モデルPT92ピストル（416ページ参照）と異なり、ティルト・バレルをロッキング・システムに組み込んである。

　タウルス社が初めて製作した大型セミ・オートマチック・ピストルのモデルPT92ピストルは、バレル下方に独立したロッキング・ブロックが組み込まれたため、その構造上、コンパクト型を製作しにくい欠点があった。そこで、大口径のコンパクト型ピストルを企画したタウルス社は、コンパクト・タイプを設計しやすいティルト・バレル・ロッキングを組み込んで開発を進めた。

　最初に開発された製品は、最も一般的な9mm×19弾薬を使用するモデルPT809ピストルだ。このピストルが成功したところから、タウルス社は同じメカニズムのタウルスPT800シリーズとして1995年に.45ACP弾薬を使用するモデルPT845ピストルを発売。翌1996年に.40S&W弾薬を使用するモデルPT840ピストルを発売した。これらのピストルは、いずれも大口径弾薬を使用するコンパクト型ピストルとして開発され、同一の外観とメカニズムで製作された。

　モデルPT845ピストルは、ロッキング・システムにバレル後端が上下動してスライドとロックするティルト・バレル・ロッキングが組み込まれた。バレル後端が四角形のブロック状になっており、この上端部分をスライドのエジェクション・ポートの開口部と噛み合わせてバレ

ルとスライドをロックする。

　撃発はスライド後端に露出したハンマーによっておこなうハンマー撃発方式だ。ハンマーは不用意にコックされにくいセミ・ラウンド・ハンマー・スパーを装備。トリガーはシングル・アクションとダブル・アクションの両方で射撃できるコンベンショナル・ダブル・アクションが組み込まれた。

　グリップ・フレーム両側面後部に手動セフティが装備されている。手動セフティはピストルの左右側面から操作可能なアンビ・タイプ。手動セフティのレバー先端部を押し上げるとブロックされて安全となる。手動セフティにはハンマー・デコッキング機能も備えている。また、自動セフティとしてトリガーを引ききったとき以外ファイアリング・ピンをブロックするファイアリング・ピン・セフティがブリーチ内に装備された。

　弾丸が射出されるとバレルとスライドの先端に高い発射ガス圧がかかる。この圧力でバレルをショート・リコイルさせ、バレル後端下方のブロックの傾斜面の働きでバレル後端を降下させてスライドとのロックを解除する。フリーになったスライドは後退を続けて発射済みの薬莢を排出し、ハンマーをコックしてリコイル・スプリングを圧縮する。

　後退しきったスライドは、リコイル・スプリングの反発力で前進に転じ、マガジンから弾薬をバレルのチャンバーに送

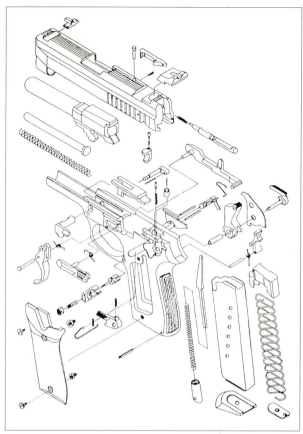

モデルPT845部品展開図

り込む。最終段階でバレル下方ブロックの傾斜面の働きによって、バレル後端が上昇し、スライドとバレルが噛み合ってロックされて次の射撃準備が整う。

　マガジンは、ダブル・カーラム（複列）式のスチール製ボックス・タイプ。グリップ・フレーム左側面トリガー・ガード後方にクロス・ボルト・タイプのマガジン・キャッチが装備されている。

　マガジン内の全弾薬を撃ちつくすと、スライド・ストップの働きによってスライドが後退位置で停止する。フレーム左側面トリガー上部に装備されたスライド・ストップ後端を押し下げると、スライドが再び前進する。

ブラジル

タウルス・モデルPT24-7セミ・オートマチック・ピストル
| | |
|---|---|
| 口径 | 9mm×19 |
| 全長 | 180mm |
| 銃身長 | 102mm |
| 重量 | 760g |
| 装填数 | 10発 |
| ライフリング | 6条/右回り |

## タウルス・モデルPT24-7セミ・オートマチック・ピストル（ブラジル）

　タウルス・モデルPT24-7セミ・オートマチック・ピストルは、ブラジルのポルト・アレグレにあるフォレハス・タウルス社が開発した現代大口径ピストルだ。

　このピストルの特徴は、現代ピストルのトレンドとなっている強化プラスチックのポリマー材を使用してグリップ・フレームを製作した点にある。大口径ピストルながら軽量なポリマー材のため、重量はわずか750gだ。

　アメリカ市場でポリマー・グリップ・フレーム装備のオーストリア製グロック・ピストル（298ページ参照）が好評なことを受けて、モデルPT24-7ピストルは企画された。先行のタウルス・モデルPT800シリーズ（420ページ参照）のロッキング・システムにグロック・ピストルに似たストライカー撃発メカニズムを組み合わせて設計された。

　圧力の高い大口径弾薬を使用するため、スライドとバレルは、バレル後端部を上下させてスライドとロックするティルト・バレルが組み込まれている。バレルはモデルPT800シリーズとほぼ同形式で、バレル後端部分の外側が四角形のブロック状をしており、この上端部分をスライドのエジェクション・ポートの開口部と噛み合わせてロックする。

　撃発はブリーチに内蔵された大型のファイアリング・ピン（ストライカー）によるストライカー撃発方式。グロック・ピストルに似た変則ダブル・アクションのトリガー・システムの製品とシングル・アクションとダブル・アクションのどちらでも射撃できるコンベンショナル・ダブル・アクションの2種類の製品がある。

　強度を必要とするバレルやスライドな

どの部品は金属で製作されている。金属部分は、オプションとしてカーボン・スチール製とステンレス・スチール製がある。スライド部分をチタニウム合金で製作したオプション・モデルも製作された。ポリマー製のグリップ・フレーム内には、部品の作動精度を確保するためにスチール製ボックスが組み込まれている。

グリップ・フレーム後端に左右両側面から操作できるアンビ・タイプの手動セフティが装備された。手動セフティはレバー前端を上方に引き上げるとブロックされる。このほかセフティとして、トリガーにしっかり指をかけないと引けなくする二重トリガーが組み込まれた。また、ブリーチ内には、トリガーを引ききったとき以外ストライカーをブロックするファイアリング・ピン・オートマチック・セフティも組み込まれている。

弾丸が射出されるとバレルとスライドの先端に高い発射ガス圧がかかる。この圧力でバレルをショート・リコイルさせ、バレル後端下方のブロックの傾斜面の働きでバレル後端を降下させてスライドとのロックを解除、フリーになったスライドは後退を続けて発射済みの薬莢を排出し、リコイル・スプリングを圧縮する（コンベンショナル・ダブル・アクションの場合はストライカーをコックする）。

後退しきったスライドは、リコイル・スプリングの反発力で前進に転じ、マガジンから弾薬をバレルのチャンバーに送り込む。最終段階でバレル下方ブロックの傾斜面の働きによって、バレル後端が

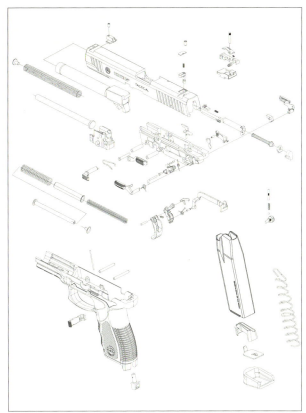

モデルPT24-7部品展開図

上昇し、スライドとバレルが噛み合ってロックされて次の射撃準備が整う。

マガジンはダブル・カーラム（複列）式のスチール製ボックス・タイプ。グリップ・フレーム左側面トリガー・ガード後方にクロス・ボルト・タイプのマガジン・キャッチが装備されている。

全弾薬を撃ちつくすとスライド・ストップの働きによってスライドが後退位置で停止する。フレーム左側面トリガー上部のスライド・ストップ後端を押し下げると、スライドが再び前進する。

モデルPT24-7ピストルは、スタンダード・モデルのほか、さらに小型のコンパクト・タイプとロング・バレル装備のOSSモデルがオプションとして製作された。

タウルス・モデルRT85ダブル・
アクション・リボルバー
口径　　　　.38S&W Sp
全長　　　　　173mm
銃身長　　　　 51mm
重量　　　　　 595g
装填数　　　　 5発
ライフリング　6条/右回り

## タウルス・モデルRT85ダブル・アクション・リボルバー（ブラジル）

　タウルス・モデルRT85ダブル・アクション・リボルバーは、ブラジルのポルト・アレグレのフォレハス・タウルス社が製作しているダブル・アクションの中型リボルバーだ。アメリカのS&W社のモデル36（チーフズ・スペシャル）リボルバーにきわめてよく似た外観をした中型の5連発ダブル・アクション・リボルバーで、ホームディフェンス用や携帯しやすい護身用の中型リボルバーとして、主にアメリカの一般市場向けに輸出されている。

　本来のタウルス社の製品名は、モデルRT（レボルバー・タウルス）85ダブル・アクション・リボルバーだが、一般的にタウルス・モデル85ダブル・アクション・リボルバーと呼ばれることが多い。

　その外観と基本的なメカニズムは、前述のようにS&W社製の現代中型ダブル・アクション・リボルバーを原型としている。シリンダーを取り囲むようなソリッド・フレームを装備したリボルバーで、クレーンによってピストルの左側方にスイング・アウトするシリンダーが組み込まれている。

　撃発はフレーム後方上部に露出したハンマーでおこなうハンマー撃発方式。バリエーションとしてハンマー・スパーをカットし、ダブル・アクション・オンリーのトリガー・システムを組み込んだ製品も製作された。

　スタンダード・モデルのトリガー方式は、ハンマーを指でコックして射撃するシングル・アクションでも、またトリガーを引いてハンマーをコックしてそのまま射撃するダブル・アクションでも使用できるコンベンショナル・ダブル・アクションが組み込まれている。

全体的なシルエットは、S&W社のダブル・アクション・リボルバーに似ているが、内部のメカニズムの一部に改良が加えられており、ハンマー・スプリング軸自体をリバウンド・メカニズムに利用し、S&W製品に組み込まれていたハンマー・リバウンド・ブロックが装備されていない。また、自動セフティのハンマー・ブロック・バーがトリガーに装着されている。

シリンダーに5発の.38S&Wスペシャル弾薬を装塡できる。シリンダーをスイング・アウトさせて開くためのシリンダー・ロック・ラッチは、フレームの左側面リコイル・プレートの後方に装備されている。このシリンダー・ロック・ラッチを前方に押してスライドさせると、シリンダーとフレームのロックが解除されて、シリンダーをスイング・アウトしてリボルバーの左側方に開くことができる。

シリンダーをスイング・アウトして弾薬を装塡したり、シリンダー内の射撃済みの薬莢を排出する。空薬莢を排出するには、シリンダーをスイング・アウトしてシリンダー・ロッド（シリンダー軸）を前方から押してエジェクターを作動させておこなう。

バレルの下方には、シリンダー・ロッド・シュラウドが装備され、バレル上部にはリブが装備されている。リブ上部先端にフロント・サイトが装着され、フレーム上面後端に溝型のリア・サイトが装備されている。サイトはいずれも固定式

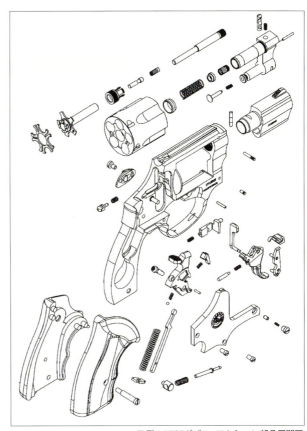

モデルRT85ダブル・アクション部品展開図

のフィックス・サイトだ。

タウルス・モデルRT85リボルバーは1980年に発売され、3インチ（76mm）バレルと2インチ（51mm）を装備した製品がバレル・オプションとして製作された。スタンダード・モデルは、強度を必要とするバレルやシリンダー、フレームなどをカーボン・スチールで製作され、モデル・オプションとしてステンレス・スチールで製作した製品も供給された。

軽量化されたタウルス・モデルRT85ウルトラライト・リボルバーも製作され、強度を必要とするバレルやシリンダーはチタニウム合金で、フレームはアルミニウム系の軽合金で製作された。

タウルス・モデルRT44ダブル・
アクション・リボルバー
口径　　　　　.44Mag
全長　　　　　226mm
銃身長　　　　165mm
重量　　　　　1455g
装填数　　　　6発
ライフリング　6条/右回り

## タウルス・モデルRT44ダブル・アクション・リボルバー（ブラジル）

　タウルス・モデルRT44ダブル・アクション・リボルバーは、ブラジルのポルト・アレグレのフォレハス・タウルス社が製作している大型ダブル・アクション・リボルバーだ。

　このリボルバーの特徴は、威力の大きな.44マグナム弾薬を使用する点にある。

　アメリカでクリント・イーストウッド主演の映画「ダーティ・ハリー」シリーズがヒットし、映画に登場した.44マグナム弾薬を使用するS&Wモデル29リボルバーの人気が高まり、市場で良好な販売実績を上げていた。

　タウルス社は、ブラジル国内で.44マグナム弾薬を使用するリボルバーの所持は禁止されていたため、大型リボルバーの生産をしていなかった。そこでタウルス社は、中型リボルバーのメカニズムをそのまま大型化し、強度を向上させて.44マグナム弾薬が使用できるリボルバーを開発した。このリボルバーは、タウルス・モデルRT44リボルバーと名付けられ、アメリカ輸出向けに限定生産された。

　タウルス・モデルRT44リボルバーの外観と基本的なメカニズムは、アメリカのS&W社製のモデル29リボルバーとよく似ている。シリンダーを取り囲むようなソリッド・フレームを装備し、クレーンによってピストルの左側方にスイング・アウトするシリンダーが組み込まれている。

　フレーム後方上部に露出したハンマーで撃発するハンマー撃発方式で、トリガーはハンマーを指でコックして射撃するシングル・アクションでも、またハンマーをコックしてそのまま射撃するダブル・アクションでも使用できるコンベンショナル・ダブル・アクションが組み込まれた。

内部の構造も、S&W社製のダブル・アクション・リボルバーとよく似ている。一部に改良が加えられ、ハンマー・スプリング軸自体をリバウンド・メカニズムに利用し、S&W社製品に組み込まれているハンマー・リバウンド・ブロックは省かれている。自動セフティのハンマー・ブロック・バーは、トリガーに装着されている。

シリンダーには6発の.44マグナム弾薬を装填でき、シリンダーを開くためのシリンダー・ロック・ラッチがフレームの左側面リコイル・プレートの後方に装備されている。シリンダー・ロック・ラッチを前方にスライドさせると、シリンダーとフレームのロックが解除され、シリンダーをスイング・アウトして左側方に開くことができる。

シリンダーをスイング・アウトして弾薬を装填したり、シリンダー内の射撃済みの薬莢を排出する。空薬莢の排出は、シリンダーをスイング・アウトしてシリンダー・ロッド（シリンダー軸）を押してエジェクターを作動させる。

バレルの下方にシリンダー・ロッド・シュラウドが装備され、バレル上部にベンチレーション・リブが設けられている。リブの上部先端に固定式のフロント・サイトが装着され、フレーム上面後端にエレベーションとシフトが調節可能なリア・サイトが装備されている。

初期の製品はウォールナット（クルミ材）製のオーバー・サイズ・グリップ・パネルが装着された。その後グリップ・パネルは、射撃の反動を吸収しやすいネオ・プレーン・ゴム製のフィンガー・グループ付きのオーバー・サイズ・グリップが装着されるようになった。

1997年には大型の.45ロング・コルト弾薬口径のモデルRT45リボルバーの生産が始まり、さらに大型の.454カスール弾薬口径のモデルRT454リボルバーや.500S&W弾薬口径のモデルRT500リボルバーが追加された。これらのモデルをベースに大口径射撃競技用にしたモデル・ラギング・ブル・リボルバーの供給も始まった。

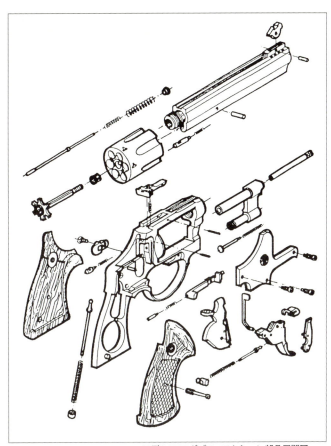

モデルRT44ダブル・アクション部品展開図

タウルス・モデルRT410パブリック・ディフェンダー・ポリマー・ダブル・アクション・リボルバー
口径 　　　.45LC/No.410
全長 　　　194mm
銃身長 　　63.5mm
重量 　　　755g
装填数 　　5発
ライフリング　6条/右回り

## タウルス・モデルRT410パブリック・ディフェンダー・ポリマー・ダブル・アクション・リボルバー（ブラジル）

　タウルス・モデルRT410パブリック・ディフェンダー・ポリマー・ダブル・アクション・リボルバーは、ブラジルのポルト・アレグレのフォレハス・タウルス社が製作しているユニークな大型ダブル・アクション・リボルバーだ。

　このリボルバーには2つの大きな特徴がある。1つはフレームやバレル・カバーなどを強化プラスチックのポリマー材で製作してある点だ。ポリマー材の利用によって軽量化が図られ、生産効率が向上した。次にリボルバー用の.45LC（ロング・コルト）弾薬と、長さ63.5mmまでの410番の散弾が両方使用できる点だ。

　大口径のピストル弾薬と、比較的薬莢の直径が細い410番の散弾を使用できるデリンジャー・ピストルは以前から製作されていた。しかし全長の長い散弾を発射できるリボルバーは、シリンダーのサイズがネックとなって製品化されてこなかったが、これを製品化したのがタウルス社だった。

　410番の散弾を使用するリボルバーは、安易な発想で開発されたものではなく、ブラジルの切実な必要性から生まれた。

　ブラジルは国土の90%が熱帯地域に属しており、ジャングルを切り開いて牧場にしている畜産業者はつねに毒蛇の被害に悩まされていた。ピストルで毒蛇を狙っても、命中させるのは難しい。だが、多数の弾丸を一度に発射できる散弾なら容易に蛇を駆除できる。この必要性から、野生動物に対する.45LC弾薬と、毒蛇駆除のための410番散弾の両方を使用できるタウルス・モデルRT410ザ・ジャッジ・リボルバーが開発された。

　このリボルバーは金属製のフレームを備えたリボルバーとして製品化され、2008年に発売された。その後、シリンダーなどをチタニウム合金で製作した軽量

化モデルRT4510パブリック・ディフェンダー・ウルトラライト・リボルバー、フレームなどをポリマー材で製作したモデルRT410パブリック・ディフェンダー・ポリマー・リボルバーが2010年に発売された。

さらに全長76mmの長い410番マグナム散弾を使用できる、より大型のシリンダーを組み込んだリボルバーも追加して発売された。

金属製のフレームを装備させたタウルス・モデルRT410ザ・ジャッジ・リボルバーは、シリンダーの大きさこそ異なるが、基本的にタウルス社が製作してきた従来のダブル・アクション・リボルバーと同じメカニズムで設計されている。

それに対してポリマー製のフレームを装備したモデルRT410パブリック・ディフェンダー・ポリマー・リボルバーは強度の点で、これまでの金属製リボルバーのメカニズムを組み込むことができなかった。そのためモデルRT410パブリック・ディフェンダー・ポリマー・リボルバーの内部メカニズムは、まったく新しい設計の部品が組み込まれている。

このモデルRT410パブリック・ディフェンダー・ポリマー・リボルバーに先立ち、タウルス社はモデルRT85リボルバー（424ページ参照）を原型として、ポリマー・フレームを組み込んだモデルRT85PLYプロテクター・ポリマー・リボルバーを開発している。

モデルRT410パブリック・ディフェンダー・ポリマー・リボルバーのメカニズムは、このモデルRT85PLYプロテクタ

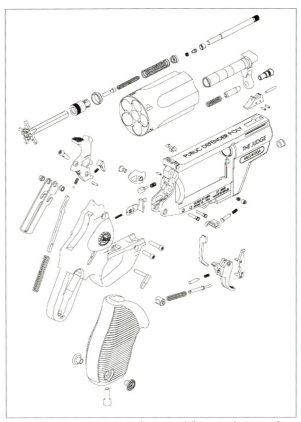

モデルRT410パブリック・ディフェンダー・ポリマー・ダブル・アクション部品展開図

ー・ポリマー・リボルバーを発展させたものだ。

ソリッド・フレームにクレーンで左側方にスイング・アウトするシリンダーを組み込み、フレームがポリマーになったことから、シリンダー・ロック・ラッチに変更が加えられ、リコイル・プレート部分に収められている。弾薬の装填および発射済み薬莢の排出の方法は、金属製リボルバーと変わらない。

撃発はフレーム後方上部に露出したハンマーでおこなうハンマー撃発方式。コンベンショナル・ダブル・アクションが組み込まれている。

IWIモデル・ジェリコ 941セミ・
オートマチック・ピストル
口径　　　　　　9mm×19
全長　　　　　　　207mm
銃身長　　　　　　112mm
重量　　　　　　　1050g
装填数　　　　　　16発
ライフリング　6条/右回り

## IWIモデル・ジェリコ 941セミ・オートマチック・ピストル（イスラエル）

　IWIモデル・ジェリコ 941セミ・オートマチック・ピストルは、イスラエルのイスラエル・ウェポン・インダストリーズ（IWI）が開発した大型ピストルだ。

　このピストルの特徴は、外観こそ異なるもののチェコスロバキア製のモデルCZ75ピストル（368ページ参照）に組み込まれていたダブル・アクションとよく似たメカニズムで設計されている点にある。

　開発はイスラエル・ミリタリー・インダストリーズ（現イスラエル・ウェポン・インダストリーズ）で1980年代末に進められた。開発にはイタリアのタンフォリオ社が協力したと言われている。チェコのチェスカー・ゾブロヨフカ社（CZ社）は、モデルCZ75ピストルの海外でのパテントを申請していなかったため、多くのガン・メーカーがこのピストルのコピーを製作した。

　1990年に完成・製品化されたモデル・ジェリコ 941ピストルは、全体のシルエットや手動セフティをスライド上に装備させるなど改良が加えられているものの、組み込まれているダブル・アクションは基本的にモデルCZ75ピストルと同様だ。

　モデル・ジェリコ 941ピストルは、ティルト・バレルをロッキング・システムとして組み込んである。バレル後方の外面上部に2つのロッキング突起が設けられており、この突起をスライド内上面の溝と噛み合わせてバレルとスライドをロックする。

　撃発をスライド後端に露出したハンマーによっておこなうハンマー撃発方式。ハンマーは不用意にコックされにくいようにセミ・ラウンド・ハンマー・スパーを装備。トリガーはシングル・アクションとダブル・アクションの両方で射撃ができるコンベンショナル・ダブル・アクションが組み込まれた。

　スライド左側面の後部に手動セフティが装備されている。手動セフティ・レバーの先端部を押し下げるとファイアリング・ピンがブロックされて安全となる。

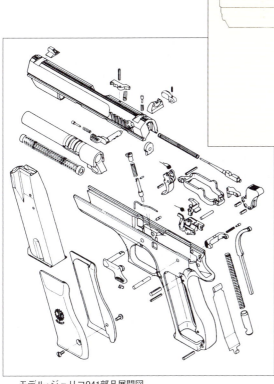

モデル・ジェリコ941トリガー構造図

モデル・ジェリコ941部品展開図

手動セフティはハンマーが前進した状態でも、ハンマーをコックした状態でもオン（安全）にできる。

作動は次のとおりだ。弾丸が射出されるとバレルとスライドの先端に高い発射ガス圧がかかる。この圧力でバレルをショート・リコイルさせ、バレル後端下方のブロックに開けられた「くの字」型の孔の働きでバレル後端を降下させてスライドとのロックを解除する。フリーになったスライドは、後退を続け発射済みの薬莢をピストルから排出し、ハンマーをコックしてリコイル・スプリングを圧縮する。

後退しきったスライドは、リコイル・スプリングの反発力で前進に転じ、マガジンから弾薬をバレルのチャンバーに送り込む。最終段階で、バレル下方ブロックに開けられた「くの字」型の孔の傾斜面の働きによって、バレル後端が上昇し、スライドとバレルが噛み合ってロックされて次の射撃準備が整う。

マガジンはスチール製のボックス・タイプで、装填弾薬量の多いダブル・カーラム（複列）タイプ。トリガー・ガード後方のグリップ・フレーム左側面にクロス・ボルト・タイプのマガジン・キャッチが装備された。全弾薬を撃ちつくすと、スライド・ストップの働きによってスライドが後退位置で停止する。フレーム左側面トリガー上部に装備されたスライド・ストップ後端を押し下げると、スライドを前進できる。

イスラエル・ミリタリー・インダスリーズ社（当時）は、このピストルをアメリカに輸出し、複数の代理店を通じて民間向けに販売した。アメリカでモデル・ジェリコ941ピストルは、代理店によってモデル・ネビー・イーグル・ピストル、モデル・ウジ・ピストル、モデル9mmデザート・イーグル・ピストルなど異なる商品名で販売された。

IWIモデル・デザート・イーグル・
セミ・オートマチック・ピストル
口径 .50AE(アクション・エクスプレス)
全長　　　　270mm
銃身長　　　153mm
重量　　　　1650g
装填数　　　　7発
ライフリング　6条/右回り

## IWIモデル・デザート・イーグル・セミ・オートマチック・ピストル（イスラエル）

　IWIモデル・デザート・イーグル・セミ・オートマチック・ピストルは、アメリカのマグナム・リサーチ社が開発し、イスラエル・ミリタリー・インダストリーズ（当時）が製品化したマグナム弾薬を射撃する大型ピストルだ。

　このピストルの特徴は、強力なマグナム弾薬を射撃するため、ターン・ボルト・ロッキング・システムを組み込み、ガス圧の一部を利用してスライド起動するユニークな構造をもっている点だ。

　もともとこのピストルは、アメリカのマグナム・リサーチ社のベルナード C.ホワイトが1980年代初めにアイデアを提示し、1985年にアメリカのパテントを取得したガス圧利用式の試作ピストルが原型になっている。ピストルの製造はイスラエルのIMI社が担当し、同社の技術者が協力して改良を加え、モデル・デザート・イーグル・ピストルの商品名で製品化した。

最終的にモデル・デザート・イーグル・ピストルはアメリカ国内で生産された。

　モデル・デザート・イーグル・ピストルは、強力な弾薬の使用にも耐えられる回転式のボルトを重量のあるスライドに組み込み、発射ガスの一部を利用してスライドを起動させ、ブリーチのボルトを回転させるユニークな構造になっている。

　この構造のため、最初に.357マグナム弾薬や.44マグナム弾薬などを使用する製品が供給され、その後、.41マグナム弾薬口径の製品が加わり、さらに強力な.50AW（アクション・エクスプレス）弾薬を使用する製品が供給された。

　モデル・デザート・イーグル・ピストルは、スライド後端に露出したハンマーによって撃発するハンマー撃発方式。トリガーはシングル・アクション。スライドの左右両側面の後部に手動セフティが装備されている。手動セフティのレバー

モデル・デザート・イーグル断面構造図

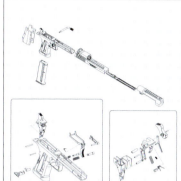
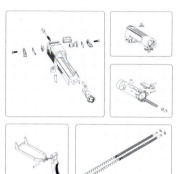

モデル・デザート・イーグル部品展開図

の先端を引き下ろすとファイアリング・ピンがブロックされて撃発できなくなり安全になる。

スライドのブリーチ部分にバレル自体が回転してバレル後端と噛み合ってロックするターン・ボルトが組み込まれている。このターン・ボルト・ロッキング・システムは、多くの現代アサルト・ライフルに組み込まれているロッキング・システムに似ている。弾薬が発射されてもボルトとバレルがロックされているためスライドは動かない。

弾薬が撃発されると、バレルのチャンバーのすぐ前の小孔から高圧の発射ガスがグリップ・フレーム先端部のガス・シリンダーに送られる。ガス圧が高まるまで重いスライドは動かない、ガス・シリンダーのガス圧が高まり、スライドが動き始めると同時に弾丸はバレルから射出される。バレル内の圧力は急速に低下するが、動き始めた重量のあるスライドは、その運動慣性を失わず後退を続ける。スライドが後退すると、突起と傾斜の働きによってボルトが回転し、バレル後端とのロックが解かれる。フリーになったスライドは、そのまま後退を続けて発射済みの薬莢を排出し、ハンマーをコックしてリコイル・スプリングを圧縮する。

後退しきったスライドは、リコイル・スプリングの反発力で前進に転じ、マガジンから弾薬をバレルのチャンバーに送り込む。最終段階で、スライドのブリーチに組み込まれたボルトが回転し、バレル後端の突起と噛み合ってロックされて次の射撃準備が整う。

マガジンはリム付き弾薬を使用するためシングル・ロー（単列）式のスチール製ボックス・タイプ。トリガー・ガード後方のグリップ・フレーム左側面にクロス・ボルト・タイプのマガジン・キャッチを装備する。全弾薬を撃ちつくすと、スライド・ストップの働きによってスライドが後退位置で停止する。フレーム左側面トリガー後方上部に装備されたスライド・ストップ後端を押し下げると、スライドが前進する。

カラカール・モデルFセミ・
オートマチック・ピストル
口径　　　　9mm×19
全長　　　　178mm
銃身長　　　104mm
重量　　　　750g
装填数　　　18発
ライフリング　6条/右回り

## カラカール・モデルFセミ・オートマチック・ピストル（アラブ首長国連邦）

　カラカール・モデルFセミ・オートマチック・ピストルは、アラブ首長国連邦のカラカール・インターナショナル社が製作する大型汎用ピストルだ。アラブ首長国連邦は兵器の国内調達ができるようにガン・メーカーのカラカール・インターナショナル社を創設した。

　このピストルの特徴は、オーストリアのグロック・ピストルによく似たポリマー製グリップ・フレームと撃発方式を組み込んだ点にある。

　開発はオーストリア銃砲開発技術者のウィルヘルム・ブビッツが指導して2002年から始まった。試作ピストルがドイツ軍のメッペン試験場でテストされ、性能が検証された後に、アラブ首長国連邦のアブダビでカラカール・モデルFピストルの名称で量産が開始された。2007年、欧米諸国で公表され、輸出も始まった。その後、バリエーションとして小型のカラカール・モデルCピストルとさらに小型のサブ・コンパクト・タイプのカラカール・モデルSCピストルが製作された。

　量産が始まるとアブダビ、バーレーン、ドバイ、ヨルダンなどアラブ諸国の軍や警察が制式ピストルに選定した。アラブ首長国連邦軍は1万挺のカラカール・モデルFピストルを調達して軍に支給している。

　カラカール・モデルFピストルは、強度と耐久性が必要なバレルやスライドなど作動部をスチールで製作し、ポリマー製のグリップ・フレームに組み込んである。バレルはグリップした手に近い低い位置に設定されて射撃時の跳ね上がりを防いでいる。ロッキング・システムとして後端が上下動するティルト・バレルが組み込まれている。バレル後端が四角形のブロック状になっており、この上部がスラ

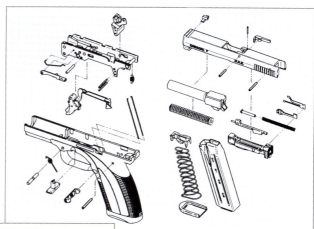

モデルF部品展開図

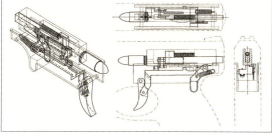

モデルFトリガー・パテント構造図

イドのエジェクション・ポートの開口部と噛み合ってロックされる。ブリーチに内蔵された大型のファイアリング・ピン（ストライカー）で撃発するストライカー撃発方式が組み込まれている。

毎回やや長いトリガー・プルでトリガーを引いて撃発する変則ダブル・アクション。トリガー・プルの距離は約8mmで、重量は2655g。このトリガー方式はグロック・ピストルに組み込まれたものとよく似ている。

グロック・ピストルと同様に即応性を重視し、手動セフティは装備されていない。指をしっかりとかけないと引けない二重式のトリガーと、トリガーを引ききったとき以外ストライカーをブロックするオートマチック・ファイアリング・ピン・セフティで安全を確保する。

トリガーを引き弾丸が射出されるとバレルとスライドの先端に高い発射ガス圧がかかる。この圧力でバレルをショート・リコイルさせ、バレル後端下方のブロックの傾斜面の働きでバレル後端を降下させてスライドとのロックを解除する。フリーになったスライドは、後退を続け発射済みの薬莢を排出し、リコイル・スプリングを圧縮する。

後退しきったスライドは、リコイル・スプリングの反発力で前進に転じ、マガジンから弾薬をバレルのチャンバーに送り込む。最終段階でバレル下方のブロックの傾斜面の働きによって、バレル後端が上昇し、スライドのエジェクション・ポートの開口部と噛み合ってロックされて次の射撃準備が整う。

マガジンは装填弾薬量の多いダブル・カーラム（複列）式のスチール製ボックス・タイプ。トリガー・ガード後方のグリップ・フレーム左側面にクロス・ボルト・タイプのマガジン・キャッチが装備されている。

マガジン内の全弾薬を射撃すると、スライド・ストップの働きでスライドが後退位置に停止する。フレーム左側面グリップ上部のスライド・ストップを押し下げると、スライドが前進する。

中国モデルQSZ-92セミ・
オートマチック・ピストル・
ピストル
口径　　　　　9mm×19
全長　　　　　　190mm
銃身長　　　　　111mm
重量　　　　　　　760g
装填数　　　　　　15発
ライフリング　6条/右回り

## 中国モデルQSZ-92セミ・オートマチック・ピストル（中国）

　中国モデルQSZ-92ノーリンコ・モデルNP42セミ・オートマチック・ピストルは、モデルCF98-9ピストルあるいはノーリンコ・モデルNP42の名称でも知られる9mm×19弾薬を使用する新世代の中国製の大型ピストルだ。

　このピストルの特徴は、強化プラスチックのポリマー製のグリップ・フレームを装備し、ターン・バレル・ロックをロッキング・システムとして組み込んで設計された点だ。

　中国モデルQSZ-92ピストルは、中国軍の制式兵器に選定され、1990年代末から軍に支給されて使用されている。また中国の兵器輸出公社のノーリンコ社が海外に輸出し、民間のマーケットで販売するとともにバングラデシュやカンボジアで軍や警察用ピストルとして選定された。バングラデシュではライセンス生産もおこなわれている。

　中国モデルQSZ-92ピストルの開発は、新世代の中国軍制式ピストルを目指して1994年から第208軍事技術研究所で進められた。開発の中心となったのはリュー・ミン技師で、1990年代後半に試作品が完成し、中国軍によってほかのピストルと比較トライアルを受けた。トライアルの結果、中国軍の制式ピストルに選定され、シャンフェン機械工廠で量産が始められた。

　中国モデルQSZ-92ピストルは、強度と耐久性を必要とするバレルやスライドをスチールで製作し、現代ピストルのトレンドとなっているポリマー製のグリップ・フレームに組み込んである。

　使用弾薬は、現在最も一般的な軍用弾薬である9mm×19に準じて国産化された中国DAP92式9mmピストル弾薬だ。

　スライドとバレルをロックするロッキング・システムとしてバレル自体を回転

モデルQSZ-92ターン・バレル・ロック

モデルQSZ-92ターン・
バレル・ロック作動突起

通常分解したモデルQSZ-92

させるターン・バレル・ロックが組み込まれた。

スライド後端に露出したハンマーを使用するハンマー撃発方式。トリガーはシングル・アクションとダブル・アクションのどちらでも射撃できるコンベンショナル・ダブル・アクションだ。

グリップ・フレーム後部に両側面から操作できるアンビ・タイプの手動セフティが装備され、セフティ・レバー先端を上方に引き上げるとブロックされる。セフティにはハンマー・デコッキング機能が装備されていない。

トリガーを引き弾丸が射出されるとバレルとスライドの先端に高い発射ガス圧がかかる。この圧力でバレルをショート・リコイルさせ、バレル下方の突起の傾斜面の働きでバレルを回転させ、スライドとのロックを解除する。フリーになったスライドは、後退を続け発射済みの薬莢を排出し、リコイル・スプリングを圧縮する。

後退しきったスライドは、リコイル・スプリングの反発力で前進に転じ、マガジンから弾薬をバレルのチャンバーに送り込む。最終段階でバレル下方の突起の傾斜面の働きによって、バレルを回転させてスライドの溝にバレル左右の小突起を噛み合わせてロックし、次の射撃準備が整う。

マガジンは装填弾薬量の多いダブル・カーラム（複列）式のスチール製ボックス・タイプ。トリガー・ガード後方のグリップ・フレーム左側面にクロス・ボルト・タイプのマガジン・キャッチが装備されている。

マガジン内の全弾薬を撃ちつくすと、スライド・ストップの働きでスライドが後退位置に停止する。フレーム左側面トリガー上方のスライド・ストップ後部を押し下げると、スライドが前進する。

中国モデルQSZ-92ピストルのバリエーションとして、小型化させたノーリンコ・モデルNP42コンパクト・ピストルが製作された。また、発展型バリエーションとして、ボトル・ネックされた5.8mm×21弾薬を使用する特殊部隊向けのモデルQSZ92-5.8ピストルも製作された。

中国モデル77式セミ・
オートマチック・ピストル
口径　　　7・62mm×17
全長　　　　　148.5mm
銃身長　　　　 86.5mm
重量　　　　　　550g
装填数　　　　　7発
ライフリング　4条/右回り

## 中国モデル77式セミ・オートマチック・ピストル（中国）

　中国モデル77式セミ・オートマチック・ピストルは、とくに私服で活動する中国の警察官の武装用に製作された小型ポケット・ピストルだ。

　このピストルの特徴は、片手で握ってスライドを後退させて、マガジンからバレルのチャンバーに弾薬を装填することができる、いわゆるワン・ハンド・ピストルと呼ばれる形式で設計された点だ。

　ワン・ハンド・ピストルは、過去にスイスやドイツ、スペインなどで製作されたことがあるものの、現代ピストルでこの形式をもつ製品はきわめて少ない。

　モデル77式ピストルは、トリガー・ガード先端が独立可動式になっている。トリガー・ガード外側に指をかけて握るとスライドが後退し、やがてトリガー・ガードのフックから外れ、弾薬をバレルのチャンバーに送り込みながらスライドが前進する。そのままトリガーを引いて射撃する。もちろんスライドを手で引き、再び前進させ、弾薬をバレルのチャンバーに装填し、トリガーを引いて射撃することも可能だ。

　スライドのブリーチに内蔵されたストライカーを用いるストライカー撃発方式で設計された。トリガーはシングル・アクションだ。単純なブローバックで作動する。

　ワン・ハンド・ピストルのため、通常の強力なリコイル・スプリングを組み込むと指でスライドを引くことが困難になる。そこで反発力の弱いスプリングが組み込まれた。そのままでは射撃後スライドが早く開いてしまい危険なため、チャンバー内にリング状の溝が切られた。射撃後に膨張した薬莢が、このリング状の溝に食い込んで摩擦抵抗が生じてスライ

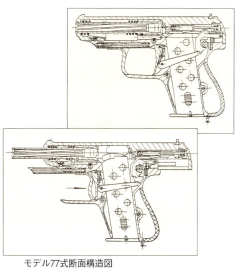

モデル77式断面構造図

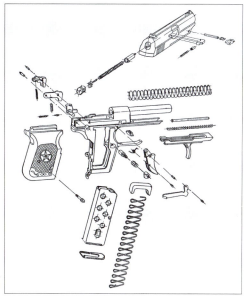

モデル77式部品展開図

ドの後退を遅らせる構造だ。

　弾薬は、中国独自の7.62mm×17の64式弾薬を使用する。64式弾薬は、7.65mm×17（.32ACP）弾薬に準じた弾薬だが、完全なリムレス薬莢を装備している。

　モデル77式ピストルのバレルは固定式。スライドの重量とリコイル・スプリングの反発力によって射撃の反動を抑えるブローバック方式で作動する。

　しかし、前述した理由により、独特なチャンバー構造が組み込まれている。弾薬が撃発されると、弾丸がバレルの中を前進し、バレル内に高圧の発射ガスが充満する。発射ガスはバレル後端のチャンバー内の薬莢を後方に押してスライドを後退させようとするが、その前にチャンバー内の薬莢がガス圧で拡がり、チャンバーのリング状の溝に食い込んで、摩擦抵抗を大きくする。そのためスライドはすぐに後退しない。さらにバレル内の発射ガス圧が高まるとスライドが後退し始める。その段階までにバレル内の弾丸が銃口近くまで進み、スライドが後退して空薬莢を排出するまでに弾丸が射出され、バレル内のガス圧が急速に低下し、射手に危害を与えないようバランスがとられている。

　後退するスライドは発射済みの薬莢を排出し、ハンマーをコックする。同時にスライド内のバレル周囲に装備されたリコイル・スプリングを圧縮する。後退しきったスライドは、リコイル・スプリングの反発力で前進に転じ、マガジンから弾薬をバレルのチャンバーに送り込みスライドが前進しきれば次の射撃の準備が整う。

　マガジンはシングル・ロー（単列）式のスチール製ボックス・タイプ。トリガー・ガード後方のグリップ・フレーム左側面にクロス・ボルト・タイプのマガジン・キャッチが装備されている。

　モデル77式ピストルには、全弾薬射撃後スライドを後退位置で停止させるスライド・ストップは装備されていない。

　モデル77式ピストルの発展派生型として、強力な9mm×19弾薬を使用するノーリンコ・モデル77Bワン・ハンド・セミ・オートマチック・ピストルが製作されたが、大型すぎて扱いにくく、成功を収めることができなかった。

デーウ・モデルDP51セミ・
オートマチック・ピストル・
ピストル
口径　　　　9mm×19
全長　　　　190mm
銃身長　　　105mm
重量　　　　800g
装填数　　　13発
ライフリング　6条/右回り

## デーウ・モデルDP51セミ・オートマチック・ピストル（韓国）

　デーウ・モデルDP51セミ・オートマチック・ピストルは、韓国のデーウ（大宇）精密工業が設計し製造しているピストルで、9mm×19弾薬を使用する。このピストルは、モデルK5ピストルやモデル・ファストファイアー・ピストルの名称でも知られている。

　このピストルの特徴は、ベルギーFN社が開発したモデルHPファスト・アクションに似た自動コック・ハンマーが組み込まれている点だ。

　ファスト・アクションは、コックされたハンマーを指で押して前進させると、ハンマーが前進位置にとどまる。射撃の際にトリガーを軽く引くと、ハンマーが自動的にコックされ、シングル・アクションの短いトリガー・プルで射撃が可能で、初弾の命中精度の向上が期待できる。

　しかし、指で前進させたハンマーは、トリガーが不用意でわずかに動かされるとコックされてしまい、暴発の危険性が指摘されている。

　もともとデーウ・モデルDP51ピストルは、韓国軍の将校武装用の即応性の高い軍用ピストルとして、デーウ精密工業社で開発が進められた。試作ピストルは韓国軍でテストされ、制式採用され1989年に製造が開始した。韓国軍はこのピストルにモデルK5ピストルの制式名を与えた。

　海外向け輸出も始まり、デーウ・モデルDP（デーウ・ピストル）51ピストルの商品名が与えられた。アメリカではモデル・ファストファイアー・ピストルのニック・ネームでも呼ばれている。

　デーウ・モデルDP51ピストルは、ロッキング・システムとしてティルト・バレルが組み込まれた。バレル後端が上下動し、バレルの後部の外周に設けられた2つの突起とスライド内面上部の溝を噛み合わせてスライドとバレルをロックする。

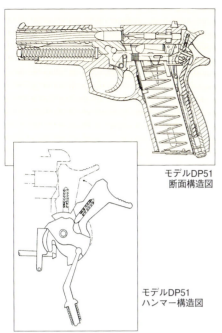

モデルDP51
断面構造図

モデルDP51
ハンマー構造図

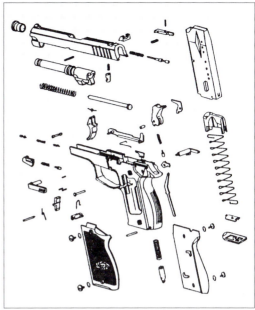

モデルDP51部品展開図

　スライド後端に露出したハンマーによって撃発するハンマー撃発方式だ。前述したようにハンマーにファスト・アクションのメカニズムが組み込まれている。

　基本的にデーウ・モデルDP51ピストルは、シングル・アクションとダブル・アクションのどちらでも射撃できるコンベンショナル・ダブル・アクション。通常のコンベンショナル・ダブル・アクション・ピストルと同様に使用できる。

　左右両側面から操作できるアンビ・タイプの手動セフティが、グリップ・フレーム後部に装備され、セフティ後端を引き上げると安全になる。手動セフティはハンマーが前進していてもコックされていても、ともにブロックできる。ブリーチ内にトリガーを引ききったとき以外ファイアリング・ピンを常時ブロックするオートマチック・セフティが組み込まれている。

　トリガーを引き弾丸が射出されると、バレルとスライドの先端に高い発射ガス圧がかかる。この圧力でバレルをショート・リコイルさせ、バレル後端下方のブロックの傾斜面の働きでバレル後端を降下させてスライドとのロックを解除する。フリーになったスライドは、後退を続け発射済みの薬莢を排出し、リコイル・スプリングを圧縮する。

　後退しきったスライドは、リコイル・スプリングの反発力で前進に転じ、マガジンから弾薬をバレルのチャンバーに送り込む。最終段階でバレル下方ブロックの傾斜面の働きによって、バレル後端が上昇し、スライドの溝と噛み合ってロックされて次の射撃準備が整う。

　マガジンはダブル・カーラム（複列）式のスチール製ボックス・タイプ。トリガー・ガード後方のグリップ・フレーム左側面にクロス・ボルト・タイプのマガジン・キャッチを装備する。

　全弾薬を撃ちつくすと、スライド・ストップの働きでスライドが後退位置に停止。フレーム左側面グリップ上部のスライド・ストップを押し下げると、スライドが前進する。

# 銃器名称索引

【ア行】

アクション・アーミー・リボルバー 18～19,80～83,140
アストラ・モデル・カブ・ピストル 47
アストラ・モデルA60ピストル 320～321
アストラ・モデルA70ピストル 322～323
アストラ・モデルA75ピストル 323
アストラ・モデルA80ピストル 324
アストラ・モデルA90ピストル 324
アストラ・モデルA100ピストル 324～325
アストラ・モデル41リボルバー 329
アストラ・モデル44リボルバー 328～329
アストラ・モデル45リボルバー 329
アストラ・モデル357リボルバー 326～328
アストラ・モデル2000ピストル 47
アストラ・モデル5000ピストル 320
アーセナル・モデルP-M02コンパクト・ピストル 400～401
アナコンダ・リボルバー（コルト） 32～33
アーマライト・モデルAR-7ライフル 118～119
アームズ・モデル・アンダーカバー・リボルバー（チャーター） 122～123
アームズ・モデルBDMピストル（ブローニング・アームズ） 254～255
イングラム・モデル11アメリカン・ピストル 146～147
イントラテック・モデルKG9ピストル 148～149
イントラテック・モデルTEC9ピストル 148～149,151
イントラテック・モデルTEC22ピストル 150～151
エルマ・モデルEP22ピストル 182,184
エルマ・モデルEP655ピストル 185
エルマ・モデルEP752ピストル 184～185
エルマ・モデルER422リボルバー 186～187
エルマ・モデルER440リボルバー 187
エルマ・モデルKGP68Aピストル 182～183
オール・アメリカン2000ピストル（コルト） 48～49

【カ行】

カー・アームズ・モデルK9ピストル 152～153
カー・アームズ・モデルK40ピストル 153
ガバーメントMk4シリーズ70ピストル（コルト） 34～35,234,296,416
ガバーメントMk4シリーズ80ピストル（コルト） 35～37
ガバーメント.380ピストル（コルト） 44～45
カラカール・モデルFピストル 434～435
カラカール・モデルSCピストル 434

キャリコ・モデル100ピストル 120
キャリコ・モデル110ピストル 120
キャリコ・モデル950ピストル 120～121
キング・コブラ・リボルバー（コルト） 30～31
キンボル・モデル・ターゲット・ピストル 156～157
クジール・モデル74ピストル 396～397
クジール・モデル92ピストル 398～399
クーナン・アームズ・モデル・クーナン357ピストル 124～125
グランド・パワー・モデルK100ピストル 380～381
グロック・モデルP80ピストル 299
グロック・モデル17ピストル 70,104～105,152,298～302,305
グロック・モデル17Lピストル 305
グロック・モデル18ピストル 300～301,305
グロック・モデル19ピストル 305
グロック・モデル20ピストル 305
グロック・モデル21ピストル 305
グロック・モデル22ピストル 305
グロック・モデル23ピストル 305
グロック・モデル24ピストル 305
グロック・モデル25ピストル 304～305
グロック・モデル26ピストル 305
グロック・モデル27ピストル 305
グロック・モデル28ピストル 305
グロック・モデル29ピストル 305
グロック・モデル30ピストル 305
グロック・モデル31ピストル 305
グロック・モデル32ピストル 305
グロック・モデル33ピストル 305
グロック・モデル34ピストル 305
グロック・モデル35ピストル 305
グロック・モデル36ピストル 305
グロック・モデル37ピストル 302,305
グロック・モデル38ピストル 302～303,305
グロック・モデル39ピストル 302,305
グロック・モデル41ピストル 305
グロック・モデル42ピストル 304～305
ケル・テック・モデルP11ピストル 154
ケル・テック・モデルP32ピストル 154～155
コリフィラ・モデルHSP701ピストル 204～205
コリフィラ・モデルTP70ピストル 206～207
コルス・モデル・コルス・オート・ピストル 208～209
コルス・モデル・コルス・スポーツ・リボルバー 210～211

コルト・オール・アメリカン2000ピストル　48〜49
コルト・ピース・メーカー　19
コルト・モデル・アナコンダ・リボルバー　32〜33
コルト・モデル・ガバーメント　158
コルト・モデル・ガバーメントMk4シリーズ70ピストル　34〜35,234,296,416
コルト・モデル・ガバーメントMk4シリーズ80ピストル　35〜37
コルト・モデル・ガバーメント.380ピストル　44〜45
コルト・モデル・キング・コブラ・リボルバー　30〜31
コルト・モデル・サービス・エース・ピストル　38〜39
コルト・モデル・ジュニア・ピストル　46〜47
コルト・モデル・ダブル・イーグル・ピストル　40〜41
コルト・モデル・デテクティブ・スペシャル・リボルバー　24〜25
コルト・モデル・トルーパーMk3リボルバー　28〜29,413
コルト・モデル・ニュー・フロンティア・リボルバー　20〜21
コルト・モデル・パイソン・リボルバー　26〜27
コルト・モデル・フロンティア・スカウト・リボルバー　22〜23
コルト・モデル・ボーダー・パトロールMk3リボルバー　29
コルト・モデル・ポリスMk3リボルバー　29
コルト・モデル・ポリス・ポジティブ・リボルバー　24
コルト・モデル・メトロポリタンMk3リボルバー　29
コルト・モデル・ローマンMk3リボルバー　29
コルト・モデルZ40ピストル　42〜43

【サ行】

サービス・エース・ピストル（コルト）38〜39
シュタイヤー・モデルGBピストル　306〜307
シュタイヤー・モデルM40ピストル　310
シュタイヤー・モデルM9-A1ピストル　311
シュタイヤー・モデルM9ピストル　310〜311
シュタイヤー・モデルP18ピストル　306〜307
シュタイヤー・モデルSSPピストル　308〜309
シュタイヤー・モデルTMPサブ・マシンガン　308
ジュニア・ピストル（コルト）46〜47
シングル・アクション・アーミー・リボルバー（コルト）18〜19,242
スター・モデルBピストル　344
スター・モデルBMピストル　344〜345
スター・モデルBSピストル　344
スター・モデル28ピストル　346
スター・モデル30Mピストル　346〜347
スター・モデル31Pピストル　347
スター・モデル105ピストル　348
スター・モデル205ウルトラスター・ピストル　348〜349
スチェッキン・セレクティブファイアー・ピストル　354〜355
スプリングフィールド・アーモリー・モデルM1911A2 SASS単発ピストル　172〜173,296
セマリング・モデルLM-4ピストル　112〜113

【タ行】

タウルス・モデルPT24-7ピストル　422〜423
タウルス・モデルPT57ピストル　419
タウルス・モデルPT58ピストル　418〜419
タウルス・モデルPT92ピストル　416〜418
タウルス・モデルPT92AFピストル　417
タウルス・モデルPT800シリーズ　420,422
タウルス・モデルPT845ピストル　420〜421
タウルス・モデルRT44リボルバー　426〜427
タウルス・モデルRT85ウルトラライト・リボルバー　425
タウルス・モデルRT85リボルバー　424〜425
タウルス・モデルRT410リボルバー　428〜429
ダーディック・モデル1100ピストル　130〜131
ダブル・イーグル・ピストル（コルト）40〜41
タンフォリオ・モデル・フォース・ピストル　294〜295
タンフォリオ・モデル・フォース99ピストル　294
タンフォリオ・モデル・フォース2002　294
タンフォリオ・モデル・ラプター・シングル・ショット・ピストル　296〜297
タンフォリオ・モデルTA90ピストル　292〜293
タンフォリオ・モデルTA95ピストル　292〜294
ダン・ウエッソン・モデル744Vリボルバー　178〜179
チアッパ・モデル・ライノ・リボルバー（チアッパ）284〜285
チェスカー・ゾブロヨフカ・モデルCZ P-07 デューティ・ピストル　374〜375
チェスカー・ゾブロヨフカ・モデルCZ75 P-08ピストル　374
チェスカー・ゾブロヨフカ・モデルCZ P-09ピストル　375
チェスカー・ゾブロヨフカ・モデルCZ75（Vz75）ピストル　128,292〜294,368〜369,430
チェスカー・ゾブロヨフカ・モデルCZ85（Vz85）ピストル　368〜369,371
チェスカー・ゾブロヨフカ・モデルCZ82ピストル　370〜371
チェスカー・ゾブロヨフカ・モデルCZ83ピストル　370
チェスカー・ゾブロヨフカ・モデルCZ100ピストル　372〜373
チェスカー・ゾブロヨフカ・モデルVz50ピストル　364〜365,370
チェスカー・ゾブロヨフカ・モデルVz52ピストル　366〜367
チェスカー・ゾブロヨフカ・モデルVz70ピストル　370
チャーター・アームズ・モデル・アンダーカバー・リボルバー　122〜123

チャーター・アームズ・モデル・エクスプローラーⅡピストル　118～119
ツァスタバ・モデルCZ99ピストル　410～411
ツァスタバ・モデルM83 357マグナム・リボルバー　412～413
ツァスタバ・モデル57ピストル　404～406,408～410
ツァスタバ・モデル70ピストル　404
ツァスタバ・モデル88ピストル　408～409
ツァスタバ7.65mmモデル70Aピストル　407
ツァスタバ7.65mmモデル70ピストル　406～407
中国モデルQSZ-92ピストル　434～435
中国モデル77式ピストル　434～435
デーウ・モデルDP51ピストル　253,436～437
デーウ・モデルK5ピストル　436
デテクティブ・スペシャル・リボルバー（コルト）24～25
デトニックス・モデル・コンバット・マスター・ピストル　132～133
トルーパーMk3リボルバー（コルト）28～29,413
トンプソン・センター・アームズ・モデル・コンテンダー単発ピストル　176～177

【ナ行】
ニュー・フロンティア・リボルバー（コルト）20～21
ノース・アメリカン・アームズ・モデル・ミニ・リボルバー　162～163
ノーリンコ・モデルCF98-9ピストル　434
ノーリンコ・モデルNP42ピストル　434
ノーリンコ・モデルQSZ-92ピストル　434～435
ノーリンコ・モデルQSZ-92ピストル　434～435

【ハ行】
ハイ・スタンダード・モデル・スーパーマチック・トロフィー・ピストル　136～137
ハイ・スタンダード・モデル・センチニアル・リボルバー　142～143
ハイ・スタンダード・モデル・ロングホーン・リボルバー　140～141
ハイ・スタンダード・モデルDA-38デリンジャー・ピストル　139
ハイ・スタンダード・モデルDM100ダブル・アクション・デリンジャー・ピストル　138～139
パイソン・リボルバー（コルト）26～27
パイラウフ・モデルWH3リボルバー　243
パイラウフ・モデルWH4リボルバー　243
パイラウフ・モデルWH5リボルバー　243
パイラウフ・モデルWH7リボルバー　243
パイラウフ・モデルWH9STリボルバー　242～243
パイラウフ・モデルWH38リボルバー　243
パイラウフ・モデルWH68リボルバー　243
パイラウフ・モデル357リボルバー　243
パラ・オーディナンス・モデルP14-45ピストル　165～166
パラ・オーディナンス・モデル7-45 LDAピストル　168～169
パラ・オーディナンス・モデル12-45 LDAピストル　168
パラ・オーディナンス・モデル14-45 LDAピストル　168
ハーリントン&リチャードソン・モデル999スポーツマン・リボルバー　144～145
ピストラ・モデロ1951ピストル　266～267
フリーダム・アームズ・モデル83リボルバー　134～135
ブレクサー・モデルWIST-95ピストル　386～387
ブレン・テン・ピストル（D&Dモデル）128～129
ブローニング・アームズ・モデル・バック・マーク・ピストル　260～261
ブローニング・アームズ・モデルBDA9アメリカン・ピストル　255
ブローニング・アームズ・モデルBDMピストル　254～255
ブローニング・アームズ・モデルBDMプラクティス・ピストル　255
フロンティア・スカウト・リボルバー（コルト）22～23
ベネリ・モデルB76ピストル　264～265
ベネリ・モデルB76Sピストル　265
ベルナルデリ・モデル60ピストル　282
ベルナルデリ・モデル80セミ・オートマチック・ピストル　282～283
ベルナルデリ・モデルP018ピストル　280～281
ベルナルデリ・モデルP018-9ピストル　281
ベレッタ・モデルPX4 ストーム・ピストル　278～279
ベレッタ・モデル21ピストル　272～273
ベレッタ・モデル70ピストル　268～270
ベレッタ・モデル71ピストル　269
ベレッタ・モデル72ピストル　269
ベレッタ・モデル73ピストル　269
ベレッタ・モデル74ピストル　269
ベレッタ・モデル75ピストル　269
ベレッタ・モデル76ピストル　269
ベレッタ・モデル80シリーズ・ピストル 268,270～271
ベレッタ・モデル81BBピストル　270～271
ベレッタ・モデル82BBピストル　271
ベレッタ・モデル84ピストル　271
ベレッタ・モデル84BBピストル　271
ベレッタ・モデル84Fピストル　271
ベレッタ・モデル85BBピストル　271
ベレッタ・モデル85Fピストル　271
ベレッタ・モデル86ピストル　271
ベレッタ・モデル87BBターゲット・ピストル　271
ベレッタ・モデル87BBピストル　271
ベレッタ・モデル89ピストル　271
ベレッタ・モデル92FSピストル　274～275,416
ベレッタ・モデル950ピストル　272
ベレッタ・モデル958ピストル　268
ベレッタ・モデル1951ピストル　266～267

ベレッタ・モデル8000ピストル　276〜277
ベレッタ・モデル8000ピストル（ベレッタ）276〜277
ベレッタ・モデル8040ピストル　277
ベレッタ・モデル8045ピストル　277
ベレッタ・モデル8357ピストル　277
ポーランド・モデルP-64（Wz P-64）ピストル　382〜384
ポリス・ポジティブ・リボルバー（コルト）24

【マ行】
マウザー・モデルHScピストル　188
マウザー・モデル・ニュー・モデルHScピストル　212〜213
マカロフ（PM）ピストル　352〜354,357
マテバ・モデルMTR6+6リボルバー　288〜289
マテバ・モデルMTR8リボルバー　284,286〜288,290
マテバ・モデル2006リボルバー　288〜290
マテバ・モデル6ウニカ・オートマチック・リボルバー　290〜291
マニューリン・モデルMR22リボルバー　319
マニューリン・モデルMR32リボルバー　319
マニューリン・モデルMR73リボルバー　318〜319
モデル・エクスプローラーⅡピストル（チャーター・アームズ）118〜119
モデル・オートマグⅣピストル（AMT）114〜115
モデル・オムニ・ピストル（リャマ）336〜337
モデル・カースル・リボルバー（ノース・アメリカン・アームズ）162
モデル・ガバーメント（コルト）158
モデル・クーナン357ピストル（クーナン・アームズ）124〜125
モデル・グリズリー・ピストル（LAR）158〜159
モデル・コルス・オート・ピストル（コルス）208〜209
モデル・コルス・スポーツ・リボルバー（コルス）210〜211
モデル・コンテンダー単発ピストル（トンプソン・センター・アームズ）176〜177
モデル・コンバット・マスター・ピストル（デトニックス）132〜133
モデル・シーキャンプ・ピストル（L.W.シーキャンプ）170〜171
モデル・ジェリコ941ピストル（IWI）430〜431
モデル・ジェリコ941ピストル（IMI）398
モデル・ジャイロジェット・マークⅠピストル（MBA）161
モデル・ジャイロジェット・マークⅡピストル（MBA）160〜161
モデル・ジャベリナ・ピストル（AMT/IAI）116〜117
モデル・シングル・シックス・リボルバー（ルガー）82〜83
モデル・スタンダードMk1ピストル（ルガー）94〜95
モデル・スタンダードMk2ピストル（ルガー）94〜95
モデル・スーパー・コマンチ・リボルバー（リャマ）342〜343
モデル・スーパー・ブラックホーク・リボルバー（ルガー）80〜81
モデル・スーパーマチック・トロフィー・ピストル（ハイ・スタンダード）136〜137
モデル・スーパー・レッドホーク・リボルバー（ルガー）90〜91
モデル・スピットファイアーMk2ピストル（JSL）350〜351
モデル・スピード・シックス・リボルバー（ルガー）87
モデル・セキュリティ・シックス・リボルバー（ルガー）86〜91
モデル・センチニアル・リボルバー（ハイ・スタンダード）142〜143
モデル・ターゲット・ピストル（キンボル）156〜157
モデル・ダブル・デリンジャー・ピストル（レミントン）138
モデル・デザート・イーグル・ピストル（IWI）432〜433
モデル・ニュー・モデルHScピストル（マウザー）212〜213
モデル・バック・マーク・ピストル（ブローニング・アームズ）260〜261
モデル・ピッコロ・リボルバー（リャマ）340〜341
モデル・ファイブ・セブン・ピストル（FN）258〜259
モデル・フォース・ピストル（タンフォリオ）294〜295
モデル・ブラックホーク・リボルバー（ルガー）134〜135
モデル・ベアキャット・リボルバー（ルガー）84〜85
モデル・ベビー・ピストル（FN）248〜249
モデル・ホイットニー・ボルパーリン・ピストル164〜165
モデル・ボディーガード38リボルバー（S&W）64〜65
モデル・ボディーガード380ピストル（S&W）74〜75
モデル・マイクロ・マックス380ピストル（リャマ）330〜331
モデル・マックスⅠ-L/Fピストル（リャマ）332〜335
モデル・ミニ・マックス・ピストル（リャマ）332〜333
モデル・ミニ・リボルバー（ノース・アメリカン・アームズ）162〜163
モデル・ライノ・リボルバー　284〜285
モデル・ラプター・シングル・ショット・ピストル（タンフォリオ）296〜297
モデル・ルビー・タイプ・ピストル　316
モデル・レッドホーク・リボルバー（ルガー）90〜91
モデル・ロングホーン・リボルバー（ハイ・スタンダード）140〜141
モデル・ワイルディ・ピストル（ワイルディ）180〜181

モデルA60ピストル（アストラ）320〜321
モデルA70ピストル（アストラ）322〜323
モデルA100ピストル（アストラ）324〜325
モデルALFAスチール3830リボルバー（ALFA）378〜379
モデルAR-7ライフル（アーマライト）118〜119
モデルB76ピストル（ベネリ）264〜265
モデルBch-66ピストル（ユニーク）316〜317
モデルBMピストル（スター）344〜345
モデルC7-45 LDAピストル　169
モデルCZ P-07 デューティ・ピストル（チェスカー・ゾブロヨフカ）374〜375
モデルCZ P-09ピストル（チェスカー・ゾブロヨフカ）375
モデルCZ75（Vz75）ピストル（チェスカー・ゾブロヨフカ）128,292〜294,368〜369,430
モデルCZ75 P-08ピストル（チェスカー・ゾブロヨフカ）374
モデルCZ75-85シリーズ　42〜43
モモデルCZ82ピストル（チェスカー・ゾブロヨフカ）370〜371
デルCZ85（Vz85）ピストル（チェスカー・ゾブロヨフカ）368〜369,371
モデルCZ99ピストル（ツァスタバ）410〜411
モデルCZ100ピストル（チェスカー・ゾブロヨフカ）372〜373
モデルDA-38デリンジャー・ピストル（ハイ・スタンダード）139
モデルDM100ダブル・アクション・デリンジャー・ピストル（ハイ・スタンダード）138〜139
モデルDP51ピストル（デーウ）253,436〜437
モデルDX9ピストル　402
モデルEP22ピストル（エルマ）182,184
モデルER422リボルバー（エルマ）186〜187
モデルER440リボルバー（エルマ）187
モデルEP655ピストル（エルマ）185
モデルEP752ピストル（エルマ）184〜185
モデルFピストル（カラカール）434〜435
モデルFNPピストル（FN）262〜263
モデルFORT12ピストル　362〜363
モデルFP-9ピストル（FEG）390〜392
モデルGBピストル（シュタイヤー）306〜307
モデルGP100リボルバー（ルガー）88〜89
モデルGSPピストル（ワルサー）240〜241
モデルGSh18ピストル（KBP）360〜361
モデルHK4ピストル（H&K）188〜189,195
モデルHP（ハイ・パワー）DAピストル（FN）250〜253
モデルHP（ハイ・パワー）FAピストル（FN）252〜253
モデルHP（ハイ・パワー）Mk3ピストル（FN）246〜247,386,391〜392
モデルHS2000ピストル（RHアラン）402〜403
モデルHScピストル（マウザー）188

モデルHSP701ピストル（コリフィラ）204〜205
モデルK9セミ・オートマチック・ピストル（カー・アームズ）152〜153
モデルK40ピストル（カー・アームズ）153
モデルK100ピストル（グランド・パワー）380〜381
モデルKG9ピストル（イントラテック）148〜149
モデルKGP68Aピストル（エルマ）182〜183
モデルLC9ピストル（ルガー）108〜109
モデルLCRリボルバー（ルガー）92〜93
モデルLM-4ピストル（セマリング）112〜113
モデルM9ピストル（シュタイヤー）310〜311
モデルM83 357マグナム・リボルバー（ツァスタバ）412〜413
モデルM1911A2 SASS単発ピストル（スプリングフィールド・アーモリー）172〜173,296
モデルMAG-95ピストル（ラドム）384〜386
モデルMk23 Mod0ピストル（H&K）196〜199
モデルMR73リボルバー（マニューリン）318〜319
モデルMTR6+6リボルバー（マテバ）288〜289
モデルMTR8リボルバー（マテバ）284,286〜288,290
モデルM&Pサム・セフティ・モデル・ピストル（S&W）73
モデルM&Pタクティカル・ピストル（S&W）73
モデルM&Pピストル（S&W）72〜73
モデルM&Pモデル・プロ・シリーズ・ピストル（S&W）73
モデルP018ピストル（ベルナルデリ）280〜281
モデルP7ピストル（H&K）299
モデルP7M8ピストル（H&K）194〜195,401
モデルP7M10ピストル（H&K）195
モデルP9Sピストル（H&K）190〜191,204
モデルP-9Rピストル（FEG）392〜393
モデルP11ピストル（ケル・テック）154
モデルP14-45ピストル（パラ・オーディナンス）165〜166
モデルP30ピストル（H&K）202〜203
モデルP32ピストル（ケル・テック）154〜155
モデルP38ピストル（ワルサー）66〜67,228〜229,232,416
モデルP-64（Wz P-64）ピストル　382〜384
モデルP85ピストル（ルガー）96〜98
モデルP88ピストル（ワルサー）234〜236
モデルP89ピストル（ルガー）97
モデルP90ピストル（ルガー）98
モデルP93ピストル（ルガー）98
モデルP94ピストル（ルガー）98
モデルP95ピストル（ルガー）101
モデルP97ピストル（ルガー）99〜103
モデルP99ピストル（ワルサー）236〜237
モデルP220ピストル（SIGザウアー）218〜221,299,324
モデルP225ピストル（SIGザウアー）219〜223
モデルP228ピストル（SIGザウアー）222〜223

モデルP230ピストル（SIGザウァー）216～217,220,232
モデルP232ピストル（SIGザウァー）217
モデルP345ピストル（ルガー）102～103
モデルP2000ピストル（H&K）200～203
モデルP2022ピストル（SIGザウァー）224～225
モデルPA-15ピストル（MAB）314～315
モデルPA-63ピストル（FEG）388～389
モデルPM（マカロフ）ピストル　352～354,357
モデルP-M02コンパクト・ピストル（アーセナル）400～401
モデルPPスーパー・ピストル（ワルサー）232～233
モデルPPKピストル（ワルサー）184,226～229,232,383
モデルPPSピストル（ワルサー）238～239
モデルPSMピストル（ロシア）231,356～357
モデルPSPピストル（H&K）194～195
モデルPT24-7ピストル（タウルス）422～423
モデルPT58ピストル（タウルス）418～419
モデルPT92ピストル（タウルス）416～418
モデルPT845ピストル（タウルス）420～421
モデルPX4 ストーム・ピストル（ベレッタ）278～279
モデルPYaピストル　358～359
モデルR-7.65ピストル（FEG）394～395
モデルRT85リボルバー（タウルス）424～425
モデルRT85PLYリボルバー　429
モデルRT410リボルバー（タウルス）428～429
モデルSD9VEピストル（S&W）71
モデルSD40VEピストル（S&W）71
モデルSOCOMピストル（U.S.）196～199
モデルSR9ピストル（ルガー）104～105
モデルSR1911ピストル（ルガー）106～107
モデルSSPピストル（シュタイヤー）308～309
モデルSW9Cピストル（S&W）71
モデルSW40Cピストル（S&W）71
モデルTA95ピストル（タンフォリオ）292～294
モデルTEC9ピストル（イントラテック）148～149,151
モデルTEC22ピストル（イントラテック）150～151
モデルTP70ピストル（コリフィラ）206～207
モデルTPHピストル（ワルサー）230～231
モデルTT1933ピストル（トカレフ）404
モデルUSPピストル（H&K）196～197,200
モデルUSP45ピストル（H&K）197
モデルVP70ピストル（H&K）299
モデルVP70Zピストル（H&K）192～193
モデルVz50ピストル（チェスカー・ゾブロヨフカ）364～365,370
モデルVz52ピストル（チェスカー・ゾブロヨフカ）366～367
モデルVz70ピストル（チェスカー・ゾブロヨフカ）370
モデルWH9STリボルバー（バイラウフ）242～243
モデルWIST-95ピストル（プレクサー）386～387
モデルXP100ピストル（レミントン）110～111

モデルZP-98ピストル（ZVI）376～377
モデル6ウニカ・オートマチック・リボルバー（マテバ）290～291
モデル7-45 LDAピストル（パラ・オーディナンス）168～169
モデル10リボルバー（S&W）50～51,319
モデル11アメリカン・ピストル（イングラム）146～147
モデル16-40 LDAピストル　169
モデル17ピストル（グロック）70,104～105,298～302,305
モデル18ピストル（グロック）300～301,305
モデル18-9 LDAピストル　169
モデル19コンパクト・マグナム・リボルバー（S&W）58～59
モデル21ピストル（ベレッタ）272～273
モデル22/45ピストル（ルガー）95
モデル30Lピストル（H&K）203
モデル30LSピストル（H&K）203
モデル30Mピストル（スター）346～347
モデル30Sピストル（H&K）203
モデル36チーフズ・スペシャル・リボルバー（S&W）52～53,186～187
モデル38ピストル（グロック）302～303,305
モデル38ボディーガード・エアウェイト・リボルバー（S&W）56～57
モデル39ピストル（S&W）66～68,392
モデル40センチニアル・リボルバー（S&W）54～56,65
モデル41ターゲット・ピストル（S&W）76～77
モデル41ヘビー・バレル・ピストル（S&W）77
モデル42ピストル（グロック）304～305
モデル44オート・マグナム・ピストル（TDE）174～175
モデル44リボルバー（アストラ）328～329
モデル49ボディーガード・リボルバー（S&W）57
モデル57ピストル（ツァスタバ）404～406,408～410
モデル59ピストル（S&W）68～69
モデル60ステンレス・チーフズ・スペシャル（S&W）53
モデル61エスコート・ピストル（S&W）78
モデル70ピストル（ツァスタバ）406～407
モデル70ピストル（ベレッタ）268～270
モデル74ピストル（クジール）396～397
モデル77式ピストル　434～435
モデル80セミ・オートマチック・ピストル（ベルナルデリ）282～283
モデル81BBピストル（ベレッタ）270～271
モデル82ピストル（リャマ）338～339
モデル83リボルバー（フリーダム・アームズ）134～135
モデル88ピストル（ツァスタバ）408～409
モデル92ピストル（クジール）398～399

モデル92FSピストル（ベレッタ）274～275,416
モデル100ピストル（キャリコ）120
モデル110ピストル（キャリコ）120
モデル115ピストル（FN）244～245
モデル140DAピストル（FN）256～257
モデル205ウルトラスター・ピストル（スター）348～349
モデル357リボルバー（アストラ）326～328
モデル459ピストル（S&W）89
モデル500ステンレス・リボルバー（S&W）62～63
モデル559ピストル（S&W）68～69
モデル586ディスティンギシュ・コンバット・マグナム・リボルバー（S&W）59
モデル629.44マグナムステンレス・リボルバー（S&W）60～61
モデル639ピストル（S&W）67
モデル659ピストル（S&W）89
モデル744Vリボルバー（ダン・ウエッソン）178～179
モデル950ピストル（キャリコ）120～121
モデル971リボルバー（ロッシ）414～415
モデル999スポーツマン・リボルバー（ハーリントン&リチャードソン）144～145
モデル1100ピストル（ダーディック）130～131
モデル1873リボルバー（コルト）19
モデル1910ピストル（FN）244～245
モデル1911A1ピストル（コルト・モデル・ガバーメント）66～67,132
モデル1950ピストル（MAS）312～313,315
モデル1951ピストル（ベレッタ）266～267
モデル2000SKピストル（H&K）201
モデル2006リボルバー（マテバ）288～290
モデル2206ピストル（S&W）78～79
モデル3900シリーズ・ピストル（S&W）67
モデル5900シリーズ・ピストル（S&W）69

【ヤ行】
ユニック・モデルBch-66ピストル　316～317
ユニック・モデル17ピストル　316

【ラ行】
ラドム・モデルMAG-08ピストル　384
ラドム・モデルMAG-95ピストル　384～386
ラドム・モデルMAG-98ピストル　384
リャマ・モデル・オムニ・ピストル　336～337
リャマ・モデル・スーパー・コマンチ・リボルバー　342～343
リャマ・モデル・ピッコロ・リボルバー　340～341
リャマ・モデル・マイクロ・マックス380ピストル　330～331
リャマ・モデル・マックスⅠ-L/Fピストル　332～335
リャマ・モデル・ミニ・マックス・サブ・コンパクト・ピストル　333
リャマ・モデル・ミニ・マックス・ピストル　332～333
リャマ・モデル1ピストル　330
リャマ・モデル2ピストル　330
リャマ・モデル3ピストル　330
リャマ・モデル82ピストル　338～339
リャマ・モデル87ピストル　339
ルガー・モデル・シングル・シックス・リボルバー　82～83
ルガー・モデル・スーパー・ブラックホーク・リボルバー　80～81
ルガー・モデル・スーパー・レッドホーク・リボルバー　90～91
ルガー・モデル・スタンダードMk1ピストル　94～95
ルガー・モデル・スタンダードMk2ピストル　94～95
ルガー・モデル・スピード・シックス・リボルバー　87
ルガー・モデル・セキュリティ・シックス・リボルバー　86～91
ルガー・モデル・ブラックホーク・リボルバー　134～135
ルガー・モデル・ベアキャット・リボルバー　84～85
ルガー・モデル・レッドホーク・リボルバー　90～91
ルガー・モデルGP100リボルバー　88～89
ルガー・モデルLC9ピストル　108～109
ルガー・モデルLCRリボルバー　92～93
ルガー・モデルP85ピストル　96～98
ルガー・モデルP89ピストル　97
ルガー・モデルP90ピストル　98
ルガー・モデルP93ピストル　98
ルガー・モデルP94ピストル　98
ルガー・モデルP95ピストル　101
ルガー・モデルP97ピストル　99～103
ルガー・モデルP345ピストル　102～103
ルガー・モデルSR9ピストル　104～105
ルガー・モデルSR1911ピストル　106～107
ルガー・モデル22/45ピストル　95
レミントン・モデル・ダブル・デリンジャー・ピストル　138
レミントン・モデルXP100ピストル　110～111
ロッシ・モデル971リボルバー　414～415

【ワ行】
ワイルディ・モデル・ワイルディ・ピストル　180～181
ワルサー・モデルGSPピストル　240～241
ワルサー・モデルGSP MVピストル　241
ワルサー・モデルGSP MV32ピストル　241
ワルサー・モデルOSPピストル　240～241
ワルサー・モデルP1（ピストーレ1）ピストル　229
ワルサー・モデルP5ピストル　234
ワルサー・モデルP38ピストル　66～67,228～229,232,416
ワルサー・モデルP88ピストル　234～236
ワルサー・モデルP88コンペティション・ピストル　235

ワルサー・モデルP88チャンピオン・ピストル 235
ワルサー・モデルP99ピストル 236〜237
ワルサー・モデルP99ASピストル 237
ワルサー・モデルP99DAOピストル 237
ワルサー・モデルP99QAピストル 237
ワルサー・モデルPPスーパー・ピストル 232〜233
ワルサー・モデルPP/PPKピストル 184,226〜229, 232,318,320,383
ワルサー・モデルPPSピストル 238〜239
ワルサー・モデルTPHピストル 230〜231
ワルサー・モデルTPポケット・ピストル 230

【A〜Z】
ALFAモデルALFAスチール3830リボルバー 378〜379
AMTモデル・オートマグⅣピストル 114〜115
AMT/IAIモデル・ジャベリナ・ピストル 116〜117
CZモデルCZ75ピストル 292〜294,350
D&Dモデル・ブレン・テン・ピストル 128〜129
FEGモデルFP-9ピストル 390〜392
FEGモデルP-9Rピストル 392〜393
FEGモデルP-45Rピストル 393
FEGモデルPA-63ピストル 388〜389
FEGモデルR-7.65ピストル 394〜395
FEGモデル48ピストル 388
FNモデル・バラクーダ・リボルバー 326
FNモデル・ファイブ・セブン・ピストル 258〜259
FNモデル・ベビー・ピストル 248〜249
FNモデル・ベビー・ブローニング・ピストル 248
FNモデルFNPピストル 262〜263
FNモデルFNP40ピストル 262
FNモデルFNP45ピストル 262
FNモデルFNP357ピストル 262
FNモデルGPピストル 246
FNモデルHP（ハイ・パワー）DAピストル 250〜253
FNモデルHP（ハイ・パワー）FAピストル 252〜253
FNモデルHP（ハイ・パワー）Mk3ピストル 246〜247,386,391〜392
FNモデルP90サブ・マシンガン 258
FNモデル115ピストル 244〜245
FNモデル140DAピストル 256〜257
FNモデル1910ピストル 244〜245
H&KモデルHK4ピストル 188〜189,195
H&KモデルMk23 Mod0ピストル 196〜199
H&KモデルP7ピストル 299
H&KモデルP7M8ピストル 194〜195,401
H&KモデルP7M10ピストル 195
H&KモデルP9Sピストル 190〜191,204
H&KモデルP30ピストル 202〜203
H&KモデルP2000ピストル 200〜203
H&KモデルPSPピストル 194〜195
H&KモデルUSPピストル 196〜197,200
H&KモデルUSP45ピストル 197

H&KモデルVP70ピストル 299
H&KモデルVP70Zピストル 192〜193
H&Kモデル30Lピストル 203
H&Kモデル30LSピストル 203
H&Kモデル30Sピストル 203
H&Kモデル2000SKピストル 201
IWI（IMI）モデル・ジェリコ941ピストル 398,430〜431
IWIモデル・デザート・イーグル・ピストル 432〜433
JSLモデル・スピットファイアーMk2ピストル 350〜351
KBPモデルGSh18ピストル 360〜361
LARモデル・グリズリー・ピストル 158〜159
L.W.シーキャンプ・モデル・シーキャンプ・ピストル 170〜171
L.W.シーキャンプ・モデルLWS25ピストル 171
L.W.シーキャンプ・モデルLWS32ピストル 171
MABモデルPA-15ピストル 314〜315
MABモデルR-パラ・ピストル 314
MACモデル1950ピストル 312
MASモデル1950ピストル 312〜313,315
MBAモデル・ジャイロジェット・マークⅠピストル 161
MBAモデル・ジャイロジェット・マークⅡピストル 160〜161
PSMピストル 356〜357
RHアラン・モデルHS2000ピストル 402〜403
S&Wモデル・シグマ・シリーズ・ピストル 70〜71
S&Wモデル・ボディーガード38リボルバー 64〜65
S&Wモデル・ボディーガード380ピストル 74〜75
S&Wモデルシリーズ・5900ピストル 69
S&WモデルM&Pサム・セフティ・モデル・ピストル 73
S&WモデルM&Pタクティカル・ピストル 73
S&WモデルM&Pピストル 72〜73
S&WモデルM&Pモデル・プロ・シリーズ・ピストル 73
S&WモデルSD9VEピストル 71
S&WモデルSD40VEピストル 71
S&WモデルSW9Cピストル 71
S&WモデルSW40Cピストル 71
S&Wモデル10リボルバー 50〜51,319
S&Wモデル19コンバット・マグナム・リボルバー 58〜59
S&Wモデル29リボルバー 32
S&Wモデル36チーフズ・スペシャル・リボルバー 52〜53,186〜187
S&Wモデル38ボディーガード・エアウェイト・リボルバー 56〜57
S&Wモデル39ピストル 66〜67,392
S&Wモデル40センチニアル・リボルバー 54〜55
S&Wモデル41ターゲット・ピストル 76〜77
S&Wモデル41ヘビー・バレル・ピストル 77
S&Wモデル49ボディーガード・リボルバー 57

449

S&Wモデル59ピストル　68～69
S&Wモデル60ステンレス・チーフズ・スペシャル　53
S&Wモデル61エスコート・ピストル　78
S&Wモデル459ピストル　89
S&Wモデル500ステンレス・リボルバー　62～63
S&Wモデル559ピストル　68～69
S&Wモデル586ディスティンギシュ・コンバット・マグナム・リボルバー　59
S&Wモデル629 .44マグナムステンレス・リボルバー　60～61
S&Wモデル639ピストル　67
S&Wモデル659ピストル　89
S&Wモデル2206ピストル　78～79
S&Wモデル3900シリーズ・ピストル　67
SIGザウァー・モデルP220ピストル　218～221,299,324
SIGザウァー・モデルP225ピストル　219～223
SIGザウァー・モデルP226ピストル　219,223,410～411
SIGザウァー・モデルP228ピストル　219,222～223
SIGザウァー・モデルP229ピストル　219
SIGザウァー・モデルP230ピストル　216～217,220,232
SIGザウァー・モデルP232ピストル　217
SIGザウァー・モデルP239ピストル　219
SIGザウァー・モデルP245ピストル　219
SIGザウァー・モデルP2022ピストル　224～225
SIGザウァー・モデルSP（SIGプロ）2340ピストル　224
SIGモデルP210ピストル　214～215,218
SIGモデルP210-1ピストル　215
SIGモデルP210-2ピストル　215
SIGモデルP210-3ピストル　215
SIGモデルP210-4ピストル　215
SIGモデルP210-5ピストル　215
SIGモデルP210-6ピストル　215
SIGモデルP210-7ピストル　215
SIGモデルP210-8ピストル　215
TDEモデル44オート・マグナム・ピストル　174～175
TDEモデル180オート・マグ・ピストル　174
U.S.モデルSOCOMピストル　196～199
U.S.モデル1911A1ピストル　34,36,38,44,66～67
Z40ピストル（コルト）42～43
ZVIモデルZP-98ピストル　376～377

床井雅美（とこい・まさみ）
1946年、東京生まれ。デュッセルドルフ（ドイツ）と東京に事務所を持ち、軍用兵器の取材を長年つづける。とくに陸戦兵器の研究には定評があり、世界的権威として知られる。ワシントンにある小火器国際研究所（IRSAIS）常任アドバイザーなど歴任。主な著書に『オールカラー最新軍用銃事典』『第2次大戦歩兵小火器（訳書）』（並木書房）、『世界の小火器』（ゴマ書房）、『M16ライフルファミリー』『AK47ファミリー』（大日本絵画）、『アンダーグラウンド・ウェポン』（日本出版社）、ピクトリアルIDシリーズ『最新ピストル図鑑』『ベレッタ・ストーリー』『最新サブ・マシンガン図鑑』『最新マシンガン図鑑』（徳間文庫）など多数ある。

## メカブックス現代ピストル

2015年1月30日　印刷
2015年2月15日　発行

著　者　　床井雅美
写真撮影　神保照史
発行者　　奈須田若仁
発行所　　並木書房
〒104-0061 東京都中央区銀座1-4-6
電話(03)3561-7062　fax(03)3561-7097
http://www.namiki-shobo.co.jp
印刷製本　文唱堂印刷

ISBN978-4-89063-324-1

# 床井雅美
## オールカラー
# 最新
# 軍用銃事典

世界各国の軍隊で使用されている軍用小火器——拳銃、小銃、機関短銃、狙撃銃、機関銃、散弾銃、擲弾発射機、対物射撃銃500点を収録！各銃の基本データ、開発の経緯、メカニズム、特徴を記した詳細な解説と、1100点余りのオリジナル写真・図版で紹介した最新の銃器図鑑！定価4700円＋税